电子系统 EDA 新技术丛书

广东高云半导体股份有限公司大学计划参考教材

从 CPU 到 SoC 的设计与实现

基于高云云源软件和 FPGA 硬件平台

何 宾 罗显志 编著

电子工业出版社

Publishing House of Electronics Industry

北京·BEIJING

内 容 提 要

本书首先对 Verilog HDL 的高阶语法知识进行了详细介绍，然后基于高云半导体与西门子的云源软件和 ModelSim 软件对加法器、减法器、乘法器、除法器和浮点运算器的设计进行了综合和仿真，最后以无内部互锁流水级微处理器（MIPS）指令集架构（ISA）为基础，详细介绍了单周期 MIPS 系统的设计、多周期 MIPS 系统的设计，以及流水线 MIPS 系统的设计，并使用高云半导体的云源软件和 GAO 在线逻辑分析工具对设计进行综合和验证，以验证设计的正确性。

本书共 8 章，主要内容包括 Verilog HDL 规范进阶、加法器和减法器的设计和验证、乘法器和除法器的设计和验证、浮点运算器的设计和验证、Codescape 的下载安装和使用指南、单周期 MIPS 系统的设计和验证、多周期 MIPS 系统的设计和验证，以及流水线 MIPS 系统的设计和验证等内容。

本书可作为高等学校电子信息类专业和计算机类专业学生学习 CPU 设计和 SoC 设计的参考教材，也可作为从事集成电路设计的工程师的参考用书。

图书在版编目（CIP）数据

从 CPU 到 SoC 的设计与实现：基于高云云源软件和 FPGA 硬件平台 / 何宾，罗显志编著. —北京：电子工业出版社，2024.3

（电子系统 EDA 新技术丛书）

ISBN 978-7-121-46295-5

Ⅰ. ①从… Ⅱ. ①何… ②罗… Ⅲ. ①集成电路-电路设计 Ⅳ. ①TN402

中国国家版本馆 CIP 数据核字（2023）第 173166 号

责任编辑：张 迪（zhangdi@phei.com.cn）

印　　刷：涿州市般润文化传播有限公司

装　　订：涿州市般润文化传播有限公司

出版发行：电子工业出版社

　　　　　北京市海淀区万寿路 173 信箱　邮编：100036

开　　本：787×1092　1/16　印张：21　字数：604.8 千字

版　　次：2024 年 3 月第 1 版

印　　次：2024 年 10 月第 2 次印刷

定　　价：79.00 元

凡所购买电子工业出版社图书有缺损问题，请向购买书店调换。若书店售缺，请与本社发行部联系，联系及邮购电话：（010）88254888，88258888。

质量投诉请发邮件至 zlts@phei.com.cn，盗版侵权举报请发邮件至 dbqq@phei.com.cn。

本书咨询联系方式：（010）88254469；zhangdi@phei.com.cn。

前　　言

本书是《EDA 原理及 Verilog HDL 实现：从晶体管、门电路到高云 FPGA 的数字系统设计》一书的姊妹篇，也是进阶篇。

众所周知，中央处理单元（Central Processing Unit，CPU）和片上系统（System on Chip，SoC）设计是集成电路设计领域的"珠穆朗玛峰"，是衡量一个国家集成电路设计水平的重要标志。长久以来，国内从事 CPU 设计的半导体公司主要是基于国外授权的指令集架构（Instruction Set Architecture，ISA）来设计 CPU，这就需要给国外公司支付巨额的专利费用。

近年来，随着中国科技实力的不断增强，国内从事 CPU 设计的半导体公司在消化和吸收国外经典 ISA 的基础上，推出了具有自主知识产权的 ISA，并且 CPU 的整体性能不断接近国外主流 CPU 的性能。在这种情况下，就需要国内高等学校培养一批精通高端 CPU 设计的高级人才来支持国内 CPU 设计公司的持续发展，以更好的推动国产 CPU 的大规模普及。

近年来，国内外很多开源社区提供了不用架构 CPU 的开源设计，为广大读者学习 CPU 和 SoC 设计方法提供了丰富的素材。

本书内容主要分为两个部分。第一部分从最基本的加法器和减法器入手，进阶到乘法器和除法器，以及浮点运算单元，通过高云半导体的云源软件对这些功能单元进行了设计实现，并通过西门子的 ModelSim 软件对设计进行了仿真验证；第二部分，从单周期 MIPS 处理器入手，进阶到多周期 MIPS 处理器和流水线 MIPS 处理器，通过高云半导体的云源软件对这三种不同形式的处理器进行了设计实现，并通过高云半导体的 GAO 在线逻辑分析工具对设计进行了硬件调试和验证。通过高云半导体的云源软件、西门子的 ModelSim 软件和高云半导体的 GAO 软件，将软件与硬件的协同设计、协同仿真和协同调试融为一体。通过软件仿真和硬件调试，深度剖析不同 MIPS 处理器实现的本质，从而为读者系统学习包括 CPU 核和外设在内的计算机底层硬件提供了可视化手段和方法。

作者已经毕业的研究生罗显志在攻读硕士研究生学位期间，曾经系统学习了基于 MIPS ISA 的全套课程，并对该 MIPS 处理器核的内部结构进行了系统研究和分析，此书第二部分的一些内容也是基于他的研究成果，在此向他表示感谢。

在编写本书的过程中，高云半导体大学计划经理梁岳峰先生和武汉易思达科技总经理王程涛先生提供了高云云源软件和硬件开发板的支持，并协调相关的软件和硬件工程师解答作者在编写本书过程中所遇到的技术问题，在此也向他们表示诚挚的感谢。产业界和教育界的互相支持和深度融合，必将为国内高等学校提高自主人才培养的质量注入新的动力，从而加速先进信息技术与高等学校相关专业课程培养体系的有机融合。

由于作者水平有限，书中难免有不足之处，恳请各位读者提出宝贵的建议，书中所有的实例设计代码均可从华信教育资源网（http://www.hxedu.com.cn）中下载。关于书中的任何问题，读者可以通过 hb@gpnewtech.com 与作者进行联系。

何宾

2024 年 2 月于北京

目　　录

第 1 章　Verilog HDL 规范进阶

本章将介绍更复杂的 Verilog HDL 语法知识，在使用专用的电子设计自动化（Electronic Design Automation，EDA）工具（比如西门子公司的 Modelsim 软件）对高云 FPGA 进行仿真时会涉及这些语法规则。本章内容主要包括 Verilog HDL 用户自定义原语、Verilog HDL 指定块、Verilog HDL 时序检查、Verilog HDL SDF 逆向注解和 Verilog HDL 的 VCD 文件。

通过学习本章所介绍的 Verilog HDL 语法，可以帮助读者进一步理解和掌握 FPGA 时序仿真的原理，以及仿真参数的设置规则。

1.1　Verilog HDL 用户自定义原语

本节描述了一种建模计数，通过设计和指定称为用户定义原语（User Defined Primitive，UDP）的新元素来扩充预定义的门原语集。这些新 UDP 的实例可以与门原语完全相同的方式使用，以表示正在建模的电路。

在 UDP 中可以表示以下两种类型的行为。

（1）组合：由组合 UDP 建模。

（2）时序：由时序 UDP 建模。

组合 UDP 使用其输入的值来确定其输出的下一个值。时序 UDP 使用其输入的值和输出的当前值来确定其输出的值。时序 UDP 提供了一种对诸如触发器和锁存器之类的时序电路进行建模的方法。时序 UDP 可以对电平敏感和边沿敏感行为进行建模。

每个 UDP 只有一个输出，可以处于三种状态之一：0、1 或 x。不支持三态值 z。在时序 UDP 中，输出总是具有与内部状态相同的值。传递给 UDP 的 z 值应该与 x 值相同。

1.1.1　UDP 定义

UDP 定义独立于模块，它们与语法层次结构中的模块定义处于相同级别。它们可以出现在源文件文本中的任何位置，但不可出现在关键字 module 和 endmodule 之间。

实现可能会限制模型中 UDP 定义的最大数量，但允许至少 256 个。

UDP 的语法格式如下：

```
primitive UDP_name (OutputName,List_of_inputs)
    output_declaration
    input_declarations
    [reg_declaration]
    [initial_statement]
    table
        list_of_table_entries
    endtable
endprimitive
```

其中，OutputName 为输出端口名；UDP_name 为 UDP 的标识符；List_of_inputs 为用 "，"

分割的输入端口的名字；output_delaration 为输出端口的类型声明；input_declarations 为输入端口的类型声明；reg_declaration 为输出寄存器类型数据的声明（可选）；initial_statement 为元件的初始状态声明（可选）；table 和 endtable 为关键字；list_of_table_entries 为表项 1 到 n 的声明。

UDP 的定义独立于模块定义。因此，UDP 定义出现在模块定义以外。此外，也可以在单独的文本文件中定义 UDP。

> 注：（1）UDP 包含输入和输出端口声明。其中，输出端口声明以关键字 ouput 开头，后面跟随输出端口的名字；输入端口声明以关键字 input 开头，后面跟随输入端口的名字；时序 UDP，包含用于输出端口的 reg 声明，可以在时序 UDP 的 initial 语句中指定输出端口的初始值；实现过程限制了 UDP 的输入端口个数，允许时序 UDP 可以至少有 9 个输入端口，组合 UDP 可以至少有 10 个输入端口。
>
> （2）UDP 的行为以列表的形式给出。以 table 关键字开始，以 endtable 关键字结束。

1．UDP 头部

UDP 定义具有两种形式。第一种形式，以关键字原语开头，后跟一个标识符，该标识符为 UDP 的名字。然后是一个逗号分隔的端口名字列表，该列表用括号括起来，后面跟着一个分号。UDP 定义头部后面跟有端口声明和状态表。UDP 定义以关键字 endprimitive 结束。

第二种形式，以关键字原语开头，后跟一个标识符，该标识符为 UDP 的名字。然后是一个逗号分隔的端口声明列表，该列表用括号括起来，后跟分号。UDP 定义头部后面跟有一个状态表。UDP 定义以关键字 endprimitive 结束。

UDP 具有多个输入端口和一个输出端口。UDP 上不允许双向 inout 端口。UDP 的所有端口应为标量，不允许为矢量端口。注意，输出端口应为端口列表中的第一个端口。

2．UDP 端口声明

UDP 应包含输入和输出端口声明。输出端口声明以关键字 output 开头，后跟一个输出端口名字。输入端口声明以关键字 input 开头，后跟一个或多个输入端口名字。

当使用第一种形式的 UDP 头部声明 UDP 时，除输出声明外，时序 UDP 还应包含输出端口的 reg 声明，或者作为输出声明的一部分。组合 UDP 不能包含 reg 声明。输出端口的初值可以在时序 UDP 中的初始语句中指定。

实现可能会限制 UDP 的最大输入数量，但它们应允许时序 UDP 至少有 9 个输入，组合 UDP 至少有 10 个输入。

3．时序 UDP 初始化语句

时序 UDP 初始语句指定仿真开始时输出端口的值，该语句以关键字 initial 开头。下面的语句应该是一个赋值语句，它为输出端口分配一个单比特文字值。

4．状态表

状态表定义 UDP 的行为，它以关键字 table 开始，以关键字 endtable 结束。表中的每一行都以分号结尾，表中的每一行都使用各种字符创建，如表 1.1 所示。这些字符表示输入值和输出状态。支持三种状态，即 0、1 和 x。在 UDP 中，明确排除 z 状态。表中定义了许多特殊字符来表示状态可能性的某些组合。

表 1.1 UDP 表中符号的含义

符号	理解	注释
0	逻辑 0	—
1	逻辑 1	—
x	未知	允许出现在所有 UDP 的输入和输出字段，以及时序 UDP 的当前状态中
?	0、1 和 x 的迭代	不允许出现在输出域中
b	0 和 1 的迭代	允许出现在所有 UDP 的输入字段和时序 DUP 的当前状态中，不允许出现在输出字段中
-	没有变化	只允许出现在一个时序 UDP 的输出字段中
(vw)	值从 v 变化到 w	v 和 w 可以用 0、1、x、?或 b 中的任何一个，只能出现在输入字段中
*	同（??）	在输入的任何值变化
r	同（01）	输入的上升沿
f	同（10）	输入的下降沿
p	（01）、（0x）和（x1）的迭代	输入上潜在的上升沿
n	（10）、（1x）和（x0）的迭代	输入上潜在的下降沿

状态表每行的输入状态字段的顺序直接取决于 UDP 定义头部的端口列表，它与输入端口声明无关。

组合 UDP 的每个输入都有一个字段、输出有一个字段。输入字段与输出字段之间用冒号（:）分割。每一行定义输入值的特定组合的输出。

时序 UDP 在输入字段和输出字段之间插入了一个额外的字段。该额外字段表示 UDP 的当前状态，并考虑为当前输出值的等效。它由冒号分割。每一行都根据当前状态、输入值的特定组合以及最多一个输入跳变来定义输出。下面一行是非法的：

（01）（10）0:0:1;

如果所有输入值都指定为 x，则输出状态应指定为 x。

没有必要明确指定每个可能输入组合。未明确指定的输入值的所有组合都会导致默认输出状态 x。

为不同的输出指定相同的输入组合（包括边沿）是非法的。

1.1.2 组合电路 UDP

在组合 UDP 中，输出状态仅由当前输入状态的函数来确定。每当输入状态发生变化时，都会评估 UDP，并将输出状态设置为状态表中与所有输入状态匹配的行所指示的值。未明确指定的输入的所有组合将驱动输出状态为未知值 x。

【例 1.1】 使用 UDP 定义 mux2 的 Verilog HDL 描述的例子，如代码清单 1-1 所示。

代码清单 1-1 UDP 定义 mux2 的 Verilog HDL 描述

```
primitive mux2 (O, I0, I1, S);
output O;
input I0, I1, S;
table
// I0  I1  S    O
   0   ?   0  : 0;
   1   ?   0  : 1;
   x   ?   0  : x;
   ?   0   1  : 0;
```

```
    ?   1   1  :  1;
    ?   x   1  :  x;
    0   0   x  :  0;
    0   1   x  :  x;
    1   0   x  :  x;
    1   1   x  :  1;
    ?   x   x  :  x;
    x   ?   x  :  x;
endtable
endprimitive
```

1.1.3　电平敏感的时序 UDP

电平敏感时序的时序行为和组合逻辑的行为表示方法相同，只是输出端口声明为 reg 类型，并且在每个表入口有一个额外的字段，用于表示 UDP 当前的状态。时序 UDP 的输出字段表示下一个状态。

【例 1.2】　电平敏感 UDP 的 Verilog HDL 描述的例子，如代码清单 1-2 所示。

代码清单 1-2　电平敏感 UDP 的 Verilog HDL 描述

```
primitive latch (q, clock, data);
output q;
reg q;
input clock, data;
table
    // clock   data    q     q+
        0       1   :  ?  :  1;
        0       0   :  ?  :  0;
        1       ?   :  ?  :  -;       // - = no change
endtable
endprimitive
```

该描述在两个方面不同于组合 UDP 模型。首先，输出标识符 q 由一个额外的 reg 声明，以指示存在内部状态 q。UDP 的输出值始终与内部状态相同。其次，添加了一个当前状态的字段，该字段与输入和输出用冒号（:）分割。

1.1.4　边沿敏感的时序 UDP

在电平敏感行为中，输入值和当前状态足以确定输出值。边沿敏感行为的不同之处在于，输出的变化是由输入的特定跳变触发的。这使状态表成为一个跳变表。

每个表条目最多可以在一个输入上有一个跳变规范。转换由括号中的一对值（如 01）或跳变符号（如 r）指定。下面条目是非法的:

```
(01) (01) 0:0:1;
```

应明确规定所有不影响输出的跳变。否则，这种跳变会导致输出值变为 x。所有未指定的跳变都默认为 x。

如果 UDP 的行为对任何输入的边沿敏感，则应为所有输入的所有边沿指定所需的输出状态。

【例 1.3】　边沿敏感 UDP 的 Verilog HDL 描述的例子，如代码清单 1-3 所示。

代码清单 1-3　边沿敏感 UDP 的 Verilog HDL 描述

```
primitive d_edge_ff (q, clock, data);
```

```
output q; reg q;
input clock, data;
table
    // clock    data     q        q+          //上升沿得到输出
    (01)      0    :  ?  :  0;
    (01)      1    :  ?  :  1;
    (0?)      1    :  1  :  1;
    (0?)      0    :  0  :  0;
    (?0)      ?    :  ?  :  -;              //忽略下降沿
    ?       (??)   :  ?  :  -;              //在稳定时钟的时候忽略数据变化
endtable
endprimitive
```

诸如 01 之类的术语表示输入值的跳变。具体地，（01）表示从 0 到 1 的跳变。前面 UDP 定义的表中的第一行解释如下：当时钟值从 0 跳变为 1，数据等于 0 时，无论当前状态如何，输出都会变为 0。

1.1.5　时序 UDP 的初始化

时序 UDP 的输出端口上的初始值可以通过提供过程分配的初始化语句指定。初始化语句是可选的。

与模块中的初始化语句一样，UDP 中的初始化声明以关键字 initial 开头。UDP 和模块中的初始化语句如表 1.2 所示。

表 1.2　UDP 和模块中的初始语句

DUP 中的初始化语句	模块中的初始化语句
内容限制在一个过程分配语句	内容可以是任何类型的一个过程语句，也可以是包含多个过程语句块的块语句
过程分配语句应为 reg 分配值，其标识符与输出终端标识符匹配	初始化语句中的过程分配语句应该给 reg 分配值，其标识符与输出终端标识符不匹配
过程分配语句应该分配以下一个值：1'b1、1'b0、1'bx、1、0	过程分配语句可以分配任何宽度、基数和值的值

【例 1.4】　包含初始化时序 UDP 的 Verilog HDL 描述的例子，如代码清单 1-4 所示。

代码清单 1-4　包含初始化时序 UDP 的 Verilog HDL 描述

```
primitive srff (q, s, r);
output q; reg q;
input s, r;
initial q = 1'b1;
table
    // s r  q  q+
      1 0 : ? : 1;
      f 0 : 1 : -;
      0 r : ? : 0;
      0 f : 0 : -;
      1 1 : ? : 0;
endtable
endprimitive
```

输出 q 在仿真开始时具有初值 1。实例化 UDP 上的延迟规范不会延迟将该初始值分配给输出的仿真时间。当仿真开始时，该值是状态表中的当前状态。UDP 初始化语句中不允许出现延迟。

1.1.6　UDP 实例

UDP 实例在模块内以与门相同的方式指定。实例名字是可选的，与门相同。端口连接顺序与 UDP 定义中指定的顺序相同。由于 UDP 不支持 z，因此只能指定两个延迟。可以为 UDP 实例的数组指定可选范围。

【例 1.5】 例化 UDP 的 Verilog HDL 描述的例子，如代码清单 1-5 所示。

代码清单 1-5　例化 UDP 的 Verilog HDL 描述

```
primitive dff1 (q, clk, d);
input clk, d;
output q; reg q;
initial q = 1'b1;
table
  // clk d      q       q+
     r  0  :  ?  :  0;
     r  1  :  ?  :  1;
     f  ?  :  ?  :  -;
     ?  *  :  ?  :  -;
endtable
endprimitive
module dff (q, qb, clk, d);
input clk, d;
output q, qb;
    dff1 g1 (qi, clk, d);
    buf #3 g2 (q, qi);
    not #5 g3 (qb, qi);
endmodule
```

1.1.7　边沿和电平触发的混合行为

UDP 定义允许在同一个表中混合电平敏感结构和边沿敏感结构。当输入发生变化时，首先处理边沿敏感的情况，然后处理电平敏感的情况。因此，当电平敏感和敏感情况指定不同的输出值时，结果由电平敏感情况指定。

【例 1.6】 混合时序行为 UDP 的 Verilog HDL 描述的例子，如代码清单 1-6 所示。

代码清单 1-6　混合行为时序 UDB 的 Verilog HDL 描述

```
primitive jk_edge_ff (q, clock, j, k, preset, clear);
output q; reg q;
input clock, j, k, preset, clear;
table
    // clock  jk  pc   state   output/next state
       ?      ??  01:  ?    :  1;          // 置位逻辑
       ?      ??  *1:  1    :  1;
       ?      ??  10:  ?    :  0;          // 复位逻辑
       ?      ??  1*:  0    :  0;
       r      00  00:  0    :  1;          // 通常的时钟情况
       r      00  11:  ?    :  -;
       r      01  11:  ?    :  0;
       r      10  11:  ?    :  1;
       r      11  11:  0    :  1;
       r      11  11:  1    :  0;
```

```
    f    ??  ??:  ?  :  -;
    b    *?  ??:  ?  :  -;            //j 和 k 跳变的情况
    b    ?*  ??:  ?  :  -;
endtable
endprimitive
```

在本例中，置位和清除逻辑是电平敏感的。每当置位和清除组合的值为"01"时，输出值为 1。类似地，每当置位和清除组合的值为"10"时，输出值为 0。

剩下的逻辑对时钟的边沿敏感。在正常的时钟情况下，触发器对时钟上升沿敏感，如这些条目中的时钟字段中的 r 所示。对于以 f 作为时钟值的条目，输出字段中的连字符（-）表示对时钟下降沿的不敏感。记住，应指定输入跳变所期望的输出，以避免输出中出现不需要的 x 值。最后两个条目表明，在稳定的低或高时钟上，j 和 k 输入的跳变不会改变输出。

1.2　Verilog HDL 指定块

两种类型的 HDL 结构经常用于描述结构化模型的延迟，如专用集成电路（Application Specific Integrated Circuit，ASIC）的逻辑单元。包括：

（1）分布式延迟。指定事件通过模块内的门和网络传播所需要的时间。

（2）模块路径延迟。描述从源端（input 端口或 inout 端口）事件传播到目的端（output 端口或 inout 端口）所需要的时间。

指定块语句用于说明源端和目的端的路径并为这些路径分配延迟。指定块的语法格式为

```
specify
{
    specparam_declaration
    | pulsestyle_declaration
    | showcancelled_declaration
    | path_declaration
    | system_timing_check
}
endspecify
```

指定块以关键字 specify 和 endspecify 为界，并且应该出现在模块声明中。指定块可以执行以下任务：

（1）描述模块中的不同路径；

（2）为模块中的路径分配延迟；

（3）执行时序检查，以确保模块输入端所产生的事件满足模块所描述器件的时序约束。

指定块描述的路径称为模块路径，将信号源与目的配对。源可以是单向（input 端口）或双向（inout 端口）的。类似地，目的可以是单向（output 端口）或双向（inout 端口）的，并将其称为模块路径的目的。

【例 1.7】　指定块 Verilog HDL 描述的例子，如代码清单 1-7 所示。

代码清单 1-7　指定块的 Verilog HDL 描述

```
specify
    specparam tRise_clk_q = 150, tFall_clk_q = 200;    //指定参数
    specparam tSetup = 70;                             //指定参数
    (clk => q) = (tRise_clk_q, tFall_clk_q);           //分配延迟
    $setup(d, posedge clk, tSetup);                    //时序检查
```

```
endspecify
```

跟在关键字 specify 后面的前两行声明指定参数。指定参数声明后面的行描述了模块路径，并为该模块路径分配延迟。指定参数确定分配给模块路径的延迟。

1.2.1　模块路径声明

在指定块中设置路径延迟需要两个步骤：

（1）描述模块路径；

（2）为这些路径分配延迟。

模块路径可以描述为简单路径、边沿敏感路径或状态依赖路径。模块路径应该在指定块内定义为源信号和目的信号之间的连接。模块路径可以连接向量和标量的任何组合。

图 1.1 给出了模块路径延迟。从图中可知，从不同源端口（A、B、C 和 D）到同一个目的端口（Q）存在不同路径延迟，因此可以为每个输入到输出的路径指定不同的延迟。

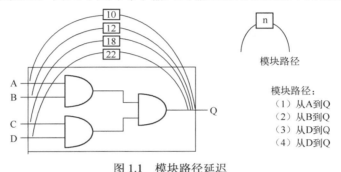

图 1.1　模块路径延迟

1．模块路径限制

模块路径有以下限制：

（1）模块路径源应为连接到模块 input 端口或 inout 端口的网络；

（2）模块路径目的应为连接到模块 output 端口或 inout 端口的网络或变量。

（3）在模块内，模块路径目的只能有一个驱动器。

2．简单模块路径

简单路径可以使用以下其中一种方法声明：

（1）源*>目的；

（2）源=>目的。

符号*>和=>分别表示模块路径源和模块路径目的之间不同类型的连接。操作符"*"在源和目的之间建立完全连接。操作符"=>"在源和目标之间建立并行连接。

【例 1.8】　简单模块路径声明 Verilog HDL 描述的例子，如代码清单 1-8 所示。

代码清单 1-8　简单模块路径声明的 Verilog HDL 描述

```
(A => Q) = 10;
(B => Q) = (12);
(C, D *> Q) = 18;
```

3．边沿敏感路径

如果在描述一个模块路径时，在源端使用了一个边沿跳变，此时该路径称为边沿敏感路径。

边沿敏感路径结构用于对输入到输出的延迟的时序建模，其只在源端信号出现指定的边沿时发生。边沿敏感路径的语法格式为

> ([edge_identifier] specify_input_terminal_descriptor =>
> (specify_output_terminal_descriptor [polarity_operator] : data_source_expression))

或

> ([edge_identifier] list_of_path_inputs *>
> (list_of_path_outputs [polarity_operator] : data_source_expression))

edge_identifier 可以是与输入终端描述符相关联的关键词 posedge 或 negedge，specify_input_terminal_descriptor 可以是任何 input 端口或 inout 端口。如果指定向量端口作为 specify_input_terminal_descriptor，则应在最低有效位上检测边沿跳变。如果未指定边沿跳变，则应将路径看作输入端任何跳变的有效路径。

可以使用完全连接（*>）或并行连接（=>）指定边沿敏感路径。对于并行连接（=>），目的应为任何标量 output 或 inout 端口，或向量 output 或 inout 端口的位选择。对于全连接（*>），目的应为向量或标量 output 和 inout 端口中的一个或多个列表，以及向量 output 和 inout 端口中的位选择或部分选择。

data_source_expression 是任意表达式，用作到路径目的的数据流描述。这种任意的数据路径描述不影响数据或事件通过模型的实际传播；数据路径源处的事件如何传播到目的取决于模块的内部逻辑。polarity_operator 描述数据路径是同方向还是反方向。

【例 1.9】　带有正极性操作符边沿敏感路径声明的 Verilog HDL 描述的例子。

> (posedge clock => (out +: in)) = (10, 8);

在该例子中，在 clock 的正边沿，模块使用 10 的上升延迟和 8 的下降延迟从 clock 扩展到 out。数据路径是从 in 到 out。

【例 1.10】　带有负极性操作符边沿敏感路径声明的 Verilog HDL 描述的例子。

> (negedge clock[0] => (out−: in)) = (10, 8);

在该例子中，在 clock[0]的负边沿，模块路径使用 10 的上升延迟和 8 的下降延迟从 clock[0]扩展到 out。数据路径是从 in 到 out，并且 in 在传播到输出时取反。

【例 1.11】　没有边沿标识符的边沿敏感路径声明的 Verilog HDL 描述的例子。

> (clock => (out : in)) = (10, 8);

在该例子中，clock 的任何变化，模块路径将从 clcok 扩展到 out。

4．状态依赖路径

一个依赖状态的路径是指，当一个指定条件为真时，可以为一个模块路径分配延迟，它影响通过该路径的信号传播延迟。语法格式为

> if (module_path_expression) simple_path_declaration
> | if (module_path_expression) edge_sensitive_path_declaration
> | ifnone simple_path_declaration

从上面的语法格式可知，一个状态依赖路径描述包括以下条目：

（1）一个条件表达式，当计算结果为"真"时，使能模块路径；

（2）模块路径描述；

（3）应用于模块路径的表达式。

1）条件表达式

条件表达式中的操作数应由以下内容构成：

（1）标量或向量模块 input 端口或 inout 端口或它们位选择或部分选择；

（2）本地定义的变量或网络或它们的位选择或部分选择；

（3）编译时间常数（常数和指定参数）。

在条件表达式中可用的有效操作符如表 1.3 所示。

表 1.3　在条件表达式中可用的有效操作符

操作符	描述	操作符	描述
~	按位否定	&	规约"与"
&	按位"与"	|	规约"或"
|	按位"或"	^	规约"异或"
^	按位"异或"	~&	规约"与非"
^~ ~^	按位"异或非"	~|	规约"或非"
==	逻辑相等	^~ ~^	规约"异或非"
!=	逻辑不相等	{}	并置
&&	逻辑与	{ {} }	复制
||	逻辑或	?:	有条件
!	逻辑非		

2）简单状态依赖路径

如果状态依赖路径的路径描述是简单路径，则称为简单状态依赖路径。

【例 1.12】　使用状态依赖路径描述 XOR 门时序 Verilog HDL 描述的例子，如代码清单 1-9 所示

代码清单 1-9　使用状态依赖路径描述 XOR 门时序的 Verilog HDL 描述

```
module xorgate (a, b, out);
input a, b;
output out;
xor x1 (out, a, b);
specify
specparam noninvrise = 1, noninvfall = 2;
specparam invertrise = 3, invertfall = 4;
if (~a) (b => out) = (invertrise, invertfall);
if (~b) (a => out) = (invertrise, invertfall);
if (a)(b => out) = (noninvrise, noninvfall);
if (b)(a => out) = (noninvrise, noninvfall);
endspecify
endmodule
```

在该例子中，前两个状态依赖路径描述了当 XOR 门（x1）对输入变化取反时的一对输出上升和下降延迟时间。最后两个状态依赖路径描述了当 XOR 门缓冲变化输入的另一对输出上升和下降延迟时间。

【例 1.13】　对部分 ALU 建模。状态依赖路径为不同 ALU 操作指定不同延迟的 Verilog HDL 描述的例子，如代码清单 1-10 所示

代码清单 1-10　使用状态依赖路径为不同 ALU 操作指定不同延迟的 Verilog HDL 描述

```
module ALU (o1, i1, i2, opcode);
input [7:0] i1, i2;
input [2:1] opcode;
output [7:0] o1;
    //忽略功能描述
specify
    //加法操作
    if (opcode == 2'b00) (i1,i2 *> o1) = (25.0, 25.0);
    //直通 i1 操作
    if (opcode == 2'b01) (i1 => o1) = (5.6, 8.0);
    //直通 i2 操作
    if (opcode == 2'b10) (i2 => o1) = (5.6, 8.0);
    // 操作码改变的延迟
    (opcode *> o1) = (6.1, 6.5);
    endspecify
endmodule
```

在该例子中，前三个路径声明声明了从操作数输入 i1 和 i2 延伸到 o1 输出的路径。根据操作码上输入所指定的操作，将这些路径上的延迟分配给操作。最后一个路径声明声明了从操作码输入到 o1 输出的路径。

3）边沿敏感状态依赖路径

如果状态依赖路径的路径描述描述了边沿敏感路径，则该状态依赖路径称为边沿敏感状态依赖路径。只要满足以下标准，就可以将不同的延迟分配给相同的边沿敏感路径：

（1）边沿、条件或两者都使每个声明唯一；

（2）端口在所有路径声明中以相同的方式引用（整个端口、位选择或部分选择）。

【例 1.14】　边沿敏感状态依赖路径 Verilog HDL 描述的例子 1。

```
if ( !reset && !clear )
  ( posedge clock => ( out +: in ) ) = (10, 8) ;
```

在该例子中，当复位和清除为低时发生时钟的上升沿，模块路径使用 10 的上升和 8 的下降延迟从 clock 扩展到 out。

【例 1.15】　两个对边沿敏感路径声明 Verilog HDL 描述的例子，如代码清单 1-11 所示。

在该例子中，每个声明都有一个唯一的边沿。

代码清单 1-11　两个对边沿敏感路径声明的 Verilog HDL 描述

```
specify
( posedge clk => ( q[0] : data ) ) = (10, 5);
( negedge clk => ( q[0] : data ) ) = (20, 12);
endspecify
```

【例 1.16】　边沿敏感状态依赖路径 Verilog HDL 描述的例子 2，如代码清单 1-12 所示。

代码清单 1-12　边沿敏感状态依赖路径的 Verilog HDL 描述

```
specify
if (reset)
  ( posedge clk => ( q[0] : data ) ) = (15, 8);
if (!reset && cntrl)
  ( posedge clk => ( q[0] : data ) ) = (6, 2);
        endspecify
```

【例 1.17】 边沿敏感状态依赖路径 Verilog HDL 非法描述的例子，如代码清单 1-13 所示。

代码清单 1-13　边沿敏感状态依赖路径的 Verilog HDL 非法描述

```
specify
if (reset)
    (posedge clk => (q[3:0]:data)) = (10,5);
if (!reset)
    (posedge clk => (q[0]:data)) = (15,8);
                endspecify
```

该例子给出的两个状态依赖路径声明是非法的，因为即使它们有不同的条件，目的也没有以相同的方式指定，即第一个目标是部分选择，第二个是位选择。

4）ifnone 条件

ifnone 条件用于当用于路径的其他条件都不成立时，指定一个默认的状态依赖路径延迟。ifnone 条件将指定和状态依赖模块路径相同的模块路径源端和目的端。需要遵守下面的规则：

（1）只能描述简单模块路径；

（2）对应于 ifnone 路径的状态依赖路径可以是简单模块路径或边沿敏感路径；

（3）如果没有到 ifnone 模块路径的对应状态依赖路径，则将 ifnone 模块路径看作一个无条件的简单模块路径；

（4）为模块路径指定 ifnone 条件和为同一模块路径指定无条件简单路径是非法的。

【例 1.18】 有效状态依赖路径组合 Verilog HDL 描述的例子，如代码清单 1-14 所示。

代码清单 1-14　有效状态依赖路径组合的 Verilog HDL 描述

```
if (C1) (IN => OUT) = (1,1);
ifnone (IN => OUT) = (2,2);
//加法操作
if (opcode == 2'b00) (i1,i2 *> o1) = (25.0, 25.0);
// 直通 i1 操作
if (opcode == 2'b01) (i1 => o1) = (5.6, 8.0);
// 直通 i2 操作
if (opcode == 2'b10) (i2 => o1) = (5.6, 8.0);
//所有的其他操作
ifnone (i2 => o1) = (15.0, 15.0);

(posedge CLK => (Q +: D)) = (1,1);
ifnone (CLK => Q) = (2,2);
```

【例 1.19】 模块路径组合 Verilog HDL 非法描述的例子，如代码清单 1-15 所示。

代码清单 1-15　模块路径组合的 Verilog HDL 非法描述

```
if (a) (b => out) = (2,2);
if (b) (a => out) = (2,2);
ifnone (a => out) = (1,1);
(a => out) = (1,1);
```

该例子中的模块路径描述组合是非法的，因为它使用 ifnone 条件将状态依赖路径与同一模块路径的无条件路径组合在一起。

5．全连接和并行连接路径

操作符*>应用于在源和目的之间建立完全连接。在完全连接中，源中的每个位都应连接到目的中的每一位。模块路径源不需要具有与模块路径目的相同的位数。

由于没有限制源信号和目的信号的位宽或数量，完全连接可以处理大多数类型的模块路径。下面的条件要求使用完全连接：

（1）一个向量和一个标量之间的一个模块路径；

（2）不同位宽向量之间的一个模块路径；

（3）在一个语句中，描述有多个源或多个目的的模块路径。

操作符 "=>" 用于在源和目的之间建立一个并行连接。在并行连接中，源端口的每一位将连接到目的端口的每一位。只能在包含相同位数的源和目的之间创建并行模块路径。

并行连接比全连接更加严格。它们只能是一个源和一个目的之间的连接，并且每个信号包含相同的位数。因此，一个并行连接只能用于描述两个相同位宽向量之间的一个模块路径。由于标量是一个位，所以 "*>" 或者 "=>" 都可以用于建立两个标量比特位之间的连接。

在两个 4 位向量之间使用全连接和并行连接的区别，如图 1.2 所示。

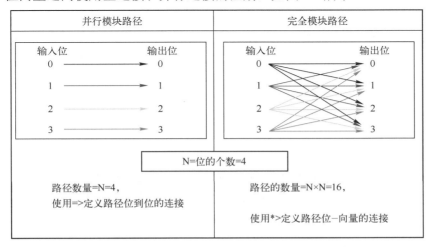

图 1.2　充分连接和并行连接之间的区别不同

【例 1.20】　宽度为 8 位的 2:1 多路复用器 Verilog HDL 描述的例子，如代码清单 1-16 所示。

代码清单 1-16　宽度为 8 位的 2:1 多路复用器的 Verilog HDL 描述

```
module mux8 (in1, in2, s, q) ;
output [7:0] q;
input [7:0] in1, in2;
input s;
//去掉功能描述...
specify
    (in1 => q) = (3, 4) ;
    (in2 => q) = (2, 3) ;
    (s *> q) = 1;
endspecify
endmodule
```

从 s 到 q 的模块路径使用完全连接（*>），因为它将标量源（1 位选择线）连接到向量目的（8 位输出总线）。从输入线 in1 和 in2 到 q 的模块路径使用并行连接（=>），因为它们在两条 8 位总线之间建立了并行连接。

6. 在单个语句中声明多个模块路径

通过使用符号 *> 将逗号分隔的源列表连接到逗号分隔的目的列表，可以在一条语句中描述多个模块路径。当在一个语句中描述多个模块路径时，源和目的列表可能包含任意宽度的标量和向量的混合。多模块路径声明中的连接始终是完全连接。

【例 1.21】 多个路径全连接 Verilog HDL 描述的例子 1。

```
(a, b, c *> q1, q2) = 10;
```

等效为：

```
(a *> q1) = 10;
(b *> q1) = 10;
(c *> q1) = 10;
(a *> q2) = 10;
(b *> q2) = 10;
(c *> q2) = 10。
```

7．模块路径极性

模块路径的极性指示信号跳变的方向在从输入端传播到输出端时是否取反。这种任意极性描述不影响数据或事件通过模型的实际传播；源处的上升或下降如何传播到目的地取决于模块的内部逻辑。模块路径可以指定三种极性中的任意一种，即未知极性、正极性和负极性。

1）未知极性

默认情况下，模块路径应具有未知极性；也就是说，路径源处的条件可能以不可预测的方式传播到目的地，如下所示：

（1）源处的上升可能导致目的处的上升跳变、下降跳变或无跳变。

（2）源处的下降可能导致目的处的上升跳变、下降跳变或无跳变。

指定为全连接或并联连接，但没有极性运算符+或-的模块路径应看作极性未知的模块路径。

【例 1.22】 未知极性模块路径 Verilog HDL 描述的例子。

```
(In1 => q) = In_to_q ;
(s *> q) = s_to_q ;
```

2）正极性

对于具有正极性的模块路径，源处的任何跳变都可能导致目的处的相同跳变，如下所示：

（1）在源处的上升可能导致目的处的上升跳变或无跳变。

（2）在源处的下降可能导致目的处的下降跳变或无跳变。

正极性的模块路径应通过将正极性运算符指定为"=>"或"*>"的前缀。

【例 1.23】 正极性模块路径 Verilog HDL 描述的例子。

```
(In1 -=> q) = In_to_q ;
(s -*> q) = s_to_q ;
```

3）负极性

对于具有负极性的模块路径，源处的任何跳变都可能导致目的处的相反跳变，如下所示：

（1）源处的上升可能导致目的处的下降跳变或无跳变。

（2）源处的下降可能导致目的处的上升跳变或无跳变。

负极性的模块路径应通过将负极性运算符指定为"=>"或"*>"的前缀。

【例 1.24】 负极性模块路径 Verilog HDL 描述的例子。

```
(In1 +=> q) = In_to_q ;
(s +*> q) = s_to_q ;
```

1.2.2　为路径分配延迟

在路径终止的模块输出处发生的延迟应通过为模块路径描述分配延迟值来指定。

在模块路径延迟分配中，左侧指定模块路径描述，右侧指定一个或多个延迟值。可以选择性地将延迟值括在一对括号中。可能有 1 个、2 个、3 个、6 个或 12 个延迟值分配给模块路径。延迟值应为包含文字或规范参数的常量表达式，并且可能存在形式为 min:type:max 的延迟表达式。

【例 1.25】 为路径分配延迟 Verilog HDL 描述的例子，如代码清单 1-17 所示。

代码清单 1-17　为路径分配延迟的 Veriog HDL 描述

```
specify
    // 指定参数
    specparam tRise_clk_q = 45:150:270, tFall_clk_q=60:200:350;
    specparam tRise_Control = 35:40:45, tFall_control=40:50:65;
    // 模块路径分配
    (clk => q) = (tRise_clk_q, tFall_clk_q);
    (clr, pre *> q) = (tRise_control, tFall_control);
endspecify
```

在该例子中，在 specparam 关键字后面声明的指定参数指定模块路径延迟的值。模块路径分配将这些模块路径延迟分配给模块路径。

1. 指定在模块路径上的跳变延迟

每个路径延迟表达式可以是一个表示典型延迟的单个值，也可以是三个值的冒号分隔列表，按顺序表示最小、典型和最大延迟。如果路径延迟表达式导致负值，则应将其视为零。表 1.4 描述了不同的路径延迟值应如何与各种跳变关联。

表 1.4　将不同路径延迟值与不同的跳变关联的方法

跳变	指定路径延迟表达式的个数				
	1	2	3	6	12
0->1	t	trise	trise	t01	t01
1->0	t	tfall	tfall	t10	t10
0->z	t	trise	tz	t0z	t0z
z->1	t	trise	trise	tz1	tz1
1->z	t	tfall	tz	t1z	t1z
z->0	t	tfall	tfall	tz0	tz0
0->x	*	*	*	*	t0x
x->1	*	*	*	*	tx1
1->x	*	*	*	*	t1x
x->0	*	*	*	*	tx0
x->z	*	*	*	*	txz
z->x	*	*	*	*	tzx

【例 1.26】 延迟格式表达式路径分配 Verilog HDL 描述的例子，如代码清单 1-18 所示。

代码清单 1-18　延迟格式表达式路径分配的 Verilog HDL 描述

```
//1 个表达式指定所有的跳变
(C => Q) = 20;
(C => Q) = 10:14:20;
```

```
// 2 个表达式指定上升和下降延迟
specparam tPLH1 = 12, tPHL1 = 25;
specparam tPLH2 = 12:16:22, tPHL2 = 16:22:25;
(C => Q) = ( tPLH1, tPHL1 ) ;
(C => Q) = ( tPLH2, tPHL2 ) ;
// 3 个表达式指定上升、下降和 z 跳变延迟
specparam tPLH1 = 12, tPHL1 = 22, tPz1 = 34;
specparam tPLH2 = 12:14:30, tPHL2 = 16:22:40, tPz2 = 22:30:34;
(C => Q) = (tPLH1, tPHL1, tPz1);
(C => Q) = (tPLH2, tPHL2, tPz2);
// 6 个表达式指定跳变到/从 0、1 和 z
specparam t01 = 12, t10 = 16, t0z = 13,
tz1 = 10, t1z = 14, tz0 = 34 ;
(C => Q) = ( t01, t10, t0z, tz1, t1z, tz0) ;
specparam T01 = 12:14:24, T10 = 16:18:20, T0z = 13:16:30 ;
specparam Tz1 = 10:12:16, T1z = 14:23:36, Tz0 = 15:19:34 ;
(C => Q) = ( T01, T10, T0z, Tz1, T1z, Tz0) ;
// 12 个表达式明确指定所有跳变延迟
specparam t01=10, t10=12, t0z=14, tz1=15, t1z=29, tz0=36,
t0x=14, tx1=15, t1x=15, tx0=14, txz=20, tzx=30 ;
(C => Q) = (t01, t10, t0z, tz1, t1z, tz0,t0x, tx1, t1x, tx0, txz, tzx) ;
```

2．指定 x 跳变延迟

如果没有明确地指出 x 跳变延迟，则基于下面两个规则计算 x 跳变的延迟值：

（1）从一个已知状态跳变到 x 将尽可能快地发生，即跳变到 x 使用尽量短的延迟。

（2）从 x 到一个已知状态的跳变延迟尽可能长，即为从 x 的任何一个跳变使用尽量长的延迟。

表 1.5 给出了用于 x 跳变的延迟值的通用算法以及具体例子。表中，表示了以下两组 x 跳变。

表 1.5　用于 x 跳变的计算延迟

x 跳变	延迟值
通用算法	
s->x	最小（s->其他已知的信号）
x->s	最小（其他已知信号->s）
指定的跳变	
0->x	最小（0->z 延迟，0->1 延迟）
1->x	最小（1->z 延迟，1->0 延迟）
z->x	最小（z->1 延迟，z->0 延迟）
x->0	最大（z->0 延迟，1->0 延迟）
x->1	最大（z->1 延迟，0->1 延迟）
x->z	最大（1->z 延迟，0->z 延迟）
使用：（C=>Q) = (5，12，17，10，6，22)	
0->x	最小（17，5）=5
1->x	最小（6，12）=6
z->x	最小（10，22）=10
x->0	最大（22，12）=22
x->1	最大（10，5）=10
x->z	最大（6，17）=17

（1）从已知状态 s 跳变到 x：s->x

（2）从 x 跳变到已知状态 s：x->s

3．延迟选择

当指定路径输出必须调度到跳变时，仿真器需要确定所使用的正确延迟。在这个过程中，可能指定了连接到输出路径的多个输入，此时仿真器必须确定使用哪个指定的路径。

仿真器首先要确定所指定的到输出的活动路径。活动的指定路径是指在最近的时间内输入经常跳变的路径，它们要么是无条件的，要么是条件为真。在同时出现输入跳变的情况下，可能有很多从输入到输出的指定路径都处于活动状态。

一旦识别出活动的指定路径，就必须从中选择一个延迟。这是通过比较从每个指定路径调度的特定跳变的正确延迟并选择最小延迟来完成的。

【例 1.27】 延迟分配 Verilog HDL 描述的例子 1。

```
(A => Y) = (6, 9);
(B => Y) = (5, 11);
```

对于 Y 从 0 到 1 的跳变，如果近期 A 的跳变比 B 更加频繁，则选择延迟 6；否则，选择延迟 5。如果最近它们都同时发生跳变，则选择它们两个上升延迟中最小的一个，即从 B 中选择上升延迟 5。如果 Y 从 1 到 0 跳变，则从 A 中选择下降延迟 9。

【例 1.28】 延迟分配 Verilog HDL 描述的例子 2。

```
if (MODE < 5) (A => Y) = (5, 9);
if (MODE < 4) (A => Y) = (4, 8);
if (MODE < 3) (A => Y) = (6, 5);
if (MODE < 2) (A => Y) = (3, 2);
if (MODE < 1) (A => Y) = (7, 7);
```

根据 MODE 的值，这些指定路径中从 0 到 5 的任何位置都可能处于活动状态。当 MODE=2 时，前面 3 个指定路径是活动的。上升沿时，将选择 4，因为这是前三个中最小的上升延迟；下降沿时，将选择 5，因为这是前三个中最小的下降延迟。

1.2.3　混合模块路径延迟和分布式延迟

如果模块包含模块路径延迟和分布式延迟（模块内原语实例的延迟），将选择每个路径内两个延迟中较大的一个。

【例 1.29】 混合模块路径延迟和分布式延迟例子 1。

图 1.3 给出了利用分布式延迟和路径延迟组合建模的简单电路（仅示出了 D 输入到 Q 输出路径）。这里，从输入 D 到输出 Q 的模块路径上的延迟是 22，而分布式延迟的总和是 0+1=1。因此，由 D 上的跳变引起的 Q 上的跳变将在 D 上的跳变后 22 个时间单位发生。

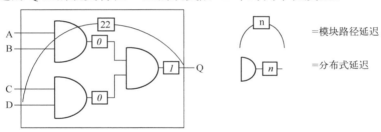

图 1.3　模块延迟比分布式延迟要长

【例 1.30】 混合模块路径延迟和分布式延迟例子 2。

在图 1.4 中，从 D 到 Q 的模块路径上的延迟为 22，但沿着该模块路径的分布式延迟现在加起来为 10+20=30。因此，由 D 上的事件引起的 Q 上的事件将在 D 上事件发生 30 个时间单位后发生。

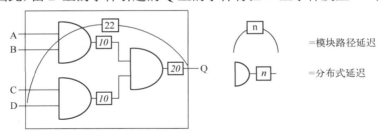

图 1.4　模块延迟比分布式延迟要短

1.2.4　驱动布逻辑

在模块内，模块路径的输出网络不超过一个驱动器。因此，在模块路径输出时，不允许线逻辑。

图 1.5 给出了出现布线输出规则的冲突，以及避免规则冲突的一个方法。如图 1.5（a）所示，由于一个路径由两个逻辑门的输出驱动器，因此所有连接到网络 S 的模块路径都是非法的。如图 1.5（b）所示，假设信号 S 是"线与"的，通过放置包含门逻辑的布线逻辑来创建连到输出的一个驱动器，就能规避这个限制。

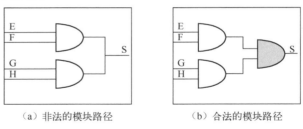

（a）非法的模块路径　　　　　（b）合法的模块路径

图 1.5　非法和合法模块路径

图 1.6（a）的模块路径描述是非法的，当把 Q 和 R 连接到一起时，则产生规则冲突条件。尽管在相同的模块内禁止多个输出驱动器连接到一个路径目的端，但是在模块外是允许的。图 1.6（b）给出的模块路径描述是合法的。

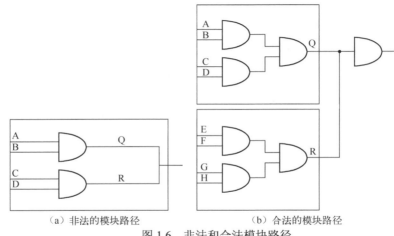

（a）非法的模块路径　　　　　（b）合法的模块路径

图 1.6　非法和合法模块路径

1.2.5　脉冲过滤行为的详细控制

在时间上，将比模块路径延迟更接近的两个连续调度的跳变看作脉冲。默认，拒绝模块路径的输出脉冲。连续的跳变不能比模块输出延迟还要靠近，称为脉冲传播的惯性延迟模型。

脉冲宽度范围控制如何处理模块路径输出的脉冲，包括：

（1）应拒绝脉冲宽度的范围；

（2）允许脉冲传播到路径目的的脉冲宽度范围；

（3）脉冲应在路径目的处生成逻辑 x 的脉冲宽度范围。

两个脉冲限制值定义了与每个模块路径跳变延迟相关的脉冲宽度范围，这两个脉冲限制值为错误限制值和拒绝限制值。错误限制值应该至少和拒绝限制值一样大。不会过滤掉大于或等于错误限制值的脉冲（通过）。小于错误限制值但大于或等于拒绝限制值的脉冲过滤为 x。拒绝小于拒绝限制值的脉冲。默认，将错误限制值和拒绝限制值设置成与延迟相等。这些默认值产生完整的惯性脉冲行为，拒绝所有小于延迟的脉冲。

如图 1.7 所示，从输入 A 到输出 Y 的上升延迟为 7、下降延迟为 9。默认情况下，上升延迟的错误限制值和拒绝限制值都是 7。下降延迟的错误限制值和拒绝限制值都是 9。与形成脉冲的后沿延迟相关联的脉冲极限确定是否以及如何对脉冲进行滤波。波形 Y'显示了无脉冲过滤产生的波形。脉冲宽度为 2，小于上升延迟 7 的拒绝限制值；因此如波形 Y 所示对脉冲进行滤波。

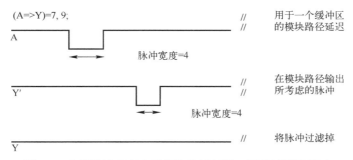

图 1.7　由于脉冲宽度小于模块路径延迟，因此过滤掉脉冲

有三种方法可以从默认值修改脉冲限制值。首先，Verilog 语言提供 PATHPULSE$ specparam 来修改默认值的脉冲限制值。其次，调用选项可以指定应用于所有模块路径延迟的百分比，以形成相应的错误限制值和拒绝限制值。第三，SDF 注解可以单独注解每个模块路径跳变延迟的错误极限和拒绝极限。

1．指定块控制脉冲限制值

可以使用 PATHPULSE$ specparam 从指定块内设置脉冲极限值。使用 PATHPULSE$指定拒绝限制值和错误限制值的语法格式为

```
PATHPULSE$ = ( reject_limit_value [ , error_limit_value ] )
| PATHPULSE$specify_input_terminal_descriptor$specify_output_terminal_descriptor
= ( reject_limit_value [ , error_limit_value ] )
```

其中，reject_limit_value 为拒绝限制值；error_limit_value 为错误限制值；specify_input_terminal _descriptor 为输入终端描述符；specify_output_terminal_descriptor 为输出终端描述符。

如果只指定了拒绝限制值，则应同时适用于拒绝限制值和错误限制值。

可以针对特定模块路径指定拒绝限制值和错误限制值。当没有指定模块路径时，拒绝限制值和错误限制值应适用于模块中定义的所有模块路径。如果路径特定的 PATHPULSE$指定参数和非路径特定的 PATHPULSE$指定参数出现在同一模块中，则路径特定的参数应优先于指定的路径。

模块路径输入终端和输出终端应符合模块路径输入和输出的规则，但有以下限制，即终端不能是向量的位选择或部分选择。

当模块路径声明声明多个路径时，PATHPULSE$ 指定参数应仅指定给第一个路径输入终端和第一个路径输出终端。指定的拒绝限制值和错误限制值应适用于多路径声明中的所有其他路径。应忽略指定除第一路径输入和路径输出终端以外的任何内容的 PATHPULSE$指定参数。

【例 1.31】 PATHPULSE$修改脉冲限制值 Verilog HDL 描述的例子，如代码清单 1-19 所示。

代码清单 1-19　PATHPULSE$修改脉冲限制值的 Verilog HDL 描述

```
specify
(clk => q) = 12;
(data => q) = 10;
(clr, pre *> q) = 4;
specparam
PATHPULSE$clk$q = (2,9),
PATHPULSE$clr$q = (0,4),
PATHPULSE$ = 3;
endspecify
```

在该例子中，通过第一个 PATHPULSE$，路径 clk=>q 获取的拒绝限制值为 2、错误限制值为 9，如第一个 PATHPULSE$声明所定义。路径(clk*>q)和(pre*>q)接收第二个 PATHPULSE$声明的拒绝限制值 0 和错误限制值 4。路径 data=>q 没有使用 PATHPULSE$明确的说明，因此它获得的拒绝限制值和错误限制值为 3，正如第三个 PATHPULSE$声明所定义的那样。

2．全局控制脉冲限制值

两个调用选项可以指定全局应用于所有模块路径跳变延迟的百分比。错误限制调用选项指定用于其错误限制值的每个模块路径跳变延迟的百分比。拒绝限制调用选项指定用于其拒绝限制值的每个模块路径跳变延迟的百分比。百分比值为 0~100 之间的整数。

拒绝和错误限制调用选项的默认值都是 100%。当两个选项都不存在时，则每个模块跳变延迟的 100%用作拒绝和误差限制。

如果错误限制百分比小于拒绝限制百分比，则为错误。在这种情况下，错误限制百分比设置为等于拒绝限制百分比。

当同时存在 PATHPULSE$和全局脉冲限制调用选项时，应优先考虑 PATHPULES$值。

3．脉冲限值的 SDF 注解

SDF 注解可用于指定模块路径跳变延迟的脉冲限制值。当存在 PATHPULSE$、全局脉冲限制调用选项和脉冲限制值的 SDF 注解时，SDF 注解值优先。

4．详细的脉冲控制能力

脉冲过滤行为的默认类型有两个缺点。首先，对 x 状态的脉冲过滤可能不够“悲观”，x 状态的持续时间太短而不起作用。第二，不相等的延迟可以导致脉冲拒绝，只要后沿在前沿之前，就不会留下脉冲被拒绝的指示。

1）基于事件/基于检测脉冲过滤

当一个输出脉冲必须过滤到 x 时，如果模块路径输出立即跳变到 x（基于检测），而不是在脉冲的前沿已经调度的跳变时间上（基于事件），则表达出更大的悲观情绪。

默认，基于事件脉冲过滤到 x。当输出脉冲必须过滤到 x 时，脉冲的前沿变成到 x 的跳变，且后沿变成从 x 的跳变。边沿的跳变时间不变。

如图 1.8 所示，使用了非对称上升/下降时间的简单缓冲区，图中的拒绝限制值和错误限制值都为 0，图中给出了基于时间和基于检测的输出波形。

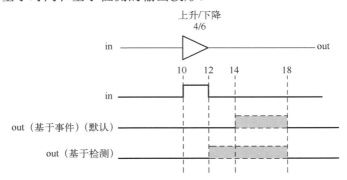

图 1.8　基于事件和基于检测

有两种不同的方法用于选择基于检测或者基于事件行为。

（1）通过使用基于检测或者基于事件调用选项，全局处理所有模块路径输出；

（2）通过使用本地指定块脉冲类型声明，其语法格式为：

```
pulsestyle_onevent list_of_path_outputs ;
| pulsestyle_ondetect list_of_path_outputs ;
```

如果模块路径输出在已经出现在模块路径声明中之后出现在脉冲类型声明中，则为错误。脉冲类型调用选项优先于脉冲类型指定块声明。

2）负脉冲检测

当一个模块路径的输出延迟不相等时，可能调度一个脉冲的后沿时间要早于调度一个脉冲的前沿时间，导致产生一个负脉冲宽度。在正常条件下，如果调度一个脉冲的后沿时间要早于调度一个脉冲的前沿时间，则取消前沿。当脉冲的初始状态和最终状态相同时，不会出现跳变，因此未指示曾经出现一个调度。

通过使用行为的 showcancelled 类型，可以指示一个 x 状态的负脉冲。当一个脉冲的后沿比前沿先调度时，这个类型使前沿调度变成 x、后沿从 x 调度。基于事件脉冲类型，用调度到 x 来代替前沿调度。基于检测脉冲类型，在检测到负脉冲上立即调度到 x。

通过两种不同的方法，使能 showcancelled 行为。

（1）使用 showcancelled 和 noshowcancelled 调用选项。

（2）使用指定块 showcancelled 的声明，其语法格式为

```
showcancelled list_of_path_outputs ;
| noshowcancelled list_of_path_outputs ;
```

图 1.9 给出了 showcancelled 行为描述，图中给出了一个输入到一个带有不等上升/下降延迟缓冲区的窄脉冲，这将导致调度脉冲的后沿早于前沿。输入脉冲的前沿在 6 个单位之后调度（由 A 点标记的输出事件）。脉冲后沿在一个时间单位后出现，其调度输出事件出现在 4 个单位之后（由

B 标记的点)。第 2 个输出调度用于一个时间, 该时间先于已经存在的用于前面的输出脉冲边沿的
调度, 图中给出了 3 种不同工作模式的输出波形。第一个波形给出了默认行为 (未使能 showcancelled
的行为和默认的基于时间的类型), 第二个波形给出了与基于事件结合的 showcancelled 行为, 最
后一个波形给出了与基于检测结合的 showcancelled 行为。

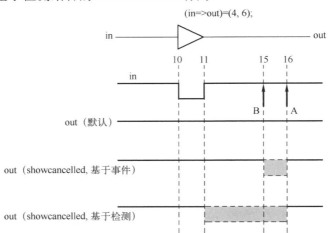

图 1.9　当前事件消除问题和矫正

　　相同的情况也可能出现在几乎同时的输入跳变中, 如图 1.10 所示, 图中给出了两输入与非门
的输入波形, 开始时 A 为逻辑高、B 为逻辑低。在第 10 个时刻, B 跳变, 即 0->1, 导致在第 24
个时刻的输出调度为 1->0。A 在第 12 个时刻, 1->0, 因此在第 22 个时刻调度为 0->1。图中箭头
用于标记由输入 A 和 B 跳变引起的输出跳变。图中给出了 3 种不同操作模式的输出波形。第一个
波形显示了未使能 showcancelled 行为的默认行为以及默认的基于事件类型。第二个波形将
showcancelled 行为与基于事件一起显示。第三个波形将 showcancelled 行为和基于检测一起显示。

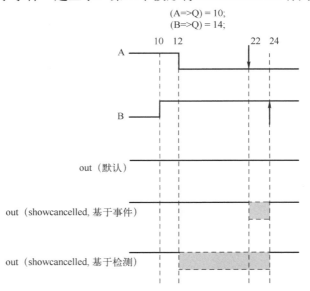

图 1.10　NAND 门几乎同时跳变的输入, 其中一个事件在另一个事件尚未成熟之前调度

　　带有 showcancelled 行为基于事件类型的缺点是输出脉冲边沿靠得太近, 导致 x 状态的时间持
续太短, 图 1.11 给出了基于检测类型解决这个问题的方法。

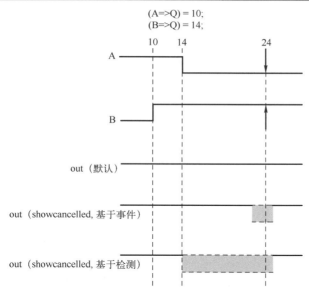

图 1.11　NAND 门的同步输入切换，输出事件在相同时刻调度

【例 1.32】　指定块中没有脉冲类型或 showcancelled 声明的 Verilog HDL 描述的例子。

```
specify
          (a=>out)=(2,3);
            (b =>out)=(3,4);
endspecify
```

【例1.33】　指定块中带有showcancelled声明的Verilog HD描述的例子。

```
specify
          (a=>out)=(2,3);
          showcancelled out;
          (b =>out)=(3,4);
endspecify
```

此 showcancelled 声明出错，因为它遵循了模块路径声明中 out 的使用。如果 out 从输入 a 中不显示已取消的行为，但从输入 b 中显示已取消行为，这将是矛盾的。

【例 1.34】　带有 showcancelled 和脉冲类型语句 Verilog HDL 描述的例子，如代码清单 1-20 所示。

代码清单 1-20　带有 showcancelled 和脉冲类型语句的 Verilog HDL 描述

```
specify
showcancelled out;
pulsestyle_ondetect out;
(a => out) = (2,3);
(b => out) = (4,5);
showcancelled out_b;
pulsestyle_ondetect out_b;
(a => out_b) = (3,4);
(b => out_b) = (5,6);
endspecify

specify
showcancelled out,out_b;
```

```
pulsestyle_ondetect out,out_b;
(a => out) = (2,3);
(b => out) = (4,5);
(a => out_b) = (3,4);
(b => out_b) = (5,6);
endspecify
```

在该例子中, 这两个指定块都会产生相同的结果。输出 out 和 out_b 都被声明为 showcancelled 和 pulsestyle_ondetect。

1.3   Verilog HDL 时序检查

本节将介绍在指定块中如何使用时序检查来确定信号是否遵守时序约束。

1.3.1   时序检查概述

时序检查可以放在指定块中, 通过确保关键事件在给定的时间限制内发生来验证设计的时序性能。为了方便起见, 将时序检查分成两组。第一组时序检查是根据稳定性时间窗口描述的:

$setup	**$hold**	**$setuphold**
$recovery	**$removal**	**$recrem**

第二组中的定时检查检查时钟和控制信号, 并根据两个事件之间的时间差进行描述 ($nochange 检查涉及三个事件):

$skew	**$timeskew**	**$fullskew**
$width	**$period**	**$nochange**

尽管它们以$开头, 但是时序检查不是系统任务。由于历史原因, 出现前导"$", 定时检查不应该与系统任务混淆。特别是指定块中不能出现任何系统任务, 在过程代码中也不能出现任何时序检查。

一些时序检查能接受负限制值。所有时序检查都有一个参考事件和一个数据事件, 并且布尔条件可以与每个事件相关联。有些检查有两个信号自变量, 其中一个是引用事件, 另一个是数据事件。其他检查只有一个信号自变量, 参考事件和数据事件都是从中得出的。只有当相关条件为真时, 才能通过时序检查检测到参考事件和数据事件。

时序检查评估基于两个事件的时间, 这两个事件分别称为时间戳事件和时间检查事件。时间戳事件信号上的跳变使仿真器记录(标记)跳变时间, 以供将来在评估时序检查时使用。时间检查事件信号上的跳变导致仿真器实际评估时序检查以确定是否发生了冲突。

对于某些检查, 参考事件总是时间戳事件, 数据事件总是时间检查事件; 而对于其他检查, 情况正好相反。对于其他检查, 关于哪个是时间戳事件、哪个是时间检查事件的决定是基于下面更详细讨论的因素。

每个时序检查都可以包括一个可选的通知程序, 每当时序检查检测到违规时, 该通知程序就会切换。该模型可以使用通知程序使行为成为时序检查违规的函数。

与模块路径延迟表达式一样, 时序检查限制值是常数表达式, 可以包括指定参数。

1.3.2   使用稳定窗口的时序检查

使用稳定窗口的时序检查接受两个信号, 即参考事件和数据事件, 并定义一个信号的时间窗口，同时检查另一信号相对于该窗口的跳变时间。通常，它们都执行以下步骤：

（1）使用指定的一个或多个限制来定义关于参考信号的时间窗口；

（2）检查数据信号相对于时间窗口的跳变时间；

（3）如果数据信号在时间窗口内跳变，则报告时序冲突。

1．$setup

语法格式为

$setup (data_event , reference_event , timing_check_limit [, [notifier]]) ;

其中，data_event 为时间戳事件；reference_event 为时间检查事件；limit 为非负常数表达式；notifier（可选）为 Reg。

此外，数据（时间戳）事件通常是一个数据信号，而参考事件（时间检查事件）通常是一个时钟信号。时间窗口的终点由下式确定：

(beginning of time window) = (timecheck time) – limit
(end of time window) = (timecheck time)

在下面情况下，$setup 时序检查报告时序冲突，即

(beginning of time window)< (timestamp time)< (end of time window)

图 1.12 更清楚地说明以上公式给出的约束条件。从图中可知允许的建立时间窗口宽度由 limit 决定。对于数据信号（时间戳事件）来说，它应该在窗口的起点以外就应该有效。如果数据信号的有效时间落在了时间窗口内，就表示时间戳事件没有为参考事件（clk 信号）提供足够的建立时间，也就是不满足建立时间要求，这就会产生建立时间的冲突。

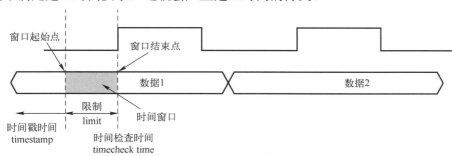

图 1.12　$setup 时序检查的概念

2．$hold

语法格式为

$hold (reference_event , data_event , timing_check_limit [, [notifier]]) ;

其中，reference_event 为时间戳事件；data_event 为时间检查事件；limit 为非负常数表达式；notifier（可选）为 reg；

此外，数据事件（时间检查事件）通常是一个数据信号，而参考事件（时间戳事件）通常是一个时钟信号。时间窗口的起点和终点由下式确定：

(beginning of time window) = (timestamp time)
(end of time window) = (timestamp time) + limit

在下面情况下，$hold 时序检查报告时序冲突，即

(beginning of time window)≤(timecheck time)< (end of time window)

图 1.13 更清楚地说明以上公式给出的约束条件。从图中可知允许的保持时间窗口宽度由 limit 决定。对于数据信号（时间检查事件）来说，它应该在窗口的起点开始一直到窗口终点一直有效。如果数据信号（时间检查事件）的有效时间落在了时间窗口内，就表示时间检查事件没有为时间戳事件（clk 信号）提供足够的保持时间，也就是不满足保持时间要求，这就会产生保持时间的冲突。

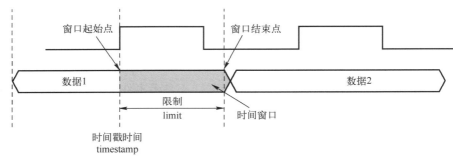

图 1.13 $hold 时序检查的概念

3．$setuphold

语法格式为

```
$setuphold ( reference_event , data_event , timing_check_limit , timing_check_limit
[ , [ notifier ] [ , [ stamptime_condition ] [ , [ checktime_condition ]
[ , [ delayed_reference ] [ , [ delayed_data ] ] ] ] ] ] );
```

其中，reference_event 表示当建立限制条件的值是正数的时候，为时间检查事件或者时间戳事件；当建立限制条件的值是负数的时候，为时间戳事件。data_event 表示当保持限制条件的值是正数的时候，为时间检查事件或者时间戳事件；当保持限制条件值是负数时，为时间戳事件。setup_limit 为常数表达式；hold_limit 为常数表达式；notifier（可选）为 Reg；timestamp_cond（可选）为用于负的时序检查的时间戳条件；timecheck_cond（可选）为用于负的时序检查的时间检查条件；delayed_reference（可选）为用于负的时序检查延迟的参考信号；delayed_data（可选）为用于负的时序检查延迟的数据信号。$setuphold 时序检查可以接受限制值为负数的条件。此处，数据事件通常是一个数据信号，而参考事件通常是一个时钟信号。当建立限制和保持限制的值均为正数时，参考事件或数据事件可作为时间检查事件，这将取决在仿真时首先发生的事件。

如果建立限制或保持限制的值其中有一个为负数时，限制条件变成如下表达式：

setup_limit + hold_limit > (simulation unit of precision)

$setuphold 时序检查将$setup 和$hold 时序检查功能组合为一个时序检查。

因此，下面的调用：

$setuphold(posedge clk, data, tSU, tHLD);

等效于下面的功能（如果 tSU 和 tHLD 都不是负数时）：

$setup(data, posedge clk, tSU);
$hold(posedge clk, data, tHLD);

当建立约束和保持约束为正，数据事件首先发生时，时间窗口的起点和终点由下式确定：

(beginning of time window) = (timecheck time) - limit
(end of time window) = (timecheck time)

在下面的情况下，$setuphold 时序检查报告一个时序冲突，即

(beginning of time window)<(timestamp time)≤(end of time window)

当建立约束和保持约束为正，数据事件第二个发生时，时间窗口的起点和终点由下式确定：

(beginning of time window) = (timestamp time)
(end of time window) = (timestamp time) + limit

在下面的情况下，$setuphold 时序检查报告一个时序冲突，即

(beginning of time window)≤(timecheck time)<(end of time window)

4. $removal

语法格式为

$removal (reference_event , data_event , timing_check_limit [, [notifier]]) ;

其中，data_event 为时间戳事件；reference_event 为时间检查事件；limit 为非负常数表达式；notifier（可选）为 Reg。

此处，参考事件（时间检查事件）通常是一个控制信号，如清除（clear）、复位（reset）或置位（set），而数据事件（时间戳事件）通常是一个时钟信号。时间窗口的起点和终点由下式确定：

(beginning of time window) = (timecheck time) – limit
(end of time window) = (timecheck time)

在下面的情况下，$removal 时序检查报告一个时序冲突，即

(beginning of time window)<(timestamp time)<(end of time window)

时间窗口的端点不是冲突区域的一部分。当限制值为零时，$removal 检查将不发出冲突。

图 1.14 更清楚地说明以上公式给出的约束条件。从图中可知允许的去除时间窗口宽度由 limit 决定。对于参考事件（时间检查事件）来说，它应该在窗口的起点开始一直到窗口终点为止一直有效。如果参考事件（时间检查事件）的有效时间落在了时间窗口内，就表示时间检查事件没有为时间戳事件（clk 信号）提供足够的去除时间，也就是不满足去除时间要求，这就会产生去除时间冲突。

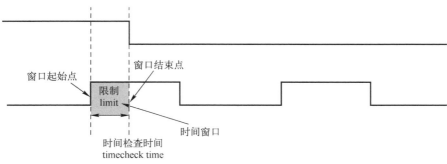

图 1.14　$removal 时序检查的概念

5. $recovery

语法格式为

$recovery (reference_event , data_event , timing_check_limit [, [notifier]]) ;

其中，data_event 为时间检查事件；reference_event 为时间戳事件；limit 为非负常数表达式；notifier
（可选）为 Reg。

此处，参考事件（时间戳事件）通常是一个控制信号，如清除（clear）、复位（reset）或者
置位（set），而数据事件（时间检查事件）通常是一个时钟信号。时间窗口的起点和终点由下式
确定：

(beginning of time window) = (timestamp time)
(end of time window) = (timestamp time) + limit

下面的情况下，\$removal 时序检查报告一个时序冲突，即

(beginning of time window)≤(timecheck time)<(end of time window)

对于包含有异步复位的一个寄存器来说，恢复时间是指将异步复位信号切换到不活动状态后，
下一个活动时钟沿之前的最小时间。这个时间用于安全地锁存一个新的数据。

图 1.15 更清楚地说明以上公式给出的约束条件。从图中可知允许的恢复时间窗口宽度由 limit
决定。对于参考事件（时间戳事件）来说，它应该先于窗口起点有效。如果参考事件（时间戳事
件）的有效时间落在了时间窗口内，就表示时间戳事件没有为时间检查事件（clk 信号）提供足够
的恢复时间，也就是不满足恢复时间要求，这就会产生恢复时间冲突。

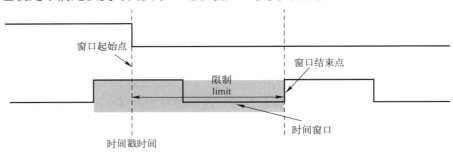

图 1.15   \$recovery 时序检查的概念

6．\$recrem

语法格式为

$recrem (reference_event , data_event , timing_check_limit , timing_check_limit
        [, [notifier] [, [stamptime_condition] [, [checktime_condition]
        [, [delayed_reference] [, [delayed_data]]]]]]) ;

其中，reference_event 表示当去除限制值是正数时，为时间检查事件或者时间戳事件；当去除限制
值是负数时，为时间戳事件。data_event 表示当恢复限制值是正数时，为时间检查事件或者时间戳
事件；当恢复限制值是负数时，为时间戳事件。recovery_limit 为常数表达式；removal_ limit 为常
数表达式；notifier（可选）为 Reg；timestamp_cond（可选）表示用于负的时序检查的时间戳条件；
timecheck_cond（可选）表示用于负的时序检查的时间检查条件；delayed_ reference（可选）表示
用于负的时序检查延迟的参考信号；delayed_data（可选）表示用于负的时序检查延迟的数据信号。

当去除限制值和恢复限制值均为正数时，参考事件或数据事件均可作为时间检查事件，这取
决于仿真中最先出现的事件。

当去除限制值或恢复限制值为负时，约束变成下面的公式：

removal_limit + recovery_limit > (simulation unit of precision)

\$recrem 时序检查将\$removal 和\$recovery 时序检查的功能组合为一个时序检查，因此，下面

的调用：

```
$recrem( posedge clear, posedge clk, tREC, tREM );
```

等效为下面的功能（tREC 和 tREM 的值不为负数）：

```
$removal( posedge clear, posedge clk, tREM );
$recovery( posedge clear, posedge clk, tREC );
```

当去除限制值和恢复限制值均为正数，并且数据事件首先发生时，时间窗口的起点和终点由下式确定：

```
(beginning of time window)=(timecheck time)−limit
(end of time window)=(timecheck time)
```

在下面的情况下，$recrem 时序检查报告一个时序冲突：

```
(beginning of time window)<(timestamp time)≤(end of time window)
```

当去除限制值和恢复限制值均为正数，且数据事件第二个发生时，时间窗口的起点和终点由下式确定：

```
(beginning of time window) = (timestamp time)
(end of time window) = (timestamp time) + limit
```

在下面的情况下，$recrem 时序检查将报告一个时序冲突，即

```
(beginning of time window)≤(timecheck time)<(end of time window)
```

1.3.3　时钟和控制信号的时序检查

时钟和控制信号的时序检查接受一个或者两个信号，并且验证它们的跳变永远不会被多个限制分割。对于只指定一个信号的检查，从该信号得到参考事件和数据事件。通常，这些检查执行下面的步骤：

（1）确定两个事件之间经过的时间；

（2）将经过的时间和指定的限制进行比较；

（3）如果经过时间和指定的限制冲突，则报告时序冲突。

偏斜（skew）检查有两个不同的冲突检测机制，即基于事件和基于定时器。

（1）基于事件的偏斜检查，只有在信号跳变时执行检查。

（2）基于定时器的偏斜检查，只要仿真时间等于经过的偏斜限制值时，就执行检查。

$nochange 检查包含三个事件，而不是两个。

1．$skew

语法格式为

```
$skew ( reference_event , data_event , timing_check_limit [ , [ notifier ] ] ) ;
```

其中，reference_event 为时间戳事件；data_event 为时间检查事件；limit 为非负常数表达式；notifier（可选）为 Reg。

在下面情况下，$skew 时序检查报告一个冲突，即

```
(timecheck time) − (timestamp time) > limit
```

参考信号和数据信号的同时跳变不会引起$skew 报告冲突，甚至抖动限制值为 0 的时候。

$skew 时序检查是基于事件的，只有在一个数据事件后，才进行评估。如果没有一个数据事

件（如数据事件无限延迟），将不会评估$skew 时序检查，且不会报告时序冲突。相反，$timeskew 和$fullskew 默认基于定时器，如果绝对要求冲突报告且数据事件很晚出现或甚至于完全不出现时，就会使用它们。

一旦检测到参考事件，$skew 将无限等待一个数据事件。在没有发生数据事件以前，不会报告时序冲突。第二个连续的参考事件将取消前面所等待的数据事件，开始新的数据事件。

在一个参考事件后，$skew 时序检查不会停止对用于一个时序冲突的数据事件进行检查。当一个发生在参考事件后的数据事件超过了限制，则$skew 报告时序冲突。

2．$timeskew

语法格式为

$timeskew (reference_event , data_event , timing_check_limit
　　　　[, [notifier] [, [event_based_flag] [, [remain_active_flag]]]]) ;

其中，data_event 为时间检查事件；reference_event 为时间戳事件；limit 为非负常数表达式；notifier（可选）为 Reg；event_based_flag（可选）为常数表达式；remain_active_flag（可选）为常数表达式。

在出现下面情况时，$timeskew 时序检查报告一个时序冲突：

(timecheck time) − (timestamp time) > limit

参考信号和数据信号的同时跳变不会引起$timeskew 报告冲突，甚至抖动限制值为 0。如果一个新的时间戳事件准确地发生在时间限制超时时，$timeskew 也不会报告一个冲突。

$timeskew 的默认行为是基于定时器的。在一个参考事件后经过的时间等于限制值时，立即报告一个冲突，且检查将变成静止的，不会报告更多的冲突（甚至是响应数据事件），直到下一个参考事件为止。然而，如果在限制内发生了一个数据事件，则不会报告一个冲突，检查将立即变成静止的。当它的条件为假并且没有设置 remain_active_flag 时，如果检测到一个有条件的参考事件时，该检查也将变成静止的。

使用 event_based_flag 可以将基于时间的行为改为基于事件的行为。当同时设置 event_based_flag 和 remain_active_flag 时，它的行为像$skew 检查。当只设置 event_based_flag 时，它的行为像$skew，下面情况例外：

（1）当报告第一个冲突后，变成静态的；

（2）当它的条件为假时，检测到一个有条件的参考事件。

【例 1.35】　$timeskew 检查的 Verilog HDL 描述的例子。

$timeskew (posedge CP &&& MODE, negedge CPN, 50,, event_based_flag, remain_active_flag);

图 1.16 给出采样$timeskew 的波形。图中：

（1）没有设置 event_based_flag 和 remain_active_flag。

CP 上的第一个参考事件（A 点标记）后，在 50 个时间单位后，在 B 点报告一个冲突。将$timeskew 检查改为静止的，并且不会报告更多的冲突。

（2）设置 event_based_flag，但未设置 remain_active_flag。

CP 上第一个参考事件（A 点标记）后，在 CPN 有一个负跳变（C 点标记）时将产生一个时序冲突，将$timeskew 检查改为静止的，且不会报告更多的冲突。当 MODE 为假时，在 CP 上产生第二个参考事件（F 点标记），因此$timeskew 检查保持静止。

（3）设置 event_based_flag 和 remain_active_flag。

CP 上第一个参考事件（A 点标记）后，在 CPN 上若有 3 个负跳变（用 C、D 和 E 点标记），则将产生时序冲突。当 MODE 为假时，在 CP 上产生第二个参考事件（F 点标记），但由于设置了 remain_active_flag，$timeskew 保持活动。因此，在 CPN 上的 G、H、I 和 J 点报告额外的冲突。换句话说，CPN 上的所有负跳变将产生冲突，与$skew 行为相同。

（4）没有设置 event_based_flag，但设置 remain_active_flag。

对于图 1.16 给出的波形，$timeskew 在情况（4）下，与情况（1）有相同的行为。两个情况的不同之处如图 1.17 所示。

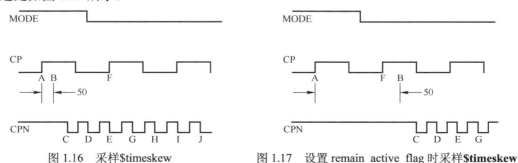

图 1.16　采样$timeskew　　　　　　图 1.17　设置 remain_active_flag 时采样$timeskew

尽管 MODE 的条件为假，在 CP 产生参考事件（以 F 点标记），但由于设置了 remain_active_flag，所以$timeskew 检查不会变为静止。因此，在 B 点报告冲突。然而对于情况（1），由于没有设置 remain_active_flag，在 F 点，$timeskew 检查将变为静止，且不会报告冲突。

3．$fullskew

语法格式为

$fullskew (reference_event , data_event , timing_check_limit , timing_check_limit
　　　　　[, [notifier] [, [event_based_flag] [, [remain_active_flag]]]]) ;

其中，data_event 为时间戳或时间检查事件；reference_event 为时间戳或时间检查事件；limit 1 为非负常数表达式；limit 2 为非负常数表达式；notifier（可选）为 Reg；event_based_flag（可选）为常数表达式；remain_active_flag（可选）为常数表达式。

除参考事件和数据事件可以以任何顺序跳变外，$fullskew 类似于$timeskew。第一个限制是数据事件跟随参考事件的最大时间；第二个限制是参考事件跟随数据事件的最大时间。

当参考事件在数据事件之前时，参考事件是时间戳事件，数据事件是时间检查事件；当数据事件在参考事件之前时，数据事件是时间戳事件，参考事件是时间检查事件。

在下面情况下，$fullskew 时序检查报告一个冲突。此处，当参考事件先出现跳变时，将限制设置为 limit 1；当数据事件先出现跳变时，将限制设置为 limit 2。

(timecheck time)− (timestamp time) > limit

在参考信号和数据信号出现同时跳变时不会引起$fullskew 报告一个时序冲突，甚至于抖动限制值为 0 时。如果一个新的时间戳事件准确发生在到达时间限制时，$fullskew 也不会报告一个冲突。

$fullskew 默认的行为是基于定时器（没有设置 event_based_flag）。在一个时间戳时间后，如果一个时间检查事件没有出现在到达时间限制时，将立即报告一个冲突，且时序检查将变成静止的。然而，如果在时间限制内发生了一个时间检查事件，则不会报告冲突，且时序检查立即变成静止的。

一个参考事件或数据事件是一个时间戳事件，并且启动一个新的时序窗口。如果在前面的一个时间戳时间后，在时间限制范围内发生了一个时间检查事件，则时序检查将变成静止的，和上面描述的相同。

在基于定时器的模式下，在一个时间限制范围内发生的第二个时间戳事件将启动一个新的时序窗口用于取代第一个窗口，除非第二个时间戳事件有一个关联条件，该条件的值为假，在这种情况下，$fullskew 的行为取决于 remain_active_flag。如果设置该标志，则将简单地忽略第二个时间戳事件。如果没有设置该标志，且时间检查是活动的，则时序检查将转为静止的。

通过 event_based_flag，可以将$fullskew 检查所默认的行为从基于定时器改为基于事件。在这个模式下，$fullskew 类似于$skew，这是因为它不是在时间戳事件后到达时间限制时报告冲突（基于定时器模式），而是在时间限制值后发生时间检查事件才报告冲突。这样一个事件将结束第一个时序窗口，并且立即启动一个新的时序窗口，它充当新窗口的时间戳事件。在限制值范围内的一个时间检查事件将结束时序窗口，时序检查将变为静止的，且不报告时序冲突。

在基于事件的模式下，发生在时间检查事件之前的第二个时间戳事件将开启一个新的时序窗口来取代第一个时序窗口，除非第二个时间戳时间所关联的条件值为假。在这种情况下，$fullskew 的行为取决于 remain_active_flag。如果设置标志，则简单忽略第二个时间戳事件；如果没有设置标志，且时间检查是活动的，则时序检查变为静止的。

在基于定时器和基于事件的模式中，如果时间戳事件没有条件或具有"真"条件，并且如果时序检查处于休眠状态，则激活时序检查。

【例 1.36】 $fullskew Verilog HDL 描述的例子。

```
$fullskew (posedge CP &&& MODE, negedge CPN, 50, 70,, event_based_flag,
        remain_active_flag);
```

图 1.18 给出采样$fullskew 的波形。

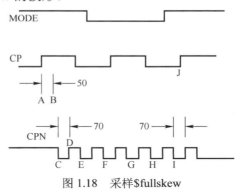

图 1.18 采样$fullskew

（1）没有设置 event_based_flag。

在 CP 跳变（A 点标记）同时 MODE 为真时，开始等待 CPN 上的负跳变。在到达 50 个时间单位时（B 点标记），报告冲突。这将检查复位，并且等待下一个活动的跳变。

CPN 产生一个负跳变（C 点标记），同时 MODE 为真时，在 CP 上等待一个正的跳变，在 D 点，时间过去了 70 个时间单位，同时 MODE 为真，但 CP 没有出现正的跳变，因此报告一个冲突，复位检查，等待下一个活动的跳变。

CPN 的一个跳变（E 点标记），也导致一个时序冲突，在 F 点也是这样，这是因为即使 CP 跳变，但是 MODE 不再为真。G 和 H 点的跳变也导致时序冲突，但是 I 点没有，这是因为该点后 CP 出现跳变时，同时 MODE 为真。

（2）设置 event_based_flag。

在 CP 跳变（A 点标记）同时 MODE 为真时，开始等待 CPN 上的负跳变。CPN 在 C 点报告一个时序冲突，这是因为超过了 50 个时间单位的限制。当 MODE 为真时，在 C 点的跳变开始等待 70 个时间单位，用于 CP 上的正跳变。但是，对于 CPN 在 C~H 点的跳变且 MODE 为真时，CP 没有正的跳变。因此，不会报告时序冲突。在 CPN 上 I 点的跳变，开始等待 70 个时间单位，且当 MODE 为真时，CP 在 J 点的正跳变满足条件。

尽管在这个例子给出的波形中没有显示 remain_active_flag 的角色，但是应该承认在确定 $fullskew 在时序检查中的行为时，该标志非常重要，正如在$timeskew 时序检查中的那样。

4．$width

语法格式为

```
$width ( controlled_reference_event , timing_check_limit
        [ , threshold [ , notifier ] ] ) ;
```

其中，data_event（隐含）为时间检查边沿触发事件；reference_event 为时间戳边沿触发事件；timing_check_limit 为非负常数表达式；notifier（可选）为 Reg；threshold（可选）为非负常数表达式。

通过测量从时间戳事件到时间检查事件的时间，$width 时间检查监视信号脉冲的宽度。由于一个数据事件没有传递到$width，所以它从参考事件中得到：

数据事件=带有相反边沿的参考事件信号

由于采用这种方法获取用于$width 的数据事件，因此必须传递一个边沿触发的事件作为参考事件。如果一个参考事件没有边沿说明，则出现编译器错误。

由于根据时间窗口定义$width 时序检查，因此类似于将其表示为时间检查和时间戳之间的时间差。

在下面情况下，$width 时序检查报告一个冲突，即

```
threshold<(timecheck time)−(timestamp time)<limit
```

脉冲宽度必须大于或等于限制值，以避免一个时序冲突。但是，对于小于门限（threshold）的毛刺来说，没有报告冲突。

如果要求一个 notifier 参数时，需要包含门限参数。允许可以不指定这两个参数，此时门限的默认值为 0。如果出现 notifier，则应该有非空的门限值。

【例 1.37】　$width 合法和不合法 Verilog HDL 描述的例子。

```
//合法的调用
$width ( negedge clr, lim );
$width ( negedge clr, lim, thresh, notif );
  $width ( negedge clr, lim, 0, notif );
  // 不合法的调用
  $width ( negedge clr, lim, , notif );
  $width ( negedge clr, lim, notif );
```

5．$period

语法格式为

```
$period ( controlled_reference_event , timing_check_limit [ , [ notifier ] ] ) ;
```

其中，隐含的 data_event 为时间戳边沿触发事件；reference_event 为时间戳边沿触发事件；timing_check_limit 为非负常数表达式；notifier（可选）为 Reg。

由于一个数据事件没有传递参数到$period，所以它从参考事件中得到：

数据事件 = 带有相同边沿的参考事件信号

由于采用这种方法获取用于$period 的数据事件，因此必须传递一个边沿触发的事件作为参考

事件。如果一个参考事件没有边沿说明，则出现编译器错误。

由于根据时间窗口定义 $period 时序检查，因此类似于将其表示为时间检查和时间戳之间的时间差。在下面情况下，$period 时序检查报告冲突：

(timecheck time)−(timestamp time)<limit

6．$nochange

语法格式为

$nochange (reference_event , data_event , start_edge_offset ,end_edge_offset [, [notifier]]) ;

其中，data_event 为时间戳事件或时间检查事件；reference_event 为边沿触发的时间戳事件和/或时间检查事件；start_edge_offset 为常数表达式；end_edge_offset 为常数表达式；notifier（可选）为 Reg。

如果在一个控制信号（参考事件）指定的电平期间发生了一个数据事件，则 $nochange 时序检查报告一个时序错误。参考事件可以使用 posedge 或 negedge 关键字说明，但不能使用边沿控制的标识符。

起始边沿和结束边沿能扩展或者缩小时序冲突的区域，它是由边沿之后的参考事件的间隔定义的。如果参考事件是一个上升沿，则间隔是一个参考信号为高电平的周期。一个用于起始边沿的正偏移通过更早的启动时序冲突区域而扩展了区域；用于起始边沿的负偏移通过更晚的启动时序冲突区域缩短了区域。类似地，用于结束边沿的正偏移通过更晚结束而扩展了时序冲突区域，而用于结束边沿的负偏移通过较早结束而缩小了时序冲突区域。如果所有的偏移都为 0，将不会改变区域的大小。

不像其他时序检查，$nochange 涉及三个跳变，而不是两个跳变。参考事件的前沿定义了时间窗口的开始，参考事件的后沿定义了时间窗口的结束。如果在时间窗口的任何时间内发生了数据事件，则导致冲突。

时间窗口的起点和终点由下面公式确定：

(beginning of time window) = (leading reference edge time) −start_edge_offset
(end of time window) = (trailing reference edge time) + end_edge_offset

在下面情况下，$nochange 时序检查将报告时序冲突，即

(beginning of time window)<(data event time)<(end of time window)

【例 1.38】　$nochange Verilog HDL 描述的例子。

$nochange(posedge clk, data, 0, 0) ;

在该例子中，如果 clk 为高时，改变 data 信号则报告一个冲突。如果 clk 上升沿和 data 跳变同时发生，则没有冲突。

1.3.4　边沿控制标识符

在时序检查中，基于在 0、1 和 x 之间的特定沿跳变，边沿控制标识符可用于控制事件。

边沿控制标识符包含关键字 edge，后面跟着包含 1 对到 6 对边沿跳变（0、1 和 x）的一个方括号列表，即

（1）01，表示从 0 跳变到 1；

（2）0x，表示从 0 跳变到 x；

（3）10，表示从 1 跳变到 0；

（4）1x，表示从 1 跳变到 x；

（5）x0，表示到从 x 跳变到 0；

（6）x1，表示从 x 跳变到 1。

在边沿跳变中涉及 z 时，与在边沿跳变中涉及 x 时相同对待。

posedge 和 negedge 关键字可以用于某个边沿控制的描述符，如 posedge clr 等效于 edge[01, 0x, x1] clr。

类似地，negedge clr 等效于 edge[10, x0, 1x] clr

1.3.5 提示符：用户定义对时序冲突的响应

时序检查提示符检可以用于打印描述冲突或者在器件输出端出现 x 的错误信息。

提示符是一个 reg，在需要调用时序检查任务的模块中声明，它作为系统时序检查的最后一个参数。只要发生时序冲突，时序检查就更新提示符的值。

对所有的系统时序检查来说，提示符是一个可选的参数，可以从时序检查中去掉该参数而不会对时序检查产生不利的影响。

表 1.6 给出了提示符值对时序冲突的响应。

表 1.6 提示符值对时序冲突的响应

冲突前	冲突后
x	0/1
0	1
1	0
z	z

【例 1.39】 带提示符时序检查 Verilog HDL 描述的例子。

```
$setup( data, posedge clk, 10, notifier ) ;
$width( posedge clk, 16, 0, notifier ) ;
```

【例 1.40】 在行为模型中使用提示符 Verilog HDL 描述的例子。

```
primitive posdff_udp(q, clock, data, preset, clear, notifier);
output q; reg q;
input clock, data, preset, clear, notifier;
table
  //clock  data  p  c  notifier  state  q
  //-------------------------------------------
     r      0    1  1     ?     :  ?  :0;
     r      1    1  1     ?     :  ?  :1;
     p      1    ?  1     ?     :  1  :1;
     p      0    1  ?     ?     :  0  :0;
     n      ?    ?  ?     ?     :  ?  :-;
     ?      *    ?  ?     ?     :  ?  :-;
     ?      ?    0  1     ?     :  ?  :1;
     ?      ?    *  1     ?     :  1  :1;
     ?      ?    1  0     ?     :  ?  :0;
     ?      ?    1  *     ?     :  0  :0;
     ?      ?    ?  ?     *     :  ?  :x;    // 在任何提示符事件
                                            // 输出 x
```

```
endtable
endprimitive

module dff(q, qbar, clock, data, preset, clear);
output q, qbar;
input clock, data, preset, clear;
reg notifier;
and (enable, preset, clear);
not (qbar, ffout);
buf (q, ffout);
posdff_udp (ffout, clock, data, preset, clear, notifier);
    specify
    // 定义时序检查参数值
    specparam tSU = 10, tHD = 1, tPW = 25, tWPC = 10, tREC = 5;
    // 定义模块路径延时上升和下降 min:typ:max 值
    specparam tPLHc = 4:6:9 , tPHLc = 5:8:11;
    specparam tPLHpc = 3:5:6 , tPHLpc = 4:7:9;
    // 指定模块路径延迟
    (clock *> q,qbar) = (tPLHc, tPHLc);
    (preset,clear *> q,qbar) = (tPLHpc, tPHLpc);
    //建立时间: 数据到时钟, 只有在 preset 和 clear 为 1 时
    $setup(data, posedge clock &&& enable, tSU, notifier);
    //保持时间: 数据到时钟, 只有在 preset 和 clear 为 1 时
    $hold(posedge clock, data &&& enable, tHD, notifier);
    // 时钟周期检查
    $period(posedge clock, tPW, notifier);
    // 脉冲宽度: preset, clear
    $width(negedge preset, tWPC, 0, notifier);
    $width(negedge clear, tWPC, 0, notifier);
    //恢复时间: clear 或 preset 到 clock
    $recovery(posedge preset, posedge clock, tREC, notifier);
    $recovery(posedge clear, posedge clock, tREC, notifier);
    endspecify
endmodule
```

注：这个模块只应用到边敏感的 UDP；对于电平敏感的模型，生成一个用于 x 传播的额外模型。

1. 精确仿真的要求

为了对负值时序检查准确建模，应满足下面的要求。

（1）如果信号在冲突窗口中（不包括结束点）发生改变，将触发时序冲突。小于两个单位仿真精度的冲突窗口，将不产生时序冲突。

（2）在冲突窗口内（除去结束点），锁存数据应该是一个稳定的值。

为了便于这些建模要求，在时序检查中，产生数据和参考信号的延迟复制版本。在运行时，用于内部时序检查评估。调整内部所使用的建立和保持时间，以移动冲突窗口，使它和参考信号重叠。

在时序检查中，声明延迟数据和参考信号。这样，可以在模型的功能实现中使用它们，以保证精确的仿真。如果在时序检查中，没有延迟信号，并且出现负的建立时间和保持时间，则创建隐含的延迟信号。由于在定义的模块行为中不能使用隐含的延迟信号，这样的一个模型可能有不正确的行为。

【例 1.41】 隐含延迟信号 Verilog HDL 描述的例子 1。

```
$setuphold(posedge CLK, DATA, –10, 20);
```

为 CLK 和 DATA 创建隐含延迟信号，但是不可能访问它们。**$setuphold** 检查将正确地评估。但是，功能行为不总是正确的。如果在 CLK 的上升沿和 10 个时间单位后，DATA 跳变，则时钟不正确地获取前面的 DATA 数据。

【例 1.42】 隐含延迟信号 Verilog HDL 描述的例子 2。

```
$setuphold(posedge CLK, DATA1, –10, 20);
$setuphold(posedge CLK, DATA2, –15, 18);
```

为 CLK、DATA1 和 DATA2 创建隐含延迟信号，即使在两个不同的时序检查中都引用 CLK，仍然只创建一个隐含的延迟信号，并且用于所有的时序检查。

【例 1.43】 隐含延迟信号 Verilog HDL 描述的例子 3。

```
$setuphold(posedge CLK, DATA1,–10, 20,,,, del_CLK, del_DATA1);
$setuphold(posedge CLK, DATA2, –15, 18);
```

为 CLK 和 DATA1 创建明确的延迟信号 del_CLK 和 del_DATA1，而为 DATA2 创建了隐含的延迟信号。换句话说，CLK 只创建了一个延迟信号 del_CLK，而不是为每个时序检查都创建一个延迟信号。

信号的延迟版本，不管是隐含的还是明确的，可以用在$setup、$hold、$setuphold,、$recovery、$removal、$recrem、$width、$period 和$nochange 时序检查中。这些检查将相应地调整其限制。这将保证在正确的时刻切换提示符。如果调整后的限制小于或等于 0，则将限制设置为 0，仿真器将产生一个警告。

信号的延迟版本不可以用于$skew、$fullskew 和$timeskew 时序检查。因为它可能导致信号跳变顺序的逆转，导致模型剩余部分在错误时间切换用于时序检查的提示符，导致在取消一个时序检查冲突时跳变到 x。这个问题可以通过为每个检查使用单独的提示符来解决。

对负的时序检查值，可以会出现相互之间的不一致，并且对于延迟信号的延迟值没有解决的方法。在这些情况下，仿真器将产生警告信息。可以将最小的负限制值改为 0，并且重新计算延迟信号的延迟，并且通过反复计算直到找到一个解决方案为止。这样，可以解决不一致的问题。因为在最坏情况下，所有负的限制值都变为 0，不需要延迟信号。所以，这个过程总是可以找到一个解决方案。

当出现负限制值的时候，延迟时序检查信号才真正地被延迟。如果一个时序检查信号被多个该信号到输出的传播延迟所延迟，将花费比它传播延迟更长的时间来改变输出。它将在相同的时间（被延迟的时序检查信号发生变化的时间）取代跳变。这样，输出的行为就好像它的指定路径延迟等于应用到时序检查信号的延迟。只有为数据信号的每个边沿给出唯一的建立/保持或去除/恢复时间时，才产生这种情况。

【例 1.44】 隐含延迟信号 Verilog HDL 描述的例子 4。

```
(CLK = Q) = 6;
$setuphold (posedge CLK, posedge D, –3, 8, , , , dCLK, dD);
$setuphold (posedge CLK, negedge D, –7, 13, , , , dCLK, dD);
```

建立时间是–7（–3 和–7 中，较大的绝对值），为 dCLK 创建延迟 7。因此，在 CLK 的上升沿之后的 7 个时间单位输出 Q 才发生变化，而不是在指定路径中给出的 6 个时间单位。

2．负时序检查的条件

通过使用 "&&&" 操作符，可以使条件与参考信号和数据信号相关。但是，当建立或保持时间为负时，条件需要以更灵活的方式与参考信号和数据信号配对。

下面的$setup 和$hold 检查将一起工作以提供和单个$setuphold 相同的检查：

```
$setup (data, clk &&& cond1, tsetup, ntfr);
$hold (clk, data &&& cond1, thold, ntfr);
```

在$setup 检查中，clk 是时间检查事件；而在$hold 检查中，data 是时间检查事件。不能用一个$setuphold 表示。因此，提供额外的参数，使得用一个$setuphold 表示成为可能。这些参数是 timestamp_cond 和 timecheck_cond。下面的$setuphold 等效于分开的$setup 和$hold：

```
$setuphold( clk, data, tsetup, thold, ntfr, , cond1);
```

在该例子中，timestamp_cond 参数为空，而 timecheck_cond 参数是 cond1。

timestamp_cond 和 timecheck_cond 参数与参考信号或数据信号关联，这基于这些信号的延迟版本发生的前后顺序。timestamp_cond 与最先跳变的延迟信号关联，而 timecheck_cond 与第二个跳变的延迟信号关联。

延迟信号只创建用于参考信号和数据信号，不能用于任何和它们相关的条件信号。因此，仿真器不能隐含延迟 timestamp_cond 和 timecheck_cond。通过构造延迟信号的函数，实现用于 timestamp_cond 和 timecheck_cond 域延迟的条件信号。

【例 1.45】 条件延迟控制 Verilog HDL 描述的例子，如代码清单 1-21 所示。

代码清单 1-21　条件延迟控制的 Verilog HDL 描述

```
assign TE_cond_D = (dTE !== 1'b1);
assign TE_cond_TI = (dTE !== 1'b0);
assign DXTI_cond = (dTI !== dD);
specify
    $setuphold(posedge CP, D, -10, 20, notifier, ,TE_cond_D, dCP, dD);
    $setuphold(posedge CP, TI, 20, -10, notifier, ,TE_cond_TI, dCP, dTI);
    $setuphold(posedge CP, TE, -4, 8, notifier, ,DXTI_cond, dCP, dTE);
endspecify
```

分配语句创建条件信号，它是延迟信号的函数。创建延迟的条件与参考信号和数据信号的延迟版本是同步的，用于执行检查。

第一个$setuphold 有负的建立时间。因此，时间检查条件 TE_cond_D 与数据信号 D 相关；第二个$setuphold 有负的保持时间。因此，时间检查条件 TE_cond_TI 和参考信号 CP 相关；第三个$setuphold 有负的建立时间。因此，时间检查条件 DXTI_cond 和数据信号 TE 相关。

图 1.19 给出了该例子的冲突窗口。

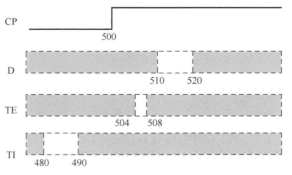

图 1.19　时序检查冲突窗口

一下是用于延迟信号所计算的延迟值：

dCP	10.01
dD	0.00
dTI	20.02
dTE	2.02

用延迟的信号为 timestamp_cond 和 timecheck_cond 参数创建信号不是必要的，但通常更接近于真实的器件行为。

3．负时序检查的提示符

由于在内部对参考信号和数据信号延迟，因此将时序冲突的检测延迟。在负时序检查中，当时序检查检测到一个时序冲突时，将切换负时序检查中的提示符 reg。时序冲突发生在被调整的时序检查值所测量的延迟信号出现冲突时，而不是在未延迟信号在模型输入被冲突内的原始时序检查值所测量时。

4．选项行为

如前所述，应通过调用选项，使能 Verilog 仿真器处理$setuphold 和$recrem 时序检查中负值的能力。在不使能此调用选项的情况下，可能会运行为接受具有延迟引用和/或延迟数据信号的负时序检查值而编写的模型。在这种情况下，延迟的参考信号和数据信号成为原始参考信号和数字信号的副本。如果使用了关闭所有定时检查的调用选项，也会发生同样的情况。

1.3.6　使能带有条件的时序检查

一种称为条件事件的结构将时序检查的发生与条件信号的值联系起来。

在条件中使用比较可能是确定的（如===和!==），或无操作，或不确定的（如==或!=）。当比较是确定的，在条件信号中的值 x 不会使能时序检查。对于不确定的比较，条件信号中的值 x 将使能条件检查。

作为条件的信号应该是一个标量网络，如果使用有多位的矢量网络或表达式，则使用矢量网络或表达式的 LSB。

如果有条件时序检查要求多个有条件信号时，在指定块外通过逻辑组合成一个信号，它可用于有条件信号。

【例 1.46】　无条件时序检查 Verilog HDL 描述的例子。

```
$setup( data, posedge clk, 10) ;
```

此处，在信号 clk 的每个上升沿到来时，执行建立时序检查。如果只有在 clr 为高时，在信号 clk 的每个上升沿到来时执行时序检查，将上面的命令重新写为

```
$setup( data, posedge clk &&& clr, 10) ;
```

【例 1.47】　条件时序检查 Verilog HDL 描述的例子。

```
$setup( data, posedge clk &&& (~clr), 10 ) ;
$setup( data, posedge clk &&& (clr===0), 10 ) ;
```

该例子给出了触发相同时序检查的两种方法。第一种方法，只有 clr 为低时，在 clk 上升沿到来时，才执行建立时序检查；第二种方法，使用===运算符，这使得条件的比较结果是确定的。

1.3.7　时序检查中的矢量信号

在时序检查中，信号可以部分或全部都是向量。这将被理解成单个时序检查，将其中一位或

多位的跳变看作该向量的单个跳变。

【例 1.48】 向量信号时序检查 Verilog HDL 描述的例子，如代码清单 1-22 所示。

代码清单 1-22　向量信号时序检查的 **Verilog HDL** 描述

```
module DFF (q, clk, dat);
input clk;
input [7:0] dat;
output reg [7:0] q;
always @(posedge clk)
q = dat;
specify
$setup (dat, posedge clk, 10);
endspecify
endmodule
```

如果在第 100 个时刻，DAT 从'b00101110 跳变到'b01010011。在第 105 个时刻，CLK 从 0 跳变到 1，则**$setup** 时序检查也只报告一个时序冲突。

仿真器可以提供一个选项，使时序检查中的向量创建多个单比特位的时序检查。对于只有单个信号的时序检查，如$period 或$width，N 位宽度的向量导致 N 个不同的时序检查。对于两个信号的时序检查，如$setup、$hold、$setuphold、$skew、$timeskew、$fullskew、$recovery、$removal、$recrem 和$nochange，M 和 N 是两个信号的宽度，结果是 $M*N$ 个时序检查。如果有一个提示符，则所有的时序检查将触发该提示符。

使能该选项，上面的例子产生 6 个时序冲突，这是因为 DAT 中的 6 位发生跳变。

1.3.8　负时序检查

当使能负时序检查选项时，可以接受$setuphold 和$recrem 时序检查。这两个时序检查的行为和对应的负值是相同的。本小节将介绍$setuphold 时序检查，但是也同样应用于$recrem 时序检查。

建立和保持时序检查值定义了一个关于参考信号边沿时序冲突窗口，在这个窗口内，数据保持不变。任何在指定窗口内的数据变化，将引起时序冲突。报告时序冲突，通过提示符 reg，在模型中将发生其他行为，如当检测到一个时序冲突时，强制一个触发器输出 x。

如图 1.20 所示，对于建立和保持时间都为正值时，暗示这个冲突窗口跨越参考信号。

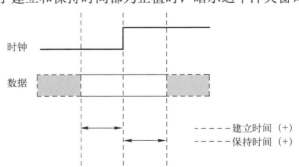

图 1.20　数据约束间隔，正的建立/保持

一个负的建立或保持时间，意味着冲突窗口移动到参考信号的前面或后面。在真实器件的内部，由于内部时钟和数据信号路径的不同，可能发生这种情况。从图 1.21 可知，这些延迟的显著差异会导致出现负的建立或保持值。

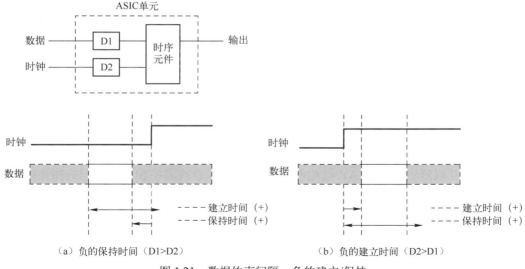

图 1.21　数据约束间隔，负的建立/保持

1.4　Verilog HDL SDF 逆向注解

标准延迟格式（Standard Delay Format，SDF）包含时序值，用于指定路径延迟、时序检查约束和互连延迟。SDF 也包含仿真时序以外的其他信息，但是这些信息与 Verilog 仿真无关。在 SDF 中的时序值，经常来自 ASIC 延迟计算工具，它利用了连接性、技术和布局的几何信息。

Verilog 逆向注解是一个过程，来自 SDF 的时序值用于更新指定路径延迟、指定参数值、时序约束值和互连延迟。

1.4.1　SDF 注解器

SDF 注解器是指可以将 SDF 数据逆向注解到 Verilog 仿真器的任何工具。当遇到不能注解的数据时，将报告警告信息。

一个 SDF 文件可以包含很多结构，它与指定路径延迟、指定参数值、时序检查约束值，或互连延迟无关，如 SDF 文件 TIMINGENV 内的任何结构。忽略所有与 Verilog 时序无关的结构，并且不会给出任何警告。

在逆向注解的过程中，对于没有在 SDF 文件中提供的任何 Verilog 时序值，在逆向注解的过程中均不会修改，且不会改变预逆向注解的值。

1.4.2　映射 SDF 结构到 Verilog

SDF 时序值显示在 CELL 声明中，该声明可以包含一个或多个 DELAY、TIMINGCHECK 和 LABEL 部分。DELAY 部分包含用于指定路径和互连延迟的传播延迟值。TIMINGCHECK 部分包含时序检查约束值。LABEL 部分包含指定参数的新值。通过将 SDF 构造与相应的 Verilog 声明相匹配，然后将现有的 Verilog 时序值替换为 SDF 文件中的时序值，可以对 Verilog 进行逆向注释。

【例 1.49】　SDF 文件的代码片段，如代码清单 1-23 所示。

代码清单 1-23　SDF 文件中的代码片段

```
(CELL
 (CELLTYPE "LUT2")
```

```
(INSTANCE z_d_3_s)
 (DELAY
  (ABSOLUTE
   (IOPATH I0 F (0.372:0.499:0.626))
   (IOPATH I1 F (0.726:0.879:1.032))
  )
 )
)
```

1．映射 SDF 延迟结构到 Verilog 声明

当注解不是互联延迟的 DELAY 结构时，SDF 注解器查找名字和条件匹配的指定路径。当注解 TIMINGCHECK 结构时，SDF 注解器查找名字和条件匹配的相同类型的时序检查。表 1.7 给出了通过 DELAY 中每个 SDF 结构注解 Verilog 结构。

表 1.7　通过 DELAY 中每个 SDF 结构注解 Verilog 结构

SDF 结构	Verilog 注解结构
(PATHPULSE...	有条件和无条件指定路径脉冲限制
(PATHPULSEPERCENT...	有条件和无条件指定路径脉冲限制
(IOPATH...	有条件和无条件指定路径延迟/脉冲限制
(IOPATH (RETAIN...	有条件和无条件指定路径延迟/脉冲限制，忽略 RETAIN
(COND (IOPATH...	有条件指定路径延迟/脉冲限制
(COND (IOPATH (RETAIN...	有条件指定路径延迟/脉冲限制，忽略 RETAIN
(CONDELSE (IOPATH...	ifnone
(CONDELSE (IOPATH (RETAIN...	ifnone，忽略 RETAIN
(DEVICE...	所有指定路径到模块的输出。如果没有指定路径，所有原语驱动模块输出
(DEVICE port_instance...	如果 port_instance 是一个模块例化，所有指定路径到模块的输出。如果没有指定路径，所有原语驱动模块输出。如果 port_instance 是一个模块例化输出，所有指定路径到那个模块的输出。如果没有指定路径，所有原语驱动那个模块输出

【例 1.50】　在下面的例子中，SDF 的源信号 sel 匹配 Verilog 中的源信号，并且 SDF 的目的信号 zout 也匹配 Verilog 中的目的信号。因此，将上升/下降时间 1.3 和 1.7 注解到指定路径。

SDF 文件：

```
(IOPATH sel zout (1.3) (1.7))
```

Verilog 指定路径：

```
(sel => zout) = 0;
```

在两个端口之间，一个有条件的 IOPATH 延迟只能注解到 Verilog HDL 具有相同条件和相同端口的指定路径。

【例 1.51】　在该例子中，上升/下降时间 1.3 和 1.7 只注解到第二条指定路径。

```
SDF 文件：
(COND mode (IOPATH sel zout (1.3) (1.7)))
Verilog 指定路径：
if (!mode) (sel => zout) = 0;
if (mode) (sel => zout) = 0;
```

在两个端口之间，一个无条件 IOPATH 延迟将注解到具有两个相同端口的 Verilog 指定路径。

【例 1.52】　在该例子中，上升/下降时间 1.3 和 1.7 将注解到所有的指定路径。

```
SDF 文件：
(IOPATH sel zout (1.3) (1.7))
Verilog 指定路径：
if (!mode) (sel => zout) = 0;
if (mode) (sel => zout) = 0;
```

2．映射 SDF 时序检查结构到 Verilog

表 1.8 给出了通过每个类型的 SDF 时序检查注解 Verilog 的每个时序检查。v1 是时序检查的第一个值，v2 是第二个值，而 x 表示没有值注解。

表 1.8　映射 SDF 时序检查结构到 Verilog

SDF 时序检查	注解 Verilog 时序检查
(SETUP v1...	$setup(v1), $setuphold(v1,x)
(HOLD v1...	$hold(v1), $setuphold(x,v1)
(SETUPHOLD v1 v2...	$setup(v1), $hold(v2), $setuphold(v1,v2)
(RECOVERY v1...	$recovery(v1), $recrem(v1,x)
(REMOVAL v1...	$removal(v1), $recrem(x,v1)
(RECREM v1 v2...	$recovery(v1), $removal(v2), $recrem(v1,v2)
(SKEW v1...	$skew(v1)
(TIMESKEW v1...[a]	$timeskew(v1)
(FULLSKEW v1 v2...[a]	$fullskew(v1,v2)
(WIDTH v1...	$width(v1,x)
(PERIOD v1...	$period(v1)
(NOCHANGE v1 v2...	$nochange(v1,v2)

注：带有上标 a 的 SDF 时序检查条目不是当前 SDF 标准的一部分。

时序检查的参考信号和数据信号可以有关联的条件表达式和边沿。一个 SDF 时序检查中，它的任何信号如果没有条件或者边沿，则将匹配所有对应的 Verilog 时序检查，而不考虑是否出现条件。

【例 1.53】　在该例子中，SDF 时序将注解到所有 Verilog 时序检查。

```
SDF 文件：
(SETUPHOLD data clk (3) (4))
Verilog 时序检查：
$setuphold (posedge clk &&& mode, data, 1, 1, ntfr);
$setuphold (negedge clk &&& !mode, data, 1, 1, ntfr);
```

在一个 SDF 时序检查中，当条件和/或边沿与信号有关联时，在注解之前，它们将在任何 Verilog 时序检查中匹配它们。

【例 1.54】　在该例子中，SDF 时序检查将注解到第一个 Verilog 时序检查，而不是第二个时序检查。

```
SDF 文件：
(SETUPHOLD data (posedge clk) (3) (4))
Verilog 时序检查：
$setuphold (posedge clk &&& mode, data, 1, 1, ntfr);    //注解
$setuphold (negedge clk &&& !mode, data, 1, 1, ntfr);   //没有注解
```

【例 1.55】　在该例子中，SDF 时序检查将不会注解到任何的 Verilog 时序检查中。

```
SDF 文件:
(SETUPHOLD data (COND !mode (posedge clk)) (3) (4))
Verilog 时序检查:
$setuphold (posedge clk &&& mode, data, 1, 1, ntfr); // 没有注解
$setuphold (negedge clk &&& !mode, data, 1, 1, ntfr); // 没有注解
```

3. SDF 注解指定参数

SDF 中的 LABEL 结构注解到指定参数。

【例 1.56】 SDF 注解指定参数的例子 1,如代码清单 1-24 所示。

代码清单 1-24 SDF 注解 Verilog HDL 的参数

```
SDF 文件:
(LABEL
    (ABSOLUTE
        (dhigh 60)
        (dlow 40)))
Verilog 文件:
module clock(clk);
output clk;
reg clk;
specparam dhigh=0, dlow=0;
initial clk = 0;
always
  begin
  #dhigh clk = 1;      // 在跳变到 1 前,时钟保持低周期为 dlow
  #dlow clk = 0;       // 在跳变到 0 前,时钟保持高周期为 dhigh
  end;
endmodule
```

在该例子中,SDF LABEL 结构注解到 Verilog 模块的指定参数。当一个时钟跳变时,在过程延迟中使用指定参数进行控制。SDF LABEL 结构注解 dhigh 和 dlow 的值,用于设置时钟的周期和占空。

【例 1.57】 SDF 注解指定参数的例子 2,如代码清单 1-25 所示。

代码清单 1-25 SDF 注解 Verilog HDL 的参数

```
specparam cap = 0;
...
specify
(A => Z) = 1.4 * cap + 0.7;
endspecify
```

在该例子中,在一个指定路径表达式内使用了指定参数。SDF LABEL 结构用于改变指定参数的值,并对表达式重新评估。

4. SDF 注解 SDF 互连延迟

SDF 互连延迟注解与上面所述其他结构的注解的不同之处在于,不存在要注解的相应的 Verilog 声明。在 Verilog 仿真中,互联延迟是一个抽象的对象,用于表示从 output 或 inout 端口到 input 或 inout 端口的传播延迟。INTERCONNECT 结构包含源、负载和延迟值,而 PORT 和 NETDELAY 结构只包含负载和延迟值。互联延迟只能在两个端口之间进行注解,不能用于原语引脚之间。表 1.9 给出了在 DELAY 部分注解 SDF 互联结构的方法。

表 1.9　SDF 注解互联延迟

SDF 结构	Verilog 注解结构
(PORT...	互联延迟
(NETDELAY [a]	互联延迟
(INTERCONNECT...	互联延迟

注：表中带 a 的 SDF 结构条目只在 OVI SDF 版本 1.0、2.0 和 2.1 和 IEEE SDF 版本 4.0 中有。

互联延迟可以被注解到单个源或者多个源网络。

当注解一个 PORT 结构时，SDF 注解器将搜索端口。如果存在，将给该端口注解一个互联延迟，表示从网络上所有源到该端口的延迟。

当注解一个 NETDELAY 结构时，SDF 注解器将查看是注解到端口还是网络。如果是注解到端口，则 SDF 注解器将互联延迟注解到该端口；如果是注解到一个网络，则将一个互联延迟注解到连接该网络的所有负载端口。如果端口或网络有多个源，则延迟将表示来源于所有源的延迟。只能将 NETDELAY 延迟注解到 input 或 inout 端口，也可以是网络。

在网络有多个源的情况下，使用 INTERCONNECT 结构在每个源和负载对之间注解唯一的延迟。当注解这个结构时，SDF 注解器将找到源端口和负载端口。如果都存在，则将在两者之间注解一个互联延迟。如果没有找到源端口或源端口和负载端口没有真正地在相同的网络上时，则给出警告信息。但是，一定要注解连接到负载端口的延迟。如果一个端口是多源网络的一部分，则将延迟视作来自所有源端口，它和注解 PORT 延迟行为相同。源端口应该是 output 或 inout 端口，而负载端口应该是 input 或 inout 端口。

互联延迟共享指定路径延迟的许多特性。用于填充缺失延迟和脉冲限制的指定路径延迟规则同样也可以应用到互联延迟。互联延迟有 12 个跳变延迟，其中的每个跳变延迟都有唯一的拒绝和错误脉冲限制。

在一个 Verilog 模块中，当在任何地方引用一个注解端口时，不管是在 $monitor 和 $display 描述中，还是在一个表达式中，都应该提供延迟信号的值。到源的引用将产生一个没有延迟的信号值。而对负载的引用将产生延迟信号值。通常在负载前引用层次的信号值将产生没有延迟的信号值。当在一个负载引用一个信号或在负载后引用层次化的信号时将生成延迟信号值。根据注解的方向，注解一个层次化端口将影响高层或低层所有连接的端口。将来自一个源端口的注解理解为来自层次上高于或低于该源端口的所有源。

正确处理向上的层次注解。当在层次结构中负载高于源时，将出现这个情况，即到所有端口的延迟（这些端口在层次上高于负载或其连接到在层次上高于负载的网络）与到那个负载的延迟相同。

正确处理向下的层次注解。当源在层次中高于负载时，将出现这个情况，即到负载的延迟理解为来自等于或高于源的所有端口或者连接到在层次上高于源的网络。

允许层次上的重叠注解。当注解到不同层次或来自不同层次的相同端口时，没有对应到相同分层子集的端口。在下面的例子中，第一个 INTERCONNECT 语句注解到网络的所有端口（在 i53/selmode 中或层次内），而第二注解注解到端口的更小子集（只有在 i53/u21/in 中或层次内）：

```
(INTERCONNECT i14/u5/out i53/selmode (1.43) (2.17))
(INTERCONNECT i14/u5/out i53/u21/in (1.58) (1.92))
```

重叠注解可以以多种不同的方式发生，特别是多源/多负载网络，以及 SDF 注解应正确解决所有的互相影响。

1.4.3　多个注解

SDF 注解是一个按顺序处理的过程。按照发生的顺序注解 SDF 文件内的结构。换句话说，注解后面的结构可以修改 SDF 结构的注解，即修改（INCREMENT）或覆盖（ABSOLUTE）它。

【例 1.58】　该例子首先将脉冲限制注解到一个 IOPATH，然后注解整个 IOPATH，从而覆盖刚刚注解的脉冲限制。

```
(DELAY
(ABSOLUTE
  (PATHPULSE A Z (2.1) (3.4))
  (IOPATH A Z (3.5) (6.1))
```

【例 1.59】　该例子通过使用空的括号来保持脉冲限制当前的值，而避免覆盖脉冲限制，即

```
(DELAY
(ABSOLUTE
  (PATHPULSE A Z (2.1) (3.4))
  (IOPATH A Z ((3.5) () ()) ((6.1) () ()) )
```

【例 1.60】　在该例子中，将上面的注解简化成类似下面的单个描述。

```
(DELAY
(ABSOLUTE
   (IOPATH A Z ((3.5) (2.1) (3.4)) ((6.1) (2.1) (3.4)) )
```

一个 PORT 注解后面跟着一个到相同负载的 INTERCONNECT 注解，将只影响来自 INTERCONNECT 源的延迟。

【例 1.61】　该例子中，对于带有 3 个源和 1 个负载的网络，延迟来自所有的源（除了 i13/out），保持为 6。

```
 (DELAY
(ABSOLUTE
   (PORT i15/in (6))
   (INTERCONNECT i13/out i15/in (5))
```

一个 INTERCONNECT 注解后面跟着一个 PORT 注解，将覆盖 INTERCONNECT 注解。

【例 1.62】　在该例子中，将来自所有源到负载的延迟将变成 6。

```
(DELAY
(ABSOLUTE
   (INTERCONNECT i13/out i15/in (5))
   (PORT i15/in (6))
```

1.4.4　多个 SDF 文件

可以对多个 SDF 文件进行注解。对$sdf_annotate 任务的每个调用，将用来自 SDF 文件的时序信息注解设计。注解的值将要修改（INCREMENT）或者覆盖（ABSOLUTE）早前 SDF 文件的值。通过将指定区域的层次范围作为$sdf_annotate 的第二个参数，不同的 SDF 文件就可以注解一个设计的不同区域。

1.4.5　脉冲限制注解

对于延迟（不是时序约束）的 SDF 注解，通过使用用于拒绝和错误限制的百分比设置来计算

用于脉冲限制注解的默认值。默认限制是 100%，可以通过调用选项修改这些值，如假设调用选项将拒绝限制设置为 40%、错误限制设置为 80%。

【例 1.63】 在该例子中，SDF 结构将延迟注解为 5、拒绝限制注解为 2、错误限制注解为 4。

```
(DELAY
    (ABSOLUTE
        (IOPATH A Z (5))
```

【例 1.64】 在该例子中，假定指定指定路径的延迟初始为 0，下面的注解将导致延迟为 5，脉冲限制为 0。

```
(DELAY
    (ABSOLUTE
        (IOPATH A Z ((5) () ()) )
```

在 INCREMENT 模式下的注解，可能导致脉冲限制小于 0。在这种情况下，将它们调整到 0。

【例 1.65】 在该例子中，如果指定路径的脉冲限制都是 3，下面的注解将导致对所有的脉冲限制值为 0。

```
(DELAY
    (INCREMENT
        (IOPATH A Z (() (−4) (−5)) )
```

这里有两个 SDF 结构（PATHPULSE 和 PATHPULSEPERCENT）只注解到脉冲限制，并不影响延迟。当 PATHPULSE 设置脉冲限制的值大于延迟时，Verilog 将给出相同的行为，就像脉冲限制等于延迟。

1.4.6　SDF 到 Verilog 延迟值映射

对于最多 12 个状态跳变，Verilog 指定路径和互连有唯一的延迟。所有其他结构，如门原语和连续分配，只有 3 个状态跳变。

对于 Verilog 指定的路径和互连延迟，SDF 提供的跳变延迟值的个数可能小于 12 个。如表 1.10 所示，将少于 12 个 SDF 延迟扩展到 12 个延迟，表中左侧给出了 Verilog 跳变类型，表的上方给出了 SDF 延迟的数量。SDF 的值为 v1~v12。

表 1.10　SDF 到 Verilog 延迟值的映射

Verilog 跳变	SDF 提供的延迟值个数				
	1 个	2 个	3 个	6 个	12 个
0->1	v1	v1	v1	v1	v1
1->0	v1	v2	v2	v2	v2
0->z	v1	v1	v3	v3	v3
z->1	v1	v1	v1	v4	v4
1->z	v1	v2	v3	v5	v5
z->0	v1	v2	v2	v6	V6
0->x	v1	v1	min(v1,v3)	min(v1,v3)	v7
x->1	v1	v1	v1	max(v1,v4)	v8
1->x	v1	v2	min(v2,v3)	min(v2,v5)	v9
x->0	v1	v2	v2	max(v2,v6)	v10
x->z	v1	max(v1,v2)	v3	max(v3,v5)	v11
z->x	v1	min(v1,v2)	min(v1,v2)	max(v4,v6)	v12

1.5　Verilog HDL 的 VCD 文件

值变转储（Value Change Dump, VCD）是一种基于 ASCII 码的文件格式，用于记录由 EDA 仿真工具产生的信号信息。存在两种类型的 VCD。

（1）四态 VCD 格式，随 IEEE1364-1995 一起发布。表示变量在 0、1、x 和 z 内的改变（不包含强度信息）。

（2）扩展 VCD 格式，随 IEEE1364-2001 一起发布。表示变量状态和强度信息的改变。

> 注: 本章只介绍四态 VCD 格式，不涉及扩展 VCD 格式。

1.5.1　Vivado 创建四态 VCD 文件

在 ModelSim 中，提供了创建.vcd 文件的功能。在 ModelSim 执行仿真前，在 Transcript 窗口中，输入下面的命令:

```
vcd add -file hebin.vcd -r /test/Inst_wire_net/*
```

其中，hebin.vcd 是 VCD 文件的名字，其中文件名可以由读者自行命名，test 为测试模块的名字，Inst_wire_net 为测试模块中所例化文件的名字，读者根据所使用测试文件的模块名字和引用模块的例化名字进行设置。

1.5.2　Verilog 源创建四态 VCD 文件

从 Verilog 仿真源文件创建四态 VCD 文件的过程如图 1.22 所示，主要步骤如下所述。

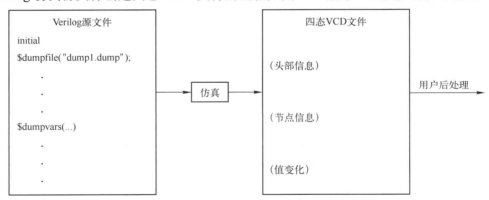

图 1.22　创建四态 VCD 文件

（1）在 Verilog HDL 源文件中，插入 VCD 系统任务$dumpfile，该任务用于定义转储文件以及指定需要转储的变量。

（2）运行仿真。

VCD 文件是一个 ASCII 文件，它包含了头部信息、变量定义以及在任务调用时所有指定变量值的变化。在 Verilog HDL 中，可将下面的系统任务插入源文件中，用于创建和控制 VCD 文件。

1. 指定转储文件的名字（$dumpfile）

该系统任务用于指定 VCD 文件的名字，其语法格式为

$dumpfile (*filename*) ;

其中，filename（可选）为 VCD 文件的名字。如果没有指定 VCD 文件的名字，默认的 VCD 文件为 dump.vcd，如 **initial $dumpfile**("module1.dump")。

2．指定转储的变量（**$dumpvars**）

该任务列出了所有需要转储到由$dumpfile 所指定文件的变量，可以在模型中（如在不同的块中）根据需要经常调用该任务，但是应该在相同的仿真时间执行所有的$dumpvars 任务，该任务的语法格式为

$dumpvars ;

或

$dumpvars (*levels* [**,** list_of_modules_or_variables]) ;

其中，level 表示每个指定模块例子下面的多少级转储到 VCD 文件中。当设置为 0 时，将指定模块内和指定模块下的所有模块实例的变量转储到 VCD 文件中。参数 0 应用于指定模块实例的第二个参数，而不能用于单个的变量；list_of_modules_or_variables 指明需要转储到 VCD 文件中模块的范围。

【例 1.66】　**$dumpvars** 系统任务 Verilog HDL 描述的例子 1。

$dumpvars (1, top);

在该例子中，由于第一个参数是 1，所以这个调用将转储模块 top 内的所有变量，它不会转储由模块 top 所例化任何模块内的变量。

【例 1.67】　**$dumpvars** 系统任务 Verilog HDL 描述的例子 2。

$dumpvars (0, top);

在该例子中，$dumpvar 任务将转储模块 top 以及 top 以下层次所有模块实例的变量。

【例 1.68】　**$dumpvars** 系统任务 Verilog HDL 描述的例子 3。

$dumpvars (0, top.mod1, top.mod2.net1);

在该例子中，$dumpvar 任务将转储模块 mod1 以及以下层次模块实例的所有变量，以及模块 mod2 内的变量 net1。参数 0 只用于模块实例 top.mod1，而不用于单个变量 top.mod2.net1。

3．停止和继续转储（**$dumpoff/$dumpon**）

执行$dumpvars 任务，使得在当前仿真时间单位结束时开始转储变化的值。调用$dumpoff 任务将停止转储，调用$dumpon 任务将继续转储。

当执行$dumpoff 任务时，会生成一个检查点，将其中每个选定的变量转储为 x 值。稍后执行$dumpon 任务时，每个变量都会在当时转储其值。在$dumpoff 和$dumpon 的间隔，不会转储任何更改的值。这两个任务提供了对仿真期间内所发生转储的控制机制。

【例 1.69】　调用**$dumpoff** 和**$dumpon** 系统任务 Verilog HDL 描述的例子。

```
    initial begin
    #10 $dumpvars( . . . );
    #200 $dumpoff;
    #800 $dumpon;
    #900 $dumpoff;
end
```

这个例子在 10 个时间单位后启动 VCD，在 200 个时间单位（第 210 个时间单位）后停止，在 800 个时间单位（第 810 个时间单位）后重新开始，在 900 个时间单位（第 910 个时间单位）

后停止。

4．创建一个检查点（**$dumpall**）

系统任务$dumpall 用于在 VCD 文件中创建一个检查点，显示所有选择变量当前的值，语法格式如下：

$dumpall ;

当使能转储时，值变转储器记录了在每个时间递增时刻变量值的变化。在时间递增时刻，不会转储值没有变化的变量。

5．限制转储文件的大小（**$dumplimit**）

系统任务$dumplimit 用于设置 VCD 文件的大小，其语法格式如下：

$dumplimit (filesize) ;

其中，参数 filesize 用于设置 VCD 文件的最大容量（以字节计）。当 VCD 文件的大小到达设置的这个值时，停止转储，并在 VCD 中插入一个注释，用来表示达到了转储的限制。

6．在仿真期间读取转储文件（**$dumpflush**）

系统任务$dumpflush 用于清空操作系统的 VCD 文件缓冲区，确保将所有缓冲区内的数据保存到 VCD 文件中，其语法格式为

$dumpflush ;

在执行完$dumpflush 任务后，继续转储不会丢失值的变化。调用$dumpflush 的一个通常应用是更新存储文件，这样应用程序可以在仿真期间读取 VCD 文件。

【例1.70】 调用$dumpflush 系统任务 Verilog HDL 描述的例子。

```
initial begin
$dumpvars ;
    …
$dumpflush ;
$(applications program) ;
end
```

这个例子给出了在 Verilog HDL 源文件中使用$dumpflush 任务的方法。

【例1.71】 生成 VCD 文件 Verilog HDL 描述的例子，如代码清单 1-26 所示。

代码清单 1-26　生成 VCD 文件的 Verilog HDL 描述

```
module dump;
event do_dump;
initial $dumpfile("verilog.dump");
initial @do_dump
    $dumpvars;                        //转储设计中的变量
always @do_dump                       //在 do_dump 事件时，开始转储
begin
    $dumpon;                          //第一次不影响
    repeat (500) @(posedge clock);    //转储 500 个周期
    $dumpoff;                         //停止转储
end
initial @(do_dump)
    forever #10000 $dumpall;          //所有变量的检查点
endmodule
```

在这个例子中，转储文件的名字是 verilog.dump，它用于转储模型中所有变量值的变化。当发生事件 do_dump 时，开始转储，持续 500 个时钟周期后停止，然后等待再次触发事件 do_dump。每 10000 个时间步长，转储所有 VCD 变量当前的值。

1.5.3　四态 VCD 文件格式

转储文件以自由格式构建。命令之间用空格分隔，便于用文本编辑器阅读该文件。

VCD 文件以头部信息段开始，包含日期、用于仿真的仿真器版本号和使用的时间标度。随后，文件包含转储范围和变量的定义，后面跟着在每个仿真时间递增时真实变化的值。只列出在仿真期间值发生变化的变量。在 VCD 文件中记录的仿真时间是跟随变量值变化仿真时间的绝对值。

对于每个实数值的变化，使用实数标识。对于所有其他变量值的变化，使用二进制格式 0、1、x 或 z 标识。不转储强度和存储器信息。

实数使用 printf 的%.16g 格式转储，这保留了该数字的精度，输出 64 位 IEEE 754 双精度数的尾数中的所有 53 位。应用程序通过在 scanf()中使用%g 格式来读取实数。

值变转储器产生字符标识符用来表示变量。标识符码是由可打印字符组成的码，它们是 ASCII 字符集，从! 到~（十进制的 33 到 126）。

VCD 不支持转储部分矢量的机制，如一个 16 位矢量的第 8~15 位（[8:15]）不能转储到 VCD 文件，取而代之，转储整个矢量（[0:15]）。此外，在 VCD 文件中也不能转储表达式，如 a+b。

在 VCD 文件中的数据是大小写敏感的。

1．变量值的格式

变量可以是标量或矢量，每个类型以它们自己的格式转储。当转储标量变量值的变化时，在值和标识符之间没有任何空白符。转储矢量值的变化时，在基数字母和数字之间不能有任何空白符，但是在数字和标识符码之间可以有一个空白符。

对于每个值的输出格式是右对齐。向量的值以尽可能短的形式出现，即删除由左扩展值填充一个特殊向量宽度产生的冗余比特值。

用于向左扩展向量值的规则，如表 1.11 所示。表 1.12 给出了 VCD 缩短值的方法。

表 1.11　向左扩展向量值的规则

当值为	VCD 左扩展
1	0
0	0
Z	Z
X	X

表 1.12　VCD 将值缩短的方法

二进制值	扩展到四位寄存器	在 VCD 文件中显示
10	0010	b10
X10	XX10	bX10
ZX0	ZZX0	bZX0
0X10	0X10	b0X10

将事件以与标量相同的格式进行转储，如 1*%。对于事件，然而值（在该例子中是 1）是不相关的。只有标识符码（在这个例子中是*%）是重要的，在 VCD 文件中，用于指示在时间步长

期间触发了事件。

2．关键字命令描述

四态 VCD 文件的语法格式为

```
declaration_keyword
[ command_text ]
$end
simulation_keyword { value_change } $end
| $comment [ comment_text ] $end
| simulation_time
| value_change
```

其中，declaration_keyword 关键字包括$comment、$date、$enddefinitions、$scope、$timescale、$upscope、$var 和$version；simulation_keyword 关键字包括$dumpall、$dumpoff、$dumpon 和$dumpvars。

1）$comment

用于在 VCD 文件中插入一个注释，语法格式为

```
$comment comment_text $end
```

【例 1.72】 $comment 命令的例子。

```
$comment This is a single-line comment $end
$comment This is a
        multiple-line comment
$end
```

2）$date

用于指示 VCD 文件生成的时间，语法格式为

```
$date date_text $end
```

【例 1.73】 $date 命令的例子。

```
$date
  June 25, 1989 09:24:35
$end
```

3）$enddefinitions

用于标记头部信息和定义的结束，语法格式为

```
$enddefinitions $end
```

4）$scope

定义了被转储变量的范围，语法格式为

```
$scope scope_type scope_identifier $end
```

其中，scope_type 为类型的范围，包括 module、task、function、module、begin、fork。

【例 1.74】 $scope 命令的例子。

```
$scope
    module top
$end
```

5）$timescale

标明在仿真时所用的时间标度，语法格式表示为

$timescale time_number time_unit **$end**

其中，time_number 为 1、10 或 100；time_unit 为 s、ms、us、ns、ps 或 fs。

【例 1.75】 $timescale 命令的例子。

$timescale 10 ns **$end**

6）$upscope

指示在一个设计层次中，范围更改为下一个较高的层次，其语法格式表示为

$upscope $end

7）$var

打印正在转储变量的名字和标识符码，其语法格式表示为

$var var_type size identifier_code reference **$end**

其中：

（1）var_type 为变量类型，包括 event、integer、parameter、real、realtime、reg、supply0、supply1、time、tri、triand、trior、trireg、tri0、tri1、wand、wire、wor。

（2）size 为变量的位宽。

（3）identifier_code 为所指定变量的名字，它是可打印的 ASCII 字符。

① msb index 表示最高有效位，lsb index 表示最低有效位。

② 可以有多个引用名字映射到相同的标识符码。比如，在一个电路中，可以将 net10 和 net15 进行互连。因此有相同的标识符码。

③ 向量中的各个位，可以单个进行转储。

④ 标识符是模型中正在转储变量的名字。

> **注**：在该部分，uwire 类型的网络有一个 wire 类型的变量。

【例 1.76】 $var 命令的例子。

$var
   integer 32 (2 index
$end

8）$version

表示使用哪个版本的 VCD 书写器用于生成 VCD 文件，使用$dunpfile 系统任务创建文件，其语法格式为

$version *version_text system_task* **$end**

【例 1.77】 $version 命令的例子。

$version
  VERILOG-SIMULATOR 1.0a
  $dumpfile("dump1.dump")
$end

9）dumpall

用于指示所有转储变量当前的值，其语法格式为

$dumpall** { value_changes } **$end

【例 1.78】 $dumpall 命令的例子。

```
$dumpall 1*@  x*#  0*$  bx  (k  $end
```

10）dumpoff

表示用 x 值转储所有的变量，其语法格式为

```
$dumpoff { value_changes } $end
```

【例 1.79】 $dumpoff 命令的例子。

```
$dumpoff  x*@  x*#  x*$  bx (k  $end
```

11）dumpon

表示继续转储，并且列出所有转储变量当前的值，其语法格式为

```
$dumpon { value_changes } $end
```

【例 1.80】 $dumpon 命令的例子

```
$dumpon  x*@  0*#  x*$  b1 (k  $end
```

12）dumpvars

列出所有转储变量的初始值，其语法格式为

```
$dumpvars { value_changes } $end
```

【例 1.81】 $dumvar 命令的例子。

```
$dumpvars  x*@  z*$  b0 (k  $end
```

1.6 编译高云 FPGA 仿真库

云源软件需要与美国 Mentor Graphics（中文称名导）公司（该公司已被德国 Siemens 公司收购）的 ModelSim 仿真工具一起使用，以实现对基于高云 FPGA 数字系统设计的综合后仿真和时序仿真。

ModelSim 个人版（Personal Edition，PE）是业界领先的基于 Windows 的 VHDL、Verilog 或混合语言仿真环境的仿真器，为 RTL 和门级仿真提供了极具成本效益的解决方案。

ModelSim 豪华版（Deluxe Edition，DE）包括完整的 PE 功能，以及 PSL & System Verilog 断言、代码覆盖、增强数据流、波形比较，并支持 Xilinx SecureIP 作为标准。

ModelSim 系统版（System Edition，SE）将高性能和大容量与仿真较大块和系统所需要的代码覆盖与调试能力相结合，并实现 ASIC 门级签核。ModelSim SE 能够仿真非常大的设计。

> 注：在本书中，使用 ModelSim SE-64 10.4c，由于教材篇幅限制，请读者自行下载并安装该软件。

1.6.1 功能仿真库的安装

本小节将介绍如何在 ModelSim 软件中安装用于执行功能仿真的高云 FPGA 库，主要步骤如下所述。

（1）在 ModelSim 安装目录下，新建一个名字为"gowin_lib"的文件夹，编译后的库就保存在该文件夹中。比如，本书中将 ModelSim 安装在 D:\modeltech64_10.4c，因此文件夹 gowin_lib

所在的位置为 D:\modeltech64_10.4c\gowin_lib。

（2）使用下面其中一种方法启动 ModelSim 软件，进入 ModelSim SE-64 10.4c（以下简称 ModelSim）主界面。

① 在 Windows 10/Windows 11 操作系统桌面上，找到并双击名字为 "ModelSim SE-64 10.4c" 的图标。

② 在 Windows 10 操作系统桌面左下角，单击开始按钮，出现浮动菜单。在浮动菜单内，找到并展开名字为 "ModelSim SE-64 10.4c" 的文件夹。在展开项中，找到并单击名字为 "ModelSim" 的条目；在 Windows 11 操作系统桌面底部，单击开始按钮，出现浮动菜单。在浮动菜单中，单击右上角的 "所有应用" 按钮，弹出新的浮动菜单。在浮动菜单内，找到并展开名字为 "ModelSim SE-64 10.4c" 的文件夹。在展开项中，找到并单击名字为 "ModelSim" 的条目。

（3）在 ModelSim 主界面主菜单下，选择 File->Change Directory。

（4）弹出 "浏览文件夹" 对话框，如图 1.23 所示。在图中，将路径定位到新建文件夹 gowin_lib 的位置。

（5）单击 "确定" 按钮，退出 "浏览文件夹" 对话框。

（6）在 ModelSim 主界面主菜单下，选择 File->New->Library。

（7）弹出 "Create a New Library" 对话框，如图 1.24 所示。在该对话框中，按如下设置参数。

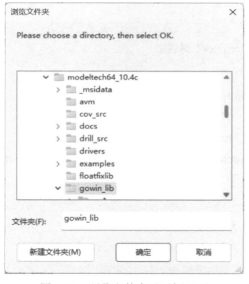

图 1.23　浏览文件夹对话框界面　　　　图 1.24　Create a New Library 对话框界面

① 勾选 "a new library and a logical mapping to it" 前面的复选框。

② 在 "Library Name" 标题栏下的文本框中输入 gw2a。

（8）单击该对话框右下角的 "OK" 按钮，退出 "Create a New Library" 对话框。

（9）在云源软件安装路径中（如 C:\Gowin\Gowin_V1.9.9_x64\IDE\simlib\gw2a），找到 prim_sim.v 文件，将该文件复制粘贴到 C:\modeltech64_10.4c\gowin_lib 中。

> 注：读者根据自己安装高云云源软件和 ModelSim 软件的位置查找 prim_sim.v 文件，并将其复制到相关路径下。

（10）在 ModelSim 主界面主菜单下，选择 Compile->Compile。

（11）弹出 Compile Source Files 对话框，如图 1.25 所示。在该对话框中，按如下设置。

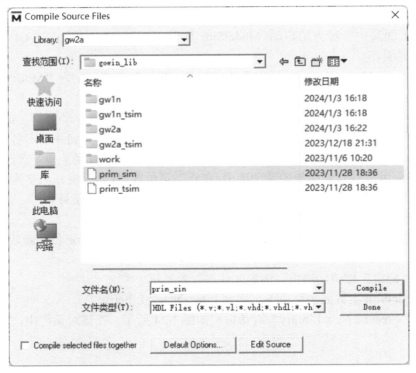

图 1.25　"Compile Source Files"对话框

① Library：gw2a。

② 定位到新建的子目录 gowin_lib 中。在该目录中，找到并选中文件 prim_sim.v。

（12）单击该对话框右下角的"Compile"按钮，开始编译库。

（13）当编译完成后，单击该对话框右下角的"Done"按钮，退出该对话框。

（14）在当前 ModelSim 安装路径（如 C:\modeltech64_10.4c）下，找到并打开 modelsim.ini 文件。在该文件中，添加下面一行代码，用于指向 gw2a 库：

```
gw2a=c:\modeltech64_10.4c\gowin_lib\gw2a
```

（15）保存修改后的 ModelSim 文件，并重新启动 ModelSim 软件。

（16）在 ModelSim 的"Library"标签页中，添加了 gw2a 库，如图 1.26 所示。

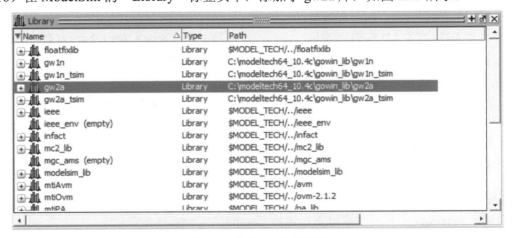

图 1.26　"Library"标签页

1.6.2　时序仿真库的安装

时序仿真用于对高云 FPGA 设计进行布局布线后的仿真，安装时序仿真库的主要步骤如下所述。

（1）在 ModelSim 主界面主菜单下，选择 File->Change Directory。

（2）弹出"浏览文件夹"对话框。在该对话框中，将路径定位到新建文件夹 gowin_lib 的位置。

（3）在 ModelSim 主界面主菜单下，选择 File->New->Library。

（4）弹出"Create a New Library 对话框，如图 1.27 所示。在该对话框中，按如下设置参数。

① 勾选 "a new library and a logical mapping to it 前面的复选框。

② 在 "Library Name 标题栏下的文本框中输入 gw2a_tsim。

（5）单击该对话框右下角的"OK 按钮，退出该对话框。

（6）在云源软件安装路径中（如 C:\Gowin\Gowin_V1.9.9_x64\IDE\simlib\gw2a），找到 prim_tsim.v 文件，将该文件复制粘贴到 c:\modeltech64_10.4c\gowin_lib 中。

> 注：读者根据自己安装高云云源软件和 ModelSim 软件的位置查找 prim_tsim.v 文件，并将其复制到相关路径下。

（7）在 ModelSim 主界面主菜单下，选择 Compile->Compile。

（8）弹出 "Compile Source Files 对话框，如图 1.28 所示。在该对话框中，按如下设置参数。

图 1.27　"Create a New Library 对话框

图 1.28　"Compile Source Files" 对话框

① Library：gw2a_tsim。

② 定位到新建的子目录 gowin_lib 中。在该目录中，找到并选中文件 prim_tsim.v。

（9）单击该对话框右下角的"Compile 按钮，开始编译库。

（10）当编译完成后，单击该对话框右下角的"Done 按钮，退出该对话框。

（11）在当前 ModelSim 安装路径（如 C:\modeltech64_10.4c）下，找到并打开 modelsim.ini 文件。在该文件中，添加下面一行代码，用于指向 gw2a_tsim 库：

```
gw2a_tsim=c:\modeltech64_10.4c\gowin_lib\gw2a_tsim
```

（12）保存修改后的 ModelSim 文件，并重新启动 ModelSim 软件。

（13）在 ModelSim 的"Library"标签页中，添加了 gw2a_tsim 库，如图 1.29 所示。

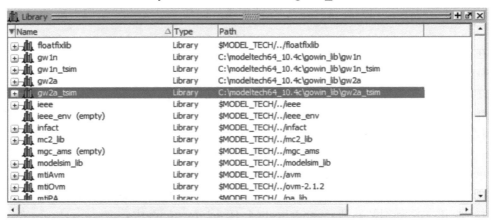

图 1.29　"Library"标签页

第2章 加法器和减法器的设计和验证

在数字逻辑中，加法器是一种用于执行加法运算的功能部件，它是构成微处理器（Central Processing Unit，CPU）中算术逻辑单元（Arithematic Logic Unit，ALU）的基础。在 ALU 内的加法器主要负责计算地址、索引等数据。此外，加法器也是其他一些硬件（如二进制数乘法器）的重要组成部分。

本章将使用高云云源软件介绍加法器的设计、减法器的设计，以及加法器/减法器的设计，并通过 ModelSim 软件对所设计的加法器、减法器，以及加法器/加法器进行验证。

2.1 加法器的设计

本节首先介绍一位半加器的实现，在此基础上介绍一位全加器的实现，最后对串行进位加法器和并行加法器的实现方法与性能进行了详细说明。

2.1.1 一位半加器的实现

表 2.1 给出了一位半加器的逻辑关系，根据该逻辑关系可以得到一位半加器的最简逻辑表达式：

$$s_0 = \overline{a_0} \cdot b_0 + a_0 \cdot \overline{b_0} = a_0 \oplus b_0$$
$$c_1 = a_0 \cdot b_0$$

根据最简逻辑表达式，可以得到图 2.1 所示的一位半加器的内部结构。

表 2.1 一位半加器逻辑关系

输入		输出	
a_0	b_0	s_0	c_1
0	0	0	0
0	1	1	0
1	0	1	0
1	1	0	1

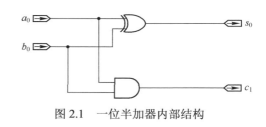

图 2.1 一位半加器内部结构

2.1.2 一位全加器的实现

如表 2.2 给出了一位全加器的逻辑关系。使用图 2.2 所示的卡诺图对一位全加器的逻辑关系进行化简，可以得到一位全加器的最简逻辑表达式：

表 2.2 一位全加器的逻辑关系

输入			输出		输入			输出	
c_i	a_i	b_i	s_i	c_{i+1}	c_i	a_i	b_i	s_i	c_{i+1}
0	0	0	0	0	1	0	0	1	0
0	0	1	1	0	1	0	1	0	1
0	1	0	1	0	1	1	0	0	1
0	1	1	0	1	1	1	1	1	1

$$s_i = \overline{a_i} \cdot b_i \cdot \overline{c_i} + a_i \cdot \overline{b_i} \cdot \overline{c_i} + \overline{b_i} \cdot c_i + a_i \cdot b_i \cdot c_i$$
$$= \overline{c_i} \cdot (a_i \oplus b_i) + c_i \cdot \overline{(a_i \oplus b_i)}$$
$$= (a_i \oplus b_i \oplus c_i)$$

$$c_{i+1} = a_i \cdot b_i + b_i \cdot c_i + a_i \cdot c_i$$
$$= a_i \cdot b_i + c_i \cdot (a_i + b_i)$$
$$= a_i \cdot b_i + c_i \cdot (a_i \cdot (b_i + \overline{b_i}) + b_i \cdot (a_i + \overline{a_i}))$$
$$= a_i \cdot b_i + c_i \cdot (a_i \cdot \overline{b_i} + b_i \cdot \overline{a_i})$$
$$= a_i \cdot b_i + c_i \cdot (a_i \oplus b_i)$$

图 2.2   一位全加器的卡诺图化简

根据最简逻辑表达式，可以得到如图 2.3 所示的一位全加器的内部结构。

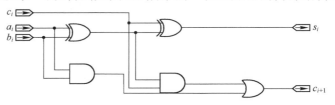

图 2.3   一位全加器的内部结构

对图 2.3 给出的一位全加器的内部结构进行修改，可以得到图 2.4 所示的一位全加器的内部结构。从图中可知，一位全加器实际上由两个一位半加器和一个或逻辑门构成。

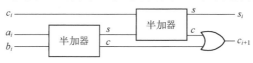

图 2.4   由一位半加器构成的一位全加器

2.1.3   串行进位加法器的实现

多位全加器可以由一位全加器级联而成。图 2.5 给出了将一位全加器级联生成四位全加器的结构。前一级一位全加器的进位将作为下一级一位全加器进位的输入。很明显，串行进位加法器需要一级一级地进位，因此有很大的进位延迟。

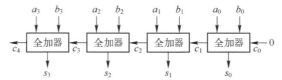

图 2.5   四位全加器结构（串行进位）

1. 高云 FPGA 内 ALU 原语的功能

本部分将在高云 GW2A FPGA 上通过 Verilog HDL 直接调用 ALU 原语（primitive）来实现四位串行进位加法器。在高云 GW2A 系列 FPGA 中提供了两输入 ALU 原语单元，该原语可实现一位 ADD/一位 SUB 和一位 ADDSUB 等功能，具体功能如表 2.3 所示。ALU 原语的端口如图 2.6 所示，该原语端口的含义如表 2.4 所示。

表 2.3　ALU 功能

条项	描述
ADD	加法运算
SUB	减法运算
ADDSUB	加/减法运算，由 I3 选择：1，加法；0，减法
CUP	计数器递增
CDN	计数器递减
CUPCDN	加/减计数器，由 I3 选择：1，计数器递增；0，计数器递减
GE	大于或等于比较器
NE	不等于比较器
LE	小于或等于比较器
MULT	乘法器

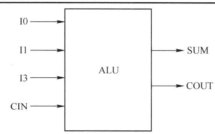

图 2.6　高云 GW2A 系列 FPGA 内部 ALU 原语的端口

表 2.4　高云 GW2A 系列 FPGA 内 ALU 的功能

端口	输入/输出	描述
I0	输入	数据输入信号
I1	输入	数据输入信号
I3	输入	功能选择，用于 ADDSUB 加减选择或 CUPCDN 的加减计数器选择
CIN	输入	数据进位输入信号
COUT	输出	数据进位输出信号
SUM	输出	数据输出信号

在 ALU 原语中，提供了 ALU_MODE 参数，该参数的具体功能如表 2.5 所示。

表 2.5　ALU_MODE 参数

取值	描述
0	ADD（默认）
1	SUB
2	ADDSUB
3	NE
4	GE
5	LE
6	CUP
7	CDN
8	CUPCDN
9	MULT

2．建立新的设计工程

本部分将在高云云源软件中建立新的设计工程，用于实现 4 位串行加法器的设计，主要步骤如下所述

（1）在 Windows 11 操作系统桌面中，找到并双击名字为"Gowin_V1.9.9 (64-bit)"的图标，启动高云云源软件（以下简称云源软件）。

（2）在云源软件主界面主菜单下，选择 File->New。

（3）弹出"New"对话框。在该对话框中，找到并展开"Projects"条目。在展开条目中，找到并选择"FPGA Design Project"条目。

（4）单击该对话框右下角的"OK"按钮，退出"New"对话框。

（5）弹出"Project Wizard-Project Name"对话框。在该对话框中，按如下设置参数。

① Name：example_2_1。

② Create in：E:\cpusoc_design_example。

（6）弹出"Project Wizard-Select Device"对话框。在该对话框中，按如下设置参数。

① Series（系列）：GW2A。

② Package（封装）：PBGA484。

③ Device（器件）：GW2A-55。

④ Speed（速度）：C8/I7。

⑤ Device Version（器件版本）：C。

在该对话框下面的窗口中，给出了该器件的完整型号（Part Number）GW2A-LV55PG484C8/I7，并且给出该器件的逻辑资源数量，包括：

① IO（可用的输入/输出引脚）:319；

② LUT（查找表）：54720；

③ FF（触发器）：41040；

④ SSRAM（影子存储器）：106Kb；

⑤ BSRAM（块存储器）：2520Kb；

选中器件型号（Part Numer）为"GW2A-LV55PG484C8/I7"的一行。

（7）单击该对话框右下角的"Next"按钮。

（8）弹出"Project Wizard-Summary"对话框。在该对话框中，总结了建立工程时设置的参数。

（9）单击该对话框右下角的"Finish"按钮，退出"Project Wizard-Summary"对话框。

3．创建四位串行加法器设计文件

本部分将在当前设计工程中，创建并添加四位串行加法器设计文件，主要步骤如下所述。

（1）在云源软件当前工程主界面左侧的"Design"标签页中，找到并选中 example_1_1 或 GW2A-LV55PG484C8/I7，单击鼠标右键，出现浮动菜单。在浮动菜单中，选择 New File。

（2）弹出"New"对话框。在该对话框中，选择"Verilog File"条目。

（3）单击该对话框右下角的"OK"按钮，退出"New"对话框。

（4）弹出"New Verilog file"对话框。在该对话框中，在"Name"右侧的文本框中输入 adder4b，即该文件的名字为 add4b.v。

（5）单击该对话框右下角的"OK"按钮，退出"New Verilog file"对话框。

（6）自动打开 adder4b.v 文件，在该文件中添加设计代码，如代码清单 2-1 所示。

代码清单 2-1　adder4b.v 文件

```
module adder4b(                        // module 关键字定义模块 adder4b
input [3:0] a,                         // 定义输入端口 a，宽度 4 位
input [3:0] b,                         // 定义输入端口 b，宽度 4 位
output [3:0] sum,                      // 定义输出端口 sum，宽度 4 位
output cy                              // 定义输出端口 cy，宽度 1 位
);
wire [4:0] c;                          // 定义内部进位 c，宽度 5 位
assign c[0]=0;                         // 最低进位分配 0
assign cy=c[4];                        // 最高进位 c[4]分配给 cy
genvar i;                              // 定义生成变量 i
generate                               // 关键字 generate 定义生成结构
for (i=0;i<=3; i=i+1)                  // 关键字 for 定义循环语句，用于例化多个模块
ALU #(.ALU_MODE(0)) Inst_alu (         // 例化 ALU 原语，将 ALU_MODE 参数设置为 0
   .I0(a[i]),                          // ALU 的端口 I0 连接到模块 adder4b 的端口 a[i]
   .I1(b[i]),                          // ALU 的端口 I1 连接到模块 adder4b 的端口 b[i]
   .I3(),                              // ALU 的端口 I3 悬空，在该设计中无实际意义
   .CIN(c[i]),                         // ALU 的端口 CIN 连接到内部网络 c[i]
   .COUT(c[i+1]),                      // ALU 的端口 COUT 连接到内部网络 c[i+1]
   .SUM(sum[i])                        // ALU 的端口 SUM 连接到模块 adder4b 的端口 sum[i]
);
endgenerate                            // 关键字 endgenerate 结束生成结构
endmodule                              // 关键字 endmodule 结束模块 adder4b
```

（7）按 Ctrl+S 组合键，保存该设计。

4．设计综合

本部分将对设计执行综合，并查看综合后的结果，主要步骤如下所述。

（1）在云源软件当前工程主界面左侧窗口中，单击"Process"标签。

（2）在"Process"标签页中，找到并双击"Synthesize"条目，执行对该设计的综合。

（3）在"Synthesize"条目下，找到并单击"Synthesis Report"条目。

（4）在云源软件右侧窗口中，启动打开 Synthesis Messages 界面。在该界面中，给出了该设计所使用的逻辑资源，如图 2.7 所示。

Resource

Resource Usage Summary

Resource	Usage
I/O Port	13
I/O Buf	13
IBUF	8
OBUF	5
ALU	4
ALU	4

Resource Utilization Summary

Resource	Usage	Utilization
Logic	4(0 LUT, 4 ALU) / 54720	<1%
Register	0 / 41997	0%
--Register as Latch	0 / 41997	0%
--Register as FF	0 / 41997	0%
BSRAM	0 / 140	0%

图 2.7　Synthesis Messages 界面（4 位串行进位加法器所使用 FPGA 的逻辑资源）

（5）在云源软件当前工程主界面主菜单下，选择 Tools->Schematic Viewer->RTL Design Viewer。
（6）自动打开 RTL 视图，如图 2.8 所示。

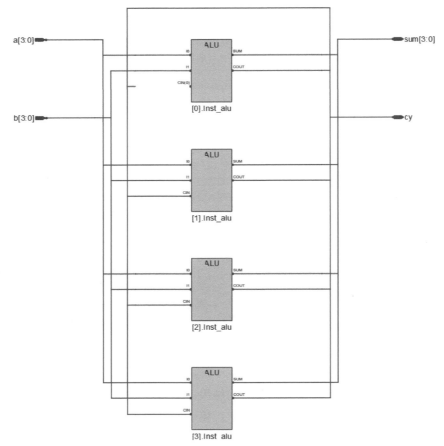

图 2.8　4 位串行进位加法器的 RTL 视图

思考与练习 2-1：根据图 2.7，说明该设计所使用 FPGA 的资源情况。

思考与练习 2-2：根据图 2.8 和代码清单 2-1 给出的代码，说明该串行进位加法器的结构。

思考与练习 2-3：修改代码清单 2-1 给出的代码，将 4 位串行进位加法器修改为 8 位串行进位加法器。

2.1.4　串行进位加法器的验证

本小节将介绍如何在 ModelSim 软件中对 4 位串行进位加法器设计进行验证。

1. 建立新的验证工程

本部分将介绍如何在 ModelSim 软件中建立新的工程，用于综合后仿真。主要步骤如下所述。

（1）启动 ModelSim 软件，进入 ModelSim SE-64 10.4c（以下简称 ModelSim）主界面。

（2）在 ModelSim 主界面主菜单下，选择 File->New->Project。

（3）弹出 "Create Project" 对话框。在该对话框中，按如下设置参数。

① Project Name：postsynth_sim。

② Project Location：E:/cpusoc_design_example/example_2_2。

（4）单击 "OK" 按钮，退出 "Create Project" 对话框。

（5）如果预先没有创建所指向的目录，则弹出"Create Project"对话框，该对话框中提示信息"The project directory does not exist. OK to create the directory?"。

（6）单击该对话框中的"是"按钮。

2．添加已存在的文件

本部分将介绍如何添加已经存在的网表文件 example_2_1.vg。添加该文件的主要步骤如下所述。

（1）完成 1 部分的操作后，弹出"Add Items to the Project"对话框。在该对话框中，单击名字为"Add Existing File"的图标。

（2）弹出"Add file to Project"对话框。在该对话框中，单击"File Name"标题栏右侧的"Browse"按钮。

（3）弹出"Select files to add to project"对话框。在该对话框中，按如下设置参数。

① 文件类型：All Files（*.*）(通过下拉框设置)。

② 将路径定位到 E:/cpusoc_design_example/example_2_1/impl/gwsynthesis，选中该目录下的 example_2_1.vg 文件，并单击该对话框右下角的"打开"按钮，自动退出"Select files to add to project"对话框。

③ 勾选"Add file to Project"对话框右下角"Copy to project directory"前面的复选框。

（4）单击"Add file to Project"对话框右下角的"OK"按钮，退出该对话框。

3．创建测试文件

本部分将介绍如何创建新的测试文件，主要步骤如下所述。

（1）再次单击"Add Items to the Project"对话框中名字为"Create New File"的图标。

（2）弹出"Create Project File"对话框。在该对话框中，按如下设置参数。

① File Name：test。（文本框输入）。

② Add file as type：Verilog（下拉框选择）。

（3）单击"Create Project File"对话框右下角的"OK"按钮，退出该对话框。

（4）单击"Add items to the Project"对话框右下角的"Close"按钮，退出该对话框。

（5）在 ModelSim 当前工程主界面的 Project 窗口中，找到并双击 test.v，打开该文件。在该文件中输入测试代码，如代码清单 2-2 所示。

代码清单 2-2　test.v 文件

```
`timescale 1ns/1ps              // `timescale 定义仿真的时间单位和精度
module test;                     // module 关键字定义模块 test
reg [3:0] a,b;                   // 定义 reg 型变量 a 和 b，位宽 4 位
wire [3:0] sum;                  // 定义 wire 型变量 sum，位宽 4 位
wire cy;                         // 定义 wire 型变量 cy
adder4b Inst_adder4b(            // 将模块 adder4b 例化为 Inst_adder4b
.a(a),                           // 模块 adder4b 的端口 a 连接到 reg 型变量 a
.b(b),                           // 模块 adder4b 的端口 b 连接到 reg 型变量 b
.sum(sum),                       // 模块 adder4b 的端口 sum 连接到 wire 型 sum
.cy(cy)                          // 模块 adder4b 的端口 cy 连接到 wire 型 cy
);
initial                          // initial 关键字定义初始化部分
begin                            // begin 关键字标识 initial 段的开始
a=3;                             // 给 a 分配值 3
b=2;                             // 给 b 分配值 2
```

```
#100;                          // 延迟 100ns
a=8;                           // 给 a 分配值 8
b=4;                           // 给 b 分配值 4
#100;                          // 延迟 100ns
a=10;                          // 给 a 分配值 10
b=5;                           // 给 b 分配值 5
#100;                          // 延迟 100ns
a=13;                          // 给 a 分配值 13
b=10;                          // 给 b 分配值 10
#100;                          // 延迟 100ns
a=15;                          // 给 a 分配值 15
b=14;                          // 给 b 分配值 14
#100;                          // 延迟 100ns
end                            // end 关键字标识 initial 部分的结束
endmodule                      // endmodule 关键字标识 test 模块的结束
```

（6）按 Ctrl+S 组合键，保存设计代码。

4．执行综合后仿真

本部分将介绍如何执行综合后仿真，主要步骤如下所述。

（1）在 ModelSim 主界面主菜单下，选择 Compile->Compile All，对这两个文件成功编译后，在"Status"一列中显示 ✔ 标记，如图 2.9 所示。

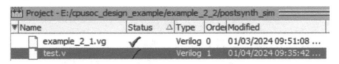

图 2.9　对设计编译后的结果

（2）在 ModelSim 主界面主菜单下，选择 Simulate->Start Simulation。

（3）弹出"Start Simulation"对话框，如图 2.10 所示。在该对话框中，单击"Libraries"标签。在该标签页中有两个子窗口，即 Search Libraries 和 Search Libraries First。

图 2.10　"Libraries"标签页

① 单击 Search Libraries 子窗口右侧的"Add"按钮，弹出"Select Library"对话框，如图 2.11 所示。首先在"Select Library"标题栏下，通过下拉框，将"Select Library"设置为 gw2a；然后单击该对话框右下角的"OK"按钮，退出"Select Library"对话框。

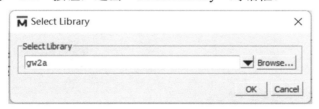

图 2.11　"Select Library"对话框

② 单击 Search Libraries First 子窗口右侧的"Add"按钮，弹出"Select Library"对话框。首先在"Select Library"标题栏下，通过下拉框，将"Select Library"设置为 gw2a；然后单击该对话框右下角的"OK"按钮，退出"Select Library"对话框。

（4）在"Start Simulation"对话框中，单击"Design"标签。在该标签页中，找到并展开"work"条目。在展开条目中，找到并选中"test"条目，如图 2.12 所示。在该标签页中，不要勾选"Enable optimization"前面的复选框。

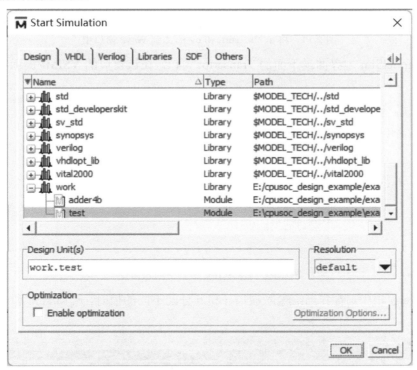

图 2.12　"Design"标签页

（5）单击该对话框右下角的"OK"按钮，退出"Start Simulation"对话框。

（6）进入仿真界面，如图 2.13 所示。在该界面左侧的 Instance 窗口中，默认选择"test"条目，在 Objects 窗口中，按住 Ctrl 按键，分别单击 a、b、sum 和 cy 条目，以选中这 4 个信号。

（7）单击鼠标右键，出现浮动菜单。在浮动菜单内，选择 Add Wave。将这 4 个信号自动添加到 Wave 窗口中，如图 2.14 所示。

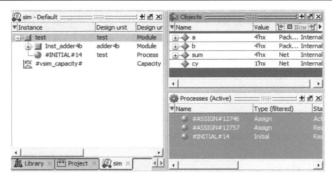

图 2.13　仿真界面

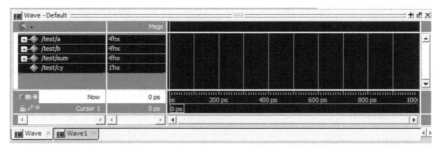

图 2.14　将 a、b、sum 和 cy 添加到 Wave 窗口中

（8）找到 ModelSim 主界面最下面的 Transcript 窗口。在该窗口的 VSIM>提示符后，输入下面的一行命令：

```
run 400ns
```

并按回车键。该命令表示运行仿真的时间长度为 400ns，如图 2.15 所示。

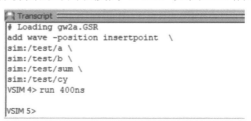

图 2.15　Transcript 窗口中输入命令

（9）在 Wave 窗口中，看到当给输入端口 a 和 b 分配不同的值时，端口 sum 和 cy 的输出结果，如图 2.16 所示。

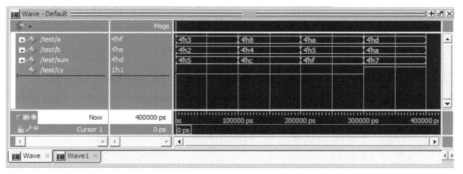

图 2.16　执行仿真后 Wave 窗口中给出的仿真波形

> **注**：通过单击工具栏中的放大按钮🔍或缩小按钮🔍，使得在 Wave 窗口中正确显示波形。

（10）图 2.16 使用 16 进制数显示不够直观，将其改为无符号的 10 进制数进行显示。在图 2.16 中，按住 Ctrl 键，并用鼠标左键分别单击名字为/test/a、/test/b 和/test/sum 的一行，然后单击鼠标右键，出现浮动菜单。在浮动菜单中，选择 Radix->Unsigned。修改 Radix 后 Wave 窗口中显示的波形如图 2.17 所示。

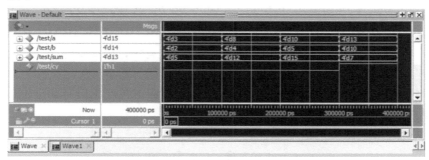

图 2.17　修改 Radix 后 Wave 窗口中显示的波形

（11）在 ModelSim 主界面主菜单下，选择 Simulate->End Simulation。

（12）弹出"End Current Simulation Session"对话框。在该对话框中，提示信息"Are you sure you want to quit simulating？"。

（13）单击"是(Y)"按钮，退出该对话框。

（14）在 ModelSim 左侧窗口中，单击"Project"标签，切换到"Project"标签页。

（15）在 ModelSim 当前工程主界面主菜单下，选择 File->Close Project。

（16）弹出"Close Project"对话框。在该对话框中，提示信息"This operation will close the current project. Continue？"。

（17）单击"是"按钮，退出该对话框。

2.1.5　超前进位加法器的实现

为了缩短多位二进制数加法计算所需的时间，出现了一种比串行进位加法器速度更快的加法器，这种加法器称为超前进位加法器。

1．超前进位加法器的原理

假设二进制加法器的第 i 位输入为 a_i 和 b_i，输出为 s_i，进位输入为 c_i，进位输出为 c_{i+1}。则有：

$$s_i = a_i \oplus b_i \oplus c_i$$
$$c_{i+1} = a_i \cdot b_i + a_i \cdot c_i + b_i \cdot c_i = a_i \cdot b_i + c_i \cdot (a_i + b_i)$$

令 $g_i = a_i \cdot b_i$，$p_i = a_i + b_i$

则 $\quad\quad\quad\quad\quad\quad c_{i+1} = g_i + p_i \cdot c_i$

（1）当 a_i 和 b_i 均为 1 时，g_i=1，产生进位 c_{i+1}=1；

（2）当 a_i 或 b_i 为 1 时，p_i=1，传递进位 c_{i+1}=c_i。

因此，g_i 定义为进位产生信号，p_i 定义为进位传递信号。g_i 的优先级高于 p_i，也就是说，当 g_i=1 时，必然存在 p_i=1，不管 c_i 为多少，必然存在进位。当 g_i=0，而 p_i=1 时，进位输出为 c_i，跟 c_i 之前的逻辑有关。

下面以四位超前进位加法器为例，假设四位被加数和加数的每一位分别表示为 a_i 和 b_i（其中，

i=0、1、2 和 3），进位输入表示为 c_{in}，进位输出为 c_{out}，对于第 i 位产生的进位：

$$c_0 = c_{in}$$
$$c_1 = g_0 + p_0 \cdot c_0$$
$$c_2 = g_1 + p_1 \cdot c_1 = g_1 + p_1 \cdot (g_0 + p_0 \cdot c_0) = g_1 + p_1 \cdot g_0 + p_1 \cdot p_0 \cdot c_0$$
$$c_3 = g_2 + p_2 \cdot c_2 = g_2 + p_2 \cdot g_1 + p_2 \cdot p_1 \cdot g_0 + p_2 \cdot p_1 \cdot p_0 \cdot c_0$$
$$c_4 = g_3 + p_3 \cdot c_3 = g_3 + p_3 \cdot g_2 + p_3 \cdot p_2 \cdot g_1 + p_3 \cdot p_2 \cdot p_1 \cdot g_0 + p_3 \cdot p_2 \cdot p_1 \cdot p_0 \cdot c_0$$
$$c_{out} = c_4$$

由此可知，各级的进位彼此独立，只与输入数据和 c_{in} 有关，因此消除了各级之间进位级联的依赖性。因此，显著降低了串行进位产生的延迟。

每个等式与只有三级延迟的电路对应，第一级延迟对应进位产生信号和进位传递信号，后两级延迟对应上面的积之和。

同时，可以得到第 i 位的和为：

$$s_i = a_i \oplus b_i \oplus c_i - g_i \oplus p_i \oplus c_i$$

图 2.18 给出了 4 位超前进位加法器的结构。

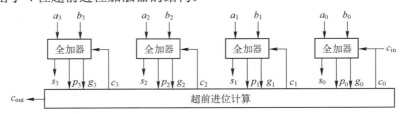

图 2.18　4 位超前进位加法器的结构

2．建立新的设计工程

本部分将在高云云源软件中建立新的设计工程，用于实现 4 位超前进位加法器的设计，主要步骤如下所述。

（1）在 Windows 11 操作系统桌面中，找到并双击名字为 "Gowin_V1.9.9 (64-bit)" 的图标，启动高云云源软件（以下简称云源软件）。

（2）在云源软件主界面主菜单下，选择 File->New。

（3）弹出 "New" 对话框。在该对话框中，找到并展开 "Projects" 条目。在展开条目中，找到并选择 "FPGA Design Project" 条目。

（4）单击该对话框右下角的 "OK" 按钮，退出 "New" 对话框。

（5）弹出 "Project Wizard-Project Name" 对话框。在该对话框中，按如下设置参数。

① Name：example_2_3；

② Create in：e:\cpusoc_design_example。

（6）弹出 Project Wizard-Select Device 对话框界面。在该界面中，按如下设置参数：

① Series（系列）：GW2A；

② Package（封装）：PBGA484；

③ Device（器件）：GW2A-55；

④ Speed（速度）：C8/I7；

⑤ Device Version（器件版本）：C；

在该对话框下面的窗口中，给出了该器件的完整型号（Part Number）GW2A-LV55PG484C8/I7，并且给出该器件的逻辑资源数量，包括：

① IO（可用的输入/输出引脚）:319;

② LUT（查找表）：54720;

③ FF（触发器）：41040;

④ SSRAM（影子存储器）：106Kb;

⑤ BSRAM（块存储器）：2520Kb;

选中器件型号（Part Numer）为"GW2A-LV55PG484C8/I7"的一行。

（7）单击该对话框右下角的"Next"按钮。

（8）弹出"Project Wizard-Summary"对话框。在该对话框中，总结了建立工程时设置的参数。

（9）单击该对话框右下角的"Finish"按钮，退出"Project Wizard-Summary"对话框。

3．创建四位并行加法器设计文件

本部分将介绍如何在当前设计工程中创建并添加 4 位并行加法器设计文件，主要步骤如下所述。

（1）在云源软件当前工程主界面左侧"Design"标签页中，找到并选中 example_1_1 或 GW2A-LV55PG484C8/I7，单击鼠标右键，出现浮动菜单。在浮动菜单中，选择 New File。

（2）弹出"New"对话框。在该对话框中，选择"Verilog File"条目。

（3）单击该对话框右下角的"OK"按钮，退出"New"对话框。

（4）弹出"New Verilog file"对话框。在该对话框中，在"Name"右侧的文本框中输入 adder4b，即该文件的名字为 add4b.v。

（5）单击该对话框右下角的"OK"按钮，退出"New Verilog file"对话框。

（6）自动打开 adder4b.v 文件，在该文件中添加设计代码，如代码清单 2-3 所示。

代码清单 2-3　adder4b.v 文件

```
module adder4b(                        // module 关键字定义模块 adder4b
input [3:0] a,                         // input 关键字定义输入端口 a，位宽 4 位
input [3:0] b,                         // input 关键字定义输入端口 b，位宽 4 位
output [3:0] sum,                      // output 关键字定义输出端口 sum，位宽 4 位
output cy                              // output 关键字定义输出端口 cy，位宽一位
);
wire [4:0] c;                          // 定义 wire 类型 c，位宽 5 位
assign c[0]=0;                         // 最低进位 c[0]分配值 0
assign cy=c[4];                        //c[4]作为最高进位输出 cy
wire [3:0] g,p;                        // 定义 wire 类型 g 和 p，位宽 4 位
genvar i;                              // genvar 关键字定义生成变量 i
generate                               // generate 关键字定义生成结构
for(i=0; i<=3;i=i+1)                   // for 关键字定义循环生成结构
begin                                  // begin 关键字标识生成结构体开始，类似 C 语言"{"
and Inst_and(g[i],a[i],b[i]);          // 例化 Verilog 中的 and 门，实现 g[i]=a[i] & b[i]
or   Inst_or(p[i],a[i],b[i]);          // 例化 Verilog 中的 or 门，实现 g[i]=a[i] | b[i]
end                                    // end 关键字标识生成结构体结束，类似 C 语言"}"
endgenerate                            // endgenerate 关键字标识生成结构的结束
genvar j;                              // genvar 关键字定义生成变量 j
generate                               // generate 关键字定义生成结构
for(j=0; j<=3;j=j+1)                   // for 关键字定义循环生成结构
begin                                  // begin 关键字定义生成结构体开始，类似 C 语言"{"
  assign c[j+1]=g[j]|| p[j] & c[j];    // 实现 c[i+1]=g[j]+p[j]·c[i]
```

```
end                              // end 关键字定义生成结构体的结束，类似 C 语言 "}"
endgenerate                      // endgenerate 关键字标识生成结构的结束

genvar k;                        // genvar 关键字定义生成变量 k
generate                         // generate 关键字定义生成结构
for (k=0;k<=3; k=k+1)            // for 关键字定义循环生成结构
begin                            // begin 关键字定义生成结构体开始，类似 C 语言 "{"
ALU #(.ALU_MODE(0)) Inst_alu (   // 例化 ALU 原语，将参数 ALU_MODE 设置为 0
    .I0(a[k]),                   // ALU 原语端口 I0 连接到模块 adder4b 的端口 a[k]
    .I1(b[k]),                   // ALU 原语端口 I1 连接到模块 adder4b 的端口 b[k]
    .I3(),                       // ALU 原语端口 I3 悬空
    .CIN(c[k]),                  // ALU 原语端口 CIN 连接到内部 wire 类型 c[k]
    .COUT(),                     // ALU 原语端口 COUT 悬空
    .SUM(sum[k])                 // ALU 原语端口 SUM 连接到模块 adder4b 端口 sum[k]
);
end                              // end 关键字定义生成结构体的结束，类似 C 语言 "}"
endgenerate                      // endgenerate 关键字标识生成结构结束
endmodule                        // endmodule 关键字标识模块的结束
```

（7）按 Ctrl+S 组合键，保存该设计。

4. 设计综合

本部分将介绍如何对设计执行综合，并查看综合后的结果，主要步骤如下所述。

（1）在云源软件当前工程主界面左侧的窗口中，单击"Process"标签。

（2）在"Process"标签页中，找到并双击"Synthesize"条目，执行对该设计的综合。

（3）在 Synthesize 条目下，找到并单击"Synthesis Report"条目。

（4）在云源软件右侧窗口中，打开 Synthesis Messages 界面。在该界面中，给出了该设计所使用的逻辑资源，如图 2.19 所示。

Resource

Resource Usage Summary

Resource	Usage
I/O Port	13
I/O Buf	13
IBUF	8
OBUF	5
LUT	8
LUT2	1
LUT3	1
LUT4	6
ALU	4
ALU	4

Resource Utilization Summary

Resource	Usage	Utilization
Logic	12(8 LUT, 4 ALU) / 54720	<1%
Register	0 / 41997	0%
--Register as Latch	0 / 41997	0%
--Register as FF	0 / 41997	0%
BSRAM	0 / 140	0%

图 2.19　4 位超前进位加法器所使用 FPGA 的逻辑资源

（5）在云源软件当前工程主界面主菜单下，选择 Tools->Schematic Viewer->RTL Design Viewer。

（6）自动打开 RTL 视图，如图 2.20 所示。

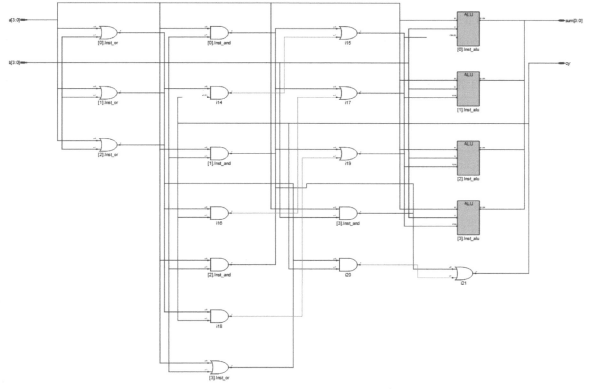

图 2.20　4 位超前进位加法器的 RTL 视图

思考与练习 2-4：根据图 2.19，说明该设计所使用 FPGA 的资源情况。

思考与练习 2-5：根据图 2.20 和代码清单 2-3 给出的代码，说明该串行进位加法器的结构。

思考与练习 2-6：修改代码清单 2-3 给出的代码，将 4 位超前进位加法器修改为 8 位超前进位加法器。

思考与练习 2-7：请读者直接调用 Verilog HDL 提供的"+"操作符实现 4 位加法器结构，并查看综合后的网表。说明在使用高云 FPGA 时，直接调用"+"操作符所生成的加法器结构。

2.1.6　超前进位加法器的验证

本小节将介绍如何在 ModelSim 软件中对 4 位超前进位加法器设计进行验证。

1．建立新的验证工程

本部分将介绍如何在 ModelSim 软件中建立新的工程，用于综合后仿真，主要步骤如下所述。

（1）启动 ModelSim 软件，进入 ModelSim SE-64 10.4c（以下简称 ModelSim）主界面。

（2）在 ModelSim 主界面主菜单下，选择 File->New->Project。

（3）弹出"Create Project"对话框。在该对话框中，按如下设置参数。

① Project Name：postsynth_sim。

② Project Location：E:/cpusoc_design_example/example_2_4。

（4）单击"OK"按钮，退出"Create Project"对话框。

（5）如果预先没有创建所指向的目录，则弹出"Create Project"对话框。该对话框中提示信息"The project directory does not exist. OK to create the directory?"。

（6）单击该对话框中的"是"按钮。

2. 添加已存在的文件

本部分将介绍如何添加已经存在的网表文件 example_2_3.vg 和测试文件 test.v。添加这两个文件的主要步骤如下所述。

（1）在操作完 1 部分的步骤后，弹出"Add Items to the Project"对话框。在该对话框中，单击名字为"Add Existing File"的图标。

（2）弹出"Add file to Project"对话框。在该对话框中，单击"File Name"标题栏右侧的"Browse"按钮。

（3）弹出"Select files to add to project"对话框。在该对话框中，按如下设置参数。

① 文件类型：All Files（*.*)（通过下拉框设置)。

② 将路径定位到 E:/cpusoc_design_example/example_2_3/impl/gwsynthesis，选中该路径下的 example_2_3.vg 文件，并单击该对话框右下角的"打开"按钮，自动退出"Select files to add to project"对话框。

③ 勾选"Add file to Project"对话框右下角"Copy to project directory"前面的复选框。

（4）再次单击"Add Items to the Project"对话框中名字为"Add Existing File"的图标。

（5）弹出"Add file to Project"对话框。在该对话框中，单击"File Name"标题栏右侧的"Browse"按钮。

（6）弹出"Select files to add to project"对话框。在该对话框中，按如下设置参数。

① 文件类型：All Files（*.*)（通过下拉框设置)；

② 将路径定位到 E:/cpusoc_design_example/example_2_2，选中该目录下的 test.v 文件，并单击该对话框右下角的"打开"按钮，自动退出"Select files to add to project"对话框。

③ 勾选"Add file to Project"对话框右下角"Copy to project directory"前面的复选框。

（7）单击"Add file to Project"对话框右下角的"OK"按钮，退出该对话框。

4. 执行综合后仿真

本部分将介绍如何对设计执行综合后仿真，主要步骤如下所述。

（1）在 ModelSim 主界面主菜单下，选择 Compile->Compile All，对这两个文件成功编译后，在 Status 一列中显示 ✔ 标记，

（2）在 ModelSim 主界面主菜单下，选择 Simulate->Start Simulation。

（3）弹出"Start Simulation"对话框。在该对话框中，单击"Libraries"标签。在该标签页中有两个子窗口，即 Search Libraries 和 Search Libraries First。

① 单击 Search Libraries 子窗口右侧的"Add"按钮，弹出"Select Library"对话框。在该对话框中，首先在"Select Library"标题栏下，通过下拉框，将"Select Library"设置为 gw2a；然后单击该对话框右下角的"OK 按钮，退出"Select Library"对话框。

② 单击 Search Libraries First 子窗口右侧的"Add"按钮，弹出"Select Library"对话框。在该对话框中，首先在"Select Library"标题栏下，通过下拉框，将"Select Library"设置为 gw2a；然后单击该对话框右下角的"OK 按钮，退出"Select Library"对话框。

（4）在"Start Simulation"对话框中，单击"Design"标签。在该标签页中，找到并展开"work"条目。在展开条目中，找到并选中"test"条目。在该标签页中，不要勾选"Enable optimization"前面的复选框。

（5）单击该对话框右下角"OK"的按钮，退出"Start Simulation"对话框。

（6）进入仿真窗口界面。在该界面左侧的 Instance 窗口中，默认选择"test"条目，在 Objects

窗口中，按住 Ctrl 按键，分别单击 a、b、sum 和 cy 条目，以选中这 4 个信号。

（7）单击鼠标右键，出现浮动菜单。在浮动菜单内，选择 Add Wave。将这 4 个信号自动添加到 Wave 窗口中。

（8）找到 ModelSim 主界面最下面的 Transcript 窗口。在该窗口的 VSIM> 提示符后，输入下面的一行命令：

```
run 500ns
```

并按回车键。该命令表示运行仿真的时间长度为 500ns。

（9）在 Wave 窗口中，看到当给输入端口 a 和 b 分配不同的值时，端口 sum 和 cy 的输出结果。

> **注：** 通过单击工具栏中的放大按钮🔍或缩小按钮🔍，使在 Wave 窗口中的波形可正确显示。

（10）使用 16 进制数显示不够直观，将其改为无符号的 10 进制数进行显示。按住 Ctrl 按键，并用鼠标左键分别单击名字为/test/a、/test/b 和/test/sum 的一行，然后单击鼠标右键，出现浮动菜单。在浮动菜单中，选择 Radix->Unsigned。修改 Radix 后，Wave 窗口中显示的波形，如图 2.21 所示。

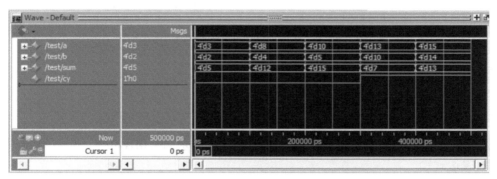

图 2.21　修改 Radix 后 Wave 窗口中显示的波形

（11）在 ModelSim 主界面主菜单下，选择 Simulate->End Simulation。

（12）弹出 "End Current Simulation Session" 对话框。在该对话框中，提示信息 "Are you sure you want to quit simulating？"

（13）单击 "是(Y)" 按钮，退出该对话框。

（14）在 ModelSim 左侧窗口中，单击 "Project" 标签，切换到 "Project" 标签页。

（15）在 ModelSim 当前工程主界面主菜单下，选择 File->Close Project。

（16）弹出 "Close Project" 对话框。在该对话框中，提示信息 "This operation will close the current project. Continue？"。

（17）单击 "是" 按钮，退出该对话框。

2.2　减法器的设计

一位减法器也可以使用类似一位加法器的设计方法来实现。一旦实现了一位减法器，就可以通过类似多位加法器的设计方法来实现多位减法器。

2.2.1　一位半减器的实现

与一位半加器执行加法运算产生 "进位" 不同的是，一位半减器执行减法运算时产生 "借位"。

表 2.6 给出了一位半减器的逻辑关系。

表 2.6　一位半减器的逻辑关系

输入		输出	
a_0	b_0	d_0	c_1
0	0	0	0
0	1	1	1
1	0	1	0
1	1	0	0

根据逻辑关系可以得到一位半减器的最简逻辑表达式：

$$d_0 = \overline{a_0} \cdot b_0 + a_0 \cdot \overline{b_0} = a_0 \oplus b_0$$
$$c_1 = \overline{a_0} \cdot b_0$$

根据最简逻辑表达式，可以得到一位半减器的内部结构，如图 2.22 所示。

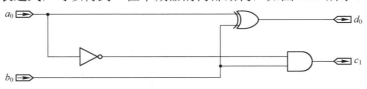

图 2.22　一位半减器的内部结构

2.2.2　一位全减器的实现

表 2.7 给出了一位全减器的逻辑关系。使用图 2.23 所示的卡诺图映射，可以得到一位全减器的最简逻辑表达式：

表 2.7　一位全减器的逻辑关系

输入			输出	
c_i	a_i	b_i	d_i	c_{i+1}
0	0	0	0	0
0	0	1	1	1
0	1	0	1	0
0	1	1	0	0
1	0	0	1	1
1	0	1	0	1
1	1	0	0	0
1	1	1	1	1

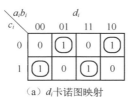

（a）d_i 卡诺图映射

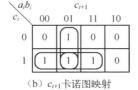

（b）c_{i+1} 卡诺图映射

图 2.23　卡诺图映射

$$d_i = \overline{a}_i \cdot b_i \cdot \overline{c}_i + a_i \cdot \overline{b}_i \cdot \overline{c}_i + \overline{a}_i \cdot \overline{b}_i \cdot c_i + a_i \cdot b_i \cdot c_i$$
$$= \overline{c}_i \cdot (a_i \oplus b_i) + c_i \cdot \overline{(a_i \oplus b_i)}$$
$$= (a_i \oplus b_i \oplus c_i)$$
$$c_{i+1} = c_i \cdot b_i + \overline{a}_i \cdot b_i + \overline{a}_i \cdot c_i$$
$$= \overline{a}_i \cdot b_i + c_i \cdot (\overline{a}_i + b_i)$$
$$= \overline{a}_i \cdot b_i + c_i \cdot (\overline{a}_i \cdot (b_i + \overline{b}_i) + b_i \cdot (a_i + \overline{a}_i))$$
$$= \overline{a}_i \cdot b_i + c_i \cdot (\overline{a}_i \cdot \overline{b}_i + b_i \cdot a_i)$$
$$= \overline{a}_i \cdot b_i + c_i \cdot \overline{(a_i \oplus b_i)}$$

根据最简逻辑表达式，可以得到如图 2.24 所示的一位全减器的内部结构。

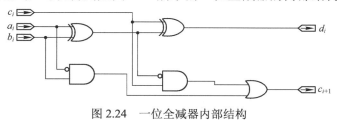

图 2.24　一位全减器内部结构

2.2.3　负数的表示方法

对于一个整数减法运算，如 5-3，可以重写成 5+(-3)。这样，减法运算就变成了加法运算。但是，正数变了负数。因此，在数字电路中必须有表示负数的方法。

在数字系统中，由固定数目的信号来表示二进制数。较小的简单系统可能使用 8 位总线（多位二进制信号线的集合），而较大的系统可能使用 16、32、64 位的总线。不管使用多少位，信号线、存储器和处理器所表示的和操作的数字数据的位数是有限的。可用的位数决定了在一个给定的系统中可以表示数值的个数。在数字电路中，用于执行算术功能的部件经常需要处理负数。所以，必须要定义一种表示负数的方法。一个 N 位的系统总共可以表示 2^N 个数，使用 $2^N/2$ 个二进制数表示十进制的非负整数（包括正整数和 0），剩下的 $2^N/2$ 个二进制数表示十进制的负整数。可以用一个比特位作为符号位，用于区分正数和负数。如果符号位为 1，则所表示的数为负数；否则，所表示的数为正数。在一个有限位宽的数据中，最高有效位（Most Significant Bit，MSB）可以作为符号位；如果该位为 0，表示是一个正数。在配置数的幅度时，可以将其忽略。

在所有可能的负数二进制编码方案中，经常使用两种，即符号幅度表示法和二进制补码表示法。符号幅度表示法就是用 MSB 表示符号位，剩下的位表示幅度。在一个使用符号幅度表示法的 8 位系统中，$(16)_{10}$ 用二进制表示为"00010000"，而 $(-16)_{10}$ 用二进制表示为"10010000"。这种表示方法，很容易理解。图 2.25(a) 给出了位宽为 8 位的负数的符号幅度表示法。从图中可知，该表示法用于表示负数最不利的方面表现在，如果 0 到 2^N（此处 $N=8$）的计数范围从最小变化到最大，则最大的正整数将出现在所表示范围近一半的地方。然后，紧接着出现负零和最大的负整数。而且，最小的负整数出现在可表示范围的末尾，递增计数值将出现"回卷"，即从二进制数的 11111111 "回卷"到 00000000，这是由于数据位宽的限制（只有 8 位），因而不能表示第 2^N+1 个数。因此，在计数范围内，2^N-1 后面跟着 0，这样最小的负整数就立即调整到最小的正整数。由于这个原因，一个减法操作"2-3"，将不会产生所希望的计算结果"-1"，它是系统中最大的负整数。

一个更好的表示方法应该将最小的正整数和最大的负整数放在相邻的位置。因此，引入了二进制补码的概念，图 2.25(b) 给出了位宽为 8 位的负数的二进制补码表示法。

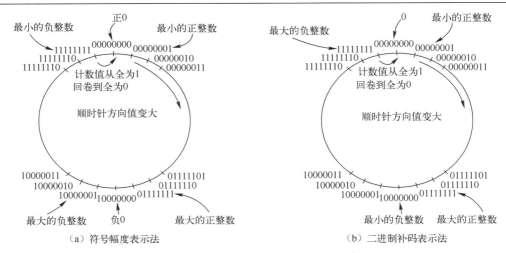

（a）符号幅度表示法　　　　　　　　　　（b）二进制补码表示法

图 2.25　位宽为 8 位的有符号数表示法

在二进制补码编码中，MSB 仍是符号位，当 MSB 取值为 1 时，表示负数；当 MSB 取值为 0 时，表示正数。在使用二进制补码表示法的 N 位系统中，十进制数 0 由一个位宽为 N 的全零二进制数表示。其余的 2^N-1 个二进制数表示非零的正整数和负整数。由于 2^N-1 为奇数，因此 $\lceil (2^N-1)/2 \rceil$ 个二进制数用于表示十进制的负整数，$\lceil (2^N-1)/2 \rceil$ 个二进制数用于表示十进制的正整数。换句话说，可以表示的十进制负整数比正整数的个数多一个。最大负整数的幅度要比最大正整数的幅度多一。

采用二进制补码表示法表示有符号数（包括正数和负数）的不利地方是，不容易理解负数。在实际中，可使用一个简单的方法将一个正整数转换为一个具有同样幅度的负整数。负整数的二进制补码算法描述是：将该负整数所对应的正整数按位全部取反（包括符号位），然后将取反后的结果加 1。

【例 2.1】　求取−17 的二进制补码。

计算过程如下：

（1）+17 对应的原码为 00010001。

（2）所有位按位取反后，得到 11101110。

（3）将取反后的结果加 1，得到−17 的补码为 11101111。

【例 2.2】　从−35 求取+35 的二进制补码。

计算过程如下：

（1）−35 对应的补码为 11011101。

（2）将所有位按位取反后，得到 00100010。

（3）将取反后的结果加 1，得到+35 的补码为 00100011。

【例 2.3】　从−127 求取+127 的二进制补码。

计算过程如下：

（1）−127 对应的补码为 10000001。

（2）将所有位按位取反后，得到 01111110。

（3）将取反后的结果加 1，得到+127 的补码为 01111111。

【例 2.4】　求取−1 的二进制补码。

计算过程如下：

（1）+1 对应的原码为 00000001；

（2）将所有位按位取反后，得到 11111110；

（3）将取反后的结果加 1，得到−1 的补码为 11111111。

前面介绍了使用比较法实现十进制正数转换为二进制正数的方法。类似地，下面介绍使用比较法实现十进制有符号数转换成二进制有符号数补码的方法。

1）有符号整数的二进制补码

以十进制有符号负整数−97 转换为所对应的二进制补码为例，在该例子中假设使用 8 位宽度表示所对应的二进制补码，如表 2.8 所示。

表 2.8 十进制有符号负整数的二进制补码比较法实现过程

转换的数	−97	31	31	31	15	7	3	1
权值	-2^7 (−128)	2^6 (64)	2^5 (32)	2^4 (16)	2^3 (8)	2^2 (4)	2^1 (2)	2^0 (1)
二进制数	1	0	0	1	1	1	1	1
余数	31	31	31	15	7	3	1	0

（1）得到需要转换负数的最小权值，该权值为负数，以-2^i表示（i 为所对应符号位的位置），使其满足：

$$-2^i \quad \leqslant 需要转换的负数$$

并且，-2^i 与所要转换的负整数有最小的距离，保证绝对差值最小。

（2）取比该权值绝对值 2^i 小的权值，以-2^{i-1}，-2^{i-2}，…，2^0 的幂次方表示。比较过程描述如下。

① 计算需要转换的负数$+2^i$，得到了正整数，该正整数作为下一次需要转换的数。

② 后面的比较过程与前面介绍的正整数转换方法一致。

根据表 2.7 给出的转换过程，负整数−97 所对应的二进制补码为 10011111。

2.2.4 多位减法器的设计和验证

多位减法器也可以使用类似串行进位加法器和超前进位加法器的结构来实现，只是这里将进位改成借位，加法运算改成减法运算。本小节将以 4 位串行借位减法器为例，说明多位减法器的实现方法。多位串行借位减法器的设计，如代码清单 2-4 所示。

代码清单 2-4 sub4b.v 文件

```
module sub4b(                           // module 关键字定义模块 sub4b
input signed [3:0] a,                   // input signed 关键字定义有符号输入端口 a，宽度 4 位
input signed [3:0] b,                   // input signed 关键字定义有符号输入端口 b，宽度 4 位
output signed [3:0] dif,                // output signed 关键字定义有符号输出端口 dif，宽度 4 位
output cy                               // output 关键字定义输出端口 cy，宽度一位
);
wire [4:0] c;                           // 定义 wire 类型 c，宽度 4 位，内部借位信号
assign c[0]=1;                          // 根据高云 ALU 原语功能，c[0]分配值 1
assign cy=~c[4];                        // 根据高于 ALU 原语功能，c[4]取反后作为进位输出 cy
genvar i;                               // genvar 关键字定义生成变量 i
generate                                // generate 关键字定义生成结构
for (i=0;i<=3; i=i+1)                   // for 关键字定义循环生成结构
ALU #(.ALU_MODE(1)) Inst_alu (          // 例化 ALU 原语，参数 ALU_MODE 设置为 1，实现减法
    .I0(a[i]),                          // ALU 端口 I0 连接到 sub4b 模块端口 a[i]
    .I1(b[i]),                          // ALU 端口 I1 连接到 sub4b 模块端口 b[i]
    .I3(),                              // ALU 端口 I3 悬空，未使用
    .CIN(c[i]),                         // ALU 端口 CIN 连接到模块 sub4b 内借位信号 c[i]
```

```
    .COUT(c[i+1]),              // ALU 端口 COUT 连接到模块 sub4b 内借位信号 c[i+1]
    .SUM(dif[i])                // ALU 端口 SUM 连接到模块 sub4b 端口 dif[i]
);
endgenerate                    // endgenerate 关键字表示生成结构的结束
endmodule                      // endmodule 关键字表示模块 sub4b 的结束
```

注：（1）读者可以定位到本书配套资源的下面路径\cpusoc_design_example\example_2_5，用高云云源软件打开文件 example_2_5.gprj。

（2）读者可以在 ModelSim 中，打开高云 GW2A 仿真库中的 prim_sim.v 文件。在该文件中，找到 ALU 原语，查看高云 ALU 原语中减法功能的实现方法，进一步理解代码清单 2-4 中所描述的减法器功能。

思考与练习 2-8：请读者直接调用 Verilog HDL 提供的 "-" 操作符实现 4 位减法器功能，并查看综合后的网表。说明在使用高云 FPGA 时，直接调用 "-" 操作符所生成的减法器结构。

对该 4 位串行借位减法器进行测试的测试向量，如代码清单 2-5 所示。

代码清单 2-5　test.v 文件

```
`timescale 1ns/1ps              // `timescale 关键字定义仿真时间单位和精度
module test;                    // module 关键字定义模块 test
reg signed [3:0] a,b;           // reg signed 关键字定义 reg 型有符号变量 a 和 b
wire signed [3:0] dif;          // wire signed 关键字定义 wire 型有符号网络 dif
wire cy;                        // wire 关键字定义网络 cy
sub4b Inst_sub4b(               // 将模块 sub4b 例化为 Inst_sub4b
.a(a),                          // 模块 sub4b 端口 a 连接到 reg 型有符号变量 a
.b(b),                          // 模块 sub4b 端口 b 连接到 reg 型有符号变量 b
.dif(dif),                      // 模块 sub4b 端口 dif 连接到有符号网络 dif
.cy(cy)                         // 模块 sub4b 端口 cy 连接到网络 cy
);
initial                         // initial 关键字定义初始化部分
begin                           // begin 标识初始化部分开始，类似 C 语言 "{"
a=7;                            // 给 a 分配值 7
b=5;                            // 给 b 分配值 5
#100;                           // 延迟 100ns
a=-7;                           // 给 a 分配值-7
b=8;                            // 给 b 分配值 8
#100;                           // 延迟 100ns
a=6;                            // 给 a 分配值 6
b=7;                            // 给 b 分配值 7
#100;                           // 延迟 100ns
a=-1;                           // 给 a 分配值-1
b=-8;                           // 给 b 分配值-8
#100;                           // 延迟 100ns
a=5;                            // 给 a 分配值 5
b=-2;                           // 给 b 分配值-2
#100;                           // 延迟 100ns
end                             // end 标识初始化部分结束，类似 C 语言 "}"
endmodule                       // endmodule 关键字标识模块 test 的结束
```

注：读者可以定位到本书配套资源的下面路径\cpusoc_design_example\example_2_6，用 ModelSim SE-64 10.4c 打开工程文件 postsynth_sim.mpf。

在 ModelSim 中执行综合后仿真，在 Wave 窗口中显示的波形如图 2.26 所示。

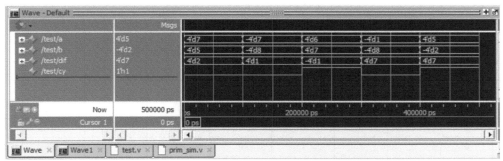

图 2.26　在 ModelSim 的 Wave 窗口中显示综合后仿真的结果

思考与练习 2-9：根据图 2.26 给出的仿真波形，说明该设计的正确性。

思考与练习 2-10：修改代码清单 2-4 给出的 Verilog HDL 代码，实现 8 位串行借位减法器的功能。

2.3　单个加法器实现加法和减法运算

前面分别用加法器和减法器实现了相加和相减运算，那么有没有只使用一个加法器来实现加法和减法功能呢？答案是肯定的。本节将通过一系列的推导过程来实现加法器和减法器功能的合并。

比较前面给出的一位半加器和一位半减器的结构，二者的差别只存在于：

（1）当结构为半加器时，原变量 a 参与半加器内的逻辑运算；

（2）当结构为半减器时，原变量 a 取非后得到 $\bar{a}$ 参与半减器内的逻辑运算。

2.3.1　一位加法器/减法器的实现

假设，一个逻辑变量 E 用来选择实现一位半加器还是一位半减器功能。规定当 $E=0$ 时，实现一位半加器功能；当 $E=1$ 时，实现一位半减器功能。因此，二者之间的差别可以用下面的逻辑关系式表示：

$$\bar{E} \cdot a + E \cdot \bar{a}$$

这样，半加器和半减器就可以使用一个逻辑结构实现。图 2.27 给出了半加器和半减器的统一结构。

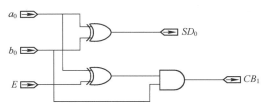

图 2.27　半加器和半减器的统一结构

图中，SD_0 为半加器/半减器的和/差结果，CB_1 为半加器/半减器的进位/借位。

也可以采用另一种结构实 4 位加法器/减法器结构。将表 2.2 给出的一位全加器的真值表重新写成表 2.9 的形式，并与表 2.7 给出的一位全减器真值表进行比较。可以很直观地看到全减器和全加器的 c_i 和 c_{i+1} 互补，b_i 也互补。如图 2.28 所示，可以得到这样的结果，如果对 c_i 和 b_i 进行求补，则全加器可以用作全减器。

表 2.9　一位全减器和重排后一位全加器真值表的比较

一位全减器的真值表					重排后一位全加器的真值表				
输入			输出		输入			输出	
c_i	a_i	b_i	d_i	c_{i+1}	c_i	a_i	b_i	s_i	c_{i+1}
0	0	0	0	0	1	0	1	0	1
0	0	1	1	1	1	0	0	1	0
0	1	0	1	0	1	1	1	1	1
0	1	1	0	0	1	1	0	0	1
1	0	0	1	1	0	0	1	1	0
1	0	1	0	1	0	0	0	0	0
1	1	0	0	0	0	1	0	1	1
1	1	1	1	1	0	1	1	0	0

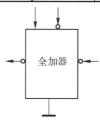

图 2.28　一位全加器用作一位全减器

2.3.2　多位加法器/减法器的实现

基于上面介绍的一位加法器/减法器，就可以实现多位加法器/减法器。如果将图 2.28 给出的结构级联可以生成一个 4 位的减法器。但是，将取消进位输出和下一个进位输入的取补运算，这是因为最终的结果只是需要对最初的进位输入 c_0 取补。对于加法器来说，c_0 为 0；而对于减法器来说，c_0 为 1。这就等效于 a 和 $\bar{b}$ 的和加 1，这其实就是补码的运算。这样，使用加法器进行相减运算，只需要使用减数的补码，然后相加。使用四位全加器实现四位加法和减法的结构，如图 2.29 所示。

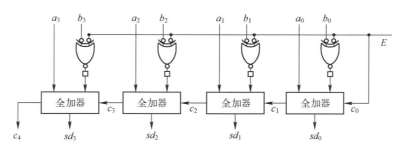

图 2.29　4 位全加器实现加法和减法运算的结构

注：当用作减法时（$E=1$），则输出进位 c_4 是输出借位的补。

2.3.3　单个加法器的设计和验证

本小节将介绍如何调用高云 FPGA 内的 ALU 原语，同时实现加法和减法运算。根据表 2.4 给出的 ALU_MODE 参数的含义，当 ALU_MODE 设置为 2 时，该 ALU 既可以实现加法运算，同时也可以实现减法运算。根据表 2.3 给出的 ALU 功能可知，当 ALU 执行加法/加法运算功能时，具体运算功能取决于 I3 的输入，当 I3=1 时，ALU 执行加法运算；当 I3=0 时，ALU 执行减法运算。4 位可执行加法和减法运算的单个加法器的设计，如代码清单 2-6 所示。

代码清单 2-6　addsub4b.v 文件

```
module addsub4b(                         // module 关键字定义模块 addsub4b
input signed [3:0]   a,                  // input signed 关键字定义端口 a，位宽 4 位
input signed [3:0]   b,                  // input signed 关键字定义端口 b，位宽 4 位
input              addsub,               // input 关键字定义端口 addsub，选择加法/减法
output signed [3:0] sd,                  // output signed 关键字定义输出有符号端口，4 位
output cy                                // output 关键字定义输出端口 cy
);
wire [4:0] c;                            // wire 定义内部网络类型 c，位宽 4 位
assign c[0]=addsub ?   0 : 1;            // 选择加法时，c[0]=0；选择减法时，c[0]=1
assign cy=addsub   ? c[4] : ~c[4];       // 选择加法时，cy=c[4]；选择减法时，cy=~c[4]
        genvar i;                        // genvar 关键字定义生成变量 i
generate                                 // generate 关键字定义生成结构
for (i=0;i<=3; i=i+1)                     // for 关键字定义循环生成结构
ALU #(.ALU_MODE(2)) Inst_alu (           // 例化 ALU，ALU_MODE=2，设置为加法/减法
   .I0(a[i]),                            // ALU 端口 I0 连接到 addsub4b 模块端口 a[i]
   .I1(b[i]),                            // ALU 端口 I1 连接到 addsub4b 模块端口 b[i]
   .I3(addsub),                          // ALU 端口 I3 连接到 addsub4b 模块端口 addsub
   .CIN(c[i]),                           // ALU 端口 CIN 连接到 addsub4b 模块内部 c[i]
   .COUT(c[i+1]),                        // ALU 端口 COUT 连接到 addsub4b 模块内部 c[i+1]
   .SUM(sd[i])                           // ALU 端口 SUM 连接到 addsub4b 模块端口 sd[i]
);
endgenerate                              // endgenerate 关键字标识生成结构的结束
endmodule                                // endmodule 关键字标识模块 addsub4b 的结束
```

注：读者可以定位到本书配套资源的下面路径\cpusoc_design_example\example_2_7，用高云云源软件打开文件 example_2_7.gprj。

对该 4 四位执行串行进位/借位加法和减法运算的单个加法器的测试向量，如代码清单 2-7 所示。

代码清单 2-7　test.v 文件

```
`timescale 1ns/1ps                       // `timescale 关键字定义时间单位和时间精度
module test;                             // module 关键字定义模块 test
reg signed [3:0] a,b;                    // reg signed 关键字定义有符号 reg 型变量 a 和 b
reg addsub;                              // reg 关键字定义 reg 型变量 addsub
wire signed [3:0] sd;                    // wire signed 关键字定义 wire 型 sd（表示和/差）
wire cy;                                 // wire 关键字定义 wire 型 cy
addsub4b Inst_addsub4b(                  // 例化模块 addsub4b
.a(a),                                   // 模块 addsub4b 端口 a 连接到 reg 型变量 a
.b(b),                                   // 模块 addsub4b 端口 b 连接到 reg 型变量 b
.addsub(addsub),                         // 模块 addsub4b 端口 addsub 连接到 reg 型变量 addsub4b
.sd(sd),                                 // 模块 addsub4b 端口 sd 连接到 wire 型 sd
.cy(cy)                                  // 模块 addsub4b 端口 cy 连接到 wire 型 cy
);
initial                                  // initial 关键字标识初始化部分
begin                                    // begin 关键字标识初始化部分开始，类似 C 语言"{"
addsub=1;                                // addsub=1，ALU 实现加法运算
#400;                                    // 保持 400ns
```

```
addsub=0;                        // addsub=0，ALU 实现减法运算
#400;                            // 保持 400ns
end                              // end 关键字标识初始化部分结束，类似 C 语言 "}"
always                           // always 关键字标识过程语句
begin                            // begin 关键字标识过程语句的开始，类似 C 语言 "{"
a=3;                             // 给 a 分配值 3
b=4;                             // 给 b 分配值 4
#100;                            // 保持 100ns
a=-3;                            // 给 a 分配值-3
b=3;                             // 给 b 分配值 3
#100;                            // 保持 100ns
a=-4;                            // 给 a 分配值-4
b=-2;                            // 给 b 分配值-2
#100;                            // 保持 100ns
a=5;                             // 给 a 分配值 5
b=2;                             // 给 b 分配值 2
#100;                            // 保持 100ns
end                              // end 关键字标识 always 过程结束，类似 C 语言 "}"
endmodule                        // endmodule 关键字标识模块 test 的结束。
```

> 注：读者可以定位到本书配套资源的下面路径\cpusoc_design_example\example_2_8，用 ModelSim SE-64 10.4c 打开工程文件 postsynth_sim.mpf。

在 ModelSim 中执行综合后仿真，在 Wave 窗口中显示的波形如图 2.30 所示。

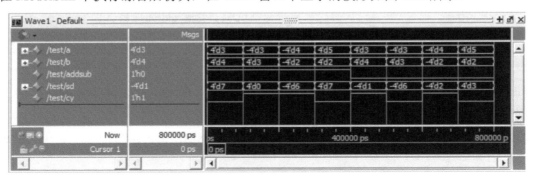

图 2.30　在 ModelSim 的 Wave 窗口中显示综合后仿真的结果

思考与练习 2-11：根据图 2.30 给出的仿真波形，说明该设计的正确性。

思考与练习 2-12：修改代码清单 2-6 给出的 Verilog HDL 代码，实现 8 位串行进位/借位加法和减法功能。

第 3 章   乘法器和除法器的设计和验证

在现代中央处理单元（Central Processing Unit，CPU）中，不但具有最基本的算术逻辑单元（Arithmetic Logic Unit，ALU），而且还额外提供了专用的乘法器和除法器，以提高 CPU 在进行乘法和除法运算时的整体性能。

本章将介绍乘法器和除法器的算法原理，在此基础上使用高云云源软件对乘法器和除法器设计进行综合，并使用 ModelSim 软件对乘法器和除法器的逻辑功能进行验证。

3.1   乘法器的设计和验证

布斯算法是一种乘法算法，它以二进制补码的形式将两个有符号二进制数进行相乘。

本节将基于布斯算法使用 Verilog HDL 设计与实现布斯乘法器的硬件结构，并使用云源软件和 ModelSim 软件对设计进行综合和仿真。

3.1.1   基-2 布斯算法的设计

本小节将介绍基-2 布斯算法的原理，在此基础上使用 Verilog HDL 对该算法进行描述，最后介绍使用高云云源软件对设计进行综合的方法。

1．基-2 布斯算法的原理

考虑一个 n 位宽度的被乘数 M，用二进制数表示为 $M_{n-1}M_{n-2}\cdots M_2 M_1 M_0$；$n$ 位宽度的乘数 R，用二进制数表示为 $R_{n-1}R_{n-2}\cdots R_2 R_1 R_0$，被乘数 M 和乘数 R 均为有符号的数。将乘数 R 用二进制补码表示，可以表示为

$$R = -R_{n-1} \times 2^{n-1} + \left(\sum_{i=0}^{n-2} R_i \times 2^i \right)$$

下面给 n 位乘数 R 的最低有效位（Least Significant Bit，LSB）后面添加一个额外的 "0"，将该位称为 R_{-1}，即 $R_{-1} = 0$。进一步将乘数 R 表示为

$$R = -R_{n-1}2^{n-1} + R_{n-2}2^{n-2} + R_{n-3}2^{n-3} + R_{n-4}2^{n-4} + \cdots + R_3 2^3 + R_2 2^2 + R_1 2^1 + R_0 2^0 + R_{-1}$$

$$= -R_{n-1}2^{n-1} + (2-1)R_{n-2}2^{n-2} + (2-1)R_{n-3}2^{n-3} + (2-1)R_{n-4}2^{n-4} + \cdots + (2-1)R_3 2^3$$

$$+ (2-1)R_2 2^2 + (2-1)R_1 2^1 + (2-1)R_0 2^0 + R_{-1}$$

$$= (R_{n-2} - R_{n-1})2^{n-1} + (R_{n-3} - R_{n-2})2^{n-2} + (R_{n-4} - R_{n-3})2^{n-3} + \cdots + (R_3 - R_4)2^4$$

$$+ (R_2 - R_3)2^3 + (R_1 - R_2)2^2 + (R_0 - R_1)2^1 + (R_{-1} - R_0)2^0$$

进一步将被乘数 M 和乘数 R 的乘法运算表示为 M×R，得到的乘积结果用符号 P 表示：

$$P = M \times [(R_{n-2} - R_{n-1})2^{n-1} + (R_{n-3} - R_{n-2})2^{n-2} + (R_{n-4} - R_{n-3})2^{n-3} + \cdots$$

$$+ (R_3 - R_4)2^4 + (R_2 - R_3)2^3 + (R_1 - R_2)2^2 + (R_0 - R_1)2^1 + (R_{-1} - R_0)2^0]$$

$$= M \times [(S_{n-1} \times 2^{n-1} + S_{n-2} \times 2^{n-2} + S_{n-3} \times 2^{n-3} + \cdots + S_4 \times 2^4 + S_3 \times 2^3 + S_2 \times 2^2 + S_1 \times 2^1 + S_0 \times 2^0]$$

$$= M \times S_{n-1} \times 2^{n-1} + M \times S_{n-2} \times 2^{n-2} + M \times S_{n-3} \times 2^{n-3} + \cdots + M \times S_4 \times 2^4 + M$$

$$\times S_3 \times 2^3 + M \times S_2 \times 2^2 + M \times S_1 \times 2^1 + M \times S_0 \times 2^0$$

式中，$S_i = R_{i-1} - R_i$。显然，S_i 和 R_{i-1} 与 R_i 之间存在下面的关系（见表 3.1）。

表 3.1　相邻两位 R_i 和 R_{i-1} 与 S_i 之间的对应关系

R_i	R_{i-1}	S_i
0	0	0
0	1	+1
1	0	−1
1	1	0

将上式进一步简写为

$$P = \sum_{i=0}^{n-1} M \times S_i \times 2^i$$

对该式进行进一步分析可知下面的事实：

（1）当 $S_i = 0$ 时，乘积累加器 P 的值保持不变；

（2）当 $S_i = 1$ 时，将被乘数 M 乘以 2^i 得到的部分乘积加到乘积累加器 P 中；

（3）当 $S_i = -1$ 时，从乘积累加器 P 中减去被乘数 M 乘以 2^i 得到的部分乘积。

这就是基-2 布斯算法的核心思想。进一步观察上面的式子可知，与 2^i 进行相乘运算的操作可以转换为移位操作。

在实际实现时，基-2 布斯算法可以通过将两个预定的值 A 和 S 中的一个重复加（使用普通的无符号二进制加法）到乘积 P，然后对 P 执行向右的算术移位来实现。设 m 和 r 分别为 x 位二进制表示的被乘数和 y 位二进制数表示的乘数。其乘法的具体实现过程如下所示。

（1）确定 A 和 S 的值，以及乘积 P 的初始值。所有这些数字的长度都应该等于($x+y+1$)。

① 对于 A，用 m 的值填充最高有效位（Most Significant Bit，MSB），即最左边的位，用"0"填充剩余的($y+1$)位。

② 对于 S，以二进制补码表示法，用（−m）的值填充最高有效位，用"0"填充剩余的($y+1$)位。

③ 对于 P，用 0 填充最高有效的 x 位，在其右侧，添加 r 的值。用"0"填充最低有效（最右边）的位。

（2）确定 P 的两个最低有效位。

① 如果它们的组合为"01"，则计算 P+A 的值，忽略任何溢出。

② 如果它们的组合为"10"，则计算 P+S 的值，忽略任何溢出。

③ 如果它们的组合为"00"，不做任何操作，下一步直接使用 P。

④ 如果它们的组合为"11"，不做任何操作，下一步直接使用 P。

（3）将第（2）步得到的值向右算术移动一位。移动的结果作为 P 的新值。

（4）重复步骤（2）和步骤（3），直到完成 y 次。

（5）从得到的乘积中删除 LSB，即最右边的位。这将作为 m 和 r 的乘积。

【例 3.1】　两个有符号的整数 4 和−5 相乘，采用 4 位位宽表示这两个数。根据上面的计算规则可知：

（1）m="0100"（二进制数表示），r="1011"（二进制数表示），−m="1100"（二进制数表示），且 $x=4$，$y=4$。

（2）A="0100 0000 0"，S="1100 0000 0"，P="0000 1011 0"。

（3）执行下面的循环，总共 4 次。

① P="0000 1011 0"，最低两位为"10"，P+S 的值为"1100 1011 0"，算术右移一位，得到

P="1110 0101 1"。

② P="1110 0101 1"，最低两位为"11"，不做任何操作，算术右移一位，得到 P="1111 0010 1"。

③ P="1111 0010 1"，最低两位为"01"，P+A 的值为"0011 0010 1"，算术右移一位，得到 P="0001 1001 0"。

④ P="0001 1001 0"，最低两位为"10"，P+S 的值为"1101 1001 0"，算术右移一位，得到 P="1110 1100 1"。

（4）去掉最低有效位后的 P="1110 1100"，等效于十进制数-20。

【例 3.2】　两个有符号的整数-7 和-6 相乘，采用 4 位位宽表示这两个数，根据上面的计算规则可知：

（1）m="1001"（二进制数表示），r="1010"（二进制数表示），-m="0111"（二进制数表示），且 x=4，y=4。

（2）A="1001 0000 0"，S="0111 0000 0"，P="0000 1010 0"。

（3）执行下面的循环，总共 4 次。

① P="0000 1010 0"，最低两位为"00"，不做任何操作，算术右移一位，得到 P="0000 0101 0"。

② P="0000 0101 0"，最低两位为"10"，P+S 的值为"0111 0101 0"，算术右移一位，得到 P="0011 1010 1"。

③ P="0011 1010 1"，最低两位为"01"，P+A 的值为"1100 1010 1"，算术右移一位，得到 P="1110 0101 0"。

④ P="1110 0101 0"，最低两位为"10"，P+S 的值为"0101 0101 0"，算术右移一位，得到 P="0010 1010 1"。

（4）去掉最低有效位后的 P="0010 1010"，等效于十进制数 42。

2．建立新的设计工程

（1）在 Windows 11 操作系统桌面中，找到并双击名字为"Gowin_V1.9.9 (64-bit)"的图标，启动高云云源软件（以下简称云源软件）。

（2）在云源软件主界面主菜单下，选择 File->New。

（3）弹出"New"对话框。在该对话框中，找到并展开"Projects"条目。在展开条目中，找到并选择"FPGA Design Project"条目。

（4）单击该对话框右下角的"OK"按钮，退出"New"对话框。

（5）弹出"Project Wizard-Project Name"对话框。在该对话框中，按如下设置参数。

① Name：example_3_1。

② Create in：E:\cpusoc_design_example。

（6）弹出"Project Wizard-Select Device"对话框。在该对话框中，按如下设置参数。

① Series（系列）：GW2A；

② Package（封装）：PBGA484；

③ Device（器件）：GW2A-55；

④ Speed（速度）：C8/I7；

⑤ Device Version（器件版本）：C。

选中器件型号（Part Numer）为"GW2A-LV55PG484C8/I7"的一行。

（7）单击该对话框右下角的"Next"按钮。

（8）弹出"Project Wizard-Summary"对话框。在该对话框中，总结了建立工程时设置的参数。

（9）单击该对话框右下角的"Finish"按钮，退出"Project Wizard-Summary"对话框。

3．创建基-2 布斯算法设计文件

本部分将介绍如何在当前设计工程中创建并添加基-2 布斯算法设计文件，主要步骤如下所述。

（1）在云源软件当前工程主界面左侧的"Design"标签页中，找到并选中 example_3_1 或 GW2A-LV55PG484C8/I7，单击鼠标右键，出现浮动菜单。在浮动菜单中，选择 New File。

（2）弹出"New"对话框。在该对话框中，选择"Verilog File"条目。

（3）单击该对话框右下角的"OK"按钮，退出"New"对话框。

（4）弹出"New Verilog file"对话框。在该对话框中，在"Name"右侧的文本框中输入 radix_2_booth，即该文件的名字为 radix_2_booth.v。

（5）单击该对话框右下角的"OK"按钮，退出"New Verilog file"对话框。

（6）自动打开 radix_2_booth.v 文件，在该文件中添加设计代码，如代码清单 3-1 所示。

代码清单 3-1　radix_2_booth.v 文件

```
'timescale 1ns/1ps
module radix_2_booth(              // module 关键字定义模块 radix_2_booth
    input [31 : 0] x,             // 定义被乘数 x 的宽度为 32 位
    input [31 : 0] y,             // 定义乘数 y 的宽度为 32 位
    output [63:0] z               // 定义乘积宽度为 64 位
);
reg [64: 0] product;              // reg 关键字定义变量 product，位宽 65 位
integer i;                        // integer 关键字定义整数 i
reg[31:0] temp;                   // reg 关键字定义变量 temp，位宽 32 位
assign z=product[64:1];
always @(*)                       // always 关键字定义过程语句参考基-2 布斯算法的实现规则
begin                             // begin 关键字标识过程语句的开始
  product={32'h0,y,1'b0};         // 给 product 分配初值
  for(i=0;i<32;i=i+1)             // for 关键字定义循环结构
  begin                           // begin 关键字标识 for 循环结构的开始
    if(product[1:0]==1)           // if 关键字定义第一个判断条件分支
      begin                       // begin 关键字标识第一个判断条件分支的开始
        temp=product[64:33]+x;    // 加法操作
        product={temp,product[32:0]};  // 并置/连接操作
      end                         // end 关键字标识第一个判断条件分支的结束
    else if(product[1:0]==2)      // else if 关键字定义另一个判断条件分支
      begin                       // begin 关键字标识令一个判断条件分支的开始
        temp=product[64:33]-x;    // 减法操作
        product={temp,product[32:0]};  // 并置/连接操作
      end                         // end 关键字标识令一个判断条件分支的结束
    product={product[64],product[64:1]};
  end                             // end 关键字标识 for 循环结构的结束
end                               // end 关键字标识 always 过程语句的结束
endmodule                         // endmodule 关键字标识模块 radix_2_booth 的结束
```

（7）按 Ctrl+S 组合键，保存该设计文件。

4．设计综合

本部分将介绍如何对设计执行综合，并查看综合后的结果，主要步骤如下所述。

（1）在云源软件当前工程主界面左侧的窗口中，单击"Process"标签。

（2）在"Process"标签页中，找到并双击"Synthesize"条目，执行对该设计的综合。

（3）在"Synthesize"条目下，找到并单击"Synthesis Report"条目。

（4）在云源软件右侧的窗口中，打开 Synthesis Messages 界面。在该界面中，给出了该设计所使用的逻辑资源。

思考与练习 3-1：查看基-2 布斯乘法器所使用的 GW2A-LV55PG484C8/I7 器件的资源量。

思考与练习 3-2：在高云云源软件主界面主菜单下，选择 Tools->Schematic Viewer->RTL Design Viewer，查看 RTL 网表结构。

3.1.2　基-2 布斯算法的验证

本小节将介绍使用 ModelSim 软件对基-2 布斯算法进行验证的方法。

1．建立新的验证工程

本部分将介绍如何在 ModelSim 软件中建立新的工程用于综合后仿真，主要步骤如下所述。

（1）启动 ModelSim 软件，进入 ModelSim SE-64 10.4c（以下简称 ModelSim）主界面。

（2）在 ModelSim 主界面主菜单下，选择 File->New->Project。

（3）弹出"Create Project"对话框。在该对话框中，按如下设置参数。

① Project Name：postsynth_sim。

② Project Location：E:/cpusoc_design_example/example_3_2。

（4）单击"OK"按钮，退出"Create Project"对话框。

（5）如果预先没有创建所指向的目录，则弹出"Create Project"对话框。该对话框中提示信息"The project directory does not exist. OK to create the directory?"。

（6）单击该对话框中的"是"按钮。

2．添加已存在的文件

本部分将介绍如何添加已经存在的网表文件 example_3_1.vg。添加该文件的主要步骤如下所述。

（1）在完成 1 部分的操作后，弹出"Add Items to the Project"对话框。在该对话框中，单击名字为"Add Existing File"的图标。

（2）弹出"Add file to Project"对话框。在该对话框中，单击"File Name"标题栏右侧的"Browse"按钮。

（3）弹出"Select files to add to project"对话框。在该对话框中，按如下设置参数。

① 文件类型：All Files（*.*）(通过下拉框设置)。

② 将路径定位到 E:/cpusoc_design_example/example_3_1/impl/gwsynthesis，选中该目录下的 example_3_1.vg 文件，并单击该对话框右下角的"打开"按钮，自动退出"Select files to add to project"对话框。

③ 勾选"Add file to Project"对话框右下角"Copy to project directory"前面的复选框。

3．创建新的测试文件

本部分将介绍如何创建新的测试文件，主要步骤如下所述。

（1）再次单击"Add Items to the Project"对话框中名字为"Create New File"的图标。

（2）弹出"Create Project File"对话框。在该对话框中，按如下设置参数。

① File Name：test_radix_2_booth。（文本框输入）。

② Add file as type：Verilog（下拉框选择）。

（3）单击"Create Project File"对话框右下角的"OK"按钮，退出该对话框。

（4）单击"Add items to the Project"对话框右下角的"Close"按钮，退出该对话框。

（5）在 ModelSim 当前工程主界面的 Project 窗口中，找到并双击 test_radix_2_booth.v，打开该文件。在该文件中输入测试代码，如代码清单 3-2 所示。

代码清单 3-2　test_radix_2_booth.v 文件

```
`timescale 1ns/1ps                          // `timescale 关键字
module test_radix_2_booth;                  // module 关键字定义模块 test_radix_2_booth
reg [31:0] x;                               // reg 关键字定义变量 x，位宽 32 位
reg [31:0] y;                               // reg 关键字定义变量 y，位宽 32 位
wire [63:0] z;                              // wire 关键字定义网络 z，位宽 64 位
radix_2_booth Inst_radix_2_booth(           // 例化模块 radix_2_booth
    .x(x),                                  // 模块 radix_2_booth 的端口 x 连接到变量 x
    .y(y),                                  // 模块 radix_2_booth 的端口 y 连接到变量 y
    .z(z)                                   // 模块 radix_2_booth 的端口 z 连接到网络 z
);

always                                      // always 关键字声明过程语句
begin                                       // 给被乘数和乘数赋不同的值
  x=-80;                                    // 给 x 分配值-80
  y=-90;                                    // 给 y 分配值-90
  #100;                                     // 保持 100ns
  x=255;                                    // 给 x 分配值 255
  y=255;                                    // 给 y 分配值 255
  #100;                                     // 保持 100ns
  x=-101;                                   // 给 x 分配值-101
  y=202;                                    // 给 y 分配值 202
  #100;                                     // 保持 100ns
  x=443;                                    // 给 x 分配值 443
  y=-978;                                   // 给 y 分配值-978
  #100;                                     // 保持 100ns
end                                         // end 关键字标识 always 过程的结束
endmodule                                   // endmodule 关键字标识模块 test_radix_2_booth 的结束
```

（8）按 Ctrl+S 组合键，保存该设计文件。

4．执行综合后仿真

本部分将介绍如何对设计执行综合后仿真，主要步骤如下所述。

（1）在 ModelSim 主界面主菜单下，选择 Compile->Compile All，对这两个文件成功编译后，在 Status 一列中显示 ✔ 标记，如图 3.1 所示。

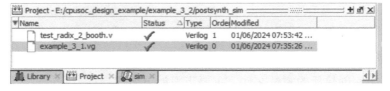

图 3.1　对设计编译后的结果

（2）在 ModelSim 主界面主菜单下，选择 Simulate->Start Simulation。

（3）弹出"Start Simulation"对话框，如图 3.2 所示。在该对话框中，单击"Libraries"标签。在该标签页中有两个子窗口，即 Search Libraries 和 Search Libraries First。

① 单击 Search Libraries 子窗口右侧的"Add"按钮，弹出"Select Library"对话框，如图 3.3 所示。在该对话框中，首先在"Select Library"标题栏下，通过下拉框，将"Select Library"设置为 gw2a；然后单击该对话框右下角的"OK"按钮，退出"Select Library"对话框。

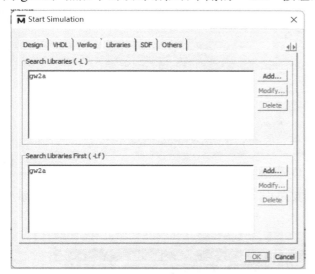

图 3.2　"Start Simulation"对话框中的"Libraries"标签页　　　　　图 3.3　"Select Library"对话框

② 单击 Search Libraries First 子窗口右侧的"Add"按钮，弹出"Select Library"对话框。在该对话框中，首先在"Select Library"标题栏下，通过下拉框，将"Select Library"设置为 gw2a；然后单击该对话框右下角的"OK"按钮，退出"Select Library"对话框。

（4）在"Start Simulation"对话框中，单击"Design"标签。在该标签页中，找到并展开"work"条目。在展开条目中，找到并选中"test_radix_2_booth"条目，如图 3.4 所示。在该标签页中，不要勾选"Enable optimization"前面的复选框。

（5）单击该对话框右下角的"OK"按钮，退出"Start Simulation"对话框。

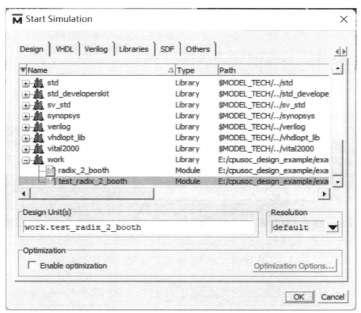

图 3.4　"Start Simulation"对话框中的"Design"标签页

（6）进入仿真界面，如图 3.5 所示。在该界面左侧的 Instance 窗口中，默认选择
"test_radix_2_booth"条目，在 Objects 窗口中，按住 Ctrl 按键，分别单击 x、y 和 z 条目，以选中
这 3 个信号。

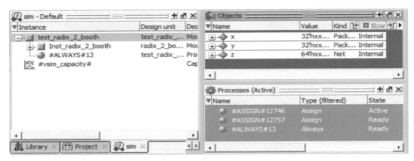

图 3.5　仿真界面

（7）单击鼠标右键，出现浮动菜单。在浮动菜单内，选择 Add Wave。将这 3 个信号自动添加
到 Wave 窗口中，如图 3.6 所示。

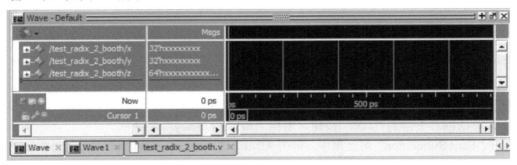

图 3.6　将 x、y 和 z 添加到 Wave 窗口中

（8）找到 ModelSim 主界面最下面的 Transcript 窗口。在该窗口的 VSIM>提示符后，输入下面
的一行命令：

```
run 400ns
```

并按回车键。该命令表示运行仿真的时间长度为 400ns。

（9）在 Wave 窗口中，看到当给输入端口 x 和 y 分配不同的值时，端口 z 的输出结果，如图
3.7 所示。

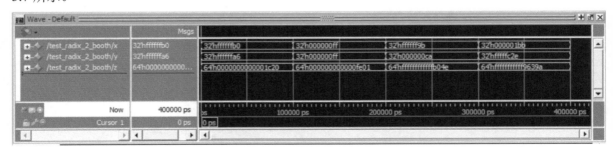

图 3.7　执行仿真后 Wave 窗口中给出的仿真波形

> **注：**通过单击工具栏中的放大按钮 🔍 或缩小按钮 🔍，使得在 Wave 窗口中正确的显示波形。

（10）图 3.7 使用 16 进制数显示不够直观，将其改为有符号的 10 进制数进行显示。在图 3.7

中，按住 Ctrl 按键，并用鼠标左键分别单击名字为/test_radix_2_booth/x、/test_radix_2_booth/b 和/test_radix_2_booth/sum 的一行，然后单击鼠标右键，出现浮动菜单。在浮动菜单中，选择 Radix->Decimal。修改 Radix 后 Wave 窗口中显示的波形如图3.8所示。

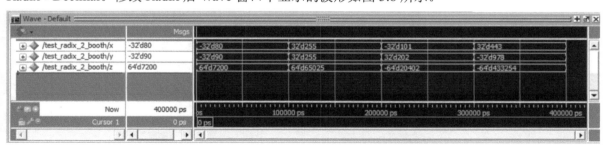

图 3.8　修改 Radix 后 Wave 窗口中显示的波形

（11）在 ModelSim 主界面主菜单下，选择 Simulate->End Simulation。

（12）弹出"End Current Simulation Session"对话框。在该对话框中，提示信息"Are you sure you want to quit simulating？"。

（13）单击"是(Y)"按钮，退出该对话框。

（14）在 ModelSim 的左侧窗口中，单击"Project"标签，切换到"Project"标签页。

（15）在 ModelSim 当前工程主界面主菜单下，选择 File->Close Project。

（16）弹出"Close Project"对话框。在该对话框中，提示信息"This operation will close the current project. Continue？"。

（17）单击"是"按钮，退出该对话框。

思考与练习 3-3：查看 Wave 中的仿真结果，验证基-2 布斯算法设计的正确性。

3.1.3　基-2 流水线布斯乘法器的设计

根据前面给出的最终实现基-2 布斯算法的结构可知，它由单纯的组合逻辑电路构成。在该实现电路中，存在很长的"关键路径"，而关键路径的长短会直接影响乘法器的工作速度。此外，这种由组合逻辑电路构成的乘法器电路"吞吐量"很低。

为了提高基-2 布斯乘法器的工作速度和提高该乘法器的吞吐量，将流水线机制引入基-2 布斯乘法器的设计中，以提高该乘法器的整体工作性能。

在高云云源软件中，设计基-2 流水线布斯乘法器的主要步骤如下所述。

（1）启动高云云源软件。

（2）按照 3.1.1 小节介绍的方法，在\cpusoc_design_example\example_3_3 目录中，新建一个名字为"example_3_3.gprj"的工程。

（3）新创建一个名字为"radix_2_pipeline_booth.v"的文件。在该文件中，添加设计代码（见代码清单 3-3）。

代码清单 3-3　radix_2_pipeline_booth.v 文件

```
'timescale 1ns/1ps
module radix_2_pipeline_booth(
  input          clk,         // 定义时钟信号 clk
  input          rst,         // 定义复位信号 rst
  input          start,       // 定义启动信号 start，表示乘法运算开始
  input[31:0]    x,           // 定义 32 位有符号被乘数 x
  input[31:0]    y,           // 定义 32 位有符号乘数 y
```

```verilog
  output[63:0]              z,                    // 定义 64 位有符号乘积 z
  output reg                done,                 // 定义结束信号 done，表示乘法运算结束
  output reg [64:0] product                       // 定义 65 位信号 product，辅助观察 z 信号
);
reg [1:0] state;                                  // 定义状态变量 state
reg [31:0] x_reg;                                 // 定义寄存器变量 x_reg，与被乘数 x 相关
reg [5:0]   count;                                // 定义计数变量 count，计算部分乘法次数
parameter idle=2'b00,st=2'b01,con=2'b10;          // 定义具体的状态编码
assign z=product[64:1];                           // 将 product[64:1]赋值给乘积 z
always @(posedge rst or posedge clk)              // always 块，用于实现布斯乘法算法
begin
if(rst)                                           // rst 信号为逻辑 "1" 时，处于复位状态
  begin
    state<=idle;                                  // 指向第一个状态 idle
    product<=0;                                   // product 赋初值为 0
    count<=0;                                     // 计数初值为 0
  end
else                                              // 时钟上升沿到来
  case (state)                                    // 根据状态变量当前的状态进行判断
    idle:begin                                    // 处于 idle 状态
      if(start==1)begin                           // 若 start 信号为逻辑高有效，启动乘法器
        x_reg<=x;                                 // 将被乘数寄存到 x_reg 寄存器中
        product<={32'h0,y,1'b0};                  // 按基-2 布斯算法规则填充 product
        state<=st;                                // 指向下一个状态 st
      end
      else begin                                  // 若 start 信号为逻辑低无效，不启动乘法器
        count<=0;                                 // 计数器清零
        state<=idle;                              // 指向当前的状态 idle
      end
    end
    st:begin                                      // 处于 st 状态
      if(count!=32) begin                         // 如果 count 不等于 32，则乘法过程未结束
        if(product[1:0]==1) begin                 // 判断 product[1:0]的值为 "01"
          product<=product+{x_reg,33'b0};         // 执行部分乘积相加操作
        end
        else if(product[1:0]==2)begin             // 判断 product[1:0]的值为 "10"
          product<=product-{x_reg,33'b0};         // 执行部分乘积相减操作
        end
        else begin                                // 判断 product[1:0]的值为 "00" 或 "11"
          product<=product;                       // 不执行部分乘积的任何操作
        end
        count<=count+1;                           // 计数器加 1，准备下一部分乘积操作
        state<=con;
      end
      else                                        // 如果 count 等于 32，则乘法过程结束
      begin
        state<=idle;                              // 返回 idle 初始状态
      end
    end
    con:                                          // 在 con 状态，继续执行乘法器的操作
    begin
      product<={product[64],product[64:1]};       // 按布斯算法规则，算术右移一位
      state<=st;                                  // 返回到 st 状态，进行下一步操作处理
```

```
       end
     endcase
  end
  always @(*)                          // always 块，实现 done 信号与乘积结果同步
  begin
  if(count==32)                        // 当 count 计数到 32 时，表示乘法结束
      done<=1;                         // done 信号拉高
  else                                 // 其他任何情况，表示乘法没有结束或未开始
      done<=0;                         // done 信号拉低
  end
  endmodule
```

（4）按"Ctrl+S"组合键，保存该设计文件。

（5）对该设计进行综合。

思考与练习 3-4：查看综合以后给出的 Synthesis Report，说明该设计所使用的逻辑资源的数量。

思考与练习 3-5：查看 RTL Design Viewer 和 Post-Synthesis Netlist Viewer 网表结构，同时查看该设计的关键路径。

3.1.4 基-2 流水线布斯乘法器的验证

本小节将介绍使用 ModelSim 软件对基-2 流水线布斯乘法器进行验证的方法。

1. 建立新的验证工程

（1）启动 ModelSim 软件，进入 ModelSim SE-64 10.4c（以下简称 ModelSim）主界面。

（2）在 ModelSim 主界面主菜单下，选择 File->New->Project。

（3）弹出"Create Project"对话框。在该对话框中，按如下设置参数。

① Project Name：postsynth_sim。

② Project Location：E:/cpusoc_design_example/example_3_4。

（4）单击"OK"按钮，退出"Create Project"对话框。

（5）如果预先没有创建所指向的目录，则弹出"Create Project"对话框。该对话框中提示信息"The project directory does not exist. OK to create the directory?"。

（6）单击该对话框中的"是"按钮。

2. 添加已存在的文件

本部分将介绍如何添加已经存在的网表文件 example_3_3.vg。添加该文件的主要步骤如下所述。

（1）在完成 1 部分的操作后，弹出"Add Items to the Project"对话框。在该对话框中，单击名字为"Add Existing File"的图标。

（2）弹出"Add file to Project"对话框。在该对话框中，单击"File Name"标题栏右侧的"Browse"按钮。

（3）弹出"Select files to add to project"对话框。在该对话框中，按如下设置参数。

① 文件类型：All Files（*.*)(通过下拉框设置)。

② 将路径定位到 E:/cpusoc_design_example/example_3_3/impl/gwsynthesis，选中该目录下的 example_3_3.vg 文件，并单击该对话框右下角的"打开"按钮，自动退出"Select files to add to project"对话框。

③ 勾选"Add file to Project"对话框右下角"Copy to project directory"前面的复选框。

3．创建新的测试文件

（1）再次单击"Add Items to the Project"对话框中名字为"Create New File"的图标。

（2）弹出"Create Project File"对话框。在该对话框中，按如下设置参数。

① File Name：test_radix_2_pipeline_booth。（文本框输入）。

② Add file as type：Verilog（下拉框选择）。

（3）单击"Create Project File"对话框右下角的"OK"按钮，退出该对话框。

（4）单击"Add items to the Project"对话框右下角的"Close"按钮，退出该对话框。

（5）在 ModelSim 当前工程主界面的 Project 窗口中，找到并双击 test_radix_2_pipeline_booth.v，打开该文件。在该文件中输入测试代码，如代码清单 3-4 所示。

代码清单 3-4   test_radix_2_pipeline_booth.v 文件

```
'timescale 1ns/1ps                                  // 声明时间标度
module test_radix_2_pipeline_booth;                 // 声明测试模块 test_radix_2_pipeline_booth
reg clk;                                            // 声明寄存器型变量 clk
reg rst;                                            // 声明寄存器型变量 rst
reg start;                                          // 声明寄存器型变量 start
reg [31: 0] x;                                      // 声明 32 位寄存器型变量 x
reg [31: 0] y;                                      // 声明 32 位寄存器型变量 y
wire [63:0] z;                                      // 声明 32 位寄存器型变量 z
wire   done;                                        // 声明网络类型 done
wire [64:0] product;                                // 声明 65 位网络类型 product
                                                    // 例化 radix_2_pipeline_booth 模块
radix_2_pipeline_booth Inst_radix_2_pipeline_booth(
    .clk(clk),                                      // 连接 clk
    .rst(rst),                                      // 连接 rst
    .start(start),                                  // 连接 start
    .x(x),                                          // 连接 x
    .y(y),                                          // 连接 y
    .z(z),                                          // 连接 z
    .done(done),                                    // 连接 done
    .product(product)                               // 连接 product
);

initial                                             // 初始化部分
begin
rst=1;                                              // 测试向量 rst 为"1"
#20;                                                // 延迟 20 个 timescale
rst=0;                                              // 测试向量 rst 为"0"
end
initial                                             // 初始化部分
begin
clk=0;                                              // 初始化测试信号 clk 为"0"
end
initial                                             // 初始化部分
begin
start=0;                                            // 初始化测试信号 start 为"0"
#100;                                               // 延迟 100 个 timescale
start=1;                                            // 设置测试信号 start 为"1"
#10;                                                // 延迟 10 个 timescale
```

```
start=0;                              // 设置测试信号 start 为 "0"
#1000;                               // 延迟 1000 个 timescale
start=1;                              // 设置测试信号 start 为 "1"
#10;                                 // 延迟 10 个 timescale
start=0;                              // 设置测试信号 start 为 "0"
#1000;                               // 延迟 1000 个 timescale
start=1;                              // 设置测试信号 start 为 "1"
#10;                                 // 延迟 10 个 timescale
start=0;                              // 设置测试信号 start 为 "0"
#1000;                               // 延迟 1000 个 timescale
start=1;                              // 设置测试信号 start 为 "1"
#10;                                 // 延迟 10 个 timescale
start=0;                              // 设置测试信号 start 为 "0"
#400;                                // 延迟 400 个 timescale
end
initial                              // 初始化部分
begin
x=0;                                 // 初始化被乘数 x 为 "0"
y=0;                                 // 初始化被乘数 y 为 "0"
#100;                                // 延迟 100 个 timescale
x=-90;                               // 初始化被乘数 x 为 "-90"
y=-80;                               // 初始化乘数 y 为 "-80"
#1010;                               // 延迟 1010 个 timescale
x=255;                               // 初始化被乘数 x 为 "255"
y=255;                               // 初始化乘数 y 为 "255"
#1010;                               // 延迟 1010 个 timescale
x=-101;                              // 初始化被乘数 x 为 "-101"
y=202;                               // 初始化乘数 y 为 "202"
#1010;                               // 延迟 1010 个 timescale
x=443;                               // 初始化被乘数 x 为 "443"
y=-978;                              // 初始化乘数 y 为 "-978"
#1010;                               // 延迟 1010 个 timescale
end
always                               // always 块
begin
clk=~clk;                            // clk 取反
#5;                                  // 延迟 5 个 timescale
end

endmodule
```

（6）按 Ctrl+S 组合键，保存该设计文件。

4．执行综合后仿真

（1）在 ModelSim 主界面主菜单下，选择 Compile->Compile All，对这两个文件成功编译后，在 Status 一列中显示 ✔ 标记。

（2）在 ModelSim 主界面主菜单下，选择 Simulate->Start Simulation。

（3）弹出 "Start Simulation" 对话框。在该对话框中，单击 "Libraries" 标签。在该标签页中有两个子窗口，即 Search Libraries 和 Search Libraries First。

① 单击 Search Libraries 子窗口右侧的 "Add" 按钮，弹出 "Select Library" 对话框。在该对话框中，首先在 "Select Library" 标题栏下，通过下拉框，将 "Select Library" 设置为 gw2a；然

后单击该对话框右下角的"OK"按钮，退出"Select Library"对话框。

② 单击 Search Libraries First 子窗口右侧的"Add"按钮，弹出"Select Library"对话框。在该对话框中，首先在"Select Library"标题栏下，通过下拉框，将"Select Library"设置为 gw2a；然后单击该对话框右下角的"OK"按钮，退出"Select Library"对话框。

（4）在"Start Simulation"对话框中，单击"Design"标签。在该标签页中，找到并展开"work"条目。在展开条目中，找到并选中"test_radix_2_pipeline_booth"条目。在该标签页中，不要勾选"Enable optimization"前面的复选框。

（5）单击该对话框右下角的"OK"按钮，退出"Start Simulation"对话框。

（6）进入仿真界面。在该界面左侧的 Instance 窗口中，默认选择"test_radix_2_pipeline_booth"条目，在 Objects 窗口中，按住 Ctrl 按键，分别单击 clk、rst、start、x、y、z、done 和 product 条目，以选中所有的信号，并单击鼠标右键，出现浮动菜单。在浮动菜单内，选择 Add Wave。将这些信号自动添加到 Wave 窗口中。

（7）找到 ModelSim 主界面最下面的 Transcript 窗口。在该窗口的 VSIM>提示符后，输入下面的一行命令：

```
run 4500ns
```

并按回车键。该命令表示运行仿真的时间长度为 4500ns。

（8）在 Wave 窗口中，看到基-2 流水线布斯乘法器的仿真结果。

> **注**：通过单击工具栏中的放大按钮 🔍 或缩小按钮 🔍，使波形在 Wave 窗口中正确显示。

（9）使用 16 进制数显示不够直观，将其改为有符号的 10 进制数进行显示。在 Wave 窗口中，按住 Ctrl 按键，并用鼠标左键分别单击名字为 /test_radix_2_pipeline_booth/x 、/test_radix_2_pipeline_booth/y、/test_radix_2_pipeline_booth/z 和/test_radix_2_pipeline_booth/product 的一行，然后单击鼠标右键，出现浮动菜单。在浮动菜单中，选择 Radix->Decimal。修改 Radix 后，Wave 窗口中显示的波，如图 3.9 所示。

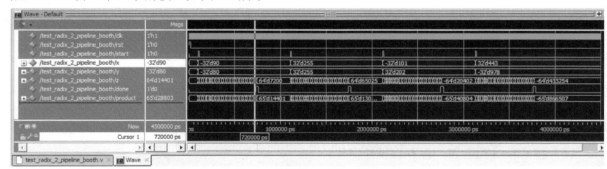

图 3.9　修改 Radix 后 Wave 窗口中显示的波形

（10）在 ModelSim 主界面主菜单下，选择 Simulate->End Simulation。

（11）弹出"End Current Simulation Session"对话框。在该对话框中，提示信息"Are you sure you want to quit simulating？"

（12）单击"是(Y)"按钮，退出该对话框。

（13）在 ModelSim 左侧窗口中，单击"Project"标签，切换到"Project"标签页。

（14）在 ModelSim 当前工程主界面主菜单下，选择 File->Close Project。

（15）弹出"Close Project"对话框。在该对话框中，提示信息"This operation will close the current project. Continue？”。

（16）单击"是"按钮，退出该对话框。

思考与练习 3-6：查看 Wave 中的仿真结果，验证基-2 布斯流水线乘法器算法设计的正确性。

3.1.5 基-4 流水线布斯算法的设计

本小节将介绍基-4 布斯算法的原理，在此基础上使用 Verilog HDL 对该算法进行描述，最后介绍使用云源软件对设计进行综合的方法。

1. 基-4 布斯算法的原理

乘法速度的主要瓶颈是部分乘积的加法。乘数和被乘数的等效二进制位宽越长，部分乘积的数量就越多，计算乘积的延迟就越长。乘法器的关键路径取决于部分积的个数。在基-2 布斯算法中，如果乘以两个位宽为 n 位的数，则需要将 n 个部分积相加。

为了引入基-4 的布斯乘法算法，将下面的式子：

$$R = -R_{n-1}2^{n-1} + R_{n-2}2^{n-2} + R_{n-3}2^{n-3} + R_{n-4}2^{n-4} + \cdots + R_3 2^3 + R_2 2^2 + R_1 2^1 + R_0 2^0 + R_{-1}$$

整理后，重新写作：

$$R = (-2R_{n-1} + R_{n-2} + R_{n-3})2^{n-2} + (-2R_{n-3} + R_{n-4} + R_{n-5})2^{n-4} + \cdots$$
$$+ (-2R_5 + R_4 + R_3)2^4 + (-2R_3 + R_2 + R_1)2^2 + (-2R_1 + R_0 + R_{-1})2^0$$
$$= S_{n-2} \times 2^{n-2} + S_{n-4} \times 2^{n-4} + \cdots + S_4 \times 2^4 + S_2 \times 2^2 + S_0 \times 2^0$$

式中，$S_i = -2R_{i+1} + R_i + R_{i-1}$。显然，相邻三位 R_{i+1}、R_i 和 R_{i-1} 与 S_i 之间的关系如表 3.2 所示。

表 3.2 相邻三位 R_{i+1}、R_i 和 R_{i-1} 与 S_i 之间的关系

R_{i-1}	R_i	R_{i-1}	S_i
0	0	0	0
0	0	1	+1
0	1	0	+1
0	1	1	+2
1	0	0	-2
1	0	1	-1
1	1	0	-1
1	1	1	0

进一步将被乘数 M 和乘数 R 的乘法运算表示为 M×R，得到的乘积结果用 P 表示。在基-2 布斯算法中，考虑的是相邻两位。而在基-4 布斯算法中，考虑的是相邻三位。根据基-4 布斯乘法器的思想，将被乘数 M 和乘数 R 的相乘表示为

$$P = M \times [(S_{n-2} \times 2^{n-2} + S_{n-4} \times 2^{n-4} + \cdots + S_4 \times 2^4 + S_2 \times 2^2 + S_0 \times 2^0]$$
$$= M \times S_{n-2} \times 2^{n-2} + M \times S_{n-4} \times 2^{n-4} + M \times S_4 \times 2^4 + M \times S_2 \times 2^2 + M \times S_0 \times 2^0$$

需要注意上面的求和式子，对于 n 为偶数时成立。

进一步观察上式可知，乘以 $2^{2(i-1)}$ 的操作，实际上就是移位操作，只是不像在基-2 布斯算法中移动一位那样，在基-4 布斯算法中，需要移动两位。

将上面的式子进一步简写为

$$P=\sum_{i=1}^{n/2} M \times S_{2(i-1)} \times 2^{2(i-1)}$$

式中，n 为偶数。

当 n 为奇数时，上式的求和上限不是 $n/2$，而是 $(n+1)/2$。并且，在 n 为奇数的情况下，由于每次需要移动两位，在最后一次移位后，在乘数 R 的 MSB 前面缺少 1 位，在这种情况下，需要在乘数 R 的 MSB 的前面用 R 本身的 MSB 填充该位。实际上，在中央处理单元内的乘法器中，n 的值通常为偶数。比如，常见的 8 位×8 位乘法器、16 位×16 位乘法器、32 位×32 位乘法器或 64×64 乘法器等。

将表 3.2 得到的关系带入上面给出的式子中，进一步分析可知：

（1）当 $S_{2(i-1)}$=0 时，乘积累加器 P 的值保持不变；

（2）当 $S_{2(i-1)}$=1 时，将被乘数 M 乘以 $2^{2(i-1)}$ 得到的部分乘积加到乘积累加器 P 中；

（3）当 $S_{2(i-1)}$=−1 时，从乘积累加器 P 中减去被乘数 M 乘以 $2^{2(i-1)}$ 得到的部分乘积；

（4）当 $S_{2(i-1)}$=2 时，将被乘数 M 乘以 $2^{2(i-1)}$ 得到的部分乘积加到乘积累加器 P 中；

（5）当 $S_{2(i-1)}$=−2 时，从乘积累加器 P 中减去被乘数 M 乘以 2^{2i-1} 得到的部分乘积。

从上面的推导过程可知，使用基-4 布斯乘法器，如果将两个位宽为 n 位的数相乘，则部分积的个数将减少到 $n/2$（n 为偶数）或 $(n+1)/2$（n 为奇数）。显然，通过减少部分积的个数，可以有效提高乘法器的运算速度。

在实际实现时，基-4 布斯算法和基于–2 布斯算法有相似之处，其乘法的具体实现过程如下所示。

（1）确定 A 和 2A 的值，以及乘积 P 的初始值。所有这些数字的长度都应该等于 $x+y+1$。

① 对于 P，用 0 填充最高有效的 x 位，在其右侧，添加 r 的值（注意符号扩展的问题）。用"0"填充最低有效（最右边）的位。

② 对于 A，用 m 的符号位填充 MSB，然后用 m 的值填充 y 位，最后用"0"填充剩余的所有最低有效位。

③ 对于 2A，用 m 的值左移一位的结果填充从 MSB 开始的 $y+1$ 位，最后用"0"填充剩余的所有有效位。

（2）根据 P 的最低 3 个有效位，参考表 3.2 给出的功能。首先，将 P 向右算术移动一位。

① 如果它们的组合为"001"或"010"，则计算 P+A 的值。

② 如果它们的组合为"011"，则计算 P+2A 的值。

③ 如果它们的组合为"100"，则计算 P−2A 的值。

④ 如果它们的组合为"101"或"110"，则计算 P−A 的值。

⑤ 如果它们的组合为"000"或"111"，则 P 不做任何其他操作。

（3）将第（2）步得到的值，向右算术移动一位。移动的结果作为 P 的新值。

（4）重复步骤（2）和步骤（3），直到完成 $y/2$ 次。

（5）从得到的乘积中删除 LSB，即最右边的位。这将作为 m 和 r 的乘积。

【例 3.3】 两个宽度为 6 位的被乘数 m 和乘数 r，它们的值用十进制数分别表示为 15 和 9，其等效的二进制数分别表示为"001111"和"001001"。使用基-4 布斯算法，求取 m 和 r 的乘积。

（1）m="001111"，r="001001"。

（2）根据乘积 P 的初始化填充规则，得到 P={"0000000010010"}。

（3）根据 A 的填充规则，得到 A={"0001111000000"}。

（4）根据 2A 的填充规则，得到 2A={"0011110000000"}。

（5）根据 P 的最低 3 个有效 "010" 判断，将要执行 P+A 的操作。首先将 P 向右算术移动一位，再执行 P+A 的运算，即

$$
\begin{array}{r}
0000000001001 \\
+\,0001111000000 \\
\hline
0001111001001
\end{array}
$$

（6）将步骤（5）得到的值向右算术移动一位，得到 P={ "0000111100100"}。

（7）根据 P 的最低 3 个有效位 "100" 判断，将要执行 P-2A 的操作。首先将 P 向右算术移动一位，再执行 P-2A 的运算，即

$$
\begin{array}{r}
0000011110010 \\
+\,1100010000000 \\
\hline
1100101110010
\end{array}
$$

（8）将步骤（7）得到的值向右算术移动一位，得到 P={ "1110010111001"}。

（9）根据 P 的最低 3 个有效位 "001" 判断，将要执行 P+A 的操作。首先将 P 向右算术移动一位，再执行 P+A 的运算，即

$$
\begin{array}{r}
1111001011100 \\
+\,0001111000000 \\
\hline
0001000011100
\end{array}
$$

（10）将步骤（9）得到的值向右算术移动一位，得到 P={ "0000100001110"}。

（11）取 P 的[12:1]作为乘积的结果，即 "000010000111"，等效的十进制数为 135。

2．基-4 流水线布斯乘法器的设计

在高云云源软件中，设计基-4 流水线布斯乘法器的主要步骤如下所述。

（1）启动高云云源软件。

（2）按照 3.1.1 小节介绍的方法，在\cpusoc_design_example\example_3_5 目录中，新建一个名字为 "example_3_5.gprj" 的工程。

（3）新创建一个名字为 "radix_4_pipeline_booth.v" 的文件。在该文件中，添加设计代码（见代码清单 3-5）。

代码清单 3-5　radix_4_pipeline_booth.v 文件

```verilog
module radix_4_pipeline_booth(
  input            clk,              // 定义时钟信号 clk
  input            rst,              // 定义复位信号 rst
  input            start,            // 定义启动信号 start
  input[31:0]      x,                // 定义 32 位被乘数 x
  input[31:0]      y,                // 定义 32 位乘数 y
  output[63:0]     z,                // 定义 64 位乘积 z
  output reg       done,             // 定义结束信号 done
  output reg [64:0] product          // 定义 65 位输出信号 product，辅助观察乘积
);
reg [1:0] state;                     // 定义 2 位状态变量 state
reg [32:0] x_reg;                    // 定义 33 位寄存器变量 x_reg
reg [32:0] x2_reg;                   // 定义 33 位寄存器变量 x2_reg
reg [5:0]  count;                    // 定义 6 位寄存器变量 count
parameter idle=2'b00,st=2'b01,con=2'b10;  //定义每个状态的编码
assign z=product[64:1];              // 将 product 的[64:1]赋值给乘积 z
always @(posedge rst or posedge clk) // always 块
begin
  if(rst)                            // 复位信号 rst 高有效
```

```verilog
      begin
        state<=idle;                              // 指向初始状态 idle
        product<=0;                               // 将 product 初始化为 0
        count<=0;                                 // 将 count 初始化为 0
      end
      else                                        // 时钟上升沿到来
        case (state)                              // 根据状态进行判断
        idle:begin                                // 处于 idle 状态
          if(start==1)begin                       // 当 start 为"1"时，启动乘法器
            x_reg<={x[31],x};                     // 用 x 符号扩展到 x_reg
            x2_reg<={x,1'b0};                     // x 左移一位扩展到 x2_reg
            product<={31'b0,$signed(y),1'b0};     //使用 y 符号扩展后，填充 product
            state<=st;                            // 转移到下一个状态
          end
          else begin                              // 当 start 为"0"时，
            count<=0;                             // 将 count 设置为 0
            state<=idle;                          // 处于当前的 idle 状态
          end
        end
        st:begin                                  // 处于 st 状态
          if(count!=16) begin                     // 如果 count！=16，表示乘法未结束
            // 下面根据 product 的低三位，确定要执行的操作
          if(product[2:0]==3'b001 || product[2:0]==3'b010) begin      // "001"或"010"
            product<={product[64],product[64:1]}+{x_reg,32'b0};       // 移 1 位，P+A
          end
          else if(product[2:0]==3'b011) begin                         // "011"
            product<={product[64],product[64:1]}+{x2_reg,32'b0};      // 移 1 位，P+2A
          end
          else if(product[2:0]==3'b100)begin                          // "100"
            product<={product[64],product[64:1]}-{x2_reg,32'b0};      // 移 1 位，P-2A
          end
          else if(product[2:0]==3'b101 || product[2:0]==3'b110)begin  // "101"或"110"
            product<={product[64],product[64:1]}-{x_reg,32'b0};       // 移 1 位，P-A
          end
          else begin                              // "000" 或"111"
            product<={product[64],product[64:1]};                     // 只移 1 位，无其他操作
          end
            count<=count+1;                       // 计数器加 1
            state<=con;                           // 转移到下一个状态 con
          end
          else                                    // 已经完成了乘法运算
          begin
            state<=idle;                          // 返回到 idle 状态
          end
        end
        con:                                      // 处于 con 状态
        begin
            product<={product[64],product[64:1]};  // product 算术右移一位
            state<=st;                            // 返回到 st 状态
        end
        endcase                                   // 结束 case 块
      end
      always @(*)                                 // always 块
```

```
begin
if(count==16)                              // 当计数器值为 16 时
        done<=1;                          // done 置 "1"，表示乘法结束
else                                        // 在计数器值不为 16 时
        done<=0;                          // done 置 "0"，表示乘法未
end                                         // 结束或没有开始
endmodule
```

（4）按 "Ctrl+S" 组合键，保存该设计文件。

（5）对该设计进行综合。

思考与练习 3-7：查看综合以后给出的 Synthesis Report，说明该设计所使用的逻辑资源的数量。

思考与练习 3-8：查看 RTL Design Viewer 和 Post-Synthesis Netlist Viewer 网表结构，同时查看该设计的关键路径。

思考与练习 3-9：根据 Synthesis Report、RTL Design Viewer 和 Post-Synthesis Netlist Viewer 网表结构，比较基-2 和基-4 流水线布斯乘法器。

3.1.6　基-4 流水线布斯算法的验证

本小节将介绍使用 ModelSim 软件对基-4 流水线布斯算法进行验证的方法。

1. 建立新的验证工程

（1）启动 ModelSim 软件，进入 ModelSim SE-64 10.4c（以下简称 ModelSim）主界面。

（2）在 ModelSim 主界面主菜单下，选择 File->New->Project。

（3）弹出 "Create Project" 对话框。在该对话框中，按如下设置参数。

① Project Name：postsynth_sim。

② Project Location：E:/cpusoc_design_example/example_3_6。

（4）单击 "OK" 按钮，退出 "Create Project" 对话框。

（5）如果预先没有创建所指向的目录，则弹出 "Create Project" 对话框。该对话框中提示信息 "The project directory does not exist. OK to create the directory?"。

2. 添加已存在的文件

本部分将介绍如何添加已经存在的网表文件 example_3_5.vg。添加该文件的主要步骤如下所述。

（1）在完成 1 部分的操作后，弹出 "Add Items to the Project" 对话框。在该对话框中，单击名字为 "Add Existing File" 的图标。

（2）弹出 "Add file to Project" 对话框。在该对话框中，单击 "File Name" 标题栏右侧的 "Browse" 按钮。

（3）弹出 "Select files to add to project" 对话框。在该对话框中，按如下设置参数。

① 文件类型：All Files（*.*）(通过下拉框设置)。

② 将路径定位到 E:/cpusoc_design_example/example_3_5/impl/gwsynthesis，选中该目录下的 example_3_5.vg 文件，并单击该对话框右下角的 "打开" 按钮，自动退出 "Select files to add to project" 对话框。

③ 勾选 "Add file to Project" 对话框右下角 "Copy to project directory" 前面的复选框。

3. 创建新的测试文件

（1）再次单击 "Add Items to the Project" 对话框中名字为 "Create New File" 的图标。

（2）弹出"Create Project File"对话框。在该对话框中，按如下设置参数。

① File Name：test_radix_4_pipeline_booth。（文本框输入）。

② Add file as type：Verilog（下拉框选择）。

（3）单击"Create Project File"对话框右下角的"OK"按钮，退出该对话框。

（4）单击"Add items to the Project"对话框右下角的"Close"按钮，退出该对话框。

（5）在 ModelSim 当前工程主界面的 Project 窗口中，找到并双击 test_radix_4_pipeline_booth.v，打开该文件。在该文件中输入测试代码，测试代码与代码清单 3-4 给出的代码类似。

（6）按 Ctrl+S 组合键，保存该设计文件。

4．执行综合后仿真

本部分将介绍如何对设计执行综合后仿真，该仿真过程与 3.1.4 一节给出的执行综合后仿真的步骤基本相同。执行综合后仿真的结果，如图 3.10 所示。

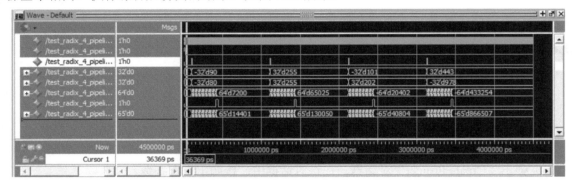

图 3.10   修改 Radix 后 Wave 窗口中显示的波形

思考与练习 3-10：比较图 3.9 和图 3.10 给出的基-2 和基-4 流水线乘法器的仿真结果，说明基-4 布斯算法对乘法的性能改善。

3.2   除法器的设计和验证

本节将介绍如何基于长除法、恢复除法和非恢复除法算法原理设计并实现除法器的硬件结构，并对这些设计进行验证。

本节在讨论除法算法时将使用 N/D=(Q,R) 的形式，其中：

（1）N 和 D 是输入。N 为分子，也就是被除数；D 为分母，也就是除数。

（2）Q 和 R 为输出。Q 为商，R 为余数。

3.2.1   基于长除法的除法器的设计

本小节将介绍长除法算法的原理，并使用 Verilog HDL 对该算法进行描述，最后介绍使用高云云源软件对设计进行综合的方法。

1．长除法算法的原理

长除法（Long Division）可以处理多位数的除法，而且简单。长除法将除法分为许多由减法及乘法组合的步骤。长除法中，被除数除以除数，得到一个数字，称为商。长除法将除法分为若干简单的步骤，因此可以处理任意长度数字的除法。长除法可以处理整数除法、小数除法、多项式除法，也可以处理有余数的欧几里得除法。

【例 3.4】　使用长除法，求取被除数 123456（十进制表示）除以除数 17（十进制表示）的商和余数。

从图 3.11 给出的计算过程可知，该过程实际隐含着乘法运算。比如：

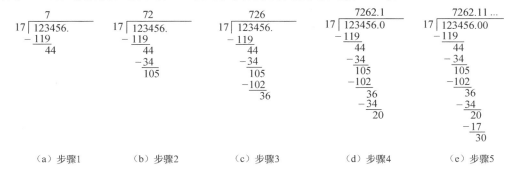

(a) 步骤1　　　　(b) 步骤2　　　　(c) 步骤3　　　　(d) 步骤4　　　　(e) 步骤5

图 3.11　两个十进制数相除的过程

（1）在步骤 1 中，被除数的高位和除数 17 进行比较，一直取到被除数最高位开始的 123>除数 17 时，除数开始尝试商的大小，即满足商和除数的乘积应该小于或等于被除数最高位开始的 123，即(商)$_{max}$×除数≤123，此时得到的最大商为 7，余数为 123-7×17=4，和被除数的下一位 4 拼起来，生成十进制数 44。

（2）在步骤 2 中，该十进制数 44 和除数 17 进行比较，除数开始尝试商的大小，即满足商和除数的乘积应该小于或等于 44，即(商)$_{max}$×除数≤44，此时得到的最大商为 2，余数为 44-2×17=10，和被除数的下一位 5 拼起来，生成十进制数 105。

（3）在步骤 3 中，该十进制数 105 和除数 17 进行比较，除数开始尝试商的大小，即满足商和除数的乘积应该小于或等于 105，即(商)$_{max}$×除数≤105，此时得到的最大商为 6，余数为 105-6×17=3，和被除数最后一位 6 拼起来，生成十进制数 36。

（4）在步骤 4 中，该十进制数 36 和除数 17 进行比较，除数开始尝试商的大小，即满足商和除数的乘积应该小于或等于 36，即(商)$_{max}$×除数≤36，此时得到的最大商为 2，余数为 36-2×17=2。

（5）在步骤 5 中，如果是整数除法，执行到这一步就结束了，此时得到商为 7262，余数为 2。如果继续执行除法运算，就变成了小数除法，即在整数商 7262 的后面添加小数点，在余数 2 后面补 0，构成十进制数 20。将该十进制数 20 和除数 17 进行比较，除数开始尝试商的大小，即满足商和除数的乘积应该小于或等于 20，即(商)$_{max}$×除数≤20，此时得到的最大商为 1，余数为 20-1×17=3。注意，此时得到的商位于小数点的右侧，即小数部分的最高位。

当与二进制基数一起使用时，该方法构成了带余数算法的（无符号）整数除法的基础。该算法的伪代码描述如代码清单 3-6 所示。

代码清单 3-6　长除法的伪代码描述

```
if D=0 {error and exit;}        // 如果除数 D=0，则报错并且退出
Q=0;                            // 初始化 Q 为 0
R=0;                            // 初始化 R 为 0
for (i=n-1; i>=0;i--)           // 循环次数 i 的初始值为被除数 N 的位宽-1
{
  R=R<<1;                       // 余数左移一位
  R(0)=N(i);                    // 将被除数的第 i 位添加到余数 R 的第 0 位（最低位）
  if (R≥D)                      // 如果余数大于除数
  {
    R=R-D;                      // 将(R-D)->R
```

```
      Q(i)=1;                         // 将商的第 i 位置 1
   }
}
```

【例 3.5】 考虑两个以二进制数表示的被除数 N＝"1100"（十进制无符号整数 12）和除数 D＝"100"（十进制无符号整数 4），如图 3.12 所示。按上面给出的二进制长除法给出的计算过程，得到：

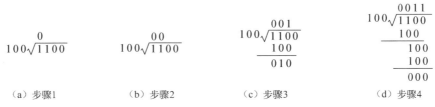

(a) 步骤 1　　　　　　(b) 步骤 2　　　　　　(c) 步骤 3　　　　　　(d) 步骤 4

图 3.12　两个二进制数相除的过程

（1）将 Q 和 R 初始化为 0。

（2）将循环次数变量设置为 i=3（i=4-1）。

（3）R 左移一位。

（4）N(3)->R(0)，即 R＝"001"。

（5）将循环次数变量设置为 i=2（i=3-1）。

（6）R 左移一位。

（7）N(2)->R(0)，即 R＝"011"。

（8）将循环次数变量设置为 i=1（i=2-1）。

（9）R 左移一位。

（10）N(1)->R(0)，即 R＝"110"。

（11）因为 R>D，因此 "110" - "100" = "010"，Q(1)= "1"。

（12）将循环次数变量设置为 i=0，(i=1-1)。

（13）R 左移一位。

（14）N(0)->R(0)，即 R＝"100"。

（15）因为 R≥D，因此 "100" - "100" = "000"，Q(0)= "1"。

（16）因为 i=0，停止循环。

因此，Q= "11"（十进制数的 3），R= "000"（十进制数的 0）。

2. 基于长除法算法的两个无符号数除法器的设计

在高云云源软件中，设计基于长除法算法的两个无符号数除法器的主要步骤如下所述。

（1）启动高云云源软件。

（2）按照 3.1.1 节介绍的方法，在\cpusoc_design_example\example_3_7 目录中，新建一个名字为 "example_3_7.gprj" 的工程。

（3）新创建一个名字为 "long_division.v" 的文件。在该文件中，添加设计代码（见代码清单 3-7）。

代码清单 3-7　long_division.v 文件

```
'timescale 1ns/1ps
module long_division(                       // 定义模块
    input           clk,                    // 定义输入时钟信号
    input           rst,                    // 定义输入复位信号
```

```verilog
    input    [31:0]         dividend,        // 定义 32 位无符号被除数
    input    [31:0]         divisor,         // 定义 32 位无符号除数
    input                   start,           // 定义除法运算启动信号
    output [31:0]           quotient,        // 定义 32 位商
    output [31:0]           reminder,        // 定义 32 位余数
    output reg              done             // 定义除法运算结束信号
    );
reg [1:0] state;                             // 定义状态变量
parameter idle=2'b00, run=2'b01,con=2'b10;   // 定义状态编码
reg [31:0] dividend_reg;                     // 定义被除数寄存器
reg [31:0] divisor_reg;                      // 定义除数寄存器
reg [31:0] quotient_reg;                     // 定义商寄存器
reg [31:0] reminder_reg;                     // 定义余数寄存器
reg [5:0] count;                             // 定义计数器
assign quotient=quotient_reg;                // 将商寄存器的结果赋值给商
assign reminder=reminder_reg;                // 将余数寄存器的结果赋值给余数
always @(posedge rst or posedge clk)          // 定义 always 块
begin
  if(rst)                                    // 当 rst 信号为 "1" 时
  begin
    quotient_reg<=0;                         // 将商寄存器中的值初始化为 0
    reminder_reg<=0;                         // 将余数寄存器中的值初始化为 0
    count<=31;                               // 将计数器的值初始化为 31
    done<=1'b0;                              // 将完成信号初始化为 0
    state<=idle;                             // 指向 idle 状态
  end
  else                                       // 时钟上升沿到来
  begin
    case(state)                              // case 块,根据不同的状态执行操作
      idle:                                  // 处于 idle 状态
        begin
          if(start==1)                       // 当启动信号 start 为 "1" 时
          begin
            if(divisor==0)                   // 如果除数为 0
            begin
              quotient_reg<=32'hffffffff;    // 将商寄存器中的值设置为最大值
              reminder_reg<=32'hffffffff;    // 将余数寄存器中的值设置为最大值
              state<=idle;                   // 保持在 idle 状态
            end
            else                             // 如果除数不为 0
            dividend_reg<=dividend;          // 将被除数保存到被除数寄存器中
            divisor_reg<=divisor;            // 将除数保存到除数寄存器中
            state<=run;                      // 跳转到 run 状态
          end
          else                               // 当启动信号 start 为 "0" 时
            begin
              done<=1'b0;                    // 将 done 信号设置为 "0"
              quotient_reg<=0;               // 将商寄存器中的值设置为 0
              reminder_reg<=0;               // 将余数寄存器中的值设置为 0
              count<=31;                     // 将计数器的值初始化为 31
              state<=idle;                   // 保持在 idle 状态
            end
        end
```

```
    run:                                           // 处于 run 状态
      begin
              reminder_reg[31:1]<=reminder_reg[30:0];     // 左移一位
              reminder_reg[0]<=dividend_reg[count];       // dividend_reg[count]填充
              state<=con;                                 // 跳转到 con 状态
      end
    con:                                           // 处于 con 状态
      begin
         if(reminder_reg>=divisor_reg)               // 当余数大于或等于除数时
           begin
              quotient_reg[count]<=1'b1;               // 将商对应的位设置为"1"
              reminder_reg<=reminder_reg-divisor_reg;  //将余数减除数的结果赋值给余数
           end
         else                                        // 当余数小于除数时
           begin
              quotient_reg[count]<=1'b0;               // 将商对应的位设置为"0"
              reminder_reg<=reminder_reg;              // 余数保持不变
           end
         count<=count-1;                             // 计数器的值减 1
         if(count!=0)                                // 如果 count 不等于 0
           state<=run;                               // 继续执行除法运算
         else                                        // 如果 count 等于 0
           begin
             done<=1'b1;                              // 将 done 信号设置为"1"
             state<=idle;                             // 返回到 idle 状态
           end
      end
    endcase                                        // 结束 case 块
  end
end
endmodule                                          // 结束模块
```

（4）按 Ctrl+S 组合键，保存该设计文件。

（5）对该设计进行综合。

思考与练习 3-11：查看综合以后给出的 Synthesis Report，说明该设计所使用的逻辑资源的数量。

思考与练习 3-12：查看 RTL Design Viewer 和 Post-Synthesis Netlist View 网表结构，对该设计进行分析。

3.2.2　基于长除法的除法器的验证

本小节将介绍使用 ModelSim 对基于长除法算法的两个无符号数除法器进行验证的方法。

1. 建立新的验证工程

（1）启动 ModelSim 软件，进入 ModelSim SE-64 10.4c（以下简称 ModelSim）主界面。

（2）在 ModelSim 主界面主菜单下，选择 File->New->Project。

（3）弹出"Create Project"对话框。在该对话框中，按如下设置参数。

① Project Name：postsynth_sim。

② Project Location：E:/cpusoc_design_example/example_3_8。

（4）单击"OK"按钮，退出"Create Project"对话框。

（5）如果预先没有创建所指向的目录，则弹出"Create Project"对话框。该对话框中提示信息"The project directory does not exist. OK to create the directory?"。

2．添加已存在的文件

本部分将如何添加已经存在的网表文件 example_3_7.vg。添加该文件的主要步骤如下所述。

（1）在完成 1 部分的操作后，弹出"Add Items to the Project"对话框。在该对话框中，单击名字为"Add Existing File"的图标。

（2）弹出"Add file to Project"对话框。在该对话框中，单击"File Name"标题栏右侧的"Browse"按钮。

（3）弹出"Select files to add to project"对话框。在该对话框中，按如下设置参数。

① 文件类型：All Files（*.*）(通过下拉框设置)。

② 将路径定位到 E:/cpusoc_design_example/example_3_7/impl/gwsynthesis，选中该目录下的 example_3_7.vg 文件，并单击该对话框右下角的"打开"按钮，自动退出"Select files to add to project"对话框。

③ 勾选"Add file to Project"对话框右下角"Copy to project directory"前面的复选框。

3．创建新的测试文件

（1）再次单击"Add Items to the Project"对话框中名字为"Create New File"的图标。

（2）弹出"Create Project File"对话框。在该对话框中，按如下设置参数。

① File Name：test_long_division。（文本框输入）。

② Add file as type：Verilog（下拉框选择）。

（3）单击"Create Project File"对话框右下角的"OK"按钮，退出该对话框。

（4）单击"Add items to the Project"对话框右下角的"Close"按钮，退出该对话框。

（5）在 ModelSim 当前工程主界面的 Project 窗口中，找到并双击 test_long_division.v，打开该文件。在该文件中输入测试代码，如代码清单 3-8 所示。

代码清单 3-8 test_long_division.v 文件

```
'timescale 1ns/1ps              // 定义 timescale
module test_long_division;      // 定义 test_long_division
reg clk;                        // 定义寄存器型变量 clk
reg rst;                        // 定义寄存器型变量 rst
reg start;                      // 定义寄存器型变量 start
reg [31: 0] dividend;           // 定义 32 位寄存器型变量 dividend
reg [31: 0] divisor;            // 定义 32 位寄存器型变量 divisor
wire [31:0] quotient;           // 定义 32 位线网络 quotient
wire [31:0] reminder;           // 定义 32 位线网络 reminder
wire   done;                    // 定义线网络 done

long_division Inst_long_division(  // 例化设计模块 long_division
    .clk(clk),                  // 连接 clk
    .rst(rst),                  // 连接 rst
    .dividend(dividend),        // 连接 dividend
    .divisor(divisor),          // 连接 divisor
    .start(start),              // 连接 start
    .quotient(quotient),        // 连接 quotient
    .reminder(reminder),        // 连接 reminder
    .done(done)                 // 连接 done
```

```
);

initial                              // 初始化部分
begin
rst=1;                               // 将 rst 设置为 "1"
#20;                                 // 持续 20 个 timescale
rst=0;                               // 将 rst 设置为 "0"
end


initial                              // 初始化部分
begin
clk=1;                               // 将 clk 设置为 "1"
end


initial                              // 初始化部分
begin
start=0;                             // 将 start 设置为 "0"
#100;                                // 持续 100 个 timescale
start=1;                             // 将 start 设置为 "1"
#10;                                 // 持续 10 个 timescale
start=0;                             // 将 start 设置为 "0"
#1000;                               // 持续 1000 个 timescale
start=1;                             // 将 start 设置为 "1"
#10;                                 // 持续 10 个 timescale
start=0;                             // 将 start 设置为 "0"
#1000;                               // 持续 1000 个 timescale
start=1;                             // 将 start 设置为 "1"
#10;                                 // 持续 10 个 timescale
start=0;                             // 将 start 设置为 "0"
#1000;                               // 持续 1000 个 timescale
start=1;                             // 将 start 设置为 "1"
#10;                                 // 持续 10 个 timescale
start=0;                             // 将 start 设置为 "0"
#400;                                // 持续 400 个 timescale
end
initial                              // 初始化部分
begin
dividend=0;                          // 将 dividend 赋值为 0
divisor=0;                           // 将 divisor 赋值为 0
#100;                                // 持续 100 个 timescale
dividend=254;                        // 将 dividend 赋值为 254
divisor=10;                          // 将 divisor 赋值为 10
#1010;                               // 持续 1010 个 timescale
dividend=65535;                      // 将 dividend 赋值为 65535
divisor=11;                          // 将 divisor 赋值为 11
#1010;                               // 持续 1010 个 timescale
dividend=3267894;                    // 将 dividend 赋值为 3267894
divisor=3456;                        // 将 divisor 赋值为 3456
#1010;                               // 持续 1010 个 timescale
dividend=69999999;                   // 将 dividend 赋值为 65535
divisor=245678;                      // 将 divisor 赋值为 245678
#1010;                               // 持续 1010 个 timescale
end
```

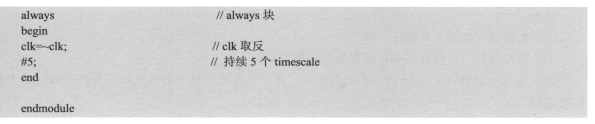

```
always                          // always 块
begin
clk=~clk;                       // clk 取反
#5;                             // 持续 5 个 timescale
end

endmodule
```

（6）按 Ctrl+S 组合键，保存该文件。

4．执行综合后仿真

本部分将介绍如何对设计执行综合后仿真，该仿真过程与 3.1.4 一节给出的执行综合后仿真的步骤基本相同。执行综合后仿真的结果，如图 3.13 所示。

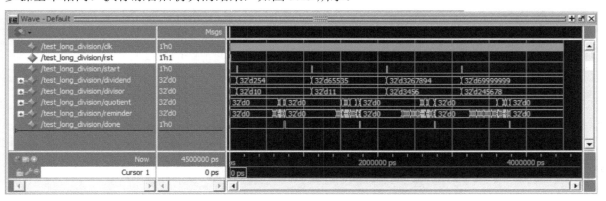

图 3.13　修改 Radix 后 Wave 窗口中显示的波形

思考与练习 3-13：放大图 3.13 的局部细节，手工计算被除数和除数相除得到的商和余数，并与图 3.11 给出的计算结果进行比较，以确认设计结果的正确性。

思考与练习 3-14：对于两个有符号的被除数和除数，按照下面的方法进行计算。

（1）取被除数和除数的绝对值，然后按无符号除法规则进行计算。

（2）对于得到的最终计算结果，按下面规则对商和余数进行处理。

① 余数的符号与被除数相同。

② 如果被除数和除数的符号不一致，则商前面添加"负号"；否则，无须在商前面添加"负号"。

请读者修改本部分给出的长除法算法的除法器设计代码，使其可以实现两个有符号数的除法运算，并使用 ModelSim 软件对修改后的代码进行验证。

3.2.3　基于恢复除法的除法器的设计

本小节将介绍恢复除法算法的原理，在此基础上使用 Verilog HDL 对该算法进行描述，最后介绍使用高云云源软件对设计进行综合的方法。

1．恢复除法算法的原理

恢复除法（Restoring Division）是慢速除法的典型代表。慢速除法是基于下面标准的递推方程，即

$$R_{j+1} = B \times R_j - q_{n-(j+1)} \times D$$

式中:

（1）R_j 是除法的第 j 个部分余数。

（2）B 是基数（在计算机和计算器中，通常是 2）。

（3）$q_{n-(j+1)}$ 是位置 $n-(j+1)$ 中的商的数字，其中位置是从最低有效位 0 到最高有效位 $n-1$ 之间的编号。

（4）n 是商中的位数。

（5）D 是商中的位数。

该算法的伪代码描述如代码清单 3-9 所示。

代码清单 3-9   恢复除法的伪代码描述

```
R=N;                    // 初始化 R=N
D=D<<n;                 // R 和 D 需要两倍的 N 和 Q 的位宽
for(i=n-1;i>=0;i--)     // 循环次数 i 的初始值为被除数 N 的位宽-1
{
  R=2×R-D;              // 从移位值中进行尝试减法（乘以 2 是二进制表示的移位）
  if(R>=0)
      q[i]=1;           // 给 q[i] 置 1
  else
  {
    q[i]=0;             // 给 q[i] 置 0
    R=R+D;              // 新的部分余数是（恢复的）移位值
  }
}
```

【例 3.6】   考虑两个以二进制数表示的被除数 N= "1101"（十进制无符号整数 11）和除数 D= "011"（十进制无符号整数 3），使用恢复除法的步骤如下。

（1）设置 R=N= "1101" =$(11)_{10}$，且 R 的宽度扩展到 8 位，即 R= "00001101" =$(11)_{10}$。

（2）D 的宽度扩展到 8 位，即 D= "00000011"，然后执行 D<<4 操作，则 D= "00110000" =$(48)_{10}$。

（3）设置循环变量 i=3（i=4-1）。

（4）R=2×R-D=2×11-48=-26，对应的二进制数为 "11100110"。

（5）因为 R<0，因此 q(3)= "0"，且 R=-26+48=22，对应的二进制数为 "00100010"。

（6）设置循环变量 i=2（i=3-1）。

（7）R=2×R-D=2×22-48=44-48=-4，对应的二进制数为 "11111100"。

（8）因为 R<0，q(2)= "0"，且 R=-4+48=44，对应的二进制数为 "00101100"。

（9）设置循环变量 i=1（i=2-1）。

（10）R=2×R-D=2×44-48=40，对应的二进制数为 "00101000"。

（11）因为 R>0, q(1)= "1"。

（12）设置循环变量 i=0（i=1-1）。

（13）R=2×R-D=2×40-48=32，对应的二进制数为 "00100000"。

（14）因为 R>0, q(0)= "1"。

因此，得到最终的商 Q 为 "0011"，对应的十进制数为 3。R 取其高四位的值 "0010"，得到最终的余数 R 用十进制数表示为 2。

2. 基于恢复除法算法的两个无符号数除法器的设计

在高云云源软件中，设计基于恢复除法算法的两个无符号数除法器的主要步骤如下所述。

（1）启动高云云源软件。

（2）按照 3.1.1 节介绍的方法，在\cpusoc_design_example\example_3_9 目录中，新建一个名字为"example_3_9.gprj"的工程。

（3）新创建一个名字为"restoring_division.v"的文件。在该文件中，添加设计代码（见代码清单 3-10）。

代码清单 3-10　restoring_division.v 文件

```verilog
'timescale 1ns/1ps                          // 设置 timescale
module restoring_division(                   // 声明模块 restoring_division
    input           clk,                     // 定义时钟信号 clk
    input           rst,                     // 定义复位信号 rst
    input [31:0]    dividend,                // 定义 32 位被除数 dividend
    input [31:0]    divisor,                 // 定义 32 位除数 divisor
    input           start,                   // 定义启动信号 start，开始除法运算
    output [31:0]   quotient,                // 定义 32 位商 quotient
    output [31:0]   reminder,                // 定义 32 位余数 reminder
    output reg      done                     // 定义结束信号 done，结束除法运算
    );
reg [1:0] state;                             // 定义寄存器型状态变量 state
parameter idle=2'b00, run=2'b01,con=2'b10;   // 定义每个状态的编码
reg [31:0] dividend_reg;                      // 定义 32 位被除数寄存器
reg [63:0] divisor_reg;                       // 定义 64 位除数寄存器（宽度为两倍）
reg [31:0] quotient_reg;                      // 定义 32 位商寄存器
reg [63:0] reminder_reg;                      // 定义 32 位余数寄存器
reg [5:0] count;                             // 定义 count 计数器
assign quotient=quotient_reg;                // 将商寄存器中的值赋值给商
assign reminder=reminder_reg[63:32];         // 将余数寄存器中的高 32 位赋值给余数
always @(posedge rst or posedge clk)         // 定义 always 块
begin
 if(rst)                                      // rst 信号为"1"
 begin
    quotient_reg<=0;                          // 初始化商寄存器中的值为 0
    reminder_reg<=0;                          // 初始化余数寄存器中的值为 0
    dividend_reg<=0;                          // 初始化被除数寄存器中的值为 0
    divisor_reg<=0;                           // 初始化除数寄存器中的值为 0
    count<=31;                                // 初始化计数器的值为 31
    done<=1'b0;                               // 初始化结束信号为"0"
    state<=idle;                              // 指向 idle 状态
 end
 else                                         // 时钟上升沿到来
 begin
   case(state)                                // case 块
    idle:                                     // idle 状态
     begin
      if(start==1)                            // 启动信号 start 为 1 时，启动除法运算
      begin
       if(divisor==0)                         // 如果除数为 0
       begin
         quotient_reg<=32'hffffffff;          // 将商寄存器中的值设置为最大的值
         reminder_reg<=64'hffffffffffffffff;  // 将余数寄存器中的值设置为最大的值
         state<=idle;                         // 维持当前的 idle 状态
       end
```

```verilog
          else                                    // 如果除数不为 0
            dividend_reg<=dividend;                // 将被除数保存到被除数寄存器中
            reminder_reg<=dividend;                // 将被除数保存到余数寄存器中
            divisor_reg<=divisor<<32;              // 将除数左移 32 位后保存到除数寄存器中
            state<=run;                            // 跳到 run 状态
          end
        else                                       // 启动信号 start 为 "0"，未启动除法运算
          begin
          done<=1'b0;                              // 将结束信号设置为 "0"
          quotient_reg<=0;                         // 将商寄存器中的值设置为 0
          reminder_reg<=0;                         // 将余数寄存器中的值设置为 0
          count<=31;                               // 初始化计数器 count 为 31
          state<=idle;                             // 跳到 idle 状态
        end
      end
    run:                                           // 在 run 状态下
      begin                                        // 执行 R=2×R-D 的操作
            reminder_reg<=(reminder_reg<<1)-divisor_reg;
            state<=con;                            // 跳到 con 状态
      end
    con:                                           // 在 con 状态下
      begin
        if($signed(reminder_reg)>=0)               // 如果余数寄存器中的值大于或等于 0
          begin
            quotient_reg[count]<=1'b1;             // 将商寄存器中对应的位设置为 "1"
          end
        else                                       // 如果余数寄存器中的值小于 0
          begin
            quotient_reg[count]<=1'b0;             // 将商寄存器中对应的位设置为 "0"
            reminder_reg<=reminder_reg+divisor_reg;  // 执行 R=R+D 的操作
          end
        count<=count-1;                            // 计数器的值减去 1
        if(count!=0)                               // 如果计数器的值不等于 0
          state<=run;                              // 跳转到 run 状态，继续除法操作
        else                                       // 如果计数器的值等于 0
          begin
            done<=1'b1;                            // 将结束信号 done 设置为 "1"，表示结束
            state<=idle;                           // 跳转到 idle 状态结束
          end
      end
    endcase                                        // case 块结束
  end
end
endmodule                                          // 块结束
```

（4）按 Ctrl+S 组合键，保存该设计文件。

（5）对该设计进行综合。

思考与练习 3-15：查看综合以后给出的 Synthesis Report，说明该设计所使用的逻辑资源的数量。

思考与练习 3-16：查看 RTL Design Viewer 和 Post-Synthesis Netlist Viewer 网表结构，对该设计进行分析。

3.2.4　基于恢复除法的除法器的验证

本部分将介绍使用 ModelSim 软件对基于恢复除法算法的两个无符号数除法器进行验证的方法。

1．建立新的验证工程

（1）启动 ModelSim 软件，进入 ModelSim SE-64 10.4c（以下简称 ModelSim）主界面。

（2）在 ModelSim 主界面主菜单下，选择 File->New->Project。

（3）弹出"Create Project"对话框。在该对话框中，按如下设置参数。

① Project Name：postsynth_sim。

② Project Location：E:/cpusoc_design_example/example_3_10。

（4）单击"OK"按钮，退出"Create Project"对话框。

（5）如果预先没有创建所指向的目录，则弹出"Create Project"对话框。该对话框中提示信息"The project directory does not exist. OK to create the directory?"。

2．添加已存在的文件

本部分将介绍如何添加已经存在的网表文件 example_3_9.vg。添加该文件的主要步骤如下所述。

（1）在完成 1 部分的操作后，弹出"Add Items to the Project"对话框。在该对话框中，单击名字为"Add Existing File"的图标。

（2）弹出"Add file to Project"对话框。在该对话框中，单击"File Name"标题栏右侧的"Browse"按钮。

（3）弹出"Select files to add to project"对话框。在该对话框中，按如下设置参数。

① 文件类型：All Files（*.*）(通过下拉框设置)。

② 将路径定位到 E:/cpusoc_design_example/example_3_9/impl/gwsynthesis，选中该目录下的example_3_9.vg 文件，并单击该对话框右下角的"打开"按钮，自动退出"Select files to add to project"对话框。

③ 勾选"Add file to Project"对话框右下角"Copy to project directory"前面的复选框。

3．创建新的测试文件

（1）再次单击"Add Items to the Project"对话框中名字为"Create New File"的图标。

（2）弹出"Create Project File"对话框。在该对话框中，按如下设置参数。

① File Name：test_restoring_division。（文本框输入）。

② Add file as type：Verilog（下拉框选择）。

（3）单击"Create Project File"对话框右下角的"OK"按钮，退出该对话框。

（4）单击"Add items to the Project"对话框右下角的"Close"按钮，退出该对话框。

（5）在 ModelSim 当前工程主界面的 Project 窗口中，找到并双击 test_restoring_division.v，打开该文件。在该文件中输入测试代码。除了例化模块，该验证代码与代码清单 3-8 给出的代码完全相同。

（6）按 Ctrl+S 组合键，保存设计文件。

4．执行综合后仿真

本部分将介绍如何对设计执行综合后仿真，该仿真过程与 3.1.4 一节给出的执行综合后仿真的步骤基本相同。执行综合后仿真的结果，如图 3.14 所示。

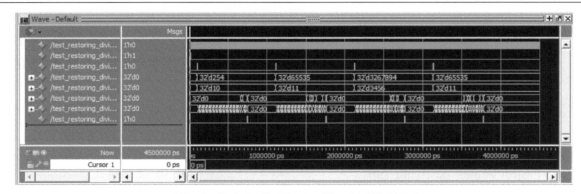

图 3.14　修改 Radix 后 Wave 窗口中显示的波形

思考与练习 3-17：手工计算被除数和除数相除得到的商和余数，并与图 3.14 给出的仿真结果进行比较，以确认设计结果的正确性。

思考与练习 3-18：修改代码清单 3-10 给出的设计代码，实现两个有符号的被除数和除数的恢复除法运算，并对该设计进行验证。

3.2.5　基于非恢复除法的除法器的设计

本小节将介绍非恢复除法算法的原理，在此基础上使用 Verilog HDL 对该算法进行描述，最后介绍使用高云云源软件对设计进行综合的方法。

1．非恢复除法算法的原理

非恢复除法使用数字集{-1，1}代替{0，1}作为商。该算法比较复杂，但在硬件实现时具有每个商位只有一个决策和加法/减法的优势；减法后没有恢复步骤，使操作的个数减少一半，并使其执行得更快。非负的二进制（基-2）非恢复除法，该算法的伪代码描述如代码清单 3-11 所示。

代码清单 3-11　非恢复除法的伪代码描述

```
 R=N;                   // 将 N 的值赋值给 R
 D:=D<<n;               // 将 D 左移 n 位，D 和 R 的位宽为 N 和 Q 的两倍
 for(i=n-1;i>=0;i--)    // 循环次数 i 的初始值为被除数 N 的位宽-1
 {
   if(R>=0)             // 如果 R 的值为 0
     q[i]=+1;           // 将 q 对应的位赋值为+1
     R=2*R-D;           // 将 R 向左移动一位后，尝试减法运算
   else
     q[i]=-1;           // 将 q 对应的位赋值为-1
     R=2*R+D;           // 将 R 向左移动一位后，尝试加法运算
 }
```

按照该算法，商是非标准形式，由-1 和+1 的数字组成。这种形式需要转换为二进制形式以形成最终的商。例如，将以下商转换为由{0，1}组成的数字集合。

（1）非标准形式，Q={1,1,1,-1,1,-1,1,-1}

（2）屏蔽负的二进制位，P={1,1,1,0,1,0,1,0}

（3）P 按位取反，M={0,0,0,1,0,1,0,1}

（4）执行 P-M 的运算，即

$$
\begin{array}{r}
11101010 \\
-\ 00010101 \\
\hline
11010101
\end{array}
$$

得到 Q={1,1,0,1,0,1,0,1}。

通常，如果将 Q 的数字位-1 保存为 0，则 P 是 Q，则计算 M 非常简单，即执行原始 Q 上的一个补码，即逐位补码，即

$$Q=Q-按位取反\{Q\}$$

最后，由该算法计算的商总是奇数，R 中的余数范围为-D～D。例如，5/2=3R-1。要转换为正余数，请在将非标准形式的 Q 转换为标准形式的 Q 时执行单个恢复步骤，如代码清单 3-12 所示。

代码清单 3-12　单个恢复步骤

```
if R<0
   Q=Q-1
   R=R+D
```

最终的 R 值为 R>>n。

2. 基于恢复除法算法的两个无符号数除法器的设计

在高云云源软件中，设计基于恢复除法算法的两个无符号数除法器的主要步骤如下所述。

（1）启动高云云源软件。

（2）按照 3.1.1 节介绍的方法，在\cpusoc_design_example\example_3_11 目录中，新建一个名字为"example_3_11.gprj"的工程。

（3）新创建一个名字为"non_restoring_division.v"的文件。在该文件中，添加设计代码（见代码清单 3-13）。

代码清单 3-13　non_restoring_division.v 文件

```verilog
module non_restoring_division(
    input          clk,                    // 定义时钟信号 clk
    input          rst,                    // 定义复位信号 rst
    input   [31:0] dividend,               // 定义 32 位被除数 dividend
    input   [31:0] divisor,                // 定义 32 位除数 divisor
    input          start,                  // 定义启动信号 start
    output reg [31:0] quotient,            // 定义 32 位商 quotient
    output [31:0]  reminder,               // 定义 32 位余数 reminder
    output reg     done                    // 定义结束信号 done
    );
reg [1:0] state;                           // 定义寄存器类型变量 state
parameter idle=2'b00, run=2'b01,con=2'b10; // 定义状态编码
reg [31:0] dividend_reg;                   // 定义 32 位被除数寄存器
reg [63:0] divisor_reg;                    // 定义 64 位除数寄存器
reg [31:0] quotient_reg;                   // 定义 32 位商寄存器
reg [63:0] reminder_reg,reminder_tmp;      // 定义余数寄存器和暂存寄存器
wire [31:0] quotient_tmp;                  // 定义商暂存寄存器
reg [5:0] count;                           // 定义计数器 count
assign reminder=reminder_tmp[63:32];       // 将余数暂存器的高 32 位赋值给余数

always @(*)                                // always 块
begin
  if(reminder_reg<0)                       // 如果余数寄存器中的值小于 0，按规则
    begin
      quotient=quotient_reg-1;             // 将商寄存器中的值减 1 的结果作为最后的商
      reminder_tmp=reminder_reg+divisor_reg; // 恢复余数
```

```verilog
    end
  else                                        // 如果余数寄存器中的值大于或等于 0
    begin
      quotient=quotient_reg;                  // 将商寄存器中的值赋值给商
      reminder_tmp=reminder_reg;              // 将余数寄存器中的值赋值给余数暂存器
    end
end

always @(posedge rst or posedge clk)         // always 块
begin
 if(rst)                                      // 如果复位信号为 "1"
 begin
    quotient_reg<=0;                          // 初始化商寄存器中的值为 0
    reminder_reg<=0;                          // 初始化余数寄存器中的值为 0
    dividend_reg<=0;                          // 初始化被除数寄存器中的值为 0
    divisor_reg<=0;                           // 初始化除数寄存器中的值为 0
    count<=31;                                // 初始化计数器的值 31
    done<=1'b0;                               // 将结束信号设置为 "0"
    state<=idle;                              // 指向初始状态 idle
 end
 else                                         // 时钟上升沿有效
 begin
   case(state)                                // case 块
    idle:                                     // 处于 idle 状态
      begin
        if(start==1)                          // 如果起始信号 start 为 "1"，开始除法运算
        begin
          if(divisor==0)                      // 如果除数为 0
          begin
            quotient_reg<=32'hffffffff;       // 将商寄存器中的值设置为最大值
            reminder_reg<=64'hffffffffffffffff; // 将余数寄存器中的值设置为最大值
            state<=idle;                      // 保持 idle 状态
          end
          else                                // 如果除数不为 0
          dividend_reg<=dividend;             // 将被除数保存到被除数寄存器中
          reminder_reg<=dividend;             // 将被除数保存到余数寄存器中
          divisor_reg<=divisor<<32;           // 将除数右移 32 位的结果保存到除数寄存器中
          state<=run;                         // 跳到 run 状态
          end
        else                                  // 如果起始信号 start 为 "1"，未开始除法运算
          begin
            done<=1'b0;                        // 将结束信号 done 设置为 "0"
            quotient_reg<=0;                   // 将商寄存器中的值设置为 0
            reminder_reg<=0;                   // 将余数寄存器中的值设置为 0
            count<=31;                         // 初始化计数器的值 31
            state<=idle;                       // 保持 idle 状态
          end
        end
    run:                                      // 在 run 状态下
      begin
        reminder_reg<=reminder_reg<<1;        // 将余数寄存器中的值左移一位
        state<=con;                            // 跳转到 con 状态
      end
```

```
con:                                    // 在 con 状态下
  begin
    if($signed(reminder_reg)>=0)        // 当余数寄存器中的值大于或等于 0
      begin
          quotient_reg[count]<=1'b1;    // 将商寄存器中对应的位设置为 "1"
          reminder_reg<=reminder_reg-divisor_reg; // R=2R-D
      end
    else                                // 当余数寄存器中的值小于 0
      begin
          quotient_reg[count]<=1'b0;    // 将商寄存器中对应的位设置为 "0"
          reminder_reg<=reminder_reg+divisor_reg; //R=2R+D
    end
    count<=count-1;                     // 计数器的值减 1
    if(count!=0)                        // 如果计数值不为 0
        state<=run;                     // 跳到 run 状态，继续除法运算
    else                                // 如果计数值为 0
      begin
        quotient_reg<=quotient_reg-(~quotient); // 按规则，Q=Q-取反（Q）
        done<=1'b1;                     // 将结束信号 done 置为 "1"
        state<=idle;                    // 返回到 idle 状态
      end
  end
  endcase                               // case 块结束
 end
end
endmodule                               // 模块结束
```

（4）按 Ctrl+S 组合键，保存该设计文件。

（5）对该设计进行综合。

思考与练习 3-19：查看综合以后给出的 Synthesis Report，说明该设计所使用的逻辑资源的数量。

思考与练习 3-20：查看 RTL Design Viewer 和 Post-Synthesis Netlist Viewer 网表结构，对该设计进行分析。

3.2.6　基于非恢复除法的除法器的验证

本小节将介绍使用 ModelSim 软件对基于非恢复除法算法的两个无符号数除法器进行验证的方法。

1. 建立新的验证工程

（1）启动 ModelSim 软件，进入 ModelSim SE-64 10.4c（以下简称 ModelSim）主界面。

（2）在 ModelSim 主界面主菜单下，选择 File->New->Project。

（3）弹出 "Create Project" 对话框。在该对话框中，按如下设置参数。

① Project Name：postsynth_sim。

② Project Location：E:/cpusoc_design_example/example_3_12。

（4）单击 "OK" 按钮，退出 "Create Project" 对话框。

（5）如果预先没有创建所指向的目录，则弹出 "Create Project" 对话框。该对话框中提示信息 "The project directory does not exist. OK to create the directory?"。

2. 添加已存在的文件

本部分将介绍如何添加已经存在的网表文件 example_3_11.vg。添加该文件的主要步骤如下所述。

（1）在完成 1 部分的操作后，弹出"Add Items to the Project"对话框。在该对话框中，单击名字为"Add Existing File"的图标。

（2）弹出"Add file to Project"对话框。在该对话框中，单击"File Name"标题栏右侧的"Browse"按钮。

（3）弹出"Select files to add to project"对话框。在该对话框中，按如下设置参数。

① 文件类型：All Files（*.*）(通过下拉框设置)。

② 将路径定位到 E:/cpusoc_design_example/example_3_11/impl/gwsynthesis，选中该目录下的 example_3_11.vg 文件，并单击该对话框右下角的"打开"按钮，自动退出"Select files to add to project"对话框。

③ 勾选"Add file to Project"对话框右下角"Copy to project directory"前面的复选框。

3．创建新的测试文件

（1）再次单击"Add Items to the Project"对话框中名字为"Create New File"的图标。

（2）弹出"Create Project File"对话框。在该对话框中，按如下设置参数。

① File Name：test_non_restoring_division。（文本框输入）。

② Add file as type：Verilog（下拉框选择）。

（3）单击"Create Project File"对话框右下角的"OK"按钮，退出该对话框。

（4）单击"Add items to the Project"对话框右下角的"Close"按钮，退出该对话框。

（5）在 ModelSim 当前工程主界面的 Project 窗口中，找到并双击 test_non_restoring_division.v，打开该文件。在该文件中输入测试代码。除了例化模块，该验证代码与代码清单 3-8 给出的代码完全相同。

（6）按 Ctrl+S 组合键，保存设计文件。

4．执行综合后仿真

本部分将介绍如何对设计执行综合后仿真，该仿真过程与 3.1.4 一节给出的执行综合后仿真的步骤基本相同。执行综合后仿真的结果，如图 3.15 所示。

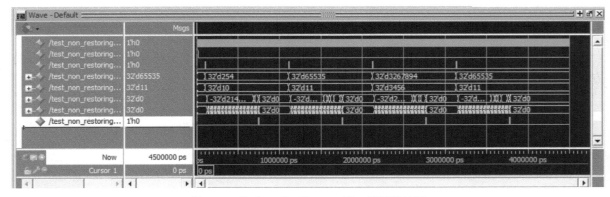

图 3.15　修改 Radix 后 Wave 窗口显示的波形

思考与练习 3-21：手工计算被除数和除数相除得到的商和余数，并与图 3.15 给出的仿真结果进行比较，以确认设计结果的正确性。

思考与练习 3-22：修改代码清单 3-13 给出的设计代码，实现两个有符号的被除数和除数的非恢复除法运算，并对该设计进行仿真验证。

第 4 章　浮点运算器的设计和验证

在现代中央处理器单元（Central Processing Unit，CPU）中，提供了专门用于处理浮点运算的硬件浮点单元（Float-Point Unit，FPU）。与使用软件库实现浮点运算相比，当使用硬件 FPU 处理浮点运算时，无须 CPU 介入。这样，极大地释放了 CPU 的处理能力，从而显著地提高了 CPU 处理数据的吞吐量。

本章将介绍浮点运算的原理，使用 Verilog HDL 对浮点运算的过程进行描述，并介绍如何通过高云软件对设计进行综合和实现，最后介绍如何通过高云的 GAO 软件对设计进行仿真和验证。

4.1　浮点数的表示方法

通常，浮点数使用固定数量的有效数字近似表示，并使用某个固定计数的指数进行标定；标定的基数通常是 2、10 或 16。一个可以精确表示的数字具有以下形式：

$$significand \times base^{exponent}$$

式中，significand（有效数字）为整数，base（基数）是大于或等于 2 的整数，exponent（指数）为整数。例如：

$$1.2345 = 12345 \times 10^{-4}$$

式中，12345 为有效数字，10 为基数，-4 为指数。

浮点运算的速度，通常以每秒所执行的浮点运算次数（Float-Point Operations Per Second，FLOPS）衡量，是计算机系统的一个重要特征，特别是对于涉及密集数学计算的应用。

在计算机系统中，多使用单精度（32 位）和双精度（64 位）的格式来表示浮点数。

4.1.1　单精度表示方法

在 IEEE 754 标准中，采用 32 位单精度的格式表示浮点数时，从最高有效位（Most Significant Bit，MSB）到最低有效位（Least Significant Bit，LSB）的顺序依次为

（1）符号位：1 位；

（2）指数宽度：8 位；

（3）有效数字精度：24 位（准确保存 23 位）；

具体来说，其格式表示为

$$(-1)^{b_{31}} \times 2^{b_{指}-127} \times (1.b_{小})$$

其中，$b_{指}$ 为指数字段等效的十进制数；$b_{小}$ 为小数字段等效的十进制数。

一个以 32 位 IEEE 754 单精度的格式表示的数字如表 4.1 所示。

表 4.1　一个以 32 位 IEEE 754 单精度的格式表示的数字

	符号位	指数								小数																					
位索引	31	30							23	22	21	20	19	18	17	16	15	14	13	12	11	10	9	8	7	6	5	4	3	2	1	0
数字	0	0	1	1	1	1	1	0	0	0	1	0	0	0	0	0	0	0	0	0	0	0	0	0	0	0	0	0	0	0	0	0

按照表 4.1 给出的格式可知:

（1）符号位字段为"0";

（2）指数字段为"01111100",等效的十进制数为 124;

（3）小数字段为"01000000000000000000000",等效的十进制小数为 $2^{-2}=0.25$;

因此,代入上面的公式,可以得到:

$$(-1)^0 \times 2^{(124-127)} \times (1.25) = 2^{-3} \times 1.25 = 0.125 \times 1.25 = 0.15625$$

结合上面给出的通用表达式,可知下面的事实:

（1）指数字段表示无符号的整数,其范围为 0～255。在实际计算公式中,需要减去 127 的偏移量,因此指数的实际范围为(0-127)～(255-127),即-127～128。

（2）真正的有效数包括二进制点右侧的 23 个小数位和值为 1 的隐含前导位（二进制点左侧）,除非以全零保存指数。因此,只有 23 位有效数字出现在保存格式中,但总精度为 24 位（相当于 $\log_{10}(2^{24}) \approx 7.225$ 个十进制数字)。

4.1.2　双精度表示方法

在计算机系统中,也使用 64 位双精度的格式表示浮点数。与单精度表示法相比,双精度表示法可以表示的浮点数的范围更大。从 MSB 到 LSB 顺序依次为

（1）符号位:1 位;

（2）指数宽度:11 位;

（3）有效数字精度:53 位（准确保存 52 位）。

具体来说,其格式用下面的式子表示为:

$$(-1)^{b_{63}} \times 2^{b_{指}-1023} \times (1.b_{小})$$

其中,$b_{指}$ 为指数字段等效的十进制数;$b_{小}$ 为小数字段等效的十进制数。

结合定义和公式,可知下面的事实:

（1）指数字段是 11 位无符号整数,二进制表示的范围为 00000000000～11111111111,等效的十进制表示范围为 0～2047。因为偏置量为 1023,因此实际的指数为(0-1023)～(2047-1023),即 -1023～1024,其中全 0（-1023）和全 1（1024）的指数是为特殊数字保留。

（2）53 位有效数字提供 15～17 位有效十进制数字精度($2^{-53} \approx 1.11 \times 10^{-16}$)。该格式使用具有值为 1 的隐含整数位的有效位写入。由于小数有效数的 52 位出现在存储格式中,因此总的精度为 53 位（大约 16 个十进制数字,$53\log_{10}(2) \approx 15.955$）。

4.2　调用浮点库的浮点数运算的实现和验证

在 VHDL 最新的标准中,提供了用于支持浮点运算的库。本节将介绍如何使用 VHDL 中提供的这些浮点运算库来实现不同的浮点运算,并介绍使用高云云源软件和 ModeSim 软件对浮点数的运算进行综合和验证。

4.2.1　调用浮点库的浮点数运算的实现

本节介绍在高云云源软件中调用 VHDL 浮点运算库执行浮点运算的方法。

1. 建立新的设计工程

（1）在 Windows 11 操作系统桌面中,找到并双击名字为"Gowin_V1.9.9 (64-bit)"的图标,

启动高云云源软件（以下简称云源软件）。

（2）在云源软件主界面主菜单下，选择 File->New。

（3）弹出"New"对话框。在该对话框中，找到并展开"Projects"条目。在展开条目中，找到并选择"FPGA Design Project"条目。

（4）单击该对话框右下角的"OK"按钮，退出"New"对话框。

（5）弹出"Project Wizard-Project Name"对话框。在该对话框中，按如下设置参数。

① Name：example_4_1。

② Create in：E:\cpusoc_design_example。

（6）弹出"Project Wizard-Select Device"对话框。在该对话框中，按如下设置参数。

① Series（系列）：GW2A；

② Package（封装）：PBGA484；

③ Device（器件）：GW2A-55；

④ Speed（速度）：C8/I7；

⑤ Device Version（器件版本）：C。

选中器件型号（Part Numer）为"GW2A-LV55PG484C8/I7"的一行。

（7）单击该对话框右下角的"Next"按钮。

（8）弹"Project Wizard-Summary"出对话框。在该对话框中，总结了建立工程时设置的参数。

（9）单击该对话框右下角的"Finish"按钮，退出"Project Wizard-Summary"对话框。

2．创建浮点运算设计文件

本部分将介绍如何在当前设计工程中创建并添加用于实现浮点运算的设计文件，主要步骤如下所述。

（1）在云源软件当前工程主界面左侧"Design"标签页中，找到并选中 example_3_1 或 GW2A-LV55PG484C8/I7，单击鼠标右键，出现浮动菜单。在浮动菜单中，选择 New File。

（2）弹出"New"对话框。在该对话框中，选择"VHDL File"条目。

（3）单击该对话框右下角的"OK"按钮，退出"New"对话框。

（4）弹出"New VHDL file"对话框。在该对话框中，在"Name"右侧的文本框中输入 float_point_arith，即该文件的名字为 float_point_arith.vhd。

（5）单击该对话框右下角的"OK"按钮，退出"New VHDL file"对话框。

（6）自动打开 float_point_arith.vhd 文件，在该文件中添加设计代码，如代码清单 4-1 所示。

代码清单 4-1　float_point_arith.vhd 文件

```
library IEEE;                          // 声明 IEEE 的库
use IEEE.STD_LOGIC_1164.ALL;           // 使用 STD_LOGIC_1164 包
use ieee.float_pkg.all;                // 使用 float_pkg 包
entity float_point_arith is            // 声明实体
    Port (
            a     : in    float32;     // 声明 32 位浮点输入端口 a
            b     : in    float32;     // 声明 32 位浮点输入端口 b
            add   : out   float32;     // 声明 32 位浮点求和结果输出 add
            sub   : out   float32;     // 声明 32 位浮点相减结果输出 sub
            mult  : out   float32;     // 声明 32 位浮点相乘结果输出 mult
            div   : out   float32      // 声明 32 位浮点相乘结果输出 div
    );
end float_point_arith;                 // 实体结束
```

```
architecture Behavioral of float_point_arith is //  声明结构 Behavioral
begin
        add<=a+b;                              //  两个浮点数 a 和 b 相加
        sub<=a−b;                              //  两个浮点数 a 和 b 相减
        mult<=a*b;                             //  两个浮点数 a 和 b 相乘
        div<=a/b;                              //  两个浮点数 a 和 b 相除
end Behavioral;
```

（7）按 Ctrl+S 组合键，保存该设计文件。

3．修改综合属性

本部分将介绍如何修改设计的综合属性，使得高云综合工具 GowinSynthesis 支持 VHDL 中的浮点运算库。修改设计综合属性的步骤如下所述。

（1）在高云云源软件当前工程主界面左侧窗口中，单击"Process"标签。

（2）在"Process"标签页中，找到并选中"Synthesize"条目。单击鼠标右键，出现浮动菜单。在浮动菜单内，选择 Configuration。

（3）弹出"Configuration"对话框，如图 4.1 所示。在该对话框中，通过"VHDL Language"右侧的下拉框将"VHDL Language"设置为 VHDL 2008，该设置使高云综合工具 GowinSynthesis 支持 VHDL 2008 标准。

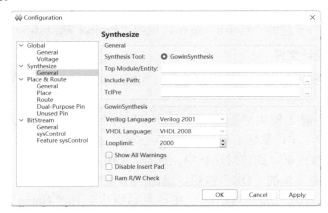

图 4.1　"Configuration"对话框

（4）单击图 4.1 右下角的"OK"按钮，退出"Configuration"对话框。

4．设计综合

本部分将介绍如何对设计执行综合，并查看综合后的结果，主要步骤如下所述。

（1）在云源软件当前工程主界面左侧窗口中，单击"Process"标签。

（2）在"Process"标签页中，找到并双击"Synthesize"条目，执行对该设计的综合。

思考与练习 4-1：查看综合以后给出的 Synthesis Report，说明该设计所使用的逻辑资源的数量。

思考与练习 4-2：查看 RTL Design Viewer 和 Post-Synthesis Netlist Viewer 网表结构，对该设计进行分析。

4.2.2　调用浮点库的浮点数运算的验证

本小节将介绍使用 ModelSim 软件对调用浮点库的浮点数运算进行验证的方法。

1. 建立新的验证工程

（1）启动 ModelSim 软件，进入 ModelSim SE-64 10.4c（以下简称 ModelSim）主界面。

（2）在 ModelSim 主界面主菜单下，选择 File->New->Project。

（3）弹出"Create Project"对话框。在该对话框中，按如下设置参数。

① Project Name：postsynth_sim。

② Project Location：E:/cpusoc_design_example/example_4_2。

（4）单击"OK"按钮，退出"Create Project"对话框。

（5）如果预先没有创建所指向的目录，则弹出"Create Project"对话框。该对话框中提示信息 "The project directory does not exist. OK to create the directory?"。

2. 添加已存在的文件

本部分将介绍如何添加已经存在的网表文件 example_4_1.vg。添加该文件的主要步骤如下所述。

（1）在完成 1 部分的操作后，弹出"Add Items to the Project"对话框。在该对话框中，单击 名字为"Add Existing File"的图标。

（2）弹出"Add file to Project"对话框。在该对话框中，单击"File Name"标题栏右侧的"Browse" 按钮。

（3）弹出"Select files to add to project"对话框。在该对话框中，按如下设置参数。

① 文件类型：All Files（*.*)(通过下拉框设置)；

② 将路径定位到 E:/cpusoc_design_example/example_4_1/impl/gwsynthesis，选中该目录下的 example_4_1.vg 文件，并单击该对话框右下角的"打开"按钮，自动退出"Select files to add to project" 对话框。

③ 勾选"Add file to Project"对话框右下角"Copy to project directory"前面的复选框。

3. 创建新的测试文件

（1）再次单击"Add Items to the Project"对话框中名字为"Create New File"的图标。

（2）弹出"Create Project File"对话框。在该对话框中，按如下设置参数。

① File Name：test_float_point_arith。（文本框输入）。

② Add file as type：VHDL（下拉框选择）。

（3）单击"Create Project File"对话框右下角的"OK"按钮，退出该对话框。

（4）单击"Add items to the Project"对话框右下角的"Close"按钮，退出该对话框。

（5）在 ModelSim 当前工程主界面的 Project 窗口中，找到并双击 test_float_point_arith.vhd，打 开该文件。添加仿真测试代码（见代码清单 4-2）。

代码清单 4-2 test_float_point_arith.vhd 文件

```
library ieee;                                        // 声明 ieee 库
use ieee.std_logic_1164.all;                         // 使用 std_logic_1164 包
use ieee.float_pkg.all;                              // 使用 float_pkg 包

entity test_float_point_arith is                     // 声明实体 test_float_point_arith
end test_float_point_arith;                          // 实体结束
architecture Behavioral of test_float_point_arith is // 声明结构体 Behavioral
component float_point_arith                          // 元件声明语句
    Port (                                           // 声明端口
      a     : in    float32;                         // 输入端口 a，类型为 float32
      b     : in    float32;                         // 输入端口 b，类型为 float32
```

```
    add    : out   float32;                        // 输出端口 add，类型为 float32
    sub    : out   float32;                        // 输出端口 sub，类型为 float32
    mult   : out   float32;                        // 输出端口 mult，类型为 float32
    div    : out   float32                         // 输出端口 div，类型为 float32
    );
end component;                                     // 元件结束语句
signal a        : float32;                         // 声明信号 a 的类型为 float32
signal b        : float32;                         // 声明信号 b 的类型为 float32
signal add      : float32;                         // 声明信号 add 的类型为 float32
signal sub      : float32;                         // 声明信号 sub 的类型为 float32
signal mult     : float32;                         // 声明信号 mult 的类型为 float32
signal div      : float32;                         // 声明信号 div 的类型为 float32
begin
Inst_float_point_arith : float_point_arith         // 元件例化语句
port map(                                          // 端口映射语句
        a=>a,                                      // 信号 a 映射到端口 a
        b=>b,                                      // 信号 b 映射到端口 b
        add=>add,                                  // 信号 add 映射到端口 add
        sub=>sub,                                  // 信号 sub 映射到端口 sub
        mult=>mult,                                // 信号 mult 映射到端口 mult
        div=>div                                   // 信号 div 映射到端口 div
        );
process                                            // 进程描述语句
begin
    a<=x"3f800000";                                // 给浮点数 a 赋值
    b<=x"3f800000";                                // 给浮点数 b 赋值
    wait for 100 ns;                               // 持续 100ns
    a<=x"3f800001";                                // 给浮点数 a 赋值
    b<=x"3f000002";                                // 给浮点数 b 赋值
    wait for 100 ns;                               // 持续 100ns
    a<=x"f0000000";                                // 给浮点数 a 赋值
    b<=x"0f000000";                                // 给浮点数 b 赋值
    wait for 100 ns;                               // 持续 100ns
    a<=x"3fffffff";                                // 给浮点数 a 赋值
    b<=x"3feeeeee";                                // 给浮点数 b 赋值
    wait for 100 ns;                               // 持续 100ns
end process;                                       // 进程结束
end Behavioral;                                    // 结构体结束
```

（6）按 Ctrl+S 组合键，保存该设计文件。

4．执行综合后仿真

本部分将介绍如何对设计进行综合后仿真，主要步骤如下所述。

（1）在 ModelSim 主界面主菜单下，选择 Compile->Compile All，对这两个文件成功编译后，在 Status 一列中显示 ✔ 标记，如图 4.2 所示。

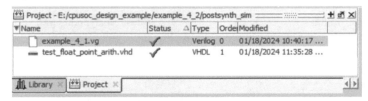

图 4.2　对设计编译后的结果

（2）在 ModelSim 主界面主菜单下，选择 Simulate->Start Simulation。

（3）弹出"Start Simulation"对话框，如图 4.3 所示。在该对话框中，单击"Libraries"标签。在该标签页中，有两个子窗口，即 Search Libraries 和 Search Libraries First。

① 单击 Search Libraries 子窗口右侧的"Add"按钮，弹出"Select Library"对话框，如图 4.4 所示。在该对话框中，首先在"Select Library"标题栏下，通过下拉框，将"Select Library"设置为 gw2a；然后单击该对话框右下角的"OK"按钮，退出"Select Library"对话框。

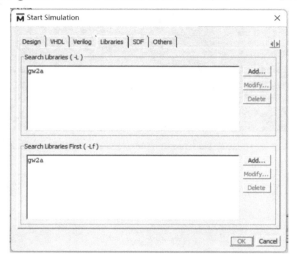

图 4.3　"Start Simulation"对话框中的"Libraries"标签页　　　　图 4.4　"Select Library"对话框

② 单击 Search Libraries First 子窗口右侧的"Add"按钮，弹出"Select Library"对话框，如图 4.4 所示。在该对话框中，首先在"Select Library"标题栏下，通过下拉框，将"Select Library"设置为 gw2a；然后单击该对话框右下角的"OK"按钮，退出"Select Library"对话框。

（4）在"Start Simulation"对话框中，单击"Design"标签。在该标签页中，找到并展开"work"条目。在展开条目中，找到并选中""test_float_point_arith 条目，如图 4.5 所示。在该标签页中，不要勾选"Enable optimization"前面的复选框。并且通过"Resolution"标题栏下面的下拉框将"Resolution"设置为 100ps。

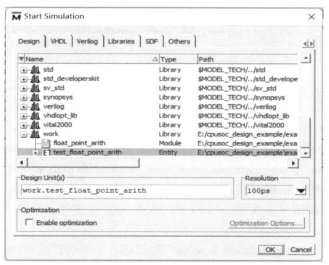

图 4.5　"Design"标签页

（5）单击该对话框右下角的"OK"按钮，退出"Start Simulation"对话框。

（6）进入仿真界面。在该界面左侧的 Instance 窗口中，默认选择"test_float_point_arith"条目，在 Objects 窗口中，按住 Ctrl 按键，分别单击 a、b、add、sub、mult 和 div 条目，以选中这 6 个信号，单击鼠标右键，出现浮动菜单。在浮动菜单内，选择 Add Wave。将这 6 个信号自动添加到 Wave 窗口中，如图 4.6 所示。

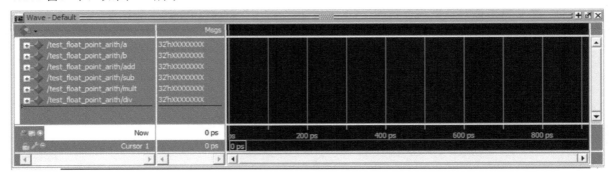

图 4.6　仿真界面

（7）找到 ModelSim 主界面最下面的 Transcript 窗口。在该窗口的 VSIM>提示符后，输入下面的一行命令：

```
run 400ns
```

并按回车键。该命令表示运行仿真的时间长度为 400ns。

（8）在 Wave 窗口中，看到当给输入端口 a 和 b 分配不同的值时，端口 add、sub、mult 和 div 的输出结果，如图 4.7 所示。

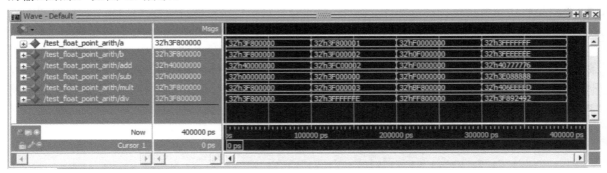

图 4.7　执行仿真后 Wave 窗口中给出的仿真波形

　　注：通过单击工具栏中的放大按钮 🔍 或缩小按钮 🔍，使波形在 Wave 窗口中正确显示。

（9）图 4.7 使用 16 进制数显示不够直观，将其改为浮点数进行显示。在图 4.7 中，按住 Ctrl 按键，并用鼠标左键分别单击名字为/test_float_point_arith/a、/test_float_point_arith/b、/test_float_point_arith/add、/test_float_point_arith/sub、/test_float_point_arith/mult 和/test_float_point_arith/div 的一行，然后单击鼠标右键，出现浮动菜单。在浮动菜单中，选择 Radix->float32。修改 Radix 后，波形窗口中显示的波形如图 4.8 所示。（10）在 ModelSim 主界面主菜单下，选择 Simulate->End Simulation。

（11）弹出"End Current Simulation Session"对话框。在该对话框中，提示信息"Are you sure you want to quit simulating？"

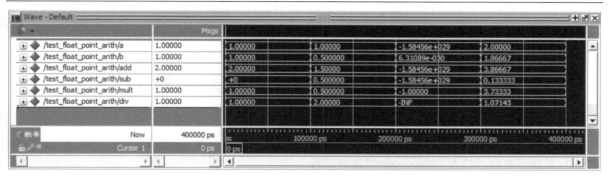

图 4.8　修改 Radix 后 Wave 窗口中显示的波形

（12）单击"是(Y)"按钮，退出该对话框。

（13）在 ModelSim 左侧窗口中，单击"Project"标签，切换到"Project"标签页。

（14）在 ModelSim 当前工程主界面主菜单下，选择 File->Close Project。

（15）弹出 Close Project 对话框。在该对话框中，提示信息"This operation will close the current project. Continue？"。

（16）单击"是"按钮，退出该对话框。

思考与练习 4-3：根据 IEEE 754 的浮点二进制格式，验证两个浮点数 A 和 B 的十六进制格式和浮点数的等价性，并查看两个浮点数执行浮点加法运算后的结果 add，两个浮点数执行浮点减法运算后的结果 sub、两个浮点数执行浮点乘法运算后的结果 mult、两个浮点数执行浮点除法运算后的结果 div，验证浮点运算结果的正确性。

第5章 Codescape 的下载安装和使用指南

本章将介绍 Codescape MIPS SDK 工具的基本设计流程，包括 Codescape 的功能、Codescape 工具的下载和安装，以及 Codescape 的设计流程。

5.1 Codescape 工具的功能

Codescape MIPS SDK（Software Development Kit）是一套高度集成的工具，用于在 MIPS 仿真器和开发板上便于裸机与 GNU Linux 应用程序的芯片启动、调试和开发，它是由 Imagination Technologies 提供的一款免费的 MIPSfpga SDK。该 SDK 由 MIPS 直接构建和交付，支持 MIPS 内核的最新架构开发，最高可达 MIPSR6 ISA，带有 MSA 扩展，包含一些尚未集成到上游工具中的功能。

5.2 Codescape 工具的下载和安装

本节将介绍 Codescape 工具的下载和安装方法。

5.2.1 Codescape 工具的下载

在 Windows 11 操作系统中下载 Codescape 工具的步骤如下所示。

（1）在 Microsoft Edge 浏览器中输入下面的网址：

https://www.mips.com/develop/tools/codescape-mips-sdk/

（2）打开新的页面，如图 5.1 所示。在该页面中，找到"Offline Installer"标题。在该标题下面，选中"Windows (64-bit) Offline Installer"选项，单击鼠标右键，出现浮动菜单。在浮动菜单中，选择"将链接另存为..."选项。

图 5.1 下载 Codescape 的入口页面

（3）在弹出的"另存为"对话框中选择保存安装文件 mipssdk.v2.0.0k.windows.x64.offline.exe 的路径。在本书中，将该安装文件保存到 F:\mips_software_tools 路径中。

> **注：** 在本书提供的配套资源中，提供了该安装包，读者可以直接使用，省去下载安装包的过程。

5.2.2　Codescape 工具的安装

在 Windows 11 操作系统中安装 Codescape 工具的步骤如下所示。

（1）在保存 mipssdk.v2.0.0k.windows.x64.offline.exe 安装文件的目录下找到安装文件，并用鼠标左键双击该文件。

（2）在弹出的"Windows 已保护你的电脑"对话框中，给出了提示信息"Microsoft Defender SmartScreen 阻止了无法识别的应用启动。运行此应用可能会导致你的电脑存在风险"。在该对话框的右下角，单击"仍要运行"按钮。

（3）在弹出的"用户账户控制"对话框中，给出了提示信息"你要允许来自未知发布者的此应用对你的设备进行更改吗？"。

（4）单击"是"按钮，退出"用户账户控制"对话框。

（5）在弹出的"Setup-MIPS SDK"对话框中，给出了提示信息"Welcome to the MIPS SDK Setup Wizard"。

（6）单击该对话框右下角的"Next"按钮。

（7）在弹出的"Setup-License Agreement"对话框中，给出了提示信息"Please read the following License Agreement。You must accept the terms of this agreement before continuing with the installation"。

（8）在该对话框的下方，给出了提示信息"Do you accept this liecense?"。请读者勾选"I accept the agreement"前面的复选框。

（9）单击该对话框右下角的"Next"按钮。

（10）在弹出的"Setup-Select Components"对话框中，除了保持默认的勾选选项，还需要增加下面的选项，如图 5.2 所示：

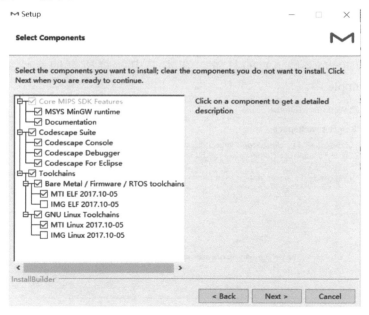

图 5.2　"Setup-Select Components"对话框

① 勾选"MTI ELF 2017.10-05"前面的复选框；

② 勾选"MTI Linux 2017.10-05"前面的复选框。

（11）单击"Setup-Select Components"对话框右下角的"Next"按钮。

（12）在弹出的"Setup-Tempory Folder"对话框中，使用默认的"Temp directory"设置。

（13）单击"Setup-Tempory Folder"对话框右下角的"Next"按钮。

（14）在弹出的"Setup-Target Installation Directory"对话框中，使用默认的目标安装目录（Target Installation Directory），即 C:\Program Files\Imagination Technologies。

（15）单击该对话框右下角的"Next"按钮。

（16）在弹出的"Setup-Ready to Install"对话框中，给出了提示信息"Setup is now ready to begin installing MIPS SDK on your computer"。

（17）单击该对话框右下角的"Next"按钮。

（18）在弹出的"Setup-Installing"对话框中，给出了提示信息"Please wait while Setup installs MIPS SDK on your computer"。开始在计算机上安装 Codescape 工具。

（19）当安装完成后，自动弹出"Setup-Completing the MIPS SDK Setup Wizard"对话框。在该对话框中，给出了提示信息"Setup has finished installing MIPS SDK on your computer"。

（20）单击该对话框右下角的"Finish"按钮，完成 Codescape 的安装。

5.3 Codescape 的设计流程

本节将通过设计实例介绍 Codescape 的基本使用方法。

5.3.1 启动 Codescape 工具

本节将介绍启动 Codescape 工具的方法，主要步骤如下所示。

（1）在 Windows 11 操作系统桌面最下面，找到单击开始按钮，弹出浮动菜单。在浮动菜单内，找到并展开"Imagination Technologies"文件夹。在展开项中，找到并用鼠标左键单击"Codescape For Eclipse 8.6"条目，启动 Codescape 工具。

（2）如图 5.3 所示，在弹出的"Workspace Launcher-Select a workspace"对话框中需要设置保存工程的工作空间（Workspace）的目录。在本书中，将所有的设计实例都保存在目录 E:\cpusoc_design_example 中。

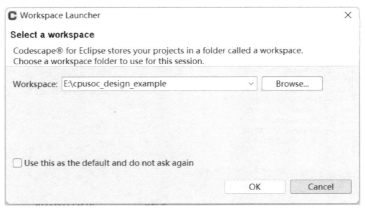

图 5.3 "Workspace Launcher-Select a workspace"对话框

（3）单击"OK"按钮，退出该对话框。

（4）在弹出的"First Steps"对话框中单击"Yes"按钮，如图 5.4 所示。

图 5.4　"First Steps"对话框

5.3.2　创建新的设计工程

本节将介绍如何在 Codescape 中创建新的设计工程，主要步骤如下所示。

（1）在 Codescape 主界面主菜单中，选择 File->New->C Project。

（2）如图 5.5 所示，在弹出的"C Project-Create C project of selected type"对话框中，设置如下参数。

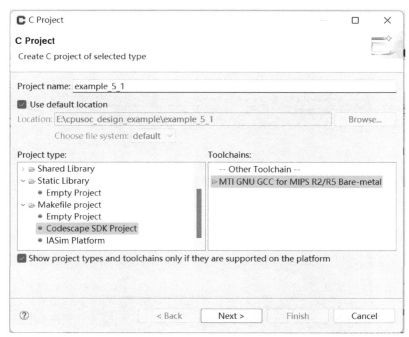

图 5.5　"C Project-Create C project of selected type"对话框

① Project name：example_5_1（通过文本框输入）。

② 在左侧的"Project type"标题窗口中，找到并展开"Makefile project"文件夹。在展开项中，找到并选中"Codescape SDK Project"。

③ 在右侧的"Toolchains"标题窗口中，默认选中唯一的"MTI GNU GCC for MIPS R2/R5 Bare-metal"选项。

（3）单击对话框下面的"Next"按钮。

（4）在弹出的"C Project-Project Summary"对话框中不修改任何设置。

（5）单击对话框下面的"Next"按钮。

（6）在弹出的"C Project-Select Target Configuration"对话框中将"Target Configuration"设置为"MIPSfpga Nexys 4 DDR"（通过下拉框设置）。

（7）单击该对话框下面的"Next"按钮。

（8）在弹出的"C Project-Select Program Source"对话框中单击该对话框下面的"Next"按钮。

（9）在弹出的"C Project-Select Configurations"对话框中不修改任何设置。

（10）单击"Finish"按钮。

5.3.3　分析启动引导代码

在没有初始化的处理器上运行程序，这对于那些简单的程序来说是没问题的。但是，对于那些需要使用高速缓存（以下简称缓存）或者是其他高级功能的程序来说，就需要使用启动引导代码（英文称为 Bootloader）对处理器进行初始化。当完成对处理器核的初始化之后，启动引导代码会跳转到用户代码的 main 函数中去执行程序。

启动引导代码通过设置寄存器和初始化缓存以及转换旁视缓冲区（Translation Look-aside Buffer，TLB）来初始化处理器核。根据 MIPS 异常处理规则，它的启动引导代码的入口地址在复位异常地址（虚拟地址为 0xbfc00000 的存储空间地址，等效的物理地址为 0x1fc00000）。复位之后，MIPS 处理器核就从这个地址上开始执行取指操作。

如图 5.6 所示，在 Codescape 主界面左侧的 Project Explorer 窗口中，找到并双击 boot.S 文件。在该文件中，保存着启动引导代码（见代码清单 5-1）。

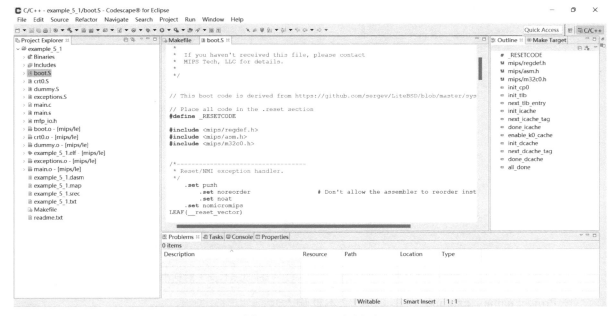

图 5.6　Codescape 主界面

代码清单 5-1　boot.S 文件

```
// This boot code is derived from https://github.com/sergev/LiteBSD/blob/master/sys/mips/pic32/locore.s
// Place all code in the .reset section
#define _RESETCODE
#include <mips/regdef.h>
#include <mips/asm.h>
#include <mips/m32c0.h>
```

```
/*-----------------------------------
 * Reset/NMI exception handler.
 */
        .set push
            .set noreorder                      # Don't allow the assembler to reorder instructions.
            .set noat
        .set nomicromips
LEAF(__reset_vector)
            mtc0        zero, C0_COUNT          # Clear cp0 Count (Used to measure boot time.)
            //
            // Init CP0 Status, Count, Compare, Watch*, and Cause.
            //
init_cp0:
            # Initialize Status
        li      v1, 0x00400004                  // (M_StatusERL | M_StatusBEV)
            mtc0        v1, C0_STATUS           # write Status


# Clear WP bit to avoid watch exception upon user code entry, IV, and software interrupts.
            mtc0        zero, C0_CAUSE          #clear Cause: init AFTER init of WatchHi/Lo registers.


# Clear timer interrupt. (Count was cleared at the reset vector to allow timing boot.)
            mtc0        zero, C0_COMPARE        # clear Compare
/*-----------------------------------
 * Initialization.
 */
            //
            // Clear TLB: generate unique EntryHi contents per entry pair.
            //
init_tlb:
            # Determine if we have a TLB
            mfc0        v1, C0_CONFIG           # read Config
            ext         v1, v1, 7, 3            # extract MT field
            li          a3, 0x1                 # load a 1 to check against
            bne         v1, a3, init_icache

            # Config1MMUSize == Number of TLB entries - 1
            mfc0        v0, C0_CONFIG1          # Config1
            ext         v1, v0, 25, 6           # extract MMU Size
            mtc0        zero, C0_ENTRYLO0       # clear EntryLo0
            mtc0        zero, C0_ENTRYLO1       # clear EntryLo1
            mtc0        zero, C0_PAGEMASK       # clear PageMask
            mtc0        zero, C0_WIRED          # clear Wired
            li          a0, 0x80000000

next_tlb_entry:
            mtc0        v1, C0_INDEX            # write Index
            mtc0        a0, C0_ENTRYHI          # write EntryHi
            ehb
            tlbwi
# Add 8K to the address to avoid TLB conflict with previous entry
            add         a0, 2 << 13
            bne         v1, zero, next_tlb_entry
            add         v1, -1
```

```
        //
        // Clear L1 instruction cache.
        //
init_icache:
        # Determine how big the I-cache is
        mfc0    v0, C0_CONFIG1          # read Config1
        ext     v1, v0, 19, 3           # extract I-cache line size
        beq     v1, zero, done_icache   # Skip ahead if no I-cache
        nop
        li      a2, 2
        sllv    v1, a2, v1              # Now have true I-cache line size in bytes
        ext     a0, v0, 22, 3          # extract IS
        li      a2, 64
        sllv    a0, a2, a0             # I-cache sets per way
        ext     a1, v0, 16, 3          # extract I-cache Assoc - 1
        add     a1, 1
        mul     a0, a0, a1             # Total number of sets
        lui     a2, 0x8000            # Get a KSeg0 address for cacheops
        mtc0    zero, C0_ITAGLO      # Clear ITagLo register
        move    a3, a0
next_icache_tag:
        # Index Store Tag Cache Op
        # Will invalidate the tag entry, clear the lock bit, and clear the LRF bit
        cache   0x8, 0 (a2)            # ICIndexStTag
        add     a3, -1                 # Decrement set counter
        bne     a3, zero, next_icache_tag
        add     a2, v1                 # Get next line address
done_icache:
        // Enable cacheability of kseg0 segment.
        // Until this point the code is executed from segment bfc00000,
        // (i.e. kseg1), so I-cache is not used.
        // Here we jump to kseg0 and run with I-cache enabled.
enable_k0_cache:
        # Set CCA for kseg0 to cacheable.
        # NOTE! This code must be executed in KSEG1 (not KSEG0 uncached)
        mfc0    v0, C0_CONFIG          # read Config
        li      v1, 3                  # CCA for single-core processors
        ins     v0, v1, 0, 3           # insert K0
        mtc0    v0, C0_CONFIG          # write Config

        la      a2, init_dcache
        jr      a2                     # switch back to KSEG0
        ehb
        // Initialize the L1 data cache
init_dcache:
        mfc0    v0, C0_CONFIG1         # read Config1
        ext     v1, v0, 10, 3          # extract D-cache line size
        beq     v1, zero, done_dcache  # Skip ahead if no D-cache
        nop
        li      a2, 2
        sllv    v1, a2, v1             # Now have true D-cache line size in bytes
        ext     a0, v0, 13, 3          # extract DS
        li      a2, 64
```

```
        sllv      a0, a2, a0                      # D-cache sets per way
        ext       a1, v0, 7, 3                    # extract D-cache Assoc - 1
        add       a1, 1
        mul       a0, a0, a1                      # Get total number of sets
        lui       a2, 0x8000                      # Get a KSeg0 address for cacheops
        mtc0      zero, C0_ITAGLO                 # Clear ITagLo/DTagLo registers
        mtc0      zero, C0_DTAGLO
        move      a3, a0
next_dcache_tag:
        # Index Store Tag Cache Op
        # Will invalidate the tag entry, clear the lock bit, and clear the LRF bit
        cache     0x9, 0 (a2)                     # DCIndexStTag
        add       a3, -1                          # Decrement set counter
        bne       a3, zero, next_dcache_tag
        add       a2, v1                          # Get next line address
done_dcache:
        # Prepare for eret to _start.
        la        ra, all_done                    # If main returns then go to all_done:.
        move      a0, zero                        # Indicate that there are no arguments available.
        la        v0, _start                      # load the address of the CRT entry point _start.
        mtc0      v0, $30                         # Write ErrorEPC with the address of main
        ehb                                       # clear hazards (makes sure write to ErrorPC has completed)
                                                  # Return from exception will now execute code at _start
        eret                                      # Exit reset exception handler and start execution of_start.


/*******************************************************************************/
all_done:
        # If main returns it will return to this point.   Just spin here.
        b         all_done
        nop
END(__reset_vector)
```

在启动引导代码中，主要完成的任务包括：

（1）协处理器 0（boot.S 中的 init_cp0）；

（2）TLB（init_tlb）；

（3）指令缓存（init_icache）；

（4）数据缓存（init_dcache）。

初始化完处理器之后，引导代码调用_start 函数进行进一步的初始化，然后跳转到用户程序的 main 函数上。

5.3.4　修改 main.c 文件

本节将介绍如何修改 main.c 文件，主要步骤如下所示。

（1）在 Codescape 主界面左侧的 "Project Explorer" 窗口中找到并用鼠标左键双击 "main.c" 文件，打开该设计文件。

（2）在右侧的 "main.c" 窗口中，使用 C 语言内嵌汇编语言的方法，编写 C 语言代码并全部替换该文件中原来给出的 C 语言代码，如代码清单 5-2 所示。

代码清单 5-2　main.c 文件

```
int main() {
    asm volatile
```

```
    (
        " li $t0, 123;"          //初始化第一个源操作数，将立即数 3 加载到寄存器 t0 中
        " li $t1, 45;"           //初始化第二个源操作数，将立即数 5 加载到寄存器 t1 中
        "sub $t2,$t0,$t1;"       //寄存器 t0 中的内容减去寄存器 t1 中的内容的结果保存到寄存器 t2 中
    );
    return 0;
}
```

显然，(t0)=123，(t1)=45，因此(t0)−(t1)=78。

5.3.5 编译设计文件

本节将介绍如何编译设计文件，主要步骤如下所示。

（1）在 Codescape 主界面主菜单下，选择 Project->Build All。

（2）在 Codescape 主界面下方的 Console 窗口中输出了编译过程中的信息，如图 5.7 所示。

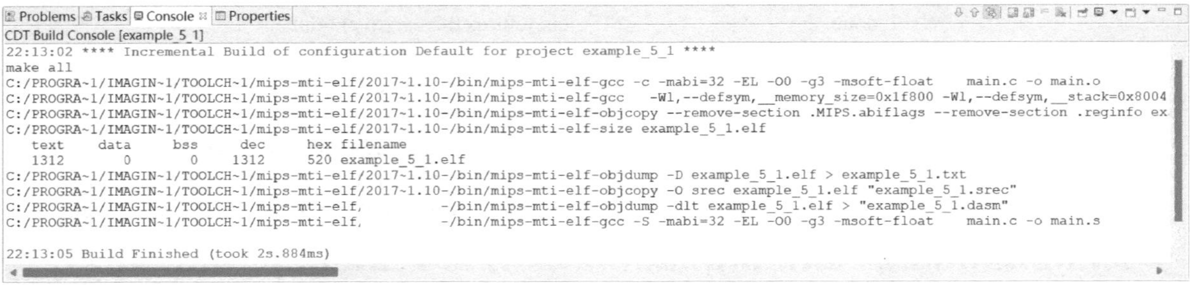

```
Problems  Tasks  Console  Properties
CDT Build Console [example_5_1]
22:13:02 **** Incremental Build of configuration Default for project example_5_1 ****
make all
C:/PROGRA~1/IMAGIN~1/TOOLCH~1/mips-mti-elf/2017~1.10/-bin/mips-mti-elf-gcc -c -mabi=32 -EL -O0 -g3 -msoft-float    main.c -o main.o
C:/PROGRA~1/IMAGIN~1/TOOLCH~1/mips-mti-elf/2017~1.10/-bin/mips-mti-elf-gcc    -Wl,--defsym,__memory_size=0x1f800 -Wl,--defsym,__stack=0x8004
C:/PROGRA~1/IMAGIN~1/TOOLCH~1/mips-mti-elf/2017~1.10/-bin/mips-mti-elf-objcopy --remove-section .MIPS.abiflags --remove-section .reginfo ex
C:/PROGRA~1/IMAGIN~1/TOOLCH~1/mips-mti-elf/2017~1.10/-bin/mips-mti-elf-size example_5_1.elf
   text    data     bss     dec     hex filename
   1312       0       0    1312     520 example_5_1.elf
C:/PROGRA~1/IMAGIN~1/TOOLCH~1/mips-mti-elf/2017~1.10/-bin/mips-mti-elf-objdump -D example_5_1.elf > example_5_1.txt
C:/PROGRA~1/IMAGIN~1/TOOLCH~1/mips-mti-elf/2017~1.10/-bin/mips-mti-elf-objcopy -O srec example_5_1.elf "example_5_1.srec"
C:/PROGRA~1/IMAGIN~1/TOOLCH~1/mips-mti-elf,        -/bin/mips-mti-elf-objdump -dlt example_5_1.elf > "example_5_1.dasm"
C:/PROGRA~1/IMAGIN~1/TOOLCH~1/mips-mti-elf,        -/bin/mips-mti-elf-gcc -S -mabi=32 -EL -O0 -g3 -msoft-float    main.c -o main.s

22:13:05 Build Finished (took 2s.884ms)
```

图 5.7　编译过程中输出的信息

在图 5.7 中，给出了所使用的编译器，如 mips-mti-elf-gcc 等。在编译过程结束时，给出了可执行链接文件的大小，代码段（text）占用 1312 字节，数据段（data）占用 0 字节，静态变量（bss）占用 0 字节，整个文件占用 1312 字节。

5.3.6 分析编译后的代码

编译设计文件后，在\cpusoc_design_example\example_5_1 文件夹中所产生的文件列表如图 5.8 所示。

.settings	.cproject
.project	boot.o
boot.S	crt0.o
crt0.S	dummy.o
dummy.S	example_5_1.dasm
example_5_1.elf	example_5_1.map
example_5_1.srec	example_5_1
exceptions.o	exceptions.S
main.c	main.o
main.s	Makefile
mfp_io.h	readme

图 5.8　编译后产生的文件信息列表

Makefile 会生成可执行可链接（Executable and Linkable Format，ELF）的可执行文件。在

图 5.8 中，找到并打开"example_5_1.txt"文件。

example_1_1.txt 文件中展示了汇编或 C 语言源代码的反汇编可执行代码，其部分片段如代码清单 5-3 所示。

代码清单 5-3　example_1_1.txt 文件（片段）

```
80000324 <main>:
80000324: 27bdfff8  addiu    sp,sp,-8
80000328: afbe0004  sw       s8,4(sp)
8000032c: 03a0f025  move     s8,sp
80000330: 2408007b  li       t0,123
80000334: 2409002d  li       t1,45
80000338: 01095022  sub      t2,t0,t1
8000033c: 00001025  move     v0,zero
80000340: 03c0e825  move     sp,s8
80000344: 8fbe0004  lw       s8,4(sp)
80000348: 27bd0008  addiu    sp,sp,8
8000034c: 03e00008  jr       ra
80000350: 00000000  nop
```

example_5_1 文件的开头部分列出了从虚拟地址 0x9fc00000 开始的引导代码，如代码清单 5-4 所示。

代码清单 5-4　example_1_1.txt 文件（片段）

```
9fc00000 <__reset_vector>:
9fc00000: 40804800  mtc0 zero,c0_count
```

根据 MIPS 处理器的存储空间映射规则可知：

（1）虚拟地址 0x9fc00000 和 0xbfc00000 都会映射到同一个物理地址（0x1fc00000）。因此，在复位之后，将取出位于存储空间地址 0x9fc00000 处的指令。

（2）这两个地址的不同之处在于 0x9fc00000 位于可缓存的 kseg0 地址空间，而 0xbfc00000 所在的 kseg1 空间是不可缓存的。因此，在缓存空间允许的情况下，把启动引导代码放在 0x9fc00000 处可以使其运行得更快一些。从代码清单 5-3 可知，在存储空间地址 0x80000324 之后都是用户的代码（"main.c"）。

第 6 章　单周期 MIPS 系统的设计和验证

中央处理单元（Central Processing Unit，CPU）到底是怎么设计出来的？一个最简单的 CPU 中应该包含哪些基本单元？CPU 中的各个功能单元又是怎样协同工作的？当设计完 CPU 后又应该如何验证它的功能？片上系统（System on Chip，SoC）是什么？它又是如何实现的？本章将对这些疑问进行详细解答。本章围绕上面的问题，详细介绍片上系统的设计方法学和验证方法学。

本章首先介绍如何基于全球经典的无内部互锁流水级的微处理器（Microprocessor Without Interlocked Pipelined Stages，MIPS）指令集架构设计单周期 MIPS 系统，以及如何使用高云半导体的云源软件和 GAO 在线逻辑分析仪工具对单周期 MIPS 系统进行综合和在线调试，以验证单周期 MIPS 系统的正确性。然后介绍如何以单周期 MIPS 系统为核心添加 GPIO 控制器和 PWM 控制器，以及如何使用云源软件对该设计进行综合和下载，以验证外设设计的正确性。最后介绍在包含存储器和外设的单周期 MIPS 系统的基础上，如何在 MIPS 系统中添加并实现协处理器 0（CP0）的功能，以及如何使用高云云软软件和 GAO 在线逻辑分析工具对所设计的 CP0 进行综合和在线调试，以验证 CP0 设计的正确性。

6.1　MIPS 实现的指令功能

MIPS 曾是全球最经典的处理器指令集架构之一，不但被全球多所著名大学作为给学生讲授计算机组成原理的模型，也是国内一些知名厂商设计 CPU 所采用的架构。随着时代的发展，它逐渐被其他新兴的指令集架构所取代。例如，近年来日渐流行的 RISC-V 指令集架构。从本质上来说，RISC-V 指令集架构可看作 MIPS 架构的一个"衍生品"。此外，在移动应用领域处理器中所采用的高级 RISC 机器（Advanced RISC Machine，ARM）架构也能看到很多 MIPS 架构的"身影"。因此，学习和掌握 MIPS 指令集架构和通用处理器的设计方法，对于掌握通用处理器的关键设计技术仍然具有重要的指导作用。

在本书的简单 MIPS 设计中，实现了 MIPS 指令集架构中的一些指令，包括：

（1）存储器访问指令，包括加载字指令 LW 和保存字指令 SW；

（2）算术与逻辑运算指令，包括加法指令 ADDU 和 ADDIU、减法指令 SUB、逻辑"与"指令 AND、逻辑"或"指令 OR、逻辑"异或"指令 XOR、逻辑右移指令 SRL、小于则设置指令 SLTU 和加载高立即数指令 LUI；

（3）分支指令，包括相等则分支指令 BEQ 和不相等则分支指令 BNE。

6.1.1　MIPS32 指令编码格式

在设计 CPU 之前，首要的任务就是要搞清楚这些指令的编码格式。问题是在哪里能找到这些指令的编码格式呢？

在本书随书赠送的资料中，有个 pdf 格式的文档，该文档的名字是"MIPS32 Architecture For Programmers Volume II：The MIPS32 Instruction Set"，Document Number（文档编号）：MD00086，Revision（修订版本）2.00。在该文档的附录 A（Appendix A）Instruction Bit Encodings（指令位编码）部分给出了指令的编码规则。

如图 6.1 所示，图中给出了一个示例的编码表和该编码表的指令操作码字段。操作码字段的 [31:29] 位在表的最左侧一列中。操作码字段的 [28:26] 位在表中最上面的一行。给出十进制和二进制值，前三位表示行，后三位表示列。

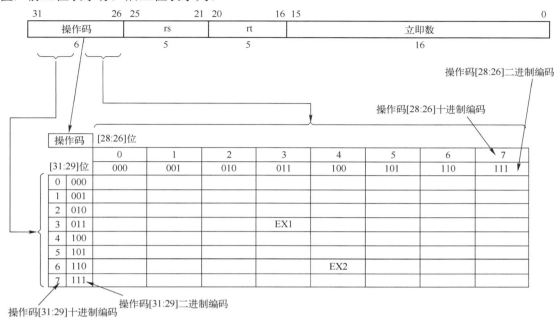

图 6.1　简单的位编码表

指令的编码位于行（[31:29] 位）和列（[28:26] 位）值的交叉处。例如，标记为 EX1 的指令的操作码为 33（十进制）或 011011（二进制）。类似地，EX2 的操作码值为 64（十进制）或 110100（二进制）。

为什么在设计 CPU 之前必须要知道 MIPS 指令集中每条指令的编码格式呢？这是因为，在使用工具链对软件开发人员编写的软件代码进行编译和链接后，会生成二进制的可执行文件，而二进制的可执行文件的本质就是由若干以二进制形式所表示的机器指令组成的集合，而这些机器指令的格式严格遵循指令集架构中所规定的指令编码规则。

图 6.2～图 6.22 给出了 MIPS32 指令集架构（Instruction Set Architecture，ISA）的编码。表 6.1 给出了图 6.2～图 6.22 中所使用符号的含义。

表 6.1　指令编码中所使用的符号含义

符号	含义
*	保留标有此符号的操作或字段编码，以供将来使用。执行这样的指令必然导致保留指令异常
δ	也是斜体字段的名字，用这个符号标记的操作或字段编码表示字段类。必须通过检查显示另一个指令字段值的附加表来进一步解码指令字
β	标有该符号的操作或字段编码代表更高阶 MIPS ISA 级或架构的新版本的有效编码。执行这样的指令必然导致保留指令异常
∇	标有该符号的操作或字段编码表示只有在架构第 1 版的实现中使能了 64 位操作时才合法的指令。在架构的第 2 版中，标有此符号的操作或字段代码表示使能 64 位浮点操作时合法的指令。在其他情况下，执行此类指令必然导致保留指令异常（允许访问的协处理器的非协处理器编码或协处理器指令编码）或协处理器异常（不允许访问的协处理器的协处理器指令编码）
θ	标有该符号的操作或字段编码可供获得许可的 MIPS 合作伙伴使用。为了避免出现多个相互冲突的指令定义，如果合作伙伴提出要求，MIPS Technologies 将协助合作伙伴选择合适的编码。当使用其中一种编码时，合作伙伴无须咨询 MIPS Technologies。如果使用该值编码的指令，则执行此类指令必然导致保留指令异常（允许访问的协处理器的 SPECIAL2 编码或协处理器指令编码）或协处理器异常（不允许访问的协处理器的协处理器指令编码）
σ	标有该符号的字段编码表示 EJTAG 支持指令，并且该编码的实现对于每个实现都是可选的。如果未实现编码，则执行此类指令必然导致保留指令异常。如果实现了编码，则必须与表中所示的指令编码相匹配

续表

符号	含义
ε	保留标有此符号的操作或字段编码，用于 MIPS 应用特定扩展（Application Specific Extension，ASE）。如果未实现 ASE，则执行此类指令必然导致保留指令异常
φ	标有此符号的操作或字段编码已经过时，将从 MIPS32 ISA 的未来版本中删除。软件应该避免使用这些操作或字段编码
⊕	标有该符号的操作或字段编码对架构的第 2 版实现有效。在第 1 版实现中执行这样的指令必然导致保留指令异常

操作码	[28:26]位							
	0	1	2	3	4	5	6	7
[31:29]位	000	001	010	011	100	101	110	111
0　000	SPECIAL δ	REGIMM δ	J	JAL	BEQ	BNE	BLEZ	BGTZ
1　001	ADDI	ADDIU	SLTI	SLTIU	ANDI	ORI	XORI	LUI
2　010	COP0 δ	COP1 δ	COP2 θδ	COP1X[1] δ	BEQL φ	BNEL φ	BLEZL φ	BGTZL φ
3　011	β	β	β	β	SPECIAL2 δ	JALX ε	ε	SPECIAL3[2] δ⊕
4　100	LB	LH	LWL	LW	LBU	LHU	LWR	β
5　101	SB	SH	SWL	SW	β	β	SWR	CACHE
6　110	LL	LWC1	LWC2 θ	PREF	β	LDC1	LDC2 θ	β
7　111	SC	SWC1	SWC2 θ	*	β	SDC1	SDC2 θ	β

图 6.2　操作码字段的 MIPS32 编码

注：① 在架构的第 1 版中，COP1X 操作码称为 COP3，可作为另一个用户可用的协处理器使用。在架构的第 2 版中，完整的 64 位浮点单元可用于 32 位 CPU，并且在所有第 2 版 CPU 上为此目的保留了 COP1X 操作码。强烈建议不要将此架构第 1 版的 32 位实现用于用户可用的协处理器，因为这样做会限制升级到 64 位浮点单元的可能性。

② 在架构的第 2 版中添加了 SPECIAL3 操作码。架构第 1 版的实现发出了该操作码的保留指令异常。

在图 6.2 中你发现了什么？显然，在这个图中列出了本章所介绍的在简单 MIPS 系统中实现的指令，同时考虑[31:29]位和[28:26]位，简写为[31:26]位。当该字段取值为：

（1）"000000"时，定义为 SPECIAL，需要参考图 6.3 来确定该字段或操作的具体含义；

（2）"001001"时，为 ADDIU 指令；

（3）"000100"时，为 BEQ 指令；

（4）"001111"时，为 LUI 指令；

（5）"000101"时，为 BNE 指令；

（6）"100011"时，为 LW 指令；

（7）"101011"时，为 SW 指令。

功能	[2:0]位							
	0	1	2	3	4	5	6	7
[5:3]位	000	001	010	011	100	101	110	111
0　000	SLL[1]	MOVCI δ	SRL δ	SRA	SLLV	*	SRLV δ	SRAV
1　001	JR[2]	JALR[2]	MOVZ	MOVN	SYSCALL	BREAK	*	SYNC
2　010	MFHI	MTHI	MFLO	MTLO	β	*	β	β
3　011	MULT	MULTU	DIV	DIVU	β	β	β	β
4　100	ADD	ADDU	SUB	SUBU	AND	OR	XOR	NOR
5　101	*	*	SLT	SLTU	β	β	β	β
6　110	TGE	TGEU	TLT	TLTU	TEQ	*	TNE	*
7　111	β	*	β	β	β	*	β	β

图 6.3　功能字段的 MIPS32 SPECIAL 操作码编码

> 注：① rt、rd 和 sa 字段的特定编码用于区分 SLL、NOP、SSNOP 和 EHB 功能。
> ② hint（提示）字段的特定编码用于区分 JR 和 JR.HB 以及 JALR 和 JALR.HB。

显然，图 6.3 与图 6.2 有着千丝万缕的联系，当位[31:26]="000000"时，定义为 SPECIAL。此时，就需要根据图 6.3 给出的[5:3]位和[2:0]位来确定一条具体的指令，简写为[5:0]位。当该字段取值为：

（1）"100001"时，为 ADDU 指令；

（2）"100101"时，为 OR 指令；

（3）"000010"时，为 SRL 指令；

（4）"101011"时，为 SLTU 指令；

（5）"100011"时，为 SUBU 指令。

再回头看图 6.2，可知当[31:26]位="001001"时，为 ADDIU 指令。而图 6.3 中，当[31:26]位="000000"且[5:0]位="100001"时，为 ADDU 指令。这两条指令到底有什么区别呢？再回头看文档"MIPS32 Architecture For Programmers Volume II: The MIPS32 Instruction Set"，在该文档中找到 ADDIU 和 ADDU 指令的编码格式，其分别在文档的第 37 页和第 38 页，如图 6.4 和图 6.5 所示。

31　　　　　26	25　　　　　21	20　　　　　16	15　　　　　　　　　　　　　　　　0
ADDIU 001001	rs	rt	immediate
6	5	5	16

图 6.4　ADDIU 指令的完整编码格式

31　　　26	25　　　21	20　　　16	15　　　11	10　　　6	5　　　0
SPECLAL 000000	rs	rt	rd	0 00000	ADDU 100001
6	5	5	5	5	6

图 6.5　ADDU 指令的完整编码格式

从图 6.4 可知，对于图 6.4 给出的 ADDIU 指令，其英文全称为 Add Immediate Unsigned Word（加立即数无符号字），实现的功能是 rt←rs+immediate，将 16 位有符号的立即数 immediate 符号扩展后与通用寄存器 rs 中的 32 位数相加，相加后的结果保存到通用寄存器 rt 中。在 MIPS 指令集架构中，该指令是典型的 I 型指令（注：I 是 Immediate 的缩写）。在这种类型的指令中，有立即数参与运算。显然，该指令的[31:26]位为"001001"，直接就可以确定指令所实现的功能。

从图 6.5 可知，对于图 6.5 给出的 ADDU 指令，其英文全称为 Add Unsigned Word（加无符号字），实现的功能是 rd←rs+rt，将通用寄存器 rt 的 32 位值和通用寄存器 rs 的 32 位值相加，结果保存到通用寄存器 rd 中。在 MIPS 指令集架构中，该指令是典型的 R 型指令（注：R 是 Register 的缩写）。在这种类型的指令中，只有寄存器参与运算。显然，该指令的[31:26]位不能确定一条具体的指令操作，必须根据[5:0]位确定。对于该指令，[5:0]位="100001"，确认一条具体的指令 ADDU。

从图 6.2 可知，当[31:26]位="000001"时，字段编码为 REGIMM，此时需要参考[20:16]位，才能确定一条具体的指令，如图 6.6 所示。

rt		[18:16]位							
		0	1	2	3	4	5	6	7
[20:19]位		000	001	010	011	100	101	110	111
0	00	BLTZ	BGEZ	BLTZL φ	BGEZL φ	*	*	*	*
1	01	TGEI	TGEIU	TLTI	TLTIU	TEQI	*	TNEI	*
2	10	BLTZAL	BGEZAL	BLTZALL φ	BGEZALL φ	*	*	*	*
3	11	*	*	*	*	*	*	*	SYNCI ⊕

图 6.6　rt 字段的 MIPS32 REGIMM 编码

从图 6.2 可知，当[31:26]位＝"011100"时，字段编码为 SPECIAL2，此时需要参考[5:0]位，才能确定一条具体的指令，如图 6.7 所示。

功能		[2:0]位							
		0	1	2	3	4	5	6	7
[5:3]位		000	001	010	011	100	101	110	111
0	000	MADD	MADDU	MUL	θ	MSUB	MSUBU	θ	θ
1	001	θ	θ	θ	θ	θ	θ	θ	θ
2	010	θ	θ	θ	θ	θ	θ	θ	θ
3	011	θ	θ	θ	θ	θ	θ	θ	θ
4	100	CLZ	CLO	θ	θ	β	β	θ	θ
5	101	θ	θ	θ	θ	θ	θ	θ	θ
6	110	θ	θ	θ	θ	θ	θ	θ	θ
7	111	θ	θ	θ	θ	θ	θ	θ	SDBBP σ

图 6.7　功能字段的 MIPS32 SPECIAL2 编码

从图 6.2 可知，当[31:26]位＝"011111"时，字段编码为 SPECIAL3，此时需要参考[5:0]位，才能确定一条具体的指令，如图 6.8 所示。

功能		[2:0]位							
		0	1	2	3	4	5	6	7
[5:3]位		000	001	010	011	100	101	110	111
0	000	EXT ⊕	β	β	β	INS ⊕	β	β	β
1	001	*	*	*	*	*	*	*	*
2	010	*	*	*	*	*	*	*	*
3	011	*	*	*	*	*	*	*	*
4	100	BSHFL ⊕ δ	*	*	*	β	*	*	*
5	101	*	*	*	*	*	*	*	*
6	110	*	*	*	*	*	*	*	*
7	111	*	*	*	RDHWR ⊕	*	*	*	*

图 6.8　架构版本 2 功能字段 MIPS32 SPECIAL3 编码

> **注：**架构的第 2 版中添加了 SPECIAL3 操作码。架构第 1 版的实现为该操作码和上面显示的所有功能字段值发出了保留指令异常信号。

对于图 6.3 中的 MOVCI 指令，其 tf 位（[16]位）的编码确定了一条具体的指令，即 MOVF 或 MOVT，tf 位与 MOVF 和 MOVT 指令之间的关系如图 6.9 所示。

对于图 6.3 中的 SRL 指令，其 R 位（[21]位）的编码确定了一条具体的指令，即 SRL 或 ROTR，R 位与 SRL 和 ROTR 指令之间的关系如图 6.10 所示。

tf	[16]位	
	0	1
	MOVF	MOVT

R	[21]位	
	0	1
	SRL	ROTR

图 6.9　MIPS32 MOVCI 的 tf 位编码与　　　　图 6.10　移位/旋转的 MIPS32 R 位编码与
　　　　　　MOVF/MOVT 指令的关系　　　　　　　　　　　　SRL/ROTR 指令的关系

> **注：**架构的第 2 版中添加了 ROTR 指令。架构第 1 版的实现忽略了[21]位，并将其看作 SRL 指令。

对于图 6.3 中的 SRLV 指令，其 R 位（[6]位）的编码确定了一条具体的指令，即 SRLV 或 ROTRV，R 位与 SRLV 和 ROTRV 指令之间的关系如图 6.11 所示。

R	[6]位	
	0	1
	SRLV	ROTRV

图 6.11　移位/旋转的 MIPS32 R 位编码与 SRLV/ROTRV 指令的关系

> **注：** 架构的第 2 版中添加了 ROTRV 指令。架构第 1 版的实现忽略了[6]位，并将其看作 SRLV 指令。

对于 SPECIAL3 中的 BSHFL，其具体含义参考[10:9]位和[8:6]位，简写为[10:6]位，[10:6]位确定了一条具体的指令，如图 6.12 所示。

sa		[8:6]位							
		0	1	2	3	4	5	6	7
[10:9]位		000	001	010	011	100	101	110	111
0	00			WSBH					
1	01								
2	10	SEB							
3	11	SEH							

图 6.12　sa 字段的 MIPS32 BSHFL 编码

> **注：** 对 sa 字段进行稀疏译码以识别最终指令。

对于图 6.2 中 COP0 的具体含义，参考[25:24]位和[23:21]位，简写为[25:21]位。[25:21]位确定了一条具体的指令功能，如图 6.13 所示。

rs		[23:21]位							
		0	1	2	3	4	5	6	7
[25:24]位		000	001	010	011	100	101	110	111
0	00	MFC0	β	*	*	MTC0	β	*	*
1	01	*	*	RDPGPR ⊕	MFMC0[1] δ⊕	*	*	WRPGPR ⊕	*
2	10	C0 δ							
3	11								

图 6.13　rs 字段的 MIPS32 COP0 编码

> **注：** 架构的第 2 版中增加了 MFMC0 功能，进一步解码为 DI 和 EI 指令。

当图 6.13 中的[25:24]位="10"或"11"时，标记为 CO，其进一步的含义如图 6.14 所示。

功能		[2:0]位							
		0	1	2	3	4	5	6	7
[5:3]位		000	001	010	011	100	101	110	111
0	000	*	TLBR	TLBWI	*	*	*	TLBWR	*
1	001	TLBP	*	*	*	*	*	*	*
2	010	*	*	*	*	*	*	*	*
3	011	ERET	*	*	*	*	*	*	DERET σ
4	100	WAIT	*	*	*	*	*	*	*
5	101	*	*	*	*	*	*	*	*
6	110	*	*	*	*	*	*	*	*
7	111	*	*	*	*	*	*	*	*

图 6.14　当 rs=CO 时，功能字段的 MIPS32 COP0 编码

对于图 6.2 中 COP1 的具体含义，参考[25:24]位和[23:21]位，简写为[25:21]位。[25:21] 位确

定了一条具体的指令功能，如图 6.15 所示。

rs		[23:21]位							
		0	1	2	3	4	5	6	7
[25:24]位		000	001	010	011	100	101	110	111
0	00	MFC1	β	CFC1	MFHC1⊕	MTC1	β	CTC1	MTHC1⊕
1	01	BC1 δ	BC1ANY2 δε∇	BC1ANY4 δε∇	*	*	*	*	*
2	10	S δ	D δ	*	*	W δ	L δ	PS δ	*
3	11	*	*	*	*	*	*	*	*

图 6.15　rs 字段的 MIPS32 COP1 编码

当图 6.15 中的[25:21]位＝"10000"时，标记为 S，其表示的具体指令由[5:3]位和[2:0] 位共同确定，简写为[5:0]位，如图 6.16 所示。

功能		[2:0]位							
		0	1	2	3	4	5	6	7
[5:3]位		000	001	010	011	100	101	110	111
0	000	ADD	SUB	MUL	DIV	SQRT	ABS	MOV	NEG
1	001	ROUND.L∇	TRUNC.L∇	CEIL.L∇	FLOOR.L∇	ROUND.W	TRUNC.W	CEIL.W	FLOOR.W
2	010	*	MOVCF δ	MOVZ	MOVN	*	RECIP∇	RSQRT∇	*
3	011	*	*	*	*	RECIP2 ε∇	RECIP1 ε∇	RSQRT1 ε∇	RSQRT2 ε∇
4	100	*	CVT.D	*	*	CVT.W	CVT.L∇	CVT.PS∇	*
5	101	*	*	*	*	*	*	*	*
6	110	C.F CABS.F ε∇	C.UN CABS.UN ε∇	C.EQ CABS.EQ ε∇	C.UEQ CABS.UEQε∇	C.OLT CABS.OLTε∇	C.ULT CABS.ULTε∇	C.OLE CABS.OLEε∇	C.ULE CABS.ULEε∇
7	111	C.SF CABS.SF ε∇	C.NGLE CABS.NGLEε∇	C.SEQ CABS.SEQ ε∇	C.NGL CABS.NGL∇	C.LT CABS.LT ε∇	C.NGE CABS.NGE ε∇	C.LE CABS.LE ε∇	C.NGT CABS.NGTε∇

图 6.16　当 rs=S 时，功能字段的 MIPS32 COP1 编码

当图 6.15 中的[25:21]位＝"10001"时，标记为 D，其表示的具体指令由[5:3]位和[2:0] 位共同确定，简写为[5:0]位，如图 6.17 所示。

功能		[2:0]位							
		0	1	2	3	4	5	6	7
[5:3]位		000	001	010	011	100	101	110	111
0	000	ADD	SUB	MUL	DIV	SQRT	ABS	MOV	NEG
1	001	ROUND.L∇	TRUNC.L∇	CEIL.L∇	FLOOR.L∇	ROUND.W	TRUNC.W	CEIL.W	FLOOR.W
2	010	*	MOVCF δ	MOVZ	MOVN	*	RECIP∇	RSQRT∇	*
3	011	*	*	*	*	RECIP2 ε∇	RECIP1 ε∇	RSQRT1 ε∇	RSQRT2 ε∇
4	100	CVT.S	*	*	*	CVT.W	CVT.L∇	*	*
5	101	*	*	*	*	*	*	*	*
6	110	C.F CABS.F ε∇	C.UN CABS.UN ε∇	C.EQ CABS.EQ ε∇	C.UEQ CABS.UEQε∇	C.OLT CABS.OLTε∇	C.ULT CABS.ULTε∇	C.OLE CABS.OLEε∇	C.ULE CABS.ULEε∇
7	111	C.SF CABS.SF ε∇	C.NGLE CABS.NGLEε∇	C.SEQ CABS.SEQ ε∇	C.NGL CABS.NGL∇	C.LT CABS.LT ε∇	C.NGE CABS.NGE ε∇	C.LE CABS.LE ε∇	C.NGT CABS.NGTε∇

图 6.17　当 rs=D 时，功能字段的 MIPS32 COP1 编码

当图 6.15 中的[25:21]位＝"10100"/"10101"时，标记为 W/L，其表示的具体指令由[5:3]位和[2:0]位共同确定，简写为[5:0]位，如图 6.18 所示。

注：格式类型 L 仅在使能 64 位浮点运算时才合法。

当图 6.15 中的[25:21]位＝"10110"时，标记为 PS，其表示的具体指令由[5:3]位和[2:0]位共同确定，简写为[5:0]位，如图 6.19 所示。

功能	[2:0]位							
		0	1	2	3	4	5	6	7
[5:3]位		000	001	010	011	100	101	110	111
0	000	*	*	*	*	*	*	*	*
1	001	*	*	*	*	*	*	*	*
2	010	*	*	*	*	*	*	*	*
3	011	*	*	*	*	*	*	*	*
4	100	CVT.S	CVT.D	*	*	*	*	CVT.PS.PW εV	*
5	101	*	*	*	*	*	*	*	*
6	110	*	*	*	*	*	*	*	*
7	111	*	*	*	*	*	*	*	*

图 6.18　当 rs=W/L 时，功能字段的 MIPS32 COP1 编码

功能	[2:0]位							
		0	1	2	3	4	5	6	7
[5:3]位		000	001	010	011	100	101	110	111
0	000	ADD ∇	SUB ∇	MUL ∇	*	*	ABS ∇	MOV ∇	NEG ∇
1	001	*	*	*	*	*	*	*	*
2	010	*	MOVCF δ∇	MOVZ ∇	MOVN ∇	*	*	*	*
3	011	ADDR ε∇	*	MULR ε∇	*	RECIP2 ε∇	RECIP1 ε∇	RSQRT1 ε∇	RSQRT2 ε∇
4	100	CVT.S.PU ∇	*	*	*	CVT.PW.PS ε∇	*	*	*
5	101	CVT.S.PL ∇	*	*	*	PLL.PS ∇	PLU.PS ∇	PUL.PS ∇	PUU.PS ∇
6	110	C.F ∇ CABS.F ε∇	C.UN ∇ CABS.UN ε∇	C.EQ ∇ CABS.EQ ε∇	C.UEQ ∇ CABS.UEQ ε∇	C.OLT ∇ CABS.OLT ε∇	C.ULT ∇ CABS.ULT ε∇	C.OLE ∇ CABS.OLE ε∇	C.ULE ∇ CABS.ULE ε∇
7	111	C.SF ∇ CABS.SF ε∇	C.NGLE ∇ CABS.NGLE ε∇	C.SEQ ∇ CABS.SEQ ε∇	C.NGL ∇ CABS.NGL ε∇	C.LT ∇ CABS.LT ε∇	C.NGE ∇ CABS.NGE ε∇	C.LE ∇ CABS.LE ε∇	C.NGT ∇ CABS.NGT ε∇

图 6.19　当 rs=PS 时，功能字段的 MIPS32 COP1 编码

注：格式类型 PS 仅在使能 64 位浮点运算时才合法。

综合图 6.16、图 6.17 和图 6.19 可知，当 rs=S、D 或 PS，功能=MOVCF 时，tf 位的 MIPS32 COP1 编码与指令 MOVF.fmt 和 MOVT.fmt 的对应关系如图 6.20 所示。

tf	16位
0	1
MOVF.fmt	MOVT.fmt

图 6.20　当 rs=S、D 或 PS，功能=MOVCF 时，tf 位 MIPS32 COP1 编码与指令 MOVF.fmt 和 MOVT.fmt 的对应关系

当图 6.2 中的[31:26]位＝"010010"时，COP2 的具体含义与指令的对应关系需要参考[25:24]位和[23:21]位，简写为[25:21]位，如图 6.21 所示。

rs	[23:21]位							
		0	1	2	3	4	5	6	7
[25:24]位		000	001	010	011	100	101	110	111
0	00	MFC2 θ	β	CFC2 θ	MFHC2 θ⊕	MTC2 θ	β	CTC2 θ	MTHC2 θ⊕
1	01	BC2 θ	*	*	*	*	*	*	*
2	10	C2 θδ							
3	11								

图 6.21　rs 字段的 MIPS32 COP2 编码

当图 6.2 中的[31:26]位＝"010011"时，COP1X 的具体含义与指令的对应关系需要参考[5:3]位和[2:0]位，简写为[5:0]位，如图 6.22 所示。

功能	[2:0]位							
		0	1	2	3	4	5	6	7
[5:3]位		000	001	010	011	100	101	110	111
0	000	LWXC1 V	LDXC1 V	*	*	*	LUXC1 V	*	*
1	001	SWXC1 V	SDXC1 V	*	*	*	SUXC1 V	*	PREFX V
2	010	*	*	*	*	*	*	*	*
3	011	*	*	*	*	*	*	ALNV.PS V	*
4	100	MADD.S V	MADD.D V	*	*	*	*	MADD.PS V	*
5	101	MSUB.S V	MSUB.D V	*	*	*	*	MSUB.PS V	*
6	110	NMADD.S V	NMADD.D V	*	*	*	*	NMADD.PSV	*
7	111	NMSUB.S V	NMSUB.D V	*	*	*	*	NMSUB.PSV	*

图 6.22　功能字段的 MIPS64 COP1X 编码

> 注：COP1X 仅在使能 64 位浮点运算时才合法。

6.1.2　处理器所实现的指令格式

图 6.4 和图 6.5 分别给出了 ADDIU 和 ADDU 指令的编码格式。本节将介绍处理器中所实现的其他指令的编码格式。

1．OR 指令格式

OR 为 R 型指令，其格式如图 6.23 所示。

图 6.23　OR 指令的完整编码格式

OR 指令的汇编语言语法为

```
OR rd, rs, rt
```

该指令实现的功能是 rd←rs OR rt，即通用寄存器 rs 中的内容和通用寄存器 rt 中的内容进行逻辑"或"运算后，结果保存到通用寄存器 rd 中。

从图 6.23 给出的指令格式可知，由[31:26]位确定为 SPECIAL 类型，再由[5:0]位确定功能为 OR 指令。[25:21]位、[20:16]位和[15:11]位分别表示通用寄存器 rs、通用寄存器 rt 和通用寄存器 rd 的编号。因为在 MIPS 指令集架构中提供了 32 个通用寄存器，因此这 32 个通用寄存器的编号使用 5 个二进制数表示，范围为"00000"～"11111"，对应于通用寄存器 0～通用寄存器 31。

此外，在该指令中，需要读取通用寄存器集/通用寄存器文件中通用寄存器 rs 和 rt 的值，经过逻辑"或"运算后的结果保存到通用寄存器 rd 中。因此，在 R 型指令中，最多会有 3 个通用寄存器参与运算，其中两个是读寄存器访问，另一个是写寄存器访问。因此，在设计寄存器集时，需要对外部提供两个读访问端口和一个写访问端口。

还有一个问题，就是这个逻辑"或"运算应该在哪里完成呢？显然，这应该在算术逻辑单元中（Arithmetic Logic Unit，ALU）中完成。

从指令存储器中取出该条指令后，通过分析[31:26]位和[5:0]位，确定是逻辑"或"运算指令，因此向 ALU 发出控制指令，同时从 rs 和 rt 字段对应的寄存器中取出内容，送给 ALU，在 ALU 中执行完逻辑"或"运算后，将运算结果保存到 rd 字段对应的寄存器中。

2．AND 指令格式

AND 为 R 型指令，其格式如图 6.24 所示。

图 6.24　AND 指令的完整编码格式

AND 指令的汇编语言语法为

AND rd，rs，rt

该指令实现的功能为 rd←rs AND rt，即通用寄存器 rs 中的内容和通用寄存器 rt 中的内容进行逻辑"与"运算后，结果保存到通用寄存器 rd 中。

3．XOR 指令格式

XOR 的英文全称为 Exclusive OR（异或），它为 R 型指令，其格式如图 6.25 所示。

图 6.25　XOR 指令的完整编码格式

XOR 指令的汇编语言语法为

XOR rd, rs, rt

该指令实现的功能为 rd←rs XOR rt，即通用寄存器 rs 中的内容和通用寄存器 rt 中的内容进行逻辑"异或"运算后，结果保存到通用寄存器 rd 中。

4．SRL 指令格式

SRL 的英文全称为 Shift Word Right Logical（逻辑右移字），它为 R 型指令，其格式如图 6.26 所示。

图 6.26　SRL 指令的完整编码格式

SRL 指令的汇编语言语法为

SRL rd, rt, sa

该指令实现的功能是 rd←rt >> sa（逻辑），即通用寄存器 rt 中的内容向右逻辑移动由 sa 指定的位数，并将移位的结果保存到通用寄存器 rd 中。该指令需要读取通用寄存器 rt 中的内容，将移位后的结果保存到通用寄存器 rd 中。

在具体实现时，从指令存储器中取出一条指令时，首先判断[31:26]位，当该字段的值为"000000"时，表示该字段为 SPECIAL，需要再判断[5:0]位，当该字段的值为"000010"时，将该指令确认为 SRL 指令。

一旦确认是 SRL 指令，则读取通用寄存器 rt 中的值，同时从指令的[10:6]位中取出移位的次数，将它们送给 ALU，在 ALU 中执行完移位运算后，将结果写回通用寄存器 rd 中。

5．SLTU 指令格式

SLTU 的英文全称为 Set on Less Than Unsigned（小于或等于无符号时设置），它为 R 型指令，其格式如图 6.27 所示。

图 6.27　SLTU 指令的完整编码格式

SLTU 指令的汇编语言语法为

SLTU rd, rs, rt

该指令实现的功能是 rd←(rs<rt)，即将通用寄存器 rs 和通用寄存器 rt 中的内容看作无符号数并进行比较。当通用寄存器 rs 中的值小于通用寄存器 rt 中的值时，生成比较结果为布尔逻辑 "1"，并将该布尔结果保存到通用寄存器 rd 中；否则，当通用寄存器 rs 中的值大于或等于通用寄存器 rt 中的值时，生成比较结果为布尔逻辑 "0"，并将该布尔结果保存到通用寄存器 rd 中。

在具体实现时，从指令存储器中取出一条指令时，首先判断[31:26]位，当该字段的值为 "000000" 时，表示该字段为 SPECIAL，需要再判断[5:0]位，当该字段的值为 "101011" 时，将该指令确认为 SLTU 指令。

一旦确认是 SLTU 指令，则同时读取通用寄存器 rs 和通用寄存器 rt 中的值，并将这两个值送到 ALU 中进行比较计算，并将比较的结果保存到通用寄存器 rd 中。

6．SUB 指令格式

SUB 的英文全称为 Subtract Word（减去字），它为 R 型指令，其格式如图 6.28 所示。

图 6.28　SUB 指令的完整编码格式

SUB 指令的汇编语言语法为

SUB rd, rs, rt

该指令实现的功能为 rd←rs－rt，即通用寄存器 rs 和通用寄存器 rt 中的值进行相减，然后将相减的结果保存到通用寄存器 rd 中。

在具体实现时，从指令存储器中取出一条指令时，首先判断[31:26]位，当该字段的值为 "000000" 时，表示该字段为 SPECIAL，需要再判断[5:0]位，当该字段的值为 "100010" 时，将该指令确认为 SUB 指令。

一旦确认是 SUB 指令，则同时读取通用寄存器 rs 和通用寄存器 rt 中的值，将这两个值送到 ALU 中进行算术相减运算，并将相减的结果保存到通用寄存器 rd 中。

7．LW 指令格式

LW 的英文全称为 Load Word（加载字），它为 I 型指令，其格式如图 6.29 所示。

图 6.29　LW 指令的完整编码格式

LW 指令的汇编语言语法为

LW rt, offset(base)

该指令实现的功能为 rt←memory[base+offset]，将 base 所对应通用寄存器（注：base 实际上是寄存器的编号）内保存的 32 位存储空间的基地址与指令中 offset 所确定的 16 位偏移地址（注：符号扩展到 32 位）进行相加运算，得到最终的有效存储空间地址，然后将该存储空间地址的一个字的内容加载到由 rt 字段所指向的通用寄存器 rt 中（注：rt 字段保存着通用寄存器 rt 的编号）。

在具体实现时，从指令存储器中取出一条指令时，判断[31:26]位，当该字段的值为"100011"时，将该指令判定为 LW 指令。

一旦判定为 LW 指令，则从 base 所指向的通用寄存器中取出存储空间的基地址，同时从该指令的[15:0]位取出 16 位的 offset 值并符号扩展到 32 位后，送到 ALU 中进行相加运算，相加后的结果作为数据存储器的地址，从所指向的数据存储器地址中读取数据，并将其保存到 rt 所指向的通用寄存器中。

此处的符号扩展就是使用 16 位值 offset 的最高位（符号位）填充 32 位的高 16 位，即 {16{offset[15],offset[15:0]}，这样就从 16 位符号扩展到 32 位。

8．SW 指令格式

SW 的英文全称为 Store Word（保存字），它为 I 型指令，其格式如图 6.30 所示。

图 6.30　SW 指令的完整编码格式

SW 指令的汇编语言语法为

`SW rt, offset(base)`

该指令实现的功能为 memory[base+offset]←rt，将 base 所对应通用寄存器（注：base 实际上是寄存器的编号）内保存的 32 位存储空间的基地址与指令中 offset 所确定的 16 位偏移地址（注：符号扩展到 32 位）进行相加运算，得到最终的有效存储空间地址，然后把 rt 字段所指向的通用寄存器 rt 中的内容保存到该有效存储空间地址的连续 4 个字节中（注：rt 字段保存着通用寄存器 rt 的编号）。

在具体实现时，从指令存储器中取出一条指令时，判断[31:26]位，当该字段的值为"101011"时，将该指令判定为 SW 指令。

一旦判定为 SW 指令，则从 base 所指向的通用寄存器中取出存储空间的基地址，同时从该指令的[15:0]位取出 16 位的 offset 值并符号扩展到 32 位后，送到 ALU 中进行相加运算，相加后的结果作为数据存储器的地址，同时从 rt 指向的通用存储器中读取一个字，并将其保存到数据存储器的相应地址中。

此处的符号扩展就是使用 16 位值 offset 的最高位（符号位）填充 32 位的高 16 位，即 {16{offset[15],offset[15:0]}，这样就从 16 位符号扩展到 32 位。

9．LUI 指令格式

LUI 的英文全称为 Load Upper Immediate（加载较高的立即数），它为 I 型指令，其格式如图 6.31 所示。

图 6.31　LUI 指令的完整编码格式

LUI 指令的汇编语言语法为

```
LUI rt,immediate
```

该指令实现的功能为 rt←immediate || 0^{16}，即 immediate（立即数）左移 16 位，低 16 位用 0 填充，形成 32 位的结果，并将该 32 位结果保存到 rt 字段寄存器编号所指向的通用寄存器中。

在具体实现时，当从指令存储器中取出一条指令时，判断[31:26]位，当该字段的值为"001111"时，将该指令判定为 LUI 指令。

一旦判定为 LUI 指令，则将该指令[15:0]位保存的立即数（immediate）送到 ALU 中，在 ALU 中将该 16 位数左移 16 位后，产生 32 位的结果，然后将该 32 位结果保存到 rt 字段寄存器编号所指向的通用寄存器中。

10. BEQ 指令格式

BEQ 的英文全称为 Branch on Equal（相等分支），它为 I 型指令，其格式如图 6.32 所示。

图 6.32　BEQ 指令的完整编码格式

BEQ 指令的汇编语言语法为:

```
BEQ rs, rt, offset
```

该指令实现的功能为 if rs=rt then branch，即分别读取通用寄存器 rs 和通用寄存器 rt 中的值，并比较它们的值。当两个通用寄存器中的值相同时，分支到指定的目标地址；当两个通用寄存器中的值不相同时，继续执行下一条指令。

在这条指令中，将[15:0]位所对应的 offset 字段中的值向左移动两位,生成 18 位有符号的偏移,然后再与紧跟分支后面一条指令（不是分支指令本身）的地址相加，得到相对 PC 的有效地址。

在具体实现时，从指令存储器中取出一条指令时，判断[31:26]位，当该字段的值为"000100"时，将该指令判断为 BEQ 指令。

特别要注意的一点: 在理论上生成相对 PC 的有效地址采用存储器字节编址方式。下面给出一段由 MIPS gcc 编译器给出的编译代码（见代码清单 6-1）。

代码清单 6-1　包含有条件分支的反汇编代码片段

```
00000000 <.text>:
    0:      00001025  OR    v0,zero,zero

00000004 <counter>:
    4:      24420001  ADDIU  v0,v0,1
    8:      1000fffe  BEQZ   zero,4 <counter>
    c:      00000000  SLL    zero, zero,0x0
```

按图 6.32 给出的目标地址计算方法，在代码清单 6-1 给出的代码中，BEQZ 伪指令的地址为 0x00000008，其下一条指令的地址为 0x0000000c。这种地址表示方法基于存储器按字节编址这一前提条件。如图 6.33 所示，按小端模式和字节地址保存指令（以十六进制数表示），从字节地址 0x00 开始，一直到地址 0x0f 结束。

在处理器的真正实现中，在处理器外面连接的是具有 32 位地址和 32 位数据宽度的存储器，也就是真正的物理存储器是按字进行组织的，如图 6.34 所示。

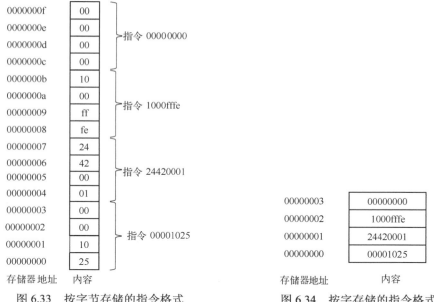

图 6.33　按字节存储的指令格式　　　图 6.34　按字存储的指令格式

图 6.33 是指令存储的原理示意图，而图 6.34 是指令存储的真正实现。因此，对于 PC+1->PC 的含义理解也是不同的。对于图 6.33，PC+1->PC，说的是指向下一条指令，实际上在当前 PC 的基础上需要增加四个字节才能指向下一条指令，即 PC+4->PC。在这种情况下，BEQ 指令的目标地址遵循前面所说的规则，即 offset 左移 2 位，变成 18 位有符号的偏移，再和分支指令的下一条指令的地址相加，得到最终的存储空间地址。

但是，对于处理器微结构的具体实现来说，含义就不一样了。在实际实现中，CPU 外面所连接的存储器的地址线为 32 位，数据宽度也为 32 位。因此，对于一个存储空间的地址，其对应的是一条 32 位指令，因此 PC+1->PC，不仅是逻辑上所理解的指向下一条指令，并且是真正的存储空间的地址递增 1，这样在顺序执行指令时，只要 PC 递增 1，就可以指向保存下一条指令的存储器的地址。在实现效果上，具有下面的等价关系，如表 6.2 所示。

表 6.2　逻辑上的按字节编址和物理上的按字保存之间的对应关系

逻辑上的按字节编址(指向下一条指令)	物理上的按字保存（指向下一条指令）
PC+4->PC	PC+1->PC
PC+8->PC	PC+2->PC
PC+12->PC	PC+3->PC
PC+16->PC	PC+4->PC

显然，将 4 右移 2 位，则变成 1；将 8 右移 2 位，则变成 2；将 12 右移 2 位，则变成 3；将 16 右移 2 位，则变成 4。所以，在这种物理上按字保存指令的组织形式上，对于 BEQ 指令给出的 16 位 offset，无须再执行左移 2 位的操作，而是直接将跳转指令的下一条指令的 PC 和 16 位 offset 的值直接相加，得到跳转的目标地址，这一点要特别注意。换句话说，理论上的存储器按字节编址和实际微结构中按字组织存储器结构是不同的。

11．BNE 指令格式

BNE 的英文全称为 Branch on Not Equal（不相等分支），它为 I 型指令，其格式如图 6.35 所示。

图 6.35　BNE 指令的完整编码格式

BNE 指令的汇编语言格式为

BNE rs, rt, offset

该指令实现的功能为 if rs≠rt then branch，即分别读取通用寄存器 rs 和通用寄存器 rt 中的值，并比较它们的值。当两个通用寄存器中的值不相同时，分支到指定的目标地址；当两个通用寄存器中的值相同时，继续执行下一条指令。

在具体实现时，从指令存储器中取出一条指令时，判断[31:26]位，当该字段的值为"000101"时，将该指令判断为 BNE 指令。

对于目标地址的生成原理，其与 BEQ 指令的完全相同，请读者参考该部分内容。

6.2 单周期 MIPS 系统的设计

本节将介绍如何在高云云源软件中设计单周期 MIPS，以实现 6.1.2 节所介绍的指令功能。

从宏观上讲，处理器内核由两大模块构成，即控制器和运算器。控制器的主要功能是对取出的指令进行分析，也就是经常说的"译码"，然后根据指令所要实现的功能，向其他功能单元"发号施令"，即经常说的"执行"。运算器以 ALU 为核心，还包括寄存器集。设计处理器内核最基本的目标是使控制器和运算器能协调工作。

6.2.1 建立新的设计工程

本小节将介绍如何在高云云源软件中建立实现单周期 MIPS 系统的设计工程，主要步骤如下所述。

（1）在 Windows 11 操作系统桌面中，找到并双击名字为"Gowin_V1.9.9 (64-bit)"的图标，启动高云云源软件（以下简称云源软件）。

（2）在云源软件主界面主菜单下，选择 File->New。

（3）弹"New"出对话框。在该对话框中，找到并展开"Projects"条目。在展开条目中，找到并选择"FPGA Design Project"条目。

（4）单击该对话框右下角的"OK"按钮，退出"New"对话框。

（5）弹出"Project Wizard-Project Name"对话框。在该对话框中，按如下设置参数。

① Name：example_6_1。

② Create in：E:\cpusoc_design_example。

（6）弹出"Project Wizard-Select Device"对话框。在该对话框中，按如下设置参数。

① Series（系列）：GW2A；

② Package（封装）：PBGA484；

③ Device（器件）：GW2A-55；

④ Speed（速度）：C8/I7；

⑤ Device Version（器件版本）：C；

选中器件型号（Part Numer）为"GW2A-LV55PG484C8/I7"的一行。

（7）单击该对话框右下角的"Next"按钮。

（8）弹出"Project Wizard-Summary"对话框。在该对话框中，总结了建立工程时设置的参数。

（9）单击该对话框右下角的"Finish"按钮，退出"Project Wizard-Summary"对话框。

6.2.2　添加通用寄存器集设计文件

本小节将介绍如添加通用寄存器集设计文件，该通用寄存器集设计文件中包含了 MIPS 中的 32 个通用寄存器，以及对寄存器的读写访问端口。添加通用寄存器集设计文件的主要步骤如下所述。

（1）在云源软件当前工程主界面左侧"Design"标签页中，找到并选中 example_6_1 或 GW2A-LV55PG484C8/I7，单击鼠标右键，出现浮动菜单。在浮动菜单中，选择 New File。

（2）弹出"New"对话框。在该对话框中，选择"Verilog File"条目。

（3）单击该对话框右下角的"OK"按钮，退出"New"对话框。

（4）弹出"New Verilog file"对话框。在该对话框中，"Name"在右侧的文本框中输入 register_file，即该文件的名字为 register_file.v。

（5）单击该对话框右下角的"OK"按钮，退出"New Verilog file"对话框。

（6）自动打开 register_file.v 文件，在该文件中添加设计代码（见代码清单 6-2）。

代码清单 6-2　register_file.v 文件

```verilog
`timescale 1ns/1ps                    // 定义 timescale，用于仿真
module register_file(
    input          clk,               // 定义输入信号 clk
    input    [31:0] pc,               // 定义 32 位程序计数器的输入 pc
    input    [4:0]  dp,               // 定义 5 位宽度调试端口 dp
    input    [4:0]  rs,               // 定义源寄存器 rs 编号（0~31），读
    input    [4:0]  rt,               // 定义源寄存器 rt 编号（0~31），读
    input    [4:0]  rd,               // 定义目的寄存器 rd 编号（0~31），写
    input    [31:0] rdv,              // 定义写目的寄存器 rd 的数据 rdv
    input          wrd,               // 定义写目的寄存器 rd 的写信号 wrd
    output [31:0] dpv,                // 定义调试端口的输出数据 dpv
    output [31:0] rsv,                // 定义源寄存器 rs 的输出数据 rsv
    output [31:0] rtv                 // 定义源寄存器 rt 的输出数据 rtv
);
    reg [31:0] regs [31:0];           // 32 个 32 位的寄存器集 regs
    integer i=0;                      // 定义整数变量 i

    assign rsv=(rs!=0) ? regs[rs] : 32'b0;    // 根据 rs 字段，读取寄存器 rs 中的值
    assign rtv=(rt!=0) ? regs[rt] : 32'b0;    // 根据 rt 字段，读取寄存器 rt 中的值
    assign dpv=(dp!=0 )? regs[dp] : pc;       // 调试端口读取通用寄存器 regs 中的值或 pc

    initial                           // initial 关键字定义初始化部分
    begin                             // begin 关键字标识初始化部分的开始
      for(i=0; i<32; i=i+1)           // for 关键字定义循环结构，用于初始化寄存器文件
        regs[i]=32'h00000000;         // 将寄存器文件中的每个寄存器初始化为 0
    end                               // end 关键字表示初始化部分的结束

    always @(posedge clk)             // always 块
    begin
        if(wrd) regs[rd]=rdv;         // wrd 信号有效时，将 rdv 写入 rd 寄存器中
    end
endmodule                             // 模块结束
```

（7）按 Ctrl+S 组合键，保存设计文件。

6.2.3　添加程序计数器设计文件

本小节将介绍如何添加程序计数器（Program Counter，PC）设计文件，该程序计数器将产生指向下一条指令的地址。添加程序计数器设计文件的主要步骤如下所述。

（1）在云源软件当前工程主界面左侧"Design"标签页中，找到并选中 example_6_1 或 GW2A-LV55PG484C8/I7，单击鼠标右键，出现浮动菜单。在浮动菜单中，选择 New File。

（2）弹出"New"对话框。在该对话框中，选择"Verilog File"条目。

（3）单击该对话框右下角的"OK"按钮，退出"New"对话框。

（4）弹出"New Verilog file"对话框。在该对话框中，在"Name"右侧的文本框中输入 pc，即该文件的名字为 pc.v。

（5）单击该对话框右下角的"OK"按钮，退出"New Verilog file"对话框。

（6）自动打开 pc.v 文件，在该文件中添加设计代码（见代码清单 6-3）。

代码清单 6-3　pc.v 文件

```
'timescale 1ns/1ps                              // 定义 timescale，用于仿真
module pc(
   input            clk,                        // 定义时钟输入信号 clk
   input            rst,                        // 定义复位输入信号 rst
   input            pc_sel,                     // 定义用于选择 pc 目标的输入信号 pc_sel
   input     [31:0] signimm,                    // 定义输入的符号扩展 32 位数 signimm
   output reg [31:0] prog_count                 // 定义输出的 32 位程序计数器 prog_count
   );
wire [31:0] pc_next;                            // 定义 32 位网络类型 pc_next
wire [31:0] pcbranch;                           // 定义 32 位网络类型 pcbranch
wire [31:0] prog_count_new;                     // 定义 32 位网络类型 prog_count_new
assign pc_next=prog_count+1;                    // 顺序执行时指向下一条指令的地址
assign pcbranch=pc_next+signimm;                // 跳转执行时指向跳转的目标地址
assign prog_count_new=pc_sel ? pcbranch : pc_next;  // 选择顺序地址还是跳转地址
always @(negedge rst or posedge clk)            // always 块
begin
   if(!rst)                                     // rst 信号低有效时
      prog_count<=32'h00000000;                 // 将程序计数器的输出 prog_count 置 0
   else                                         // 时钟上升沿时
      prog_count<=prog_count_new;               // 将新的程序计数器的值作为 prog_count
end
endmodule                                       // 模块结束
```

（7）按 Ctrl+S 组合键，保存设计文件。

6.2.4　添加控制器设计文件

本小节将介绍如何添加控制器设计文件，该控制器将对取出的指令进行分析，并产生控制信号，也就是通常所说的对指令进行"译码"和"执行"指令。添加控制器设计文件的主要步骤如下所述。

（1）在云源软件当前工程主界面左侧"Design"标签页中，找到并选中 example_6_1 或 GW2A-LV55PG484C8/I7，单击鼠标右键，出现浮动菜单。在浮动菜单中，选择 New File。

（2）弹出"New"对话框。在该对话框中，选择"Verilog File"条目。

（3）单击该对话框右下角的"OK"按钮，退出"New"对话框。

（4）弹出"New Verilog file"对话框。在该对话框中，在"Name"右侧的文本框中输入 controller，

即该文件的名字为 controller.v。

（5）单击该对话框右下角的"OK"按钮，退出"New Verilog file"对话框。

（6）自动打开 controller.v 文件，在该文件中添加设计代码（见代码清单 6-4）。

代码清单 6-4　controller.v 文件

```verilog
'timescale 1ns/1ps                      // 定义 timescale，用于仿真
// 下面定义实现 MIPS32 指令的操作码，指令位[31:26]
'define OP_SPECIAL   6'b000000
'define OP_ADDIU     6'b001001
'define OP_BEQ       6'b000100
'define OP_LUI       6'b001111
'define OP_BNE       6'b000101
'define OP_LW        6'b100011
'define OP_SW        6'b101011
// 下面定义实现 MIPS32 指令的功能码，指令位[5:0]
'define FUNC_ADDU    6'b100001
'define FUNC_AND     6'b100100
'define FUNC_OR      6'b100101
'define FUNC_XOR     6'b100110
'define FUNC_SRL     6'b000010
'define FUNC_SLTU    6'b101011
'define FUNC_SUBU    6'b100011
'define FUNC_ANY     6'b??????
// 自定义的用于控制 ALU 的功能码
'define ALU_ADD      3'b000
'define ALU_AND      3'b001
'define ALU_OR       3'b010
'define ALU_XOR      3'b011
'define ALU_LUI      3'b100
'define ALU_SRL      3'b101
'define ALU_SLTU     3'b110
'define ALU_SUBU     3'b111

module controller(                      // 定义模块 controller
    input      [5:0]   cmdop,           // 定义 6 位 cmdop，与指令位[31:26]关联
    input      [5:0]   cmdfunc,         // 定义 6 位 cmdfunc，与指令位[5:0]关联
    input              zeroflag,        // 定义零标志输入 zeroflag
    output reg         pc_sel,          // 定义 pc_sel，用于选择 pc 的目标地址
    output reg         wreg,            // 定义 wreg，用于控制写寄存器
    output reg         reg_des_sel,     // 定义 reg_des_sel，选择写寄存器的编号
    output reg         alusrc_sel,      // 定义 alusrc_sel，选择 ALU 端口的输入数据源
    output reg [2:0]   alu_func,        // 定义 alu_func，提供给 ALU 的功能码
    output reg         mem_wr,          // 定义 mem_wr，用于写数据存储器
    output reg         memtoreg         // 定义 memtoreg，用于选择写寄存器的值
 );
always @(*)                             // always 块
begin
  reg_des_sel=1'b0;                     // 初始化 reg_des_sel 为"0"
  alusrc_sel=1'b0;                      // 初始化 alusrc_sel 为"0"
  wreg=1'b0;                            // 初始化 wreg 为"0"
  memtoreg=1'b0;                        // 初始化 memtoreg 为"0"
  mem_wr=1'b0;                          // 初始化 mem_wr 为 1'b0;
  pc_sel=1'b0;
```

```
casez ({cmdop,cmdfunc})                          // 组合 cmdop 和 cmdfunc
    {'OP_SPECIAL, 'FUNC_ADDU}:                   // 确定为 ADDU 指令
        begin
            reg_des_sel=1'b1;                    // 设置 reg_des_sel 为 "1"
            wreg=1'b1;                           // 设置 wreg 为 "1"
            alu_func='ALU_ADD;                   // 设置 ALU 的功能码为 ALU_ADD
        end
    {'OP_SPECIAL, 'FUNC_AND}:                    // 确定为 AND 指令
        begin
            reg_des_sel=1'b1;                    // 设置 reg_des_sel 为 "1"
            wreg=1'b1;                           // 设置 wreg 为 "1"
            alu_func='ALU_AND;                   // 设置 ALU 的功能码为 ALU_AND
        end
    {'OP_SPECIAL, 'FUNC_OR}:                     // 确定为 OR 指令
        begin
            reg_des_sel=1'b1;                    // 设置 reg_des_sel 为 "1"
            wreg=1'b1;                           // 设置 wreg 为 "1"
            alu_func='ALU_OR;                    // 设置 ALU 的功能码为 ALU_OR
        end
    {'OP_SPECIAL, 'FUNC_XOR}:                    // 确定为 XOR 指令
        begin
            reg_des_sel=1'b1;                    // 设置 reg_des_sel 为 "1"
            wreg=1'b1;                           // 设置 wreg 为 "1"
            alu_func='ALU_XOR;                   // 设置 ALU 的功能码为 ALU_XOR
        end
    {'OP_SPECIAL, 'FUNC_SRL}:                    // 确定为 SRL 指令
        begin
            reg_des_sel=1'b1;                    // 设置 reg_des_sel 为 "1"
            wreg=1'b1;                           // 设置 wreg 为 "1"
            alu_func='ALU_SRL;                   // 设置 ALU 的功能码为 ALU_SRL
        end
    {'OP_SPECIAL, 'FUNC_SLTU}:                   // 确定为 SLTU 指令
        begin
            reg_des_sel=1'b1;                    // 设置 reg_des_sel 为 "1"
            wreg=1'b1;                           // 设置 wreg 为 "1"
            alu_func='ALU_SLTU;                  // 设置 ALU 的功能码为 ALU_SLTU
        end
    {'OP_SPECIAL, 'FUNC_SUBU}:                   // 确定为 SUBU 指令
        begin
            reg_des_sel=1'b1;                    // 设置 reg_des_sel 为 "1"
            wreg=1'b1;                           // 设置 wreg 为 "1"
            alu_func='ALU_SUBU;                  // 设置 ALU 的功能码为 ALU_SUBU
        end
    {'OP_ADDIU, 'FUNC_ANY}:                      // 确定为 ADDIU 指令
        begin
            alusrc_sel=1'b1;                     // 设置 alusrc_sel 为 "1"
            wreg=1'b1;                           // 设置 wreg 为 "1"
            alu_func='ALU_ADD;                   // 设置 ALU 的功能码为 ALU_ADD
        end
    {'OP_LUI, 'FUNC_ANY}:                        // 确定为 LUI 指令
        begin
            alusrc_sel=1'b1;                     // 设置 alusrc_sel 为 "1"
            wreg=1'b1;                           // 设置 wreg 为 "1"
```

```
          alu_func='ALU_LUI;              // 设置 ALU 的功能码为 ALU_LUI
        end
    {'OP_LW, 'FUNC_ANY}:                  // 确定为 LW 指令
      begin
        alusrc_sel=1'b1;                  // 设置 alusrc_sel 为 "1"
        wreg=1'b1;                        // 设置 wreg 为 "1"
        memtoreg=1'b1;                    // 设置 memtoreg 为 "1"
        alu_func='ALU_ADD;                // 设置 ALU 的功能码为 ALU_ADD
      end
    {'OP_SW, 'FUNC_ANY}:                  // 确定为 SW 指令
      begin
        alusrc_sel=1'b1;                  // 设置 alusrc_sel 为 "1"
        mem_wr=1'b1;                      // 设置 mem_wr 为 "1"
        alu_func='ALU_ADD;                // 设置 ALU 的功能码为 ALU_ADD
      end
    {'OP_BEQ, 'FUNC_ANY}:                 // 确定为 BEQ 指令
      begin
        pc_sel=zeroflag;                  // 设置 pc_sel 为 zeroflag 的值
        alu_func='ALU_SUBU;               // 设置 ALU 的功能码为 ALU_SUBU
      end
    {'OP_BNE, 'FUNC_ANY}:                 // 确定为 BNE 指令
      begin
        pc_sel=~zeroflag;                 // 设置 pc_sel 为 zeroflag 取反后的值
        alu_func='ALU_SUBU;               // 设置 ALU 的功能码为 ALU_SUBU
      end
    default :                             // 其他指令, 不做任何处理
      ;
  endcase                                 // case 块结束

end
endmodule                                 // 模块结束
```

（7）按 Ctrl+S 组合键，保存设计文件。

6.2.5　添加算术逻辑单元设计文件

本小节将介绍如何添加算术逻辑单元（Arithmetic Logic Unit，ALU）设计文件，该 ALU 实现算术和逻辑运算，并产生运算结果和标志。添加 ALU 设计文件的主要步骤如下所述。

（1）在云源软件当前工程主界面左侧 "Design" 标签页中，找到并选中 example_6_1 或 GW2A-LV55PG484C8/I7，单击鼠标右键，出现浮动菜单。在浮动菜单中，选择 New File。

（2）弹出 "New" 对话框。在该对话框中，选择 "Verilog File" 条目。

（3）单击该对话框右下角的 "OK" 按钮，退出 "New" 对话框。

（4）弹出 "New Verilog file" 对话框。在该对话框中，在 "Name" 右侧的文本框中输入 alu，即该文件的名字为 alu.v。

（5）单击该对话框右下角的 "OK" 按钮，退出 "New Verilog file" 对话框。

（6）自动打开 alu.v 文件，在该文件中添加设计代码（见代码清单 6-5）。

代码清单 6-5　alu.v 文件

```
'timescale 1ns/1ps                       // 定义 timescale, 用于仿真
  // 下面定义了 ALU 的功能码, 与控制器中定义的 ALU 功能码完全相同
'define ALU_ADD   3'b000
'define ALU_AND   3'b001
```

```verilog
'define ALU_OR     3'b010
'define ALU_XOR    3'b011
'define ALU_LUI    3'b100
'define ALU_SRL    3'b101
'define ALU_SLTU   3'b110
'define ALU_SUBU   3'b111
module alu(                                  // 定义模块 alu
  input [31:0]       a,                      // 定义 32 位输入 a
  input [31:0]       b,                      // 定义 32 位输入 b
  input [2:0]        op,                     // 定义 3 位 ALU 的操作码输入，来自控制器
  input [4:0]        sa,                     // 定义 5 位移位值 sa，来自指令中的位移码
  output             zero,                   // 定义输出零标志 zero
  output reg [31:0]  result                  // 定义 ALU 输出的 32 位运算结果 result
);
assign zero=(result==0);                     // 当运算结果为零时，设置 zero 为"1"

always @(*)                                  //   always 块
begin
  case (op)                                  // 根据 3 位 ALU 操作码 op 的值确定功能
  'ALU_ADD   :   result=a + b;               // 操作码 ALU_ADD，a 加 b 操作
  'ALU_AND   :   result=a & b;               // 操作码 ALU_AND，a 逻辑"与"b 操作
  'ALU_OR    :   result=a | b;               // 操作码 ALU_OR，a 逻辑"或"b 操作
  'ALU_XOR   :   result=a ^ b;               // 操作码 ALU_XOR，a 逻辑"异或"b 操作
  'ALU_LUI   :   result=(b<<16);             // 操作码 ALU_LUI，b 逻辑左移 16 位操作
  'ALU_SRL   :   result=(b>>sa);             // 操作码 ALU_SRL，b 逻辑右移 sa 指定的位操作
  'ALU_SLTU  :   result=(a<b) ? 1 : 0;       // 操作码 ALU_SLTU，a 小于 b 设置"1"操作
  'ALU_SUBU  :   result=a - b;               // 操作码 ALU_SUBU，a 减 b 操作
  default    :   result=a + b;               // 在其他情况下，a 加 b 操作
  endcase                                    // 结束 case 块
end
endmodule                                    // 模块结束
```

（7）按 Ctrl+S 组合键，保存设计文件。

6.2.6 添加处理器顶层设计文件

本小节将介绍如何添加处理器顶层设计文件。在该处理器顶层文件中，将例化通用寄存器模块、程序寄存器模块、控制器模块和算术逻辑单元模块，并将这些模块连接起来，以实现 MIPS 核的基本功能。添加处理器顶层设计文件的主要步骤如下所述。

（1）在云源软件当前工程主界面左侧"Design"标签页中，找到并选中 example_6_1 或 GW2A-LV55PG484C8/I7，单击鼠标右键，出现浮动菜单。在浮动菜单中，选择 New File。

（2）弹出"New"对话框。在该对话框中，选择"Verilog File"条目。

（3）单击该对话框右下角的"OK"按钮，退出"New"对话框。

（4）弹出"New Verilog file"对话框。在该对话框中，在"Name"右侧的文本框中输入 CPU_core，即该文件的名字为 CPU_core.v。

（5）单击该对话框右下角的"OK"按钮，退出"New Verilog file"对话框。

（6）自动打开 CPU_core.v 文件，在该文件中添加设计代码（见代码清单 6-6）。

代码清单 6-6   CPU_core.v 文件

```verilog
'timescale 1ns/1ps                           // 定义 timescale，用于仿真
module CPU_core(                             // 定义模块 CPU_core
```

```verilog
  input          cpu_clk,              // CPU 的输入时钟信号 cpu_clk
  input          cpu_rst,              // CPU 的输入复位信号 cpu_rst
  input   [4:0]  dp,                   // 调试端口 dp
  input   [31:0] datar,                // 外部数据 RAM 读取的数据 datar
  input   [31:0] instr,                // 外部指令 ROM 读取的指令 instr
  output  [31:0] instr_addr,           // 指向指令 ROM 的存储器地址 instr_addr
  output  [31:0] dpv,                  // 输出到调试端口 dp 的寄存器值 dpv
  output  [31:0] data_addr,            // 指向数据 RAM 的存储器地址 data_addr
  output  [31:0] dataw,                // 写到数据 RAM 的数据 dataw
  output         wr                    // 控制数据 RAM 的写信号 wr
);
wire [31:0] rsv;                       // 内部网络 rsv，寄存器 rs 中的值
wire [2:0]  alu_op;                    // 内部网络 alu_op，ALU 操作码
wire [31:0] rtv;                       // 内部网络 rtv，寄存器 rt 中的值
wire [31:0] alub;                      // 内部网络 alub，ALU 的一个输入
wire        alusrc_sel;                // 内部网络 alusrc_sel，选择 ALU 的源
wire [31:0] signimm;                   // 内部网络 signimm，符号扩展 32 位
wire        zero;                      // 内部网络 zero，零标志
wire [4:0]  rd;                        // 内部网络 rd，连接到寄存器 rd
wire        reg_des_sel;               // 内部网络 reg_des_sel，选择 rd 的源
wire [31:0] rdv;                       // 内部网络 rdv，寄存器 rd 中的值
wire        memtoreg;                  // 内部网络 memtoreg，选择 rd 的数据源
wire [31:0] alu_result;                // 内部网络 alu_result，ALU 的结果输出
wire        pc_sel;                    // 内部网络 pc_sel，选择指令目标地址
wire        wreg;                      // 内部网络 wreg，寄存器的写控制信号
assign signimm={{16{instr[15]}},instr[15:0]};   // 32 位符号扩展
pc MIPS_pc(                            // 将模块 pc 例化为 MIPS_pc
    .clk(cpu_clk),                     // clk 端口连接到顶层 cpu_clk
    .rst(cpu_rst),                     // rst 端口连接到顶层 cpu_rst
    .pc_sel(pc_sel),                   // pc_sel 端口连接到内部 pc_sel
    .signimm(signimm),                 // signimm 端口连接到内部 signimm
    .prog_count(instr_addr)            // prog_count 端口连接到顶层 instr_addr
  );

assign alub=alusrc_sel ? signimm : rtv;    // alusrc_sel 选择 signimm/rtv 作为 ALU 源
assign data_addr=alu_result;          // ALU 结果作为数据存储器地址 data_addr
assign dataw=rtv;                     // 寄存器 rt 中的值是数据存储器的写数据
controller MIPS_controller(           // 将模块 controller 例化为 MIPS_controller
    .cmdop(instr[31:26]),             // cmdop 端口连接到指令位[31:26]
    .cmdfunc(instr[5:0]),             // cmdfunc 端口连接到指令位[5:0]
    .zeroflag(zero),                  // zeroflag 端口连接到零标志 zero
    .pc_sel(pc_sel),                  // pc_sel 端口连接到内部 pc_sel
    .wreg(wreg),                      // wreg 端口连接到内部 wreg
    .reg_des_sel(reg_des_sel),        // reg_des_sel 端口连接到内部 reg_des_sel
    .alusrc_sel(alusrc_sel),          // alusrc_sel 端口连接到内部 alusrc_sel
    .alu_func(alu_op),                // alu_func 端口连接到内部 alu_op
    .mem_wr(wr),                      // mem_wr 端口连接到内部 wr
    .memtoreg(memtoreg)               // memtoreg 端口连接到内部 memtoreg
  );
assign rd=reg_des_sel ? instr[15:11] : instr[20:16];   // 选择指令位[15:11]或位[20:16]
assign rdv=memtoreg ? datar : alu_result;    // 选择存储器读数据/ALU 结果为寄存器 rd 中的值
register_file MIPS_register(          // register_file 模块例化为 MIPS_register
    .clk(cpu_clk),                    // clk 端口连接到顶层 cpu_clk 信号
```

```
    .pc(instr),                          // pc 端口连接到顶层 instr 信号
    .dp(dp),                             // dp 端口连接到顶层 dp 信号
    .rs(instr[25:21]),                   // rs 端口连接到指令位[25:21]
    .rt(instr[20:16]),                   // rt 端口连接到指令位[20:16]
    .rd(rd),                             // rd 端口连接到内部 rd 信号
    .rdv(rdv),                           // rdv 端口连接到内部 rdv 信号
    .wrd(wreg),                          // wrd 端口连接到内部 wreg 信号
    .dpv(dpv),                           // dpv 端口连接到顶层 dpv 信号
    .rsv(rsv),                           // rsv 端口连接到内部 rsv 信号
    .rtv(rtv)                            // rtv 端口连接到内部 rtv 信号
  );
alu MIPS_alu(                            // alu 模块例化为 MIPS_alu
    .a(rsv),                             // a 端口连接到内部 rsv 信号
    .b(alub),                            // b 端口连接到内部 alub 信号
    .op(alu_op),                         // op 端口连接到内部 alu_op 信号
    .sa(instr[10:6]),                    // sa 端口连接到指令位[10:6]
    .zero(zero),                         // zero 端口连接到零标志 zero
    .result(alu_result)                 // result 连接到内部 alu_result 信号
);
endmodule                                // 模块结束
```

（7）按 Ctrl+S 组合键，保存设计文件。

（8）在云源软件当前工程主界面主菜单中，选择 Tools->Schematic Viewer->RTL Design Viewer，该设计的 RTL 的网表结构如图 6.36 所示。

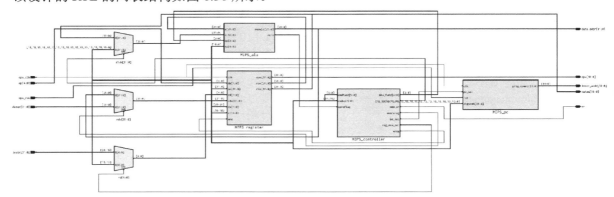

图 6.36　MIPS 简单处理器的内部结构（重新绘制）

思考与练习 6-1：根据图 6.36 给出的结构，说明该简单 MIPS 的内部结构。

思考与练习 6-2：放大图 6.36，仔细查看 MIPS_controller 模块的接口信号，根据代码清单 6-4 给出的代码，说明这些端口信号的作用。

思考与练习 6-3：在前面提到，MIPS_controller 模块负责对指令"译码"和"执行"指令，请说明对指令进行译码的作用是什么？这个指令通常称为"机器指令"。控制器的输出信号用于控制处理器内的其他功能单元，这些功能单元包括什么？控制器的输出信号，称为"微指令"，是一组控制信号的集合。

思考与练习 6-4：双击图 6.36 中名字为"MIPS_alu"的模块符号，进入其内部结构，如图 6.37 所示。将代码清单 6-4 给出的代码与图 6.37 的网表结构进行对比，找出它们之间的映射关系。

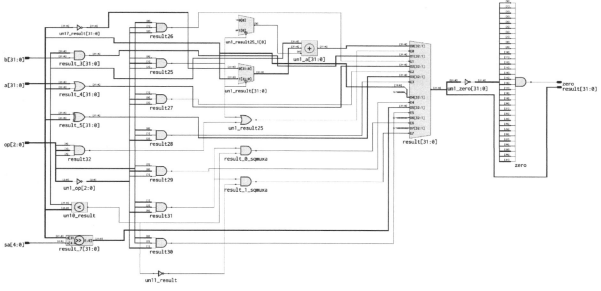

图 6.37　MIPS_alu 的 RTL 结构（重新绘制）

6.2.7　添加数据存储器设计文件

单周期 MIPS 系统采用独立的指令存储器（Instruction Random Access Memory，IRAM）和数据存储器（Data Random Access Memory，DRAM）。

（1）在云源软件当前工程主界面左侧 "Design" 标签页中，找到并选中 example_6_1 或 GW2A-LV55PG484C8/I7，单击鼠标右键，出现浮动菜单。在浮动菜单中，选择 New File。

（2）弹出 "New" 对话框。在该对话框中，选择 "Verilog File" 条目。

（3）单击该对话框右下角的 "OK" 按钮，退出 "New" 对话框。

（4）弹出 "New Verilog file" 对话框。在该对话框中，在 "Name" 右侧的文本框中输入 dram，即该文件的名字为 dram.v。

（5）单击该对话框右下角的 "OK" 按钮，退出 "New Verilog file" 对话框。

（6）自动打开 dram.v 文件，在该文件中添加设计代码（见代码清单 6-7）。

代码清单 6-7　dram.v 文件

```
'timescale 1ns/1ps                  // 定义 timescale，用于仿真
module dram                         // 定义模块 dram
#(
    parameter SIZE = 64             // 定义参数 SIZE，确定存储器的深度
)
(
    input         clk,              // 定义时钟信号 clk
    input   [31:0] a,               // 定义 32 位输入地址 a
    input         we,               // 定义写信号 we
    input   [31:0] wd,              // 定义 32 位写数据 wd
    output  [31:0] rd               // 定义 32 位读数据 rd
);
    reg [31:0] ram [SIZE - 1:0];    // 声明宽度为 32 位、深度为 64 的 ram
    assign rd = ram [a[31:2]];      // 根据地址的值，将读取的内容给 rd

    always @(posedge clk)           // 声明 always 块，敏感向量为 clk 上升沿
```

```
    if (we)                              // 如果写信号 we 为 "1"
        ram[a[31:2]] <= wd;              // 则将写数据 wd 送到相应的存储地址

endmodule                                // 模块结束
```

（7）按 Ctrl+S 组合键，保存设计文件。

思考与练习 6-5：根据代码清单 6-7 给出的代码，说明在访问数据存储器时使用地址 a[31:2] 而不是使用 a[31:0] 的原因。

6.2.8 添加指令存储器设计文件

本小节将介绍如何添加指令存储器设计文件。添加指令存储器设计文件的主要步骤如下所述。

（1）在云源软件当前工程主界面左侧 "Design" 标签页中，找到并选中 example_6_1 或 GW2A-LV55PG484C8/I7，单击鼠标右键，出现浮动菜单。在浮动菜单中，选择 New File。

（2）弹出 "New" 对话框。在该对话框中，选择 "Verilog File" 条目。

（3）单击该对话框右下角的 "OK" 按钮，退出 "New" 对话框。

（4）弹出 "New Verilog file" 对话框。在该对话框中，在 "Name" 右侧的文本框中输入 iram，即该文件的名字为 iram.v。

（5）单击该对话框右下角的 "OK" 按钮，退出 "New Verilog file" 对话框。

（6）自动打开 iram.v 文件，在该文件中添加设计代码（见代码清单 6-8）。

代码清单 6-8   iram.v 文件

```
`timescale 1ns/1ps                       // 声明 timescale，用于仿真
module iram                              // 定义模块 iram
#(
    parameter SIZE = 128                 // 定义参数 SIZE，确定指令存储器的深度
)
(
    input   [31:0] a,                    // 定义 32 位输入地址 a
    output [31:0] rd                     // 定义 32 位输出数据，也就是指令
);
    reg [31:0] rom [SIZE - 1:0];         // 定义指令存储器的容量为 32 位×128 深度
    assign rd = rom [a];                 // 从指定地址 a 的位置读取数据/指令

    initial begin
        $readmemh ("program.hex",rom);   // 用 program.hex 初始化指令存储器
    end

endmodule                                // 模块结束
```

（7）按 Ctrl+S 组合键，保存设计文件。

思考与练习 6-6：查看代码清单 6-8，读取指令存储器的地址为 rom[a]，这点与读取数据存储器并不一样，请说明两者的区别。

> 注：program.hex 文件是由 Codescape 软件将所编写的汇编语言转换成机器指令后保存在 hex 文件中的。在该文件中，以十六进制数表示每条机器指令，每条机器指令分配一行。后面将详细介绍生成 program.hex 文件的方法。

6.2.9　添加系统顶层设计文件

本小节将介绍如何添加系统顶层设计文件。在该文件中，将例化处理器核、数据存储器和指令存储器，并将它们连接在一起，构成包含处理器和存储器的单周期 MIPS 系统，主要步骤如下所述。

（1）在云源软件当前工程主界面左侧"Design"标签页中，找到并选中 example_6_1 或 GW2A-LV55PG484C8/I7，单击鼠标右键，出现浮动菜单。在浮动菜单中，选择 New File。

（2）弹出"New"对话框。在该对话框中，选择"Verilog File"条目。

（3）单击该对话框右下角的"OK"按钮，退出"New"对话框。

（4）弹出"New Verilog file"对话框。在该对话框中，在"Name"右侧的文本框中输入 mips_system，即该文件的名字为 mips_system.v。

（5）单击该对话框右下角的"OK"按钮，退出"New Verilog file"对话框。

（6）自动打开 mips_system.v 文件，在该文件中添加设计代码（见代码清单 6-9）。

代码清单 6-9　mips_system.v 文件

```verilog
'timescale 1ns/1ps                    // 定义 timescale，用于仿真
module mips_system(                   // 定义模块 mips_system
    input        sys_clk,             // 定义处理器系统时钟输入 sys_clk
    input        sys_rst,             // 定义处理器系统复位输入 sys_rst
    input   [ 4:0 ] dp,               // 定义调试端口 dp
    output  [31:0 ] dpv               // 定义从调试端口读取的数据 dpv
);
wire [31:0] dram_rd_data;             // dram_rd_data，连接数据存储器读数据
wire [31:0] dram_addr;                // dram_addr，连接数据存储器地址
wire [31:0] dram_wr_data;             // dram_wr_data，连接数据存储器写数据
wire [31:0] iram_addr;                // iram_addr，连接指令存储器地址
wire [31:0] iram_data;                // iram_data，连接指令存储器数据
wire        dram_wr;                  // dram_wr，连接数据存储器写信号
iram MIPS_INSTRUCTON_RAM(             // 例化 iram 模块为 MIPS_INSTRUCTION_RAM
    .a(iram_addr),                    // a 端口连接到 iram_addr
    .rd(iram_data)                    // rd 端口连接到 iram_data
);
dram MIPS_DATA_RAM(                   // 例化 dram 模块为 MIPS_DATA_RAM
    .clk(sys_clk),                    // clk 端口连接到 sys_clk
    .a(dram_addr),                    // a 端口连接到 dram_addr
    .we(dram_wr),                     // we 端口连接到 dram_wr
    .wd(dram_wr_data),                // wd 端口连接到 dram_wr_data
    .rd(dram_rd_data)                 // rd 端口连接到 dram_rd_data
);

CPU_core MIPS_CPU(                    // 例化 CPU_core 为 MIPS_CPU
    .cpu_clk(sys_clk),                // cpu_clk 端口连接到 sys_clk
    .cpu_rst(sys_rst),                // cpu_rst 端口连接到 sys_rst
    .dp(dp),                          // dp 端口连接到 dp
    .datar(dram_rd_data),             // datar 端口连接到 dram_rd_data
    .instr(iram_data),                // instr 端口连接到 iram_data
    .instr_addr(iram_addr),           // instr_addr 端口连接到 iram_addr
    .dpv(dpv),                        // dpv 端口连接到 dpv
    .data_addr(dram_addr),            // data_addr 端口连接到 dram_addr
    .dataw(dram_wr_data),             // dataw 端口连接到 dram_wr_data
```

```
    .wr(dram_wr)                          // wr 端口连接到 dram_wr
);
endmodule                                 // 模块结束
```

（7）按 Ctrl+S 组合键，保存设计文件。

6.3　生成并添加存储器初始化文件

存储器文件用于将 MIPS 要执行的指令固化到指令存储器中。要生成存储器文件，必须先用 C 语言/汇编语言编写程序代码，然后使用编译器工具将程序代码转换为十六进制表示的机器指令，最后将机器指令转换为文本格式保存在 hex 文件中。

由于本章只实现了 MIPS ISA 中少量的 MIPS 指令，因此使用汇编语言编写程序代码可以只用在 MIPS 中所实现的指令，这样在 MIPS 运行指令时不会出现未实现指令的异常错误。如果使用 C 语言编写程序代码，经过编译器生成的目标代码中可能会出现该 MIPS 没有实现的指令，从而会出现未实现指令的异常错误。

6.3.1　建立新的设计工程

建立新的设计工程的主要步骤如下所述。

（1）按本书 5.3.1 节介绍的方法，启动 Codescape 工具。

（2）弹出"Workspace Launcher-Select a workspace"对话框，按照 5.3.1 节给出的默认路径设置。

（3）单击"OK"按钮，退出该对话框。

（4）在 Codescape 主界面主菜单下，选择 File->New->Project。

（5）弹出"New Project-Select a wizard-Create a new C project"对话框，如图 6.38 所示，展开 C/C++文件夹。在展开项中，选择"C Project"选项。

图 6.38　"New Project- Select a wizard-Create a new C project"对话框

（6）单击"Next>"按钮。

（7）弹出"C Project-C Project-Create C project of selected type"对话框，如图 6.39 所示。在该对话框中，设置如下参数。

① Project name：program（通过文本框输入）。

② 在左侧的窗口中，找到并展开 Makefile project 文件夹。在展开项中，选中"Empty Project"选项。

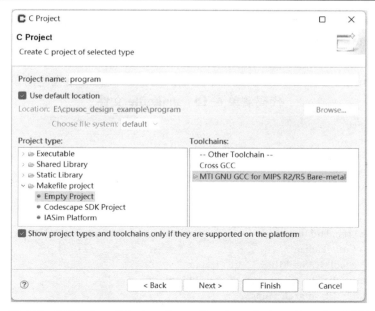

图 6.39　"C Project- C Project-Create C project of selected type"对话框

③ 在右侧的窗口中，选中"MTI GNU GCC for MIPS R2/R5 Bare-metal"选项。

（8）单击"Finish"按钮。

6.3.2　添加 makefile 文件

本小节将介绍如何在新建的设计工程中添加 makefile 文件，主要步骤如下所述。

（1）如图 6.40 所示，在 Codescape 主界面左侧的"Project Explorer"标签页中，找到并选中 program 文件夹，单击鼠标右键，出现浮动菜单。在浮动菜单中，选择 New->File。

（2）弹出"New File-File-Create a new file resource"对话框，如图 6.41 所示。在该对话框中，设置如下参数。

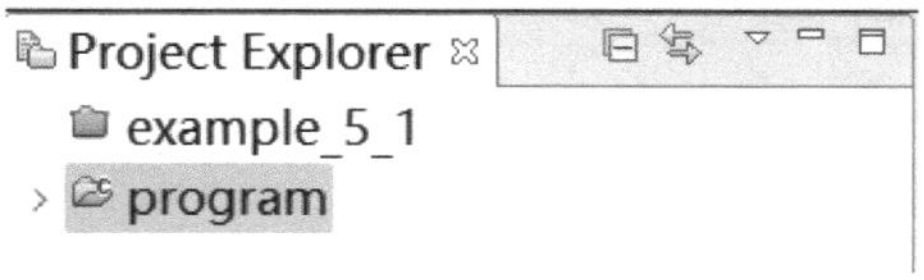

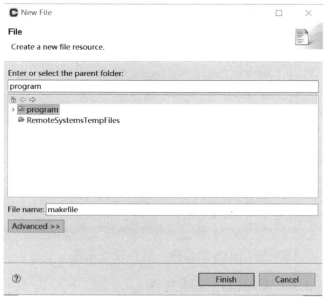

图 6.40　"Project Explorer"标签页

图 6.41　"New File-File-Create a new file resource"对话框

① 选中 "Enter or select the parent folder" 标题栏下面的 program 文件夹。

② 在 "File name" 右侧的文本框中输入 "makefile"。

（3）单击 "Finish" 按钮。

（4）自动打开 makefile 文件。在该文件中，输入下面的代码（见代码清单 6-10）。

代码清单 6-10　makefile 文件

```
CC = mips-mti-elf-gcc
LD = mips-mti-elf-gcc
OD = mips-mti-elf-objdump
OC = mips-mti-elf-objcopy
SZ = mips-mti-elf-size
##########################################################
# Compile settings and tasks
# -nostdlib       - no standard library
# -EL             - Little-endian
# -march=mips32 - schoolMIPS = MIPS 32 architecture
# -T program.ld - set up the link addresses for a bootable program
CFLAGS   = -nostdlib -EL -march=mips32
LDFLAGS = -nostdlib -EL -march=mips32 -T program.ld

ASOURCES= \
main.S
AOBJECTS = $(ASOURCES:.S=.o)
.S.o:
    $(CC) -c $(CFLAGS) $< -o $@
.PHONY: clean sim
all: build size disasm
build :    program.elf
disasm:    program.dis
program.elf : $(AOBJECTS)
    $(LD) $(LDFLAGS) $(AOBJECTS) -o program.elf
program.dis: program.elf
    $(OD) -M no-aliases -Dz program.elf > program.dis
size: program.elf
    $(SZ) program.elf
board: program.hex
    rm -f ../../board/program/program.hex
    cp ./program.hex ../../board/program
clean:
    rm -rf sim
    rm -f *.o
    rm -f program.elf
    rm -f program.map
    rm -f program.dis
    rm -f program.hex
    rm -f program.rec
##########################################################
```

（5）按 Ctrl+S 组合键，保存设计文件。

6.3.3　添加链接描述文件

本小节将介绍如何在新建的设计工程中添加链接描述（Link Description，LD）文件，主要步骤如下所述。

（1）如图 6.40 所示，在 Codescape 主界面左侧的"Project Explorer"标签页中，找到并选中 program 文件夹，单击鼠标右键，出现浮动菜单。在浮动菜单中，选择 New->File。

（2）弹出"New File-File-Create a new file resource"对话框。在该对话框中，设置如下参数。

① 选中"Enter or select the parent folder"标题栏下面的 program 文件夹。

② 在"File name"右侧的文本框中输入"program.ld"。

（3）单击"Finish"按钮。

（4）自动打开 program.ld 文件。在该文件中，输入下面的代码（见代码清单 6-11）。

代码清单 6-11　program.ld 文件

```
OUTPUT_ARCH(mips)
/**** Start point ****/
hwreset = 0x0;
ENTRY(hwreset)
SECTIONS
{
  .text = .;
    /DISCARD/ :
    {
      *(.MIPS.abiflags)
      *(.reginfo)
      *(.gnu.attributes)
    }
}
```

（5）保存设计文件。

6.3.4　添加汇编语言源文件

本小节将介绍如何在新建的设计工程中添加汇编语言源文件。在该文件中，将编写测试代码验证无流水线 MIPS 系统的功能。添加汇编语言源文件的主要步骤如下所述。

（1）如图 6.40 所示，在 Codescape 主界面左侧的"Project Explorer"标签页中，找到并选中 program 文件夹，单击鼠标右键，出现浮动菜单。在浮动菜单中，选择 New->File。

（2）弹出"New File-File-Create a new file resource"对话框。在该对话框中，设置如下参数。

① 选中"Enter or select the parent folder"标题栏下面的 program 文件夹。

② 在"File name"右侧的文本框中输入"main.S"。

（3）单击"Finish"按钮。

（4）自动打开 main.S 文件。在该文件中，输入下面的代码（见代码清单 6-12）。

代码清单 6-12　main.S 文件

```
          .text
start:    MOVE     $v0, $0
counter:  ADDIU    $v0, $v0, 1
          BEQZ     $0, counter
```

（5）保存设计文件。

6.3.5　生成 hex 文件

本小节将介绍如何对设计文件进行编译，并生成 hex 文件，主要步骤如下所述。

（1）在 Codescape 主界面主菜单下，选择 Project->Build All，对设计进行编译和链接。

（2）在 Codescape 主界面左侧的"Project Explorer"标签页中，找到并双击 program.dis 文件，如图 6.42 所示。

（3）打开 program.dis 文件，该文件中的内容如代码清单 6-13 所示。

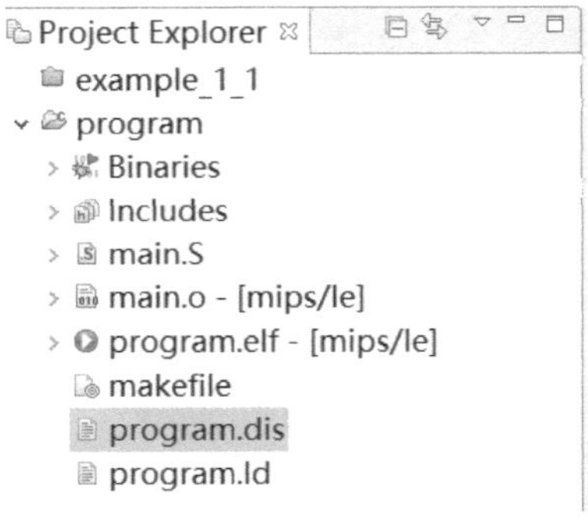

代码清单 6-13　program.dis 文件

```
program.elf:       file format elf32-tradlittlemips
Disassembly of section .text:
00000000 <.text>:
   0:     00001025        OR       v0,zero,zero
00000004 <counter>:
   4:     24420001        ADDIU    v0,v0,1
   8:     1000fffe        BEQZ     zero,4 <counter>
   c:     00000000        SLL      zero,zero,0x0
```

图 6.42　编译链接后生成的文件

从代码清单 6-13 给出的代码中可知，最左侧一列是每条汇编助记符指令在存储器中的地址，其范围为 00000000～0000000c（以十六进制表示）；中间一列是每一条汇编助记符指令所对应的机器指令。需要注意，在代码清单 6-12 中给出的下面一条汇编助记符指令：

```
MOVE $v0, $0
```

其为伪指令，Codescape 的编译器工具会将其转换为下面一条机器指令，即

```
OR v0, zero, zero
```

最右侧一列是汇编助记符指令。

（4）在当前工程路径 E:\cpusoc_design_example\example_6_1 的子目录 src 中建立一个新的名字为"program.hex"的文件。将代码清单 6-13 中给出的每条汇编助记符指令对应的机器指令复制到该文件中的每一行，格式如代码清单 6-14 所示。

代码清单 6-14　program.hex 文件

```
00001025
24420001
1000fffe
00000000
```

（5）按 Ctrl+S 组合键，保存该设计文件。

6.3.6　添加存储器初始化文件

添加存储器初始化文件的主要步骤如下所述。

（1）在云源软件当前工程主界面左侧"Design"标签页中，找到并选中 example_6_1 或 GW2A-LV55PG484C8/I7，单击鼠标右键，出现浮动菜单。在浮动菜单中，选择 Add Files。

（2）弹出"Select Files"对话框。在该对话框中，定位到保存 program.hex 文件的目录（在该设计中，该目录的位置为 E:\cpusoc_design_example\example_6_1\src）。

（3）选中该目录下的 program.hex 文件。

（4）单击该对话框右下角的"打开"按钮，退出"Select Files"对话框。

执行完上面的操作后，在云源软件当前工程主界面左侧"Design"标签页中，新建了名字为"Other Files"的文件夹。在该文件夹中添加了 program.hex 文件（通过 src\program.hex 标记）。

（5）在高云云源软件当前工程主界面主菜单中，选择 Tools->Schematic Viewer->RTL Design Viewer。该设计的 RTL 网表结构，如图 6.43 所示。

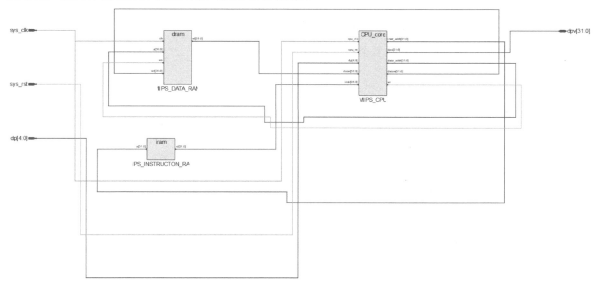

图 6.43　该设计的 RTL 网表结构

思考与练习 6-7：根据代码清单 6-10 给出的 makefile 文件，说明 Codescape 软件所使用的编译器工具链，以及这些工具链的作用。

思考与练习 6-8：根据代码清单 6-13 给出的反汇编代码，说明生成的机器指令的格式与本章 6.1.1 节和 6.1.2 节所介绍的机器指令格式的等价性。

思考与练习 6-9：图 6.43 给出了包含指令存储器和数据存储器的单周期 MIPS 系统结构，该结构是哈佛结构。与早期计算机中使用的冯•诺伊曼结构对比，说明这种结构的优势。

6.4　单周期 MIPS 系统的验证

本节将介绍如何使用 GAO 软件对单周期 MIPS 系统进行功能测试与验证。

6.4.1　GAO 软件工具概述

GAO 是高云半导体开发的在线逻辑分析工具（以下简称 GAO），该工具旨在帮助 FPGA 开发人员分析设计中信号之间的时序关系更方便，并快速进行系统分析和故障定位，从而进一步提高 FPGA 的整体开发效率。

GAO 主要利用 FPGA 工作时器件中未使用的存储器资源，根据 FPGA 开发人员设置的触发条件将信号实时保存到存储器中，并通过 JTAG 接口实时读取信号的状态，将其显示在云源软件界面中。GAO 包括信号配置窗口和波形显示窗口。

（1）信号配置窗口用于把逻辑的位置信息插入原始的设计中，该位置信息主要基于采样时钟、触发单元和触发表达式。

（2）波形显示窗口通过 JTAG 接口连接云源软件和搭载高云 FPGA 的硬件目标系统，将信号配置窗口设置的采样信号的数据直观地通过波形显示出来。

GAO 支持包括 RTL 级信号捕获和综合后的网表级信号捕获在内的两种捕获信号来源，并且提供标准模式 GAO 和简化模式 GAO。标准模式 GAO 最多支持 16 个功能内核，每个内核可配置一个或多个触发端口，支持多级静态或动态触发表达式。简化模式 GAO 配置简单，无须设置触发条件，就可以捕获信号的初始值，方便 FPGA 开发人员分析上电瞬间的工作状态。

GAO 具有以下特性：

（1）最多支持 16 个功能内核；

（2）每个功能内核支持一个或多个端口触发；

（3）每个功能内核支持一个或多个触发级；

（4）每个触发端口支持一个或多个匹配单元；

（5）每个匹配单元均支持 6 种触发匹配类型；

（6）支持设置静态或者动态触发表达式；

（7）支持捕获 RTL 综合优化前或综合优化后信号；

（8）功能内核采用窗口采样模式，支持一个或多个窗口采集；

（9）支持导出 csv、vcd 和 prn 三种格式的波形数据文件；

（10）使用数据端口，节省器件资源。

6.4.2　添加 GAO 配置文件

GAO 的内核主要由控制内核和功能内核两部分组成。

（1）控制内核：所有功能内核与 JTAG 扫描电路通信控制器。控制内核连接上位机与功能内核，配置过程中接收上位机指令并传输给功能内核，读取数据过程中将功能内核采集的数据传送给上位机并显示在云源软件界面上。

（2）功能内核：主要负责实现触发信号的配置、数据采集与保存。功能内核与控制内核直接通信，接收控制内核传输的指令，根据指令进行数据采集和传输。

本小节将介绍添加 GAO 配置文件的方法，添加 GAO 配置文件的主要步骤如下所述。

（1）在云源软件当前工程主界面左侧的"Design"标签页中，找到并选中 example_6_1 或 GW2A-LV55PG484C8/I7，单击鼠标右键，出现浮动菜单。在浮动菜单中，选择 New File。

（2）弹出"New"对话框。在该对话框中，选择"GAO Config File"条目。

（3）弹出"New GAO Wizard-GAO Setting"对话框。在该对话框中，按如下设置参数。

① 在"Type"标题栏下，单击"For RTL Design"前面的单选按钮。

② 在"Mode"标题栏下，单击"Standard"前面的单选按钮。

（4）单击该对话框右下角的"Next"按钮。

（5）弹出"New GAO Wizard-GAO Configure File"对话框。在该对话框中，默认配置文件的名字为 example_6_1.rao（读者也可以修改该文件的名字）。

（6）单击该对话框右下角的"Next"按钮。

（7）弹出"New GAO Wizard-Summary"对话框。

（8）单击该对话框右下角的"Finish"按钮，退出"New GAO Wizard"对话框。

6.4.3　配置 GAO 参数

本小节将介绍配置 GAO 参数的方法，包括配置 Trigger Options 和 Capture Options。

1. 配置 Trigger Options

本部分将介绍配置 Trigger Options 的方法，主要步骤如下所述。

（1）在云源软件当前工程主界面左侧的"Design"标签页中，展开文件夹 GAO Config Files。

在展开项中，找到并双击 src\example_6_1.rao 文件。

（2）弹出"Core 0"对话框，如图 6.44 所示。在该对话框中，提供了用于配置信号触发条件的"Trigger Options"标签页和配置信号采样的"Captue Options"标签页。

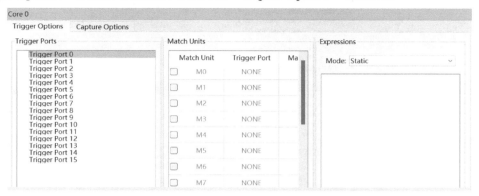

图 6.44　"Core 0"对话框

在"Trigger Options"标签页中，提供了：

① Trigger Ports 窗口，该窗口用于配置功能内核触发端口。

② Match Units 窗口，该窗口用于配置触发匹配单元。

③ Expressions 窗口，该窗口用于配置触发表达式。

（3）在图 6.44 中，双击 Trigger Ports 窗口中的"Trigger Port 0"条目。

（4）弹出"Trigger Port"对话框，如图 6.45 所示。在该对话框中，单击右侧的"Add Signals"按钮⊕。

（5）弹出"Search Nets"对话框，如图 6.46 所示。在该对话框中，单击"Name"右侧文本框右侧的 Search 按钮 🔍 Search 。在该对话框下面的窗口中列出了可用的网络。在该列表中，找到并选中 sys_rst，如图 6.47 所示。

图 6.45　"Trigger Port"对话框

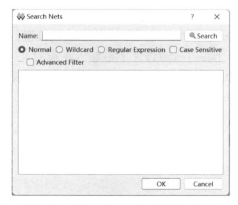

图 6.46　"Search Nets"对话框（1）

（6）单击图 6.47 右下角的"OK"按钮，退出"Search Nets"对话框，返回"Trigger Port"对话框。

（7）在"Trigger Port"对话框中已经自动添加了 sys_rst 信号（该信号将用于 GAO 在线逻辑分析工具的触发信号。单击该对话框右下角的"OK"按钮，退出"Trigger Port"对话框。

（8）在"Core 0"对话框的 Match Units 窗口中，勾选 M0 前面的复选框，如图 6.48 所示。然后双击 Match Unit 为 M0 的一行。

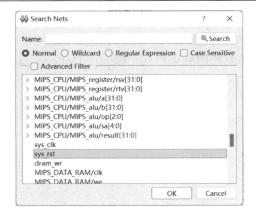

图 6.47　"Search Nets" 对话框（2）

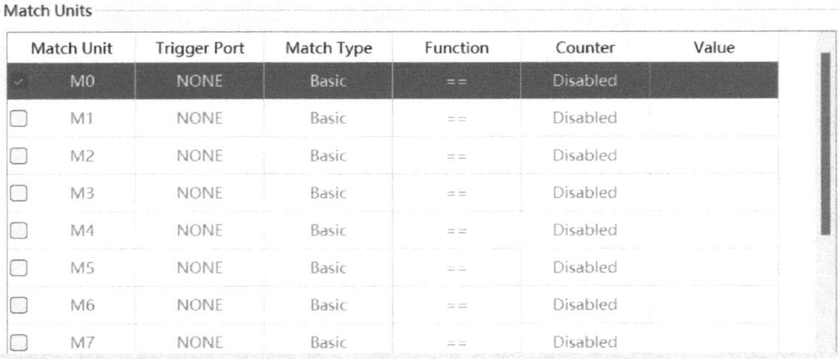

Match Unit	Trigger Port	Match Type	Function	Counter	Value
M0	NONE	Basic	==	Disabled	
M1	NONE	Basic	==	Disabled	
M2	NONE	Basic	==	Disabled	
M3	NONE	Basic	==	Disabled	
M4	NONE	Basic	==	Disabled	
M5	NONE	Basic	==	Disabled	
M6	NONE	Basic	==	Disabled	
M7	NONE	Basic	==	Disabled	

图 6.48　Match Units 窗口

（9）弹出 "Match Unit Config" 对话框，如图 6.49 所示。在该对话框中，按如下设置参数。

① On Trigger Port：Trigger Port 0（通过下拉框设置）。

② Match Type：Basic（通过下拉框设置）。

③ Function：==（通过下拉框设置）。

④ Value：BIN（通过单击单选按钮设置）。

⑤ sys_rst：1（通过文本框输入 1 设置）。

上面的设置表示在 sys_rst=1 时，满足触发条件，以捕获需要监视的信号。

（10）单击图 6.49 右下角的 "OK" 按钮，退出 "Match Unit Config" 对话框。

图 6.49　"Match Unit Config" 对话框

（11）双击图 6.44 中最右侧"Expressions"标题栏下的空白窗口，保持 Mode 默认 Static 设置。

（12）弹出"Expression"对话框，如图 6.50 所示。在该对话框中，单击 M0 按钮 M0 。

（13）单击图 6.50 中左下角的"OK"按钮，退出"Expression"对话框。

图 6.50　"Expression"对话框

2．配置 Capture Options

（1）单击图 6.51 中的"Capture Options"标签，出现"Capture Options"标签页，如图 6.51 所示。

（2）在"Capture Options"标签页中，找到"Sample Clock"标题栏。在该标题栏中，找到并单击"Clock"右侧文本框右侧的按钮 ... 。

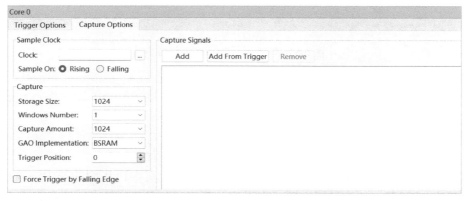

图 6.51　"Capture Options"标签页

（3）弹出"Search Nets"对话框。在该对话框中，单击"Name"标题右侧文本框右侧的 Search 按钮 🔍 Search 。

（4）在下面的窗口中列出了可用的网络列表，如图 6.52 所示。在该窗口中，选中 sys_clk。

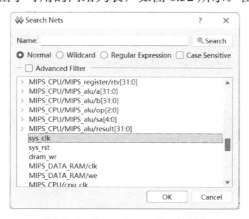

图 6.52　"Search Nets"对话框

（5）单击该窗口右下角的"OK"按钮，退出"Search Nets"对话框。

（6）单击图 6.51 中的"Add"按钮。

（7）弹出"Search Nets"对话框。在该对话框中，单击"Name"标题右侧文本框右侧的 Search 按钮 🔍 Search 。

（8）在下面的窗口中列出了可用的网络列表。在该窗口中，通过按下 Ctrl 按键和鼠标左键，分别选中信号 iram_addr[31:0]、iram_data[31:0]、MIPS_CPU/alu_op[2:0]、MIPS_CPU/MIPS_alu/result[31:0]、MIPS_CPU/pc_sel、MIPS_CPU/rd[4:0]和 MIPS_CPU/rdv[31:0]。

（9）单击该窗口右下角的"OK"按钮，退出"Search Nets"对话框。

配置完参数后的"Capture Options"标签页如图 6.53 所示。

图 6.53   "Capture Options"标签页

（10）按 Ctrl+S 组合键，保存 example_6_1.rao 文件。

（11）单击"example_6_1.rao"标签页右下角的 Close Tab 按钮⊠，关闭文件 example_6_1.rao。

6.4.4   添加物理约束文件

本小节将介绍添加物理约束文件的方法，主要步骤如下所述。

（1）在云源软件当前工程主界面左侧的"Design"标签页中，找到并选中 example_6_1 或 GW2A-LV55PG484C8/I7，单击鼠标右键，出现浮动菜单。在浮动菜单中，选择 New File。

（2）弹出"New"对话框。在该对话框中，选择"Physical Constraints File"条目。

（3）单击该对话框右下角的"OK"按钮，退出"New"对话框。

（4）弹出"New Physical Constraints File"对话框。在该对话框"Name"标题右侧的文本框中输入 mips_system，则物理约束文件的名字为 mips_system.cst。

（5）单击该对话框右下角的"OK"按钮，退出"New Physical Constraints File"对话框。

（6）在云源软件主界面当前工程主界面左侧的"Design"标签页中，自动添加了 Physical Constraints Files 文件夹。展开该文件夹，可以看到在该文件中保存着 mips_system.cst 文件。

6.4.5   添加引脚约束条件

在该设计中，使用高云大学计划提供的 Pocket Lab-F3 硬件开发平台，在该硬件开发平台上搭载了高云半导体型号为 GW2A-LV55PG484V8/I7 的 FPGA 芯片。

在该设计中，使用硬件开发平台上频率为 50MHz 的晶振产生的时钟信号，以及板上标记为 key1 的按键。此外，该设计中的输入端口 dp 和输出端口 dpv 连接到未使用的 FPGA 引脚上，引脚具体分配，如表 6.3 所示。

表 6.3   设计中端口和 FPGA 引脚的对应关系

Verilog HDL 顶层端口的名字	方向	FPGA 的引脚位置	I/O 标准
sys_clk	输入	M19	3.3V
sys_rst	输入	T18	3.3V
dp[0]	输入	F19	3.3V

Verilog HDL 顶层端口的名字	方向	FPGA 的引脚位置	I/O 标准
dp[1]	输入	E22	3.3V
dp[2]	输入	F22	3.3V
dp[3]	输入	G22	3.3V
dp[4]	输入	G21	3.3V
dpv[0]	输出	J22	3.3V
dpv[1]	输出	H22	3.3V
dpv[2]	输出	W13	3.3V
dpv[3]	输出	W12	3.3V
dpv[4]	输出	W15	3.3V
dpv[5]	输出	W14	3.3V
dpv[6]	输出	Y15	3.3V
dpv[7]	输出	Y14	3.3V
dpv[8]	输出	W16	3.3V
dpv[9]	输出	Y16	3.3V
dpv[10]	输出	Y17	3.3V
dpv[11]	输出	AA17	3.3V
dpv[12]	输出	Y18	3.3V
dpv[13]	输出	Y19	3.3V
dpv[14]	输出	Y20	3.3V
dpv[15]	输出	AA20	3.3V
dpv[16]	输出	W18	3.3V
dpv[17]	输出	W17	3.3V
dpv[18]	输出	V19	3.3V
dpv[19]	输出	W19	3.3V
dpv[20]	输出	V18	3.3V
dpv[21]	输出	V17	3.3V
dpv[22]	输出	U16	3.3V
dpv[23]	输出	V16	3.3V
dpv[24]	输出	V15	3.3V
dpv[25]	输出	V14	3.3V
dpv[26]	输出	V6	3.3V
dpv[27]	输出	Y4	3.3V
dpv[28]	输出	Y3	3.3V
dpv[29]	输出	V7	3.3V
dpv[30]	输出	Y5	3.3V
dpv[31]	输出	AA3	3.3V

注：更详细的引脚分配信息请参考 Pocket Lab-F3 硬件开发平台使用指南。

下面介绍在物理约束文件中添加引脚约束的方法，主要步骤如下所述。

（1）在云源软件当前工程主界面左侧窗口中，单击 "Process" 标签。

（2）在 "Process" 标签页中，找到并展开 "User Constraints" 条目。在展开条目中，双击

“FloorPlanner”条目。

（3）弹出 FloorPlanner 窗口。单击该窗口底部的“I/O Constraints”标签。

（4）弹出“I/O Constraints”标签页，如图 6.54 所示。在该标签页中，在 Location 一栏中，按

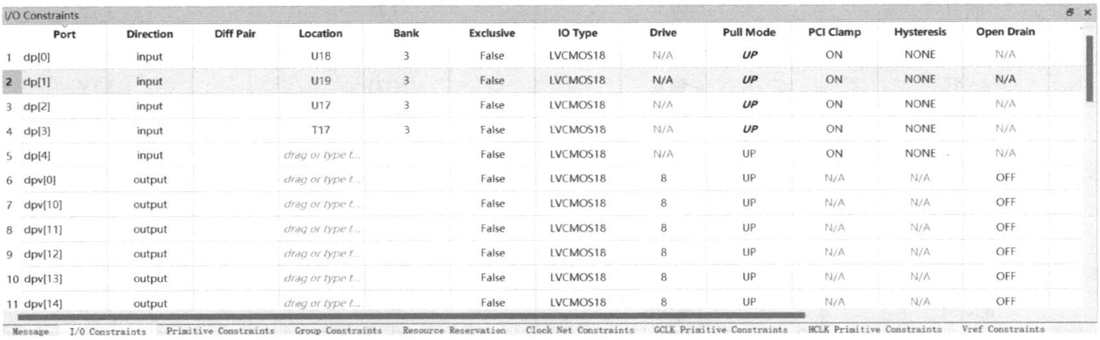
I/O Constraints

	Port	Direction	Diff Pair	Location	Bank	Exclusive	IO Type	Drive	Pull Mode	PCI Clamp	Hysteresis	Open Drain
1	dp[0]	input		U18	3	False	LVCMOS18	N/A	UP	ON	NONE	N/A
2	dp[1]	input		U19	3	False	LVCMOS18	N/A	UP	ON	NONE	N/A
3	dp[2]	input		U17	3	False	LVCMOS18	N/A	UP	ON	NONE	N/A
4	dp[3]	input		T17	3	False	LVCMOS18	N/A	UP	ON	NONE	N/A
5	dp[4]	input		drag or type t...		False	LVCMOS18	N/A	UP	ON	NONE	N/A
6	dpv[0]	output		drag or type t...		False	LVCMOS18	8	UP	N/A	N/A	OFF
7	dpv[10]	output		drag or type t...		False	LVCMOS18	8	UP	N/A	N/A	OFF
8	dpv[11]	output		drag or type t...		False	LVCMOS18	8	UP	N/A	N/A	OFF
9	dpv[12]	output		drag or type t...		False	LVCMOS18	8	UP	N/A	N/A	OFF
10	dpv[13]	output		drag or type t...		False	LVCMOS18	8	UP	N/A	N/A	OFF
11	dpv[14]	output		drag or type t...		False	LVCMOS18	8	UP	N/A	N/A	OFF

Message　I/O Constraints　Primitive Constraints　Group Constraints　Resource Reservation　Clock Net Constraints　GCLK Primitive Constraints　HCLK Primitive Constraints　Vref Constraints

图 6.54 “I/O Constraints”标签页

表 6.3 给出的位置映射关系输入每行端口对应的 FPGA 引脚位置；在 I/O Type 一栏中，按表 6.3 给出的 I/O 标准通过下拉框设置 I/O 类型，在该设计中所有 I/O 类型均设置为 LVCMOS33。

设置完引脚 Location 和 I/O Type 后的“I/O Constraints”标签页如图 6.55 所示。

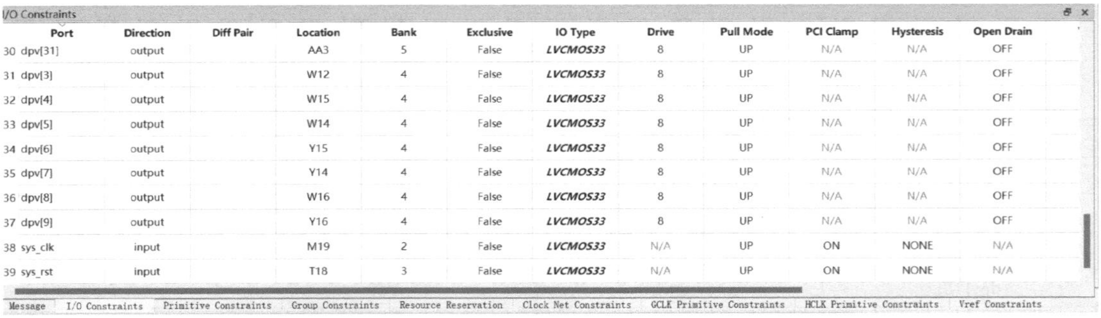
I/O Constraints

	Port	Direction	Diff Pair	Location	Bank	Exclusive	IO Type	Drive	Pull Mode	PCI Clamp	Hysteresis	Open Drain
30	dpv[31]	output		AA3	5	False	LVCMOS33	8	UP	N/A	N/A	OFF
31	dpv[3]	output		W12	4	False	LVCMOS33	8	UP	N/A	N/A	OFF
32	dpv[4]	output		W15	4	False	LVCMOS33	8	UP	N/A	N/A	OFF
33	dpv[5]	output		W14	4	False	LVCMOS33	8	UP	N/A	N/A	OFF
34	dpv[6]	output		Y15	4	False	LVCMOS33	8	UP	N/A	N/A	OFF
35	dpv[7]	output		Y14	4	False	LVCMOS33	8	UP	N/A	N/A	OFF
36	dpv[8]	output		W16	4	False	LVCMOS33	8	UP	N/A	N/A	OFF
37	dpv[9]	output		Y16	4	False	LVCMOS33	8	UP	N/A	N/A	OFF
38	sys_clk	input		M19	2	False	LVCMOS33	N/A	UP	ON	NONE	N/A
39	sys_rst	input		T18	3	False	LVCMOS33	N/A	UP	ON	NONE	N/A

Message　I/O Constraints　Primitive Constraints　Group Constraints　Resource Reservation　Clock Net Constraints　GCLK Primitive Constraints　HCLK Primitive Constraints　Vref Constraints

图 6.55 设置完引脚 Location 和 I/O Type 后的“I/O Constraints”标签页

（5）按 Ctrl+S 组合键，将设置的 I/O Location 和 I/O Type 保存到物理约束文件中。

（6）单击图 6.55 右上角的“关闭”按钮 ×，关闭 FloorPlanner 窗口。

（7）在云源软件当前工程主界面左侧的“Design”标签页中，找到并展开 Physical Constraints Files 文件夹。在展开项中，双击 src\mips_system.cst，打开 mips_system.cst 文件。在该文件中，查看设置的 FPGA 引脚位置（Location）和电气标准（I/O Type）。

6.4.6 下载设计到 FPGA

本小节将介绍将设计下载到 FPGA 的方法，主要步骤如下所述。

（1）将外部+12V 电源适配器的电源插头连接到 Pocket Lab-F3 硬件开发平台标记为 DC12V 的电源插口。

（2）将 USB Type-C 电缆分别连接到 Pocket Lab-F3 硬件开发平台上标记为“下载 FPGA”的 USB Type-C 插口和 PC/笔记本电脑的 USB 插口。

（3）将 Pocket Lab-F3 硬件开发平台的电源开关切换到打开电源的状态，给 Pocket Lab-F3 硬件开发平台上电。

（4）在高云云源软件当前工程主界面左侧的“Process”标签页中，找到并双击“Place & Route”条目，云源软件布局布线工具开始对设计执行布局布线过程，等待该过程的结束。

（5）在云源软件当前工程主界面左侧的"Process"标签页中，找到并双击"Programmer"条目。

（6）同时弹出"Gowin Programmer Version 1.9.9(64-bit)build 31221"（下面简称 Gowin Programmer）对话框和"Cable Settings"对话框，如图 6.56 所示。在"Cable Setting"对话框中，给出了检测到的电缆型号、端口等信息，单击该对话框右下角的"Save"按钮，退出"Cable Setting"对话框，并自动返回到"Gowin Programmer"对话框。

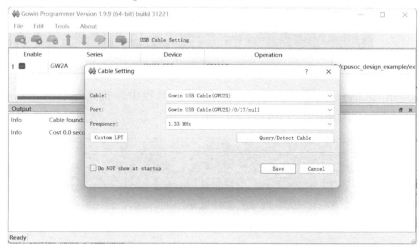

图 6.56　"Gowin Programmer"对话框和"Cable Setting"对话框

（7）在 Gowin Programmer 主界面工具栏中，找到并单击 Program/Configure 按钮 ，将设计下载到高云 FPGA 中。

（8）单击 Gowin Programmer 主界面右上角的"关闭"按钮，退出 Gowin Programmer。

6.4.7　启动 GAO 软件工具

本小节将介绍启动 GAO 软件工具的方法，主要步骤如下所述。

（1）在云源软件主界面主菜单中，选择 Tools->Gowin Analyzer Oscilloscope。

（2）弹出"Gowin Analyzer Oscilloscope"对话框，如图 6.57 所示。

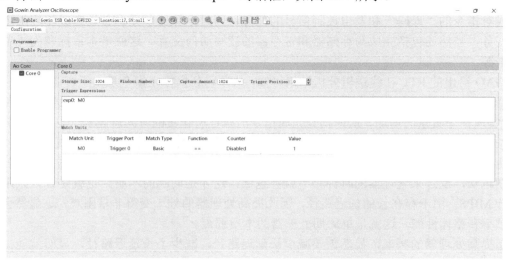

图 6.57　"Gowin Analyzer Oscilloscope"对话框

（3）一直按下 Pocket Lab-F3 硬件开发平台核心板上标记为 key1 的按键。

（4）在图 6.57 所示的工具栏中，找到并单击 Start 按钮 ▶。

（5）释放一直按下的 key1 按键，使得满足 GAO 软件的触发捕获条件，即 sys_rst=1。此时，在"Gowin Analyzer Oscilloscope"对话框中显示捕获的数据，如图 6.58 所示。

图 6.58　"Gowin Analyzer Oscilloscope"对话框中显示捕获的数据

（6）在"Gowin Analyzer Oscilloscope"对话框的工具栏中，找到并单击 Zoom In 按钮，放大波形观察细节，如图 6.59 所示。

图 6.59　"Gowin Analyzer Oscilloscope"对话框中显示放大后捕获的数据

（7）单击"Gowin Analyzer Oscilloscope"对话框右上角的"关闭"按钮×，关闭 GAO（Gowin Analyzer Oscilloscope）。

6.4.8　设计总结和启示

本章介绍的单周期 MIPS 系统的设计过程并不算很复杂，但是其中隐藏着一些更深层的知识。下面对这些知识点进行进一步的分析和归纳。

从整个设计过程可知，在构成单周期 MIPS 系统的所有单元中，只有程序计数器是时序逻辑电路，而控制器和运算器单元都是纯粹的组合逻辑电路。当然，寄存器文件单元绝大部分也是组合逻辑电路，只有少量的时序逻辑电路。

从图 6.59 可知，在程序计数器指向下一条指令之前，也就是一个时钟周期内，控制器单元必须要完成对指令的"译码"和发出控制信号的任务，同时运算器单元也必须完成相应的逻辑和算术运算任务，当然还包括完成与存储器和寄存器的读写访问交互。这就是本章标题为"单周期"术语的来源。

从 GAO 给出的 RTL 在线逻辑分析结果可知，从译码到执行完指令是由组合逻辑电路实现的，因此从译码到完成指令的执行就需要花费一定的时间，就是所谓的"延迟"。显然，随着单周期 MIPS 所实现指令数量的增加，从译码到完成指令的执行所花费的时间就越长，也就是"延迟"越大。最长的延迟路径，也称为关键路径，它由 MIPS32 指令集架构（ISA）中最复杂的指令确定。一个很明显的事实是，频率和时间成"反比"关系，即花费的时间越长，延迟越大，则处理器的时钟周期越长，反过来处理器的时钟频率就会越低，这才是问题的本质。也就是说，采用单周期方法设计 MIPS，由于存在长的延迟路径，因此提高处理器的频率变得非常困难，这显然会影响处理器的频率和整体性能。这就是单周期处理器的本质弱点。

要想提高处理器的频率，显然需要减少长延迟路径，减少了长延迟路径，显然就能提高处理器的工作频率。因此就会引入"多周期"的概念。从本质上来说，通过在取指单元、译码单元和执行指令单元之间插入由触发器构成的寄存器就可以将长延迟路径变成几个较短的延迟路径。

6.5　单周期 MIPS 系统添加外设的设计

前面设计的单周期 MIPS 系统包括了单周期 MIPS 核、指令存储器和数据存储器，但是没有涉及任何输入/输出设备，对于一个真正的处理器来说，这是不完整的。因此，本节将在前面设计的单周期 MIPS 系统的基础上添加输入/输出设备，构成一个较为完整的处理器系统，也就是通常所说的片上系统（System on Chip，SoC）。

MIPS 属于 RISC 架构。在该架构中，存储器和外设共处于一个统一的存储器空间内。这就意味着 MIPS 系统外的存储器和外设采用了统一编址的模式。从另一个层面来说，MIPS 在访问存储器和访问外设时，采用了相同的指令。

6.5.1　设计思路

现在的问题就变成 MIPS 如何区分访问存储器还是访问外设？对存储器/外设的访问无非就是写入操作或读取操作，如图 6.60 所示。

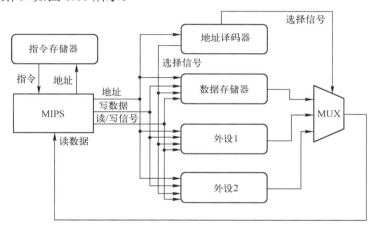

图 6.60　带有译码器和多路选择器的存储器与外设设计结构

（1）在单周期 MIPS 系统中，采用了独立的指令存储器，MIPS 为指令存储器提供了独立的地址和数据总线，因此对指令存储器的访问控制逻辑比较简单。只要程序计数器给出要取出下一条指令的地址，则指令存储器就能通过独立的数据总线将指令提供给单周期 MIPS 系统。

（2）数据存储器和外设共享地址与数据总线，因此需要比较复杂的控制逻辑来区分访问的是数据存储器还是外设。

① 当 MIPS 向数据存储器/外设写数据时，要通过地址译码器产生访问数据存储器/外设的选择信号线。当写信号有效，且指向数据存储器/外设的选择信号线有效时，才能将数据写入存储器/外设中。注意，在一个时刻，只允许一个选择信号有效。也就是说，在一个时刻，在数据存储器和多个外设之间，只允许一个设备有效，要么选择一个数据存储器，要么从多个外设中选择一个外设。因此，多个选择信号线之间具有"单选"关系，这种多个选择信号线之间的单选关系保证在一个时刻 MIPS 能将数据正确地写入数据存储器的某个存储单元或某个外设的一个控制寄存器中。

这里需要注意另一个潜在的信号，即时钟信号。在 MIPS 将数据写入数据存储器的某个存储单元/某个外设的一个控制寄存器中时，包括地址线、数据线和控制线都以时钟信号的边沿为触发信号。在时钟边沿的作用下，当对数据存储器执行写操作时，将数据写入地址给出的某个存储单元中；当对外设执行写操作时，将数据写入地址指定的控制寄存器中。

② 当 MIPS 读取数据存储器/外设的数据时，只有被选中数据存储器/外设的数据才能送给 MIPS，这是因为不可能把从数据存储器存储单元和外设中状态寄存器读取的数据同时都连接到单周期 MIPS 系统上，这是因为 MIPS 只提供了一个专用的读数据总线。此时，就需要在设计中添加一个多路选择器（MUX），将数据存储器/外设的读取数据送到多路选择器的输入端口，然后在地址译码器的控制下，选择将数据存储器/外设读取的数据送给 MIPS 专用的数据总线。

思考与练习 6-10：根据图 6.60 给出的设计结构，说明地址译码器和多路选择器的作用。

思考与练习 6-11：在以 MIPS 为代表的 RISC 架构中，存储器和外设采用＿＿＿＿＿＿＿＿（独立/统一）编址的模式，访问存储器和访问外设采用＿＿＿＿＿＿＿＿（相同/不同）的指令。

6.5.2　存储空间映射

那么译码器根据什么规则来区分访问的是数据存储器还是外设，这就涉及 MIPS 的存储空间映射问题，即存储空间的哪一部分空间分配给数据存储器，哪一部分分配给不同的外设。为了便于后面的设计，这里为数据存储器和外设指定了存储空间的分配规则，如表 6.4 所示。

表 6.4　数据存储器和外设的存储空间映射

地址范围	大小（单位：B）	分配对象
0x0000 0000～0x0000 3FFF	16K	数据存储器
0x0000 7F00～0x0000 7F0F	16	GPIOC
0x0000 7F10～0x0000 7F1F	16	PWMC
0x0000 7F20～0x0000 7F2F	16	保留
0x0000 7F30～0x0000 7F3F	16	保留
0x0000 7F40～0x0000 7F4F	16	保留

从表中可知，对于外设来说，准确的说法应该称为外设控制器。比如，用于控制和读取外部 I/O 状态的外设称为通用输入/输出控制器（General Purpose Input & Output Controller，GPIOC），用于产生脉冲宽度调制信号的外设称为脉冲宽度调制控制器（Pulse Width Modulation Controller，PWMC）。

为什么将它们称为外设控制器呢？首先，这些外设控制器是集成在芯片内部的，用来控制真正的外部设备（peripheral）。比如，GPIOC 可以用于控制外部的驱动器等物理设备，PWMC 可以通过外接驱动器来驱动电机。

在几十年前，外设控制器是独立于处理器单独存在的，这些外设控制器通过处理器的外部总线与处理器连接，因此它们也被叫作片外外设控制器。这些外设控制器由小规模集成电路芯片构成。通过在这些分立的小规模集成电路外面连接其他物理芯片来驱动真正的外部设备工作。由 Intel 8086 处理器体系就属于这种构建模式。8086 处理器与 8284 和 8288 共同控制系统的地址总线、数据总线和控制总线，连接诸如 8237、8255、8251 等外部的小规模集成电路来驱动真正的外部设备。

随着半导体技术的不断发展，这些原来在处理器外部存在的外设控制器芯片就被集成到单个集成电路中。例如，与处理器集成于同一颗芯片中，称为片上系统（System on Chip，SoC）。

6.5.3　复制并添加设计文件

在处理器系统中添加外设的设计是基于前面完成的单周期 MIPS 系统的设计，因此需要使用前面的单周期 MIPS 系统的设计文件。复制该设计文件的主要步骤如下所述。

（1）启动高云云源软件。

（2）按照 6.2.1 节介绍的方法在 E:\cpusoc_design_example\example_6_2 目录中，新建一个名字为"example_6_2.gprj"的工程。

（3）将 E:\cpusoc_design_example\example_6_1\src 目录中的所有文件复制粘贴到 E:\cpusoc_design_example\example_6_2\src 目录中。

（4）在 E:\cpusoc_design_example\example_6_2\src 目录中，将文件名 example_6_1.rao 改为 example_6_2.rao。

（5）在高云软件当前工程主界面左侧的"Design"标签页中，选中 example_6_2 条目或 GW2A-LV55PG484C8/I7 条目，单击鼠标右键，出现浮动菜单。在浮动菜单中，选择 Add Files。

（6）弹出"Select Files"对话框。在该对话框中，将路径定位到 E:\cpusoc_design_example\example_6_2\src 中，通过按下 Ctrl 按键和鼠标左键，选中 src 目录中的所有文件。

（7）单击该对话框右下角的"打开"按钮，退出"Select Files"对话框。

6.5.4　添加地址译码器设计文件

本小节将介绍如何添加地址译码器设计文件，主要步骤如下所述。

（1）在高云软件当前工程主界面左侧的"Design"标签页中，选中 example_6_2 条目或 GW2A-LV55PG484C8/I7 条目，单击鼠标右键出现浮动菜单。在浮动菜单中，选择 New File。

（2）弹出"New"对话框。在该对话框中，选择"Verilog File"条目。

（3）单击该对话框右下角的"OK"按钮，退出"New"对话框。

（4）弹出"New Verilog file"对话框。在该对话框"New"标题右侧的文本框中输入 address_decoder，即该文件的文件名为 address_decoder.v。

（5）单击该对话框右下角的"OK"按钮，退出"New Verilog file"对话框。

（6）自动打开 address_decoder.v 文件。在该文件中，添加设计代码（见代码清单 6-15）。

代码清单 6-15　address_decoder.v 文件

```verilog
/* 定义 timescale，用于仿真 */
`timescale 1ns/1ps
`define RAM_ADDR_BASE     18'b000000000000000000          //00
`define GPIOC_ADDR_BASE   28'b0000000000000000111111110000 //0x00007f0
`define PWMC_ADDR_BASE    28'b0000000000000000111111110001 //0x00007f1
`define SSDTC_ADDR_BASE   28'b0000000000000000111111110010 //0x00007f2
module address_decoder(                                    // 定义模块 address_decoder
input [31:0]   addr,                                       // 定义 32 位输入地址 addr
output [5:0]   sel                                         // 定义输出 6 位选择信号 sel
);
/* RAM 地址范围为 0x00000000~0x00003fff */
assign sel[0]=(addr[31:14]==`RAM_ADDR_BASE);               // addr[31:14]匹配 0x0
/* GPIOC 地址范围为 0x00007f00~0x00007f0f */
assign sel[1]=(addr[31:4]==`GPIOC_ADDR_BASE);             // addr[31:14]匹配 0x00007f0
/* PWMC 地址范围为 0x00007f10~0x00007f1f */
assign sel[2]=(addr[31:4]==`PWMC_ADDR_BASE);             // addr[31:14]匹配 0x00007f1
/* 保留，未用 */
assign sel[3]=1'b0
/* 保留，未用 */
assign sel[4]=1'b0;
```

```
/* 保留，未用 */
assign sel[5]=1'b0;
endmodule
```

（7）按 Ctrl+S 组合键，保存设计文件。

6.5.5　添加多路选择器设计文件

本小节将介绍添加多路选择器设计文件的方法，主要步骤如下所述。

（1）在高云软件当前工程主界面左侧的"Design"标签页中，选中 example_6_2 条目或 GW2A-LV55PG484C8/I7 条目，单击鼠标右键，出现浮动菜单。在浮动菜单中，选择 New File。

（2）弹出"New"对话框。在该对话框中，选择"Verilog File"条目。

（3）单击该对话框右下角的"OK"按钮，退出"New"对话框。

（4）弹出"New Verilog file"对话框。在该对话框"New"标题右侧的文本框中输入 mux，即该文件的文件名为 mux.v。

（5）单击该对话框右下角的"OK"按钮，退出"New Verilog file"对话框。

（6）自动打开 mux.v 文件。在该文件中，添加设计代码（见代码清单 6-16）。

代码清单 6-16　mux.v 文件

```
`timescale 1ns/1ps                          // 定义 timescale，用于仿真
module mux(                                  // 定义多路选择器模块 mux
  input      [5:0]  sel,                     // 定义多路选择器的选择信号 sel
  input      [31:0] data_in_0,               // 定义 32 位输入数据 data_in_0
  input      [31:0] data_in_1,               // 定义 32 位输入数据 data_in_1
  input      [31:0] data_in_2,               // 定义 32 位输入数据 data_in_2
  input      [31:0] data_in_3,               // 定义 32 位输入数据 data_in_3
  input      [31:0] data_in_4,               // 定义 32 位输入数据 data_in_4
  input      [31:0] data_in_5,               // 定义 32 位输入数据 data_in_5
  output reg [31:0] data_out                 // 定义 32 位输出数据 data_out
);
  always @(*)                                // always 块
  begin
    casez (sel)
      6'b?????1 : data_out=data_in_0;        // sel[0]="1", data_in_0→data_out
      6'b????10 : data_out=data_in_1;        // sel[1]="1", data_in_1→data_out
      6'b???100 : data_out=data_in_2;        // sel[2]="1", data_in_2→data_out
      6'b??1000 : data_out=data_in_3;        // sel[3]="1", data_in_3→data_out
      6'b?10000 : data_out=data_in_4;        // sel[4]="1", data_in_4→data_out
      6'b100000 : data_out=data_in_5;        // sel[5]="1", data_in_5→data_out
      default   : data_out=data_in_0;        // 其他情况，data_in_0→data_out
    endcase
  end                                        // always 块结束
endmodule                                    // 模块 mux 结束
```

（7）按 Ctrl+S 组合键，保存设计文件。

6.5.6　添加 GPIO 控制器设计文件

本小节将介绍添加 GPIO 控制器设计文件的方法，主要步骤如下所述。

（1）在高云软件当前工程主界面左侧的"Design"标签页中，选中 example_6_2 条目或 GW2A-LV55PG484C8/I7 条目，单击鼠标右键，出现浮动菜单。在浮动菜单中，选择 New File。

（2）弹出"New"对话框。在该对话框中，选择"Verilog File"条目。

（3）单击该对话框右下角的"OK"按钮，退出"New"对话框。

（4）弹出"New Verilog file"对话框。在该对话框"New"标题右侧的文本框中输入 GPIOC，即该文件的文件名为 GPIOC.v。

（5）单击该对话框右下角的"OK"按钮，退出"New Verilog file"对话框。

（6）自动打开 GPIOC.v 文件。在该文件中，添加设计代码（见代码清单 6-17）。

代码清单 6-17　GPIOC.v 文件

```verilog
`timescale 1ns/1ps                              // 定义 timescale，用于仿真
`define GPIO_WIDTH          16                   // 定义 GPIO 端口的宽度为 16 位
module GPIOC(                                     // 定义模块 GPIOC
 input              clk,                          // 定义输入时钟信号 clk
 input              rst,                          // 定义输入复位信号 rst
 input              sel,                          // 定义输入选择信号 sel
 input              we,                           // 定义输入写信号 we
 input  [`GPIO_WIDTH-1:0] gpioin,                 // 定义 16 位 GPIO 输入引脚
 input  [31:0]      addr,                         // 定义 32 位输入地址 addr
 input  [31:0]      wdata,                        // 定义 32 位写数据 wdata
 output [`GPIO_WIDTH-1:0] gpioout,                // 定义 16 位 GPIO 输出引脚
 output reg [31:0]  rdata                         // 定义 32 位输出读数据 radta
);
localparam BLANK_WIDTH=32-`GPIO_WIDTH;            // 定义本地参数 BLANK_WIDTH
reg [`GPIO_WIDTH-1:0]    gpio_out;                // 定义内部寄存器变量 gpio_out
assign gpioout=gpio_out;                          // 将 gpio_out 连接到 gpioout
always @(negedge rst or posedge clk)             // always 块，rst 低电平和 clk 上升沿触发
begin
 if(!rst)                                         // 若 rst 为"0"
   gpio_out<={`GPIO_WIDTH{1'b0}};                 // gpio_out 置全零
 else                                             // clk 上升沿到来时
   if(sel==1'b1 && we==1'b1)                      // 如果 sel 为"1"，且 we 为"1"
    begin
     if(addr[3:0]==4'h4)                          // 如果偏移地址为 4
       gpio_out<=wdata[`GPIO_WIDTH-1:0];          // 将数据写到寄存器 gpio_out 中
    end
end                                              // always 块结束
always @(*)                                       // always 块
begin
 case (addr[3:0])                                 // 判断偏移地址
   4'h0    : rdata={{BLANK_WIDTH{1'b0}},gpioin};  // 偏移地址 0，读取输入 gpioin
   4'h4    : rdata={{BLANK_WIDTH{1'b0}},gpio_out};// 偏移地址 4，读取 gpio_out
   default : rdata={{BLANK_WIDTH{1'b0}},gpioin};  // 其他地址，读取输入 gpioin
 endcase
end                                              // always 块结束
endmodule                                        // 模块 GPIOC 结束
```

（7）按 Ctrl+S 组合键，保存设计文件。

思考与练习 6-12：分析代码清单 6-17 给出的代码，填写表 6.5。

表 6.5　GPIOC 控制器的寄存器映射和功能

寄存器的名字	偏移地址	绝对地址	读写属性	功能
gpio_out	0x4		W	
rdata1	0x0		R	
rdata2	0x4		R	

6.5.7　添加 PWM 控制器设计文件

本小节将介绍添加 PWM 控制器设计文件的方法，主要步骤如下所述。

（1）在高云软件当前工程主界面左侧的"Design"标签页中，选中 example_6_2 条目或 GW2A-LV55PG484C8/I7 条目，单击鼠标右键，出现浮动菜单。在浮动菜单中，选择 New File。

（2）弹出"New"对话框。在该对话框中，选择"Verilog File"条目。

（3）单击该对话框右下角的"OK"按钮，退出"New"对话框。

（4）弹出"New Verilog file"对话框。在该对话框"New"标题右侧的文本框中输入 PWMC，即该文件的文件名为 PWMC.v。

（5）单击该对话框右下角的"OK"按钮，退出"New Verilog file"对话框。

（6）自动打开 PWMC.v 文件。在该文件中，添加设计代码（见代码清单 6-18）。

代码清单 6-18　PWMC.v 文件

```
`timescale 1ns/1ps                          // 定义 timescale，用于仿真
module PWMC(                                 // 定义模块 PWMC
  input      clk,                           // 定义输入时钟信号 clk
  input      rst,                           // 定义输入复位信号 rst
  input      sel,                           // 定义输入选择信号 sel
  input      we,                            // 定义输入写信号 we
  input [31:0]  addr,                       // 定义 32 位输入地址 addr
  input [31:0]  wdata,                      // 定义 32 位输入写数据 wdata
  output [31:0] rdata,                      // 定义 32 位输出读数据 rdata
  output     pwmout                         // 定义输出脉冲宽度调制信号
);
reg [7:0] compare;                          // 定义内部 8 位寄存器类型信号 compare
reg [7:0] counter;                          // 定义内部 8 位寄存器类型信号 counter

assign rdata={{24{1'b0}},compare};          //  compare 的值对齐，作为读数据 rdata

always @(negedge rst or posedge clk)        // always 块，敏感向量 rst 低电平和 clk 上升沿
begin
  if(!rst)                                  // 若 rst 为 "0"
    compare<=8'h00;                         // 寄存器 compare 清零
  else                                      // 若为 clk 上升沿
    if(sel==1'b1 && we==1'b1)               // sel 为 "1" 且 we 为 "1"
      if(addr[3:0]==4'h0)                   // 偏移地址为 0
        compare<=wdata[7:0];                // 将比较值写到比较寄存器中
end                                         // always 块结束
assign pwmout=(counter>compare);            // 计数值和比较值的比较结果作为 pwmout
always @(negedge rst or posedge clk)        // always 块
begin
  if(!rst)                                  // 若 rst 为 "0"
    counter<=8'h00;                         // 计数器 counter 清零
  else                                      // 时钟上升沿到来时
```

```
    counter<=counter+1;                    // 计数器 counter 递增
end                                        // always 块结束
endmodule                                  // 模块 PWMC 结束
```

（7）按 Ctrl+S 组合键，保存设计文件。

思考与练习 6-13：分析代码清单 6-18 给出的代码，填写表 6.5。

表 6.5　PWMC 控制器的寄存器映射和功能

寄存器的名字	偏移地址	绝对地址	读写属性	功能
compare	0x0		W	
rdata	0x0		R	

6.5.8　修改顶层设计文件

本小节将介绍如何修改顶层设计文件，主要步骤如下所述。

（1）在云软软件当前工程主界面左侧的"Design"标签页中，找到并双击 src\mips_system.v，打开 mips_system.v 文件。

（2）在 mips_system.v 文件中，添加设计代码（见代码清单 6-19）。

代码清单 6-19　在 mips_system.v 文件中添加设计代码

```
`timescale 1ns/1ps                         // 定义 timescale，用于仿真

`define GPIO_WIDTH    16                   // 定义 GPIO 输入和输出引脚的位宽

module mips_system(                        // 定义模块 mips_system
    input                    sys_clk,      // 定义输入系统时钟信号 sys_clk
    input                    sys_rst,      // 定义输入系统复位信号 sys_rst
    input    [ 4:0]          dp,           // 定义 5 位输入调试端口 dp
    input    [`GPIO_WIDTH-1:0]  gpioin,    // 定义 16 位 GPIO 输入引脚
    output [31:0 ]           dpv,          // 定义 32 位输出调试端口数据 dpv
    output [`GPIO_WIDTH-1:0] gpioout,      // 定义 16 位 GPIO 输出引脚
    output                   pwmout        // 定义脉冲宽度调制信号 pwmout
);
wire [31:0] dram_rd_data;                  // 定义内部 32 位网络 dram_rd_data
wire [31:0] bus_addr;                      // 定义内部 32 位网络 bus_addr
wire [31:0] bus_data;                      // 定义内部 32 位网络 bus_data
wire [31:0] iram_addr;                     // 定义内部 32 位网络 iram_addr
wire [31:0] iram_data;                     // 定义内部 32 位网络 iram_data
wire       bus_wr;                         // 定义内部网络 bus_wr
wire [5:0]   sel;                          // 定义内部 6 位网络 sel
wire       dram_wr;                        // 定义内部网络 dram_wr
wire [31:0] GPIOC_rdata;                   // 定义内部 32 位网络 GPIOC_rdata
wire [31:0] PWMC_rdata;                    // 定义内部 32 位网络 PWMC_rdata
wire [31:0] rd_data;                       // 定义内部 32 位网络 rd_data
assign dram_wr=sel[0] & bus_wr;            // 生成数据存储器的写信号 dram_wr
iram MIPS_INSTRUCTON_RAM(                  // 例化指令存储器
    .a(iram_addr),                         // 端口 a 连接到 iram_addr
    .rd(iram_data)                         // 端口 rd 连接到 iram_data
);
dram MIPS_DATA_RAM(                        // 例化数据存储器
    .clk(sys_clk),                         // 端口 clk 连接到 sys_clk
    .a(bus_addr),                          // 端口 a 连接到 bus_addr
```

```verilog
        .we(dram_wr),                      // 端口 we 连接到 dram_wr
        .wd(bus_data),                     // 端口 wd 连接到 bus_data
        .rd(dram_rd_data)                  // 端口 rd 连接到 dram_rd_data
    );
    CPU_core MIPS_CPU(                     // 例化元件 CPU_core
        .cpu_clk(sys_clk),                 // 端口 cpu_clk 连接到 sys_clk
        .cpu_rst(sys_rst),                 // 端口 cpu_rst 连接到 sys_rst
        .dp(dp),                           // 端口 dp 连接到 dp
        .datar(rd_data),                   // 端口 datar 连接到 rd_data
        .instr(iram_data),                 // 端口 instr 连接到 iram_data
        .instr_addr(iram_addr),            // 端口 instr_addr 连接到 iram_addr
        .dpv(dpv),                         // 端口 dpv 连接到 dpv
        .data_addr(bus_addr),              // 端口 data_addr 连接到 bus_addr
        .dataw(bus_data),                  // 端口 dataw 连接到 bus_data
        .wr(bus_wr)                        // 端口 wr 连接到 bus_wr
    );
    address_decoder MIPS_address_decoder(  // 例化模块 address_decoder
        .addr(bus_addr),                   // 端口 addr 连接到 bus_addr
        .sel(sel)                          // 端口 sel 连接到 sel
    );
    GPIOC MIPS_GPIO(                       // 例化模块 GPIOC
        .clk(sys_clk),                     // 端口 clk 连接到 sys_clk
        .rst(sys_rst),                     // 端口 rst 连接到 sys_rst
        .sel(sel[1]),                      // 端口 sel 连接到 sel[1]
        .we(bus_wr),                       // 端口 we 连接到 bus_wr
        .gpioin(gpioin),                   // 端口 gpioin 连接到 gpioin
        .addr(bus_addr),                   // 端口 addr 连接到 bus_addr
        .wdata(bus_data),                  // 端口 wdata 连接到 bus_data
        .gpioout(gpioout),                 // 端口 gpioout 连接到 gpioout
        .rdata(GPIOC_rdata)                // 端口 rdata 连接到 GPIOC_rdata
    );
    PWMC MIPS_PWMC(                        // 例化 PWMC 模块
        .clk(sys_clk),                     // 端口 clk 连接到 sys_clk
        .rst(sys_rst),                     // 端口 rst 连接到 sys_rst
        .sel(sel[2]),                      // 端口 sel 连接到 sel[2]
        .we(bus_wr),                       // 端口 we 连接到 bus_wr
        .addr(bus_addr),                   // 端口 addr 连接到 bus_addr
        .wdata(bus_data),                  // 端口 wdata 连接到 bus_data
        .rdata(PWMC_rdata),                // 端口 rdata 连接到 PWMC_rdata
        .pwmout(pwmout)                    // 端口 rdata 连接到 pwmout
    );
    mux MIPS_mux(                          // 例化模块 mux
        .sel(sel),                         // 端口 sel 连接到 sel
        .data_in_0(dram_rd_data),          // 端口 data_in_0 连接到 dram_rd_data
        .data_in_1(GPIOC_rdata),           // 端口 data_in_1 连接到 GPIOC_rdata
        .data_in_2(PWMC_rdata),            // 端口 data_in_2 连接到 PWMC_rdata
        .data_in_3(32'b0),                 // 端口 data_in_3 连接到 "地"
        .data_in_4(32'b0),                 // 端口 data_in_4 连接到 "地"
        .data_in_5(32'b0),                 // 端口 data_in_5 连接到 "地"
        .data_out(rd_data)                 // 端口 data_out 连接到 rd_data
    );
endmodule                                  // 模块结束
```

（3）按 Ctrl+S 组合键，保存设计文件。

6.5.9　查看 RTL 网表结构

本小节将介绍在云源软件中查看添加外设后的单周期 MIPS 系统 RTL 级网表结构的方法，主要步骤如下所述。

（1）在云源软件当前工程主界面主菜单下，选择 Tools->Schematic Viewer->RTL Design Viewer。

（2）打开 RTL 网表结构，如图 6.61 所示。

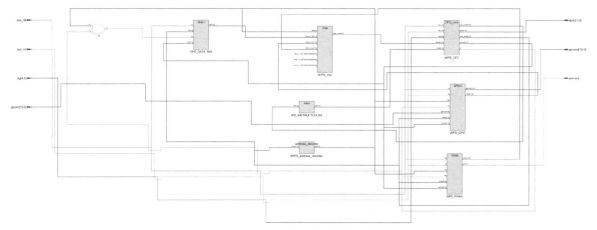

图 6.61　添加外设后的单周期 MIPS 系统 RTL 级的网表结构

思考与练习 6-14：读者可以在该设计的基础上添加七段数码管控制器和 I^{2}C 控制器。

6.6　单周期 MIPS 系统添加外设的验证

本节将介绍通过 GAO 软件工具对添加外设后的系统进行验证的方法。

6.6.1　测试数据存储器

本小节将介绍对数据存储器进行读写测试的方法。

1．修改设计文件

（1）启动 Codescape For Eclipse 8.6 软件工具。

（2）将 Workspace 设置为 E:\cpusoc_design_example\example_6_2。

（3）按 6.3 节介绍的方法，编写汇编语言代码程序，如代码清单 6-20 所示。

代码清单 6-20　用于测试读写数据存储器的汇编语言代码

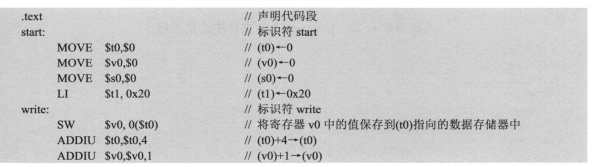

```
.text                              // 声明代码段
start:                             // 标识符 start
        MOVE    $t0,$0             // (t0)←0
        MOVE    $v0,$0             // (v0)←0
        MOVE    $s0,$0             // (s0)←0
        LI      $t1, 0x20          // (t1)←0x20
write:                             // 标识符 write
        SW      $v0, 0($t0)        // 将寄存器 v0 中的值保存到(t0)指向的数据存储器中
        ADDIU   $t0,$t0,4          // (t0)+4→(t0)
        ADDIU   $v0,$v0,1          // (v0)+1→(v0)
```

```
        BNE     $t0,$t1, write      // (t0)≠(t1)，跳转到 write
        MOVE    $t0,$0              // (t0)←0
read:                               // 标识符 read
        LW      $v0, 0($t0)         // 将(t0)指向数据存储器的值加载到寄存器 v0 中
        ADDIU   $t0,$t0,4           // (t0)+4→(t0)
        BNE     $t0,$t1, read       // (t0)≠(t1)，跳转到 read
repeat:                             // 标号 repeat
        BEQ     $s0,$zero, repeat   // (s0)永远为 0，处于 repeat 的循环
```

> **注**：读者可进入本书配套资源的\cpusoc_design_example\example_6_2\program 目录下找到该设计文件。

（4）按 Ctrl+S 组合键，保存该设计文件。

（5）对上面的代码进行编译和链接，生成最终的可执行代码。

（6）打开 program.dis 文件，如代码清单 6-21 所示。

代码清单 6-21　program.dis 文件

```
Disassembly of section .text:
00000000 <.text>:
    0:      00004025        OR          t0,zero,zero
    4:      00001025        OR          v0,zero,zero
    8:      00008025        OR          s0,zero,zero
    c:      24090020        ADDIU       t1,zero,32
00000010 <write>:
   10:      ad020000        SW          v0,0(t0)
   14:      25080004        ADDIU       t0,t0,4
   18:      24420001        ADDIU       v0,v0,1
   1c:      1509fffc        BNE         t0,t1,10 <write>
   20:      00000000        SLL         zero,zero,0x0
   24:      00004025        OR          t0,zero,zero
00000028 <read>:
   28:      8d020000        LW          v0,0(t0)
   2c:      25080004        ADDIU       t0,t0,4
   30:      1509fffd        BNE t0,t1,28 <read>
   34:      00000000        SLL         zero,zero,0x0
00000038 <repeat>:
   38:      1200ffff        BEQZ s0,38 <repeat>
   3c:      00000000        SLL         zero,zero,0x0
```

（7）在云源软件左侧的 "Design" 标签页中，找到并展开 Other Files 文件夹。在展开项中，找到并双击 src\program.hex 条目，打开文件 program.hex，将该文件中的内容全部清空。

（8）将代码清单 6-21 中给出的机器指令，按顺序复制粘贴到 program.hex 文件中，如代码清单 6-22 所示。

代码清单 6-22　program.hex 文件中的机器指令

```
00004025
00001025
00008025
24090020
ad020000
25080004
24420001
1509fffc
```

```
00000000
00004025
8d020000
25080004
1509fffd
00000000
1200ffff
00000000
```

（9）按 Ctrl+S 组合键，保存设计文件。

2. 修改 GAO 配置文件

（1）在云源软件当前工程主界面左侧的窗口中，单击"Process"标签，切换到"Process"标签页。

（2）在该标签页中，找到并选中"Synthesize"条目，单击鼠标右键，出现浮动菜单。在浮动菜单内，选择 Rerun，重新执行设计综合。

（3）在云源软件当前工程主界面左侧的窗口中，单击"Design"标签，切换到"Design"标签页。

（4）在该标签页中，找到并展开 GAO Config Files 文件夹。在展开项中，找到并双击 \src\example_6_2.rao，打开 example_6_2.rao 文件。

（5）弹出"Core 0"对话框。在该对话框中，单击"Capture Options"标签。

（6）在该标签页右侧的 Capture Signal 窗口中，通过按下 Ctrl 按键和鼠标左键分别选中 MIPS_CPU/alu_op[2:0]、MIPS_CPU/MIPS_alu/result[31:0]、MIPS_CPU/pc_sel、MIPS_CPU/rd[4:0] 和 MIPS_CPU/rdv[31:0]，然后单击该窗口上方的 Remove 按钮 Remove ，删除这些捕获的信号。

（7）在 Capture Signals 窗口中，单击 Add 按钮 Add 。

（8）弹出"Search Nets"对话框，单击该对话框"Name"标题右侧文本框右侧的 Search 按钮。

（9）在下面的窗口中列出了可用的信号列表，通过按下 Ctrl 按键和鼠标左键，选中下面的信号，包括 MIPS_CPU/MIPS_register/rs[4:0]、MIPS_CPU/MIPS_register/rt[4:0]、MIPS_CPU/ MIPS_register/rd[4:0]、MIPS_CPU/MIPS_register/rdv[31:0]、MIPS_CPU/MIPS_register/rsv[31:0]、MIPS_CPU/MIPS_register/rtv[31:0]、MIPS_DATA_RAM/a[31:0]、MIPS_DATA_RAM/wd[31:0]、MIPS_DATA_RAM/rd[31:0]、MIPS_DATA_RAM/we。

（10）单击"Search Nets"对话框右下角的"OK"按钮，退出该对话框。

添加捕获信号后的 Capture Signals 窗口，如图 6.62 所示。

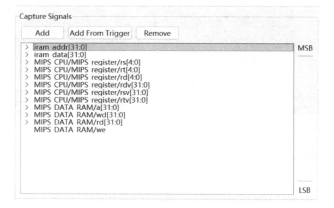

图 6.62　Capture Signals 窗口

（11）按 Ctrl+S 组合键，保存在 GAO 配置文件中重新设置的捕获参数。

（12）单击"example_6_2.rao"标签页右下角的关闭按钮☒，退出 GAO 工具。

3．下载设计

（1）在云源软件当前工程主界面左侧的窗口中，单击"Process"标签，切换到"Process"标签页。

（2）在"Process"标签页中，找到并双击"Synthesize"条目，云源软件执行对设计的综合，等待设计综合的结束。

（3）在"Process"标签页中，找到并双击"Place & Route"条目，云源软件执行对设计的布局和布线，等待布局和布线的结束。

（4）将外部+12V 电源适配器的电源插头连接到 Pocket Lab-F3 硬件开发平台标记为 DC12V 的电源插口。

（5）将 USB Type-C 电缆分别连接到 Pocket Lab-F3 硬件开发平台上标记为"下载 FPGA"的 USB Type-C 插口和 PC/笔记本电脑的 USB 插口。

（6）将 Pocket Lab-F3 硬件开发平台的电源开关切换到打开电源的状态，给 Pocket Lab-F3 硬件开发平台上电。

（7）在"Process"标签页中，找到并双击"Programmer"条目。

（8）弹出"Gaowin Programmer"对话框和"Cable Setting"对话框。其中，在"Cable Setting"对话框中显示了检测到的电缆、端口等信息。

（9）单击"Cable Setting"对话框右下角的"Save"按钮，退出该对话框。

（10）在"Gaowin Programmer"对话框工具栏中，找到并单击 Program/Configure 按钮 ➡，将设计下载到高云 FPGA 中。

4．启动 GAO 软件工具

（1）在云源软件主界面主菜单中，选择 Tools->Gowin Analyzer Oscilloscope。

（2）弹出"Gowin Analyzer Oscilloscope"对话框。

（3）一直按下 Pocket Lab-F3 硬件开发平台核心板上标记为 key1 的按键。

（4）在"Gowin Analyzer Oscilloscope"对话框的工具栏中，找到并单击 Start 按钮 ⏵。

（5）释放一直按下的 key1 按键，使得满足 GAO 软件的触发捕获条件，即 sys_rst=1。此时，在"Gowin Analyzer Oscilloscope"对话框中显示捕获的数据，如图 6.63 所示。

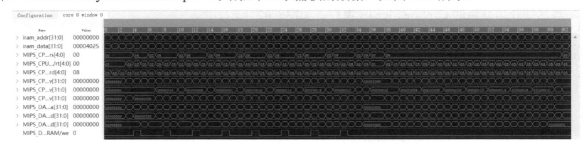

图 6.63　"Gowin Analyzer Oscilloscope"对话框（1）

（6）在"Gowin Analyzer Oscilloscope"对话框的工具栏中，找到并单击 Zoom In 按钮，放大波形观察细节，如图 6.64 所示。

（7）单击"Gowin Analyzer Oscilloscope"对话框右上角的"关闭"按钮×，关闭 GAO（Gowin Analyzer Oscilloscope）。

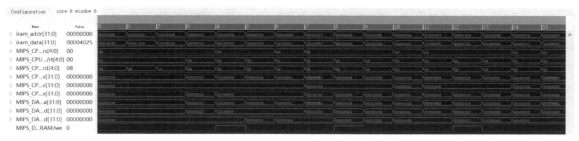

图 6.64　"Gowin Analyzer Oscilloscope"对话框中显示放大后捕获的数据

思考与练习 6-15：在图 6.63 中放大和展开波形，观察写数据存储器的过程和寄存器文件中数据的变化过程。

思考与练习 6-16：在图 6.63 中放大和展开波形，观察读数据存储器的过程和寄存器文件中数据的变化过程。

6.6.2　测试 GPIO 控制器

本小节将介绍对设计的 GPIO 控制器进行测试的方法。

1. 复制并添加设计文件

为了方便测试 GPIO 控制器，需要建立一个新的设计工程，并将前面的设计文件复制到新的设计工程中。复制并添加设计文件的主要步骤如下所述。

（1）启动高云云源软件。

（2）按照 6.2.1 节介绍的方法在 E:\cpusoc_design_example\example_6_3 目录中，新建一个名字为 "example_6_3.gprj" 的工程。

（3）将 E:\cpusoc_design_example\example_6_2\src 目录中的所有文件复制粘贴到下 E:\cpusoc_design_example\example_6_3\src 目录。

（4）在 E:\cpusoc_design_example\example_6_3\src 目录中，将文件名 example_6_2.rao 改为 example_6_3.rao。

（5）在高云软件当前工程主界面左侧的 "Design" 标签页中，选中 example_6_3 条目或 GW2A-LV55PG484C8/I7 条目，单击鼠标右键，出现浮动菜单。在浮动菜单中，选择 Add Files。

（6）弹出 "Select Files" 对话框。在该对话框中，将路径定位到 E:\cpusoc_design_example\example_6_3\src 中，通过按下 Ctrl 按键和鼠标左键，选中 src 目录中的所有文件。

（7）单击该对话框右下角的 "打开" 按钮，退出 "Select Files" 对话框。

2. 修改设计文件

本部分将介绍修改设计文件的方法，主要步骤如下所述。

（1）启动 Codescape For Eclipse 8.6 软件工具。

（2）将 "Workspace" 设置为 "E:\cpusoc_design_example\example_6_3"。

（3）按 6.3 节介绍的方法，编写汇编语言代码程序，如代码清单 6-23 所示。

代码清单 6-23　用于测试 GPIO 控制器的汇编语言代码

```
        .text                    // 定义代码段
start:                           // 标识符 start
        LI      $t1, 0x00007f04  // (t1)←0x00007f04
        LI      $t2, 0           // (t2)←0
repeat:                          // 标识符 repeat
```

```
    SW      $t2, 0($t1)          // 将(t2)值保存到(t1)指向的 GPIOC 控制寄存器中
    LW      $t3, 0($t1)          // 将(t1)指向的 GPIOC 状态寄存器中的值加载到 t3 中

    ADDIU   $t2,$t2,0x1          // (t2)+1→(t2)

    BEQZ    $0, repeat           // 无条件跳转到 repeat
```

（4）按 Ctrl+S 组合键，保存设计文件。

> 注：读者可进入本书配套资源的\cpusoc_design_example\example_6_3\program 目录下找到该设计文件。

（5）对上面的代码进行编译和链接，生成最终的可执行代码。

（6）打开 program.dis 文件，如代码清单 6-24 所示。

代码清单 6-24　program.dis 文件

```
00000000 <.text>:
    0:2     4097f04     ADDIU   t1,zero,32516
    4:2     40a0000     ADDIU   t2,zero,0
00000008 <repeat>:
    8:      ad2a0000    SW      t2,0(t1)
    c:      8d2b0000    LW      t3,0(t1)
    10:     254a0001    ADDIU   t2,t2,1
    14:     1000fffc    BEQZ    zero,8 <repeat>
    18:     00000000    SLL     zero,zero,0x0
```

（7）在云源软件左侧的"Design"标签页中，找到并展开 Other Files 文件夹。在展开项中，找到并双击 src\program.hex，打开文件 program.hex，将该文件中的内容全部清空。

（8）将代码清单 6-21 中给出的机器指令，按顺序复制粘贴到 program.hex 文件中，如代码清单 6-25 所示。

代码清单 6-25　program.hex 文件中的机器指令

```
24097f04
240a0000
ad2a0000
8d2b0000
254a0001
1000fffc
00000000
```

（9）按 Ctrl+S 组合键，保存设计文件。

3．修改 GAO 配置文件

本部分将介绍修改 GAO 配置文件的方法，主要步骤如下所述。

（1）在云源软件当前工程主界面左侧的窗口中，单击"Process"标签，切换到"Process"标签页。

（2）在该标签页中，找到并选中"Synthesize"条目，单击鼠标右键，出现浮动菜单。在浮动菜单内，选择 Rerun，重新执行设计综合。

（3）在云源软件当前工程主界面左侧的窗口中，单击"Design"标签，切换到"Design"标签页。

（4）在该标签页中，找到并展开 GAO Config Files 文件夹。在展开项中，找到并双击

\src\example_6_3.rao，打开 example_6_3.rao 文件。

（5）弹出"Core 0"对话框。在该对话框中，单击"Capture Options"标签。

（6）在该标签页右侧的 Capture Signal 窗口中，通过按下 Ctrl 按键和鼠标左键分别选中下面的信号，包括 MIPS_CPU/MIPS_register/rs[4:0]、MIPS_CPU/MIPS_register/rt[4:0]、MIPS_CPU/MIPS_register/rd[4:0]、MIPS_CPU/MIPS_register/rdv[31:0]、MIPS_CPU/MIPS_register/rsv[31:0]、MIPS_CPU/MIPS_register/rtv[31:0]、MIPS_DATA_RAM/a[31:0]、MIPS_DATA_RAM/wd[31:0]、MIPS_DATA_RAM/rd[31:0]、MIPS_DATA_RAM/we，然后单击该窗口上方的 Remove 按钮 [Remove]，删除这些捕获的信号。

（7）在 Capture Signals 窗口中，单击 Add 按钮 [Add] 。

（8）弹出"Search Nets"对话框，单击该对话框"Name"标题右侧文本框右侧的"Search"按钮。

（9）在下面的窗口中列出了可用的信号列表，通过按下 Ctrl 按键和鼠标左键，选中下面的信号，包括 MIPS_GPIO/sel、MIPS_GPIO/we、MIPS_GPIO/addr[31:0]、MIPS_GPIO/wdata[31:0]、MIPS_GPIO/gpioout[15:0]、MIPS_GPIO/rdata[31:0]和 MIPS_GPIO/gpio_out[15:0]。

（10）单击"Search Nets"对话框右下角的"OK"按钮，退出该对话框。

添加捕获信号后的 Capture Signals 窗口如图 6.65 所示。

图 6.65　添加捕获信号后的 Capture Signals 窗口

（11）按 Ctrl+S 组合键，保存在 GAO 配置文件中重新设置的捕获参数。

（12）单击"example_6_2.rao"标签页右下角的关闭按钮⊠，退出 GAO 工具。

4．下载设计

本部分将介绍下载设计的方法，主要步骤如下所述。

（1）在云源软件当前工程主界面左侧的窗口中，单击"Process"标签，切换到"Process"标签页。

（2）在"Process"标签页中，找到并双击"Synthesize"条目，云源软件执行对设计的综合，等待设计综合的结束。

（3）在"Process"标签页中，找到并双击"Place & Route"条目，云源软件执行对设计的布局和布线，等待布局和布线的结束。

（4）将外部+12V 电源适配器的电源插头连接到 Pocket Lab-F3 硬件开发平台标记为 DC12V 的电源插口。

（5）将 USB Type-C 电缆分别连接到 Pocket Lab-F3 硬件开发平台上标记为"下载 FPGA"的 USB Type-C 插口和 PC/笔记本电脑的 USB 插口。

（6）将 Pocket Lab-F3 硬件开发平台的电源开关切换到打开电源的状态，给 Pocket Lab-F3 硬件开发平台上电。

（7）在"Process"标签页中，找到并双击"Programmer"条目。

（8）弹出"Gaowin Programmer"对话框和"Cable Setting"对话框。其中，在"Cable Setting"对话框中显示了检测到的电缆、端口等信息。

（9）单击"Cable Setting"对话框右下角的"Save"按钮，退出该对话框。

（10）在"Gaowin Programmer"对话框的工具栏中，找到并单击 Program/Configure 按钮，将设计下载到高云 FPGA 中。

5. 启动 GAO 软件工具

本部分将介绍启动 GAO 软件工具的方法，主要步骤如下所述。

（1）在云源软件主界面主菜单中，选择 Tools->Gowin Analyzer Oscilloscope。

（2）弹出"Gowin Analyzer Oscilloscope"对话框。

（3）一直按下 Pocket Lab-F3 硬件开发平台核心板上标记为 key1 的按键。

（4）在"Gowin Analyzer Oscilloscope"对话框的工具栏中，找到并单击 Start 按钮。

（5）释放一直按下的 key1 按键，使得满足 GAO 软件的触发捕获条件，即 sys_rst=1。此时，在"Gowin Analyzer Oscilloscope"对话框中显示捕获的数据，如图 6.66 所示。

图 6.66 在"Gowin Analyzer Oscilloscope"对话框中显示捕获的数据

（6）在"Gowin Analyzer Oscilloscope"对话框的工具栏中，找到并单击 Zoom In 按钮，放大波形观察细节，如图 6.67 所示。

图 6.67 "Gowin Analyzer Oscilloscope"对话框中显示放大后的捕获数据

思考与练习 6-17：在图 6.66 中放大和展开波形，观察 MIPS 读写 GPIO 控制器的过程和顶层端口上 gpioout 的输出。

6.6.3 测试 PWM 控制器

本小节将介绍对设计的 PWM 控制器进行测试的方法。

1. 复制并添加设计文件

为了方便测试 GPIO 控制器，需要建立一个新的设计工程，并将前面的设计文件复制到新的设计工程中。复制并添加设计文件的主要步骤如下所述。

（1）启动高云云源软件。

（2）按照 6.2.1 节介绍的方法在 E:\cpusoc_design_example\example_6_4 目录中，新建一个名字为"example_6_4.gprj"的工程。

（3）将 E:\cpusoc_design_example\example_6_3\src 目录中的所有文件复制粘贴到 E:\cpusoc_design_example\example_6_4\src 目录中。

（4）在 E:\cpusoc_design_example\example_6_4\src 目录中，将文件名 example_6_3.rao 改为 example_6_4.rao。

（5）（5）在高云软件当前工程主界面左侧的"Design"标签页中，选中 example_6_4 条目或 GW2A-LV55PG484C8/I7 条目，单击鼠标右键，出现浮动菜单。在浮动菜单中，选择 Add Files。

（6）弹出"Select Files"对话框。在该对话框中，将路径定位到 E:\cpusoc_design_ example\example_6_4\src 中，通过按下 Ctrl 按键和鼠标左键，选中 src 目录中的所有文件。

（7）单击该对话框右下角的"打开"按钮，退出"Select Files"对话框。

2. 修改设计文件

本部分将介绍修改设计文件的方法，主要步骤如下所述。

（1）启动 Codescape For Eclipse 8.6 软件工具。

（2）将"Workspace"设置为"E:\cpusoc_design_example\example_6_4"。

（3）按 6.3 节介绍的方法，编写汇编语言代码程序，如代码清单 6-26 所示。

代码清单 6-26　用于测试 PWM 控制器的汇编语言代码

```
        .text                        // 定义代码段
start:                               // 标识符 start
        MOVE    $t0,$0               // (t0)←0
        LI      $t1,0x20             // (t1)←0x20
        LI      $s0,0x00007f10       // (s0)←0x00007f10
delay:                               // 标识符 delay
        ADDIU   $t0, $t0,1           // (t0)+1→(t0)
        BNE     $t0,$t1, delay       // 若(t0)≠(t1)，跳转到 delay，延迟
        MOVE    $t0,$0               // (t0)←0
pwm_step:                            // 标识符 pwm_step
        LW      $v0, 0($s0)          // 将(s0)指向 PWMC 状态寄存器中的值加载到 v0 中
        ADDIU   $v0,$v0,0x10         // (v0)+0x10→(v0)
write:                               // 标识符 write
        SW      $v0,0($s0)           // 将 v0 中的值保存到 PWMC 控制寄存器中
        BEQZ    $0,delay             // 无条件跳转到 delay
```

注：读者可进入本书配套资源的\cpusoc_design_example\example_6_4\program 目录下找到该设计文件。

（4）Ctrl+S 组合键，保存设计代码。

（5）对上面的代码进行编译和链接，生成最终的可执行代码。

（6）打开 program.dis 文件，如代码清单 6-27 所示。

代码清单 6-27　program.dis 文件

```
00000000 <.text>:
    0:    00004025    OR      t0,zero,zero
    4:    24090020    ADDIU   t1,zero,32
    8:    24107f10    ADDIU   s0,zero,32528
0000000c <delay>:
    c:    25080001    ADDIU   t0,t0,1
   10:    1509fffe    BNE     t0,t1,c <delay>
   14:    00000000    SLL     zero,zero,0x0
   18:    00004025    OR      t0,zero,zero
0000001c <pwm_step>:
   1c:    8e020000    LW      v0,0(s0)
   20:    24420010    ADDIU   v0,v0,16
00000024 <write>:
   24:    ae020000    SW      v0,0(s0)
   28:    1000fff8    BEQZ    zero,c <delay>
   2c:    00000000    SLL     zero,zero,0x0
```

（7）在云源软件左侧的"Design"标签页中，找到并展开 Other Files 文件夹。在展开项中，找到并双击 src\program.hex，打开文件 program.hex，将该文件中的内容全部清空。

（8）将代码清单 6-28 中给出的机器指令，按顺序复制粘贴到 program.hex 文件中，如代码清单 6-28 所示。

代码清单 6-28　program.hex 文件中的机器指令

```
00004025
24090020
24107f10
25080001
1509fffe
00000000
00004025
8e020000
24420010
ae020000
1000fff8
00000000
```

（9）按 Ctrl+S 组合键，保存设计文件。

3．修改 GAO 配置文件

本部分将介绍修改 GAO 配置文件的方法，主要步骤如下所述。

（1）在云源软件当前工程主界面左侧的窗口中，单击"Process"标签，切换到"Process"标签页。

（2）在该标签页中，找到并选中"Synthesize"条目，单击鼠标右键，出现浮动菜单。在浮动菜单内，选择 Rerun，重新执行设计综合。

（3）在云源软件当前工程主界面左侧的窗口中，单击"Design"标签，切换到"Design"标签页。

（4）在该标签页中，找到并展开 GAO Config Files 文件夹。在展开项中，找到并双击 \src\example_6_4.rao，打开 example_6_4.rao 文件。

（5）弹出"Core 0"对话框。在该对话框中，单击"Capture Options"标签。

（6）在该标签页右侧的 Capture Signal 窗口中，通过按下 Ctrl 按键和鼠标左键分别选中下面的信号，包括 MIPS_GPIO/sel、MIPS_GPIO/we、MIPS_GPIO/addr[31:0]、MIPS_GPIO/wdata[31:0]、MIPS_GPIO/gpioout[15:0]、MIPS_GPIO/rdata[31:0]和 MIPS_GPIO/gpio_out[15:0]，然后单击该窗口上方的 Remove 按钮 Remove ，删除这些捕获的信号。

（7）在 Capture Signals 窗口中，单击 Add 按钮 Add 。

（8）弹出"Search Nets"对话框，单击该对话框"Name"标题右侧文本框右侧的"Search"按钮。

（9）在下面的窗口中列出了可用的信号列表，通过按下 Ctrl 按键和鼠标左键，选中下面的信号，包括 MIPS_PWMC/sel、MIPS_PWMC/we、MIPS_PWMC/addr[31:0]、MIPS_PWMC/wdata[31:0]、MIPS_PWMC/rdata[31:0]、MIPS_PWMC/compare[7:0]、MIPS_PWMC/counter[7:0]和 MIPS_PWMC/pwmout。

（10）单击"Search Nets"对话框右下角的"OK"按钮，退出该对话框。

添加捕获信号后的 Capture Signals 窗口如图 6.68 所示。

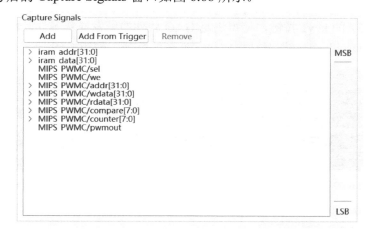

图 6.68　添加捕获信号后的 Capture Signals 窗口

（11）按 Ctrl+S 组合键，保存在 GAO 配置文件中重新设置的捕获参数。

（12）单击"example_6_4.rao"标签页右下角的关闭按钮，退出 GAO 工具。

4. 下载设计

本部分将介绍下载设计的方法，主要步骤如下所述。

（1）在云源软件当前工程主界面左侧的窗口中，单击"Process"标签，切换到"Process"标签页。

（2）在"Process"标签页中，找到并双击"Synthesize"条目，云源软件执行对设计的综合，等待设计综合的结束。

（3）在"Process"标签页中，找到并双击"Place & Route"条目，云源软件执行对设计的布局和布线，等待布局和布线的结束。

（4）将外部+12V 电源适配器的电源插头连接到 Pocket Lab-F3 硬件开发平台标记为 DC12V 的电源插口。

（5）将 USB Type-C 电缆分别连接到 Pocket Lab-F3 硬件开发平台上标记为"下载 FPGA"的 USB Type-C 插口和 PC/笔记本电脑的 USB 插口。

（6）将 Pocket Lab-F3 硬件开发平台的电源开关切换到打开电源的状态，给 Pocket Lab-F3 硬件开发平台上电。

（7）在"Process"标签页中，找到并双击"Programmer"条目。

（8）弹出"Gaowin Programmer"对话框和"Cable Setting"对话框。其中，在"Cable Setting"对话框中显示了检测到的电缆、端口等信息。

（9）单击"Cable Setting"对话框右下角的"Save"按钮，退出该对话框。

（10）在"Gaowin Programmer"对话框的工具栏中，找到并单击 Program/Configure 按钮 ，将设计下载到高云 FPGA 中。

5．启动 GAO 软件工具

本部分将介绍启动 GAO 软件工具的方法，主要步骤如下所述。

（1）在云源软件主界面主菜单中，选择 Tools->Gowin Analyzer Oscilloscope。

（2）弹出"Gowin Analyzer Oscilloscope"对话框。

（3）一直按下 Pocket Lab-F3 硬件开发平台核心板上标记为 key1 的按键。

（4）在"Gowin Analyzer Oscilloscope"对话框的工具栏中，找到并单击 Start 按钮 。

（5）释放一直按下的 key1 按键，使得满足 GAO 软件的触发捕获条件，即 sys_rst=1。此时，在"Gowin Analyzer Oscilloscope"对话框中显示捕获的数据，如图 6.69 所示。

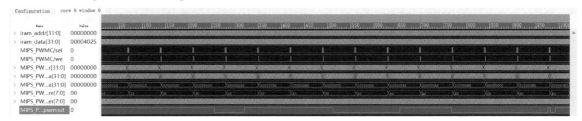

图 6.69　在"Gowin Analyzer Oscilloscope"对话框中显示捕获的数据

（6）在"Gowin Analyzer Oscilloscope"对话框的工具栏中，找到并单击 Zoom In 按钮，放大波形观察细节，如图 6.70 所示。

图 6.70　在"Gowin Analyzer Oscilloscope"对话框中显示放大后的捕获数据

思考与练习 6-18：在图 6.69 中放大和展开波形，观察 MIPS 读写 PWM 控制器的过程和顶层端口上 pwmout 的输出。

思考与练习 6-19：在云源软件主界面主菜单中，选择 Tools->Schematic Viewer->RTL Design Viewer，查看添加外设后的处理器系统的内部结构，并对该设计结构进行分析。

6.7　单周期 MIPS 核添加协处理器的设计

在 MIPS 的 ISA 中，提供了最多 4 个协处理器（Co-Processor，CP）。CP 扩展了 MIPS ISA 的功能，同时共享了 CPU 的取指和执行控制逻辑。一些 CP，如系统 CP 和浮点单元，是 ISA 的标准部分。需要指出，在 4 个 CP 中，系统 CP，即协处理器 0（CP0）是必要的，而其他 3 个 CP 是可选的。CP0 是特权资源架构的 ISA 接口，提供对处理器状态和模式的完全控制。

> 注：关于 CP0 的详细内容，读者可以参考《微型计算机系统原理及应用：国产龙芯处理器的软件和硬件集成（基础篇）》一书中第 7 章的内容。

本节实现了 CP0 中的异常和中断管理功能，在该设计中：

（1）通过 MFC0 指令、MTC0 指令和 ERET 指令，单周期 MIPS 和 CP0 进行交互。

（2）单周期 MIPS 能访问 CP0 中的 Count 寄存器、Compare 寄存器、Status 寄存器、Cause 寄存器和 EPC 寄存器。

6.7.1　设计背景

当 CP0 发送异常/中断信号时，会打断 MIPS 核当前正常执行的指令，使 MIPS 核进入异常/中断句柄中，对异常/中断事件进行处理。在该设计中，CP0 内计数器的计数过程会引起中断，在程序中出现的保留指令会引起异常，在算术运算过程中出现的溢出也会引起异常（保留）。通常，将中断看作异常的一部分，它是指来自 MIPS 核外部的异常。而保留指令异常和算术运算的结果溢出是 MIPS 核内部的异常。

根据 MIPS32 ISA 的约定可知，当发生保留指令或溢出异常时，需要在异常程序计数器（Exception Program Counter，EPC）中保存出错指令的地址，并且将控制权递交到操作系统（Operating System，OS）/裸机环境指定的地址。

OS/裸机环境可以执行一些特定的行为，如给应用程序提供服务，对溢出情况进行事先定义的操作。在完成对异常的处理后，OS/裸机环境可以终止程序，也可以继续执行程序，此时 EPC 将决定重新开始执行程序的位置。

为了处理异常，OS/裸机环境除了要知道是哪条指令引起异常，还必须知道引起异常的原因。

方法一：在 MIPS 核的 CP0 中设置一个 Cause 寄存器，该寄存器中的 Exc Code 字段用于记录引起异常的原因。

方法二，使用向量中断（Vectored Interrupt，VI）。当使用 VI 时，将控制权转移到由异常原因指定的不同地址处。这就是向量中断的本质含义，也就是由异常原因决定中断控制转移地址处的中断。

> 注：在该设计中未使用向量中断的方法。

当未使用 VI 时，出现异常/中断时，控制权就会转移到相同的地址处，然后通过查询 Cause 寄存器来确认引起异常的原因。

6.7.2　设计思路

由于该设计添加了 CP0，涉及新添加的指令和寄存器，因此在原来的单周期 MIPS 系统设计中需要进行如下修改。

（1）在控制器中，需要增加对 MFC0 指令、MTC0 指令和 ERET 指令的译码支持，并根据这 3 条指令产生控制信号。

（2）MFC0 指令和 MTC0 指令，涉及在 MIPS 内的通用寄存器和 CP0 内的寄存器之间的数据交换。一方面，将数据从 CP0 内指定的寄存器中复制到 MIPS 内指定的通用寄存器中；另一方面，将数据从 MIPS 内指定的通用寄存器中复制到 CP0 内指定的寄存器中。显然，需要在 MIPS 寄存器文件和 CP0 的寄存器之间建立新的数据通路，以实现两者之间的数据传输。

（3）由于 CP0 支持中断和异常功能，因此当 MIPS 响应中断或异常时，就需要程序计数器跳转到中断/异常句柄的入口。因此，程序计数器要在原来顺序执行和跳转执行的基础上，增加跳转到中断/异常句柄的功能。

（4）添加新的协处理器设计文件。在该设计中要实现以下 3 个方面的主要功能。

① 实现 Count 寄存器、Compare 寄存器、Status 寄存器、Cause 寄存器和 EPC 寄存器的读写访问功能。

② 要实现 CP0 内中断和异常的管理。一方面，CP0 对中断和异常进行响应/不响应的处理；另一方面，当 CP0 允许中断和异常时，需要通知 MIPS 中的控制器进行相应的响应处理。

③ 实现 CP0 中 3 条指令的功能。

6.7.3　复制设计文件

为了方便添加协处理器设计文件，需要建立一个新的设计工程，并将前面的设计文件复制到新的设计工程中。复制并添加设计文件的主要步骤如下所述。

（1）启动高云云源软件。

（2）按照 6.2.1 节介绍的方法在 E:\cpusoc_design_example\example_6_5 目录中，新建一个名字为"example_6_5.gprj"的工程。

（3）将 E:\cpusoc_design_example\example_6_4\src 目录中的所有文件复制粘贴到 E:\cpusoc_design_example\example_6_5\src 目录中。

（4）在 E:\cpusoc_design_example\example_6_5\src 目录中，将文件名 example_6_4.rao 改为 example_6_5.rao。

（5）在高云软件当前工程主界面左侧的"Design"标签页中，选中 example_6_5 条目或 GW2A-LV55PG484C8/I7 条目，单击鼠标右键，出现浮动菜单。在浮动菜单中，选择 Add Files。

（6）弹出"Select Files"对话框。在该对话框中，将路径定位到 E:\cpusoc_design_example\example_6_5\src 中，通过按下 Ctrl 按键和鼠标左键，选中 src 目录中的所有文件。

（7）单击该对话框右下角的"打开"按钮，退出"Select Files"对话框。

6.7.4　添加协处理器设计文件

本小节将介绍添加协处理器设计文件的方法，主要步骤如下所述。

（1）在云源软件当前工程主界面左侧的"Design"标签页中，找到并选中 example_6_5 或 GW2A-LV55PG484C8/I7，单击鼠标右键，出现浮动菜单。在浮动菜单中，选择 New File。

（2）弹出"New"对话框。在该对话框中，选择"Verilog File"条目。

（3）单击该对话框右下角的"OK"按钮，退出"New"对话框。

（4）弹出"New Verilog file"对话框。在该对话框中，在"Name"右侧的文本框中输入 cp0，即该文件的名字为 cp0.v。

（5）单击该对话框右下角的"OK"按钮，退出"New Verilog file"对话框。

（6）自动打开 cp0.v 文件。在该文件中，添加设计代码（见代码清单 6-29）。

代码清单 6-29　cp0.v 文件

```
`timescale 1ns/1ps              // 定义 timescale，用于仿真
/*********** 定义异常句柄的地址 ************/
`define EXCEPTION_HANDLER_ADDR 32'h40
`define count_num        5'd9      // 定义 CP0 中 Count 寄存器的编号为 9
`define count_sel        3'd0      // 定义 CP0 中 Count 寄存器的选择号为 0
```

```verilog
`define compare_num      5'd11          // 定义 CP0 中 Compare 寄存器的编号为 11
`define compare_sel      3'd0           // 定义 CP0 中 Compare 寄存器的选择号为 0
`define status_num       5'd12          // 定义 CP0 中 Status 寄存器的编号为 12
`define status_sel       3'd0           // 定义 CP0 中 Status 寄存器的选择号为 0
`define cause_num        5'd13          // 定义 CP0 中 Cause 寄存器的编号为 13
`define cause_sel        3'd0           // 定义 CP0 中 Cause 寄存器的选择号为 0
`define epc_num          5'd14          // 定义 CP0 中 EPC 寄存器的编号为 14
`define epc_sel          3'd0           // 定义 CP0 中 EPC 寄存器的选择号为 0
/**** 定义 Status 寄存器中 ExcCode 字段的含义 *****/
`define exccode_int      5'h00          // 中断
`define exccode_ri       5'h0a          // 保留指令异常
`define exccode_ov       5'h0c          // 算术溢出
module cp0(                             // 定义模块 cp0
  input          clk,                   // 定义输入时钟信号 clk
  input          rst,                   // 定义输入复位信号 rst
  input   [31:0] cp0_PC,                // 定义输入的下一个 PC 地址 cp0_PC
  input          cp0_ExcEret,           // 定义输入的异常返回 cp0_ExcEret
  input   [4:0]  cp0_regNum,            // 定义访问 CP0 寄存器的寄存器编号 cp0_regNum
  input   [2:0]  cp0_regSel,            // 定义访问 CP0 寄存器的寄存器选择号 cp0_regSel
  input   [31:0] cp0_regWD,             // 定义写 CP0 寄存器的数据 cp0_regWD
  input          cp0_regWE,             // 定义写 CP0 寄存器的写使能信号 cp0_regWE
  input   [5:0]  cp0_HIP,               // 定义输入的硬件中断 cp0_HIP
  input          cp0_ExcRI,             // 定义输入的保留指令异常 cp0_ExcRI
  input          cp0_ExcOV,             // 定义输入的算术溢出 cp0_ExcOV
  output reg [31:0] cp0_EPC,            // 定义服务异常后，继续程序的地址 cp0_EPC
  output [31:0]  cp0_ExcHandle,         // 定义异常句柄的地址 cp0_ExcHandle
  output         cp0_ExcAsync,          // 定义输出的异步异常 cp0_ExcAsync（中断）
  output         cp0_ExcSync,           // 定义输出的同步异常 cp0_ExcSync（溢出等）
  output [31:0]  cp0_regRD,             // 定义读取 CP0 寄存器的数据 cp0_regRD
  output         cp0_TI                 // 定义输出的定时器中断 cp0_TI
);
/******** 下面定义了几个 CP0 寄存器和相关的字段名 ********/
wire [31:0] cp0_status;                 // 定义 CP0 中的 32 位 Status 寄存器
reg  [7:0]  status_IM;                  // 定义 Status 寄存器中的 IM 字段
reg         status_EXL;                 // 定义 Status 寄存器中的 EXL 位
reg         status_IE;                  // 定义 Status 寄存器中的 IE 位

wire [31:0] cp0_cause;                  // 定义 CP0 中的 32 位 Cause 寄存器
reg         cause_TI;                   // 定义 Cause 寄存器中的 TI 位
reg         cause_DC;                   // 定义 Cause 寄存器中的 DC 位
reg  [7:0]  cause_IP;                   // 定义 Cause 寄存器中的 IP 字段
reg  [4:0]  cause_ExcCode;              // 定义 Cause 寄存器中的 ExcCode 字段
reg  [31:0] cp0_compare;                // 定义 CP0 中的 32 位 Compare 寄存器
reg  [31:0] cp0_count;                  // 定义 CP0 中的 32 位 Count 寄存器
/****** 给 cp0_ExcHandle 赋值一个具体的地址值 **************/
assign cp0_ExcHandle=`EXCEPTION_HANDLER_ADDR;
assign cp0_TI=cause_TI;                 // 将 Cause 寄存器的 TI 位赋值给 cp0_TI

/****** CP0 中的 Status 寄存器由{}中的字段构成 *********/
assign cp0_status={16'b0,status_IM,6'b0,status_EXL,status_IE};
/****** CP0 中的 Cause 寄存器由{}中的字段构成 **********/
assign cp0_cause={1'b0,cause_TI,2'b0,cause_DC,11'b0,cause_IP,1'b0,cause_ExcCode,2'b0};
```

```verilog
/*** 下面根据 CP0 中寄存器的编号和选择号，定义选择 CP0 中不同寄存器的信号 *****/
wire cp0_status_sel=(cp0_regNum==`status_num)&&(cp0_regSel==`status_sel);
wire cp0_cause_sel=(cp0_regNum==`cause_num)&&(cp0_regSel==`cause_sel);
wire cp0_epc_sel=(cp0_regNum==`epc_num)&&(cp0_regSel==`epc_sel);
wire cp0_compare_sel=(cp0_regNum==`compare_num)&&(cp0_regSel==`compare_sel);
wire cp0_count_sel=(cp0_regNum==`count_num)&&(cp0_regSel==`count_sel);

/*****根据选择信号线，读取 CP0 中指定寄存器中的内容 *******/
assign cp0_regRD=cp0_compare_sel ? cp0_compare : (
                 cp0_count_sel ? cp0_count : (
                 cp0_status_sel ? cp0_status : (
                 cp0_cause_sel ? cp0_cause: (
                 cp0_epc_sel ? cp0_EPC : 32'b0))));

always @(negedge rst or posedge clk)                  // always 块实现写 CP0 中的 Compare 寄存器
begin
if(!rst)                                              // 如果 rst 为 "0"
    cp0_compare<=32'b0;                               // Compare 寄存器清零
else                                                  // 如果时钟上升沿到来
  if(cp0_compare_sel==1'b1 && cp0_regWE ==1'b1) // 如果选择信号有效，且写信号有效
     cp0_compare<=cp0_regWD;                          // 将 cp0_regWD 的数据写入 Compare 寄存器中
end                                                   // always 块结束
always @(negedge rst or posedge clk)                  // always 块实现写 CP0 中的 Count 寄存器
begin
if(!rst)                                              // 如果 rst 为 "0"
    cp0_count<=32'b0;                                 // Count 寄存器清零
else                                                  // 如果时钟上升沿到来
  if(cp0_count_sel==1'b1 && cp0_regWE==1'b1)      // 如果选择信号有效，且写信号有效
    cp0_count<=cp0_regWD;                             // 将 cp0_regWD 的数据写入 Count 寄存器
  else if(cause_DC==1'b0)                             // 否则，如果 Cause 寄存器中的 DC 字段为 "0" 时
    cp0_count<=cp0_count+1;                           // 允许计数器执行递增操作
end                                                   // always 块结束
always @(negedge rst or posedge clk)                  // always 块实现写 Status 寄存器的 IE 和 IM 位
begin
if(!rst)                                              // 如果 rst 为 "0"
 begin
   status_IE<=1'b0;                                   // Status 寄存器的 IE 位清零
   status_IM<=8'b0;                                   // Status 寄存器的 IM 字段清零
 end
else
  if(cp0_status_sel==1'b1 && cp0_regWE==1'b1)      // 如果选择信号有效，且写信号有效
   begin
     status_IE<=cp0_regWD[0];                         // 将 cp0_regWD[0]写入 Status 寄存器的 IE 位
     status_IM<=cp0_regWD[15:8];                      // 将 cp0_regWD[15:8]写入 Status 寄存器的 IM 字段
   end
end                                                   // always 块结束

//async(异步，非精确)-EPC 包含下一条指令(例如，中断)
//sync(同步，精确)-EPC 包含当前指令(例如，溢出)
wire cp0_RequestForSync=cp0_ExcRI | cp0_ExcOV;
wire cp0_ExcAsyncReq=|(cause_IP & status_IM)&~status_EXL;
always @(negedge rst or posedge clk)          // always 块实现写 Status 寄存器的 EXL 位
begin
```

```
    if(!rst)                                    // 如果 rst 为 "0"
       status_EXL<=1'b0;                        // Status 寄存器的 EXL 位清零
    else                                        // 如果时钟上升沿到来
      if(cp0_status_sel==1'b1 && cp0_regWE==1'b1) //选择信号有效，且写信号有效
        status_EXL<=cp0_regWD[1];               // 将 cp0_regWD[1]写入 Status 寄存器的 EXL 位
      else                                      // 如果上面的条件不成立
        if(cp0_ExcEret==1'b1)                   // 如果 cp0_ExcEret 为 "1"
           status_EXL<=1'B0;                    // Status 寄存器的 EXL 位清零
        else                                    // 如果 cp0_ExcEret 为 "0"，下面条件产生 EXL
         status_EXL<=status_EXL|cp0_ExcAsyncReq|cp0_RequestForSync;
end                                             // always 块结束

/***** 给输出端口 cp0_ExcAsync 和 cp0_ExcSync 赋值 ******/
assign cp0_ExcAsync=cp0_ExcAsyncReq & ~status_EXL ;
assign cp0_ExcSync=cp0_RequestForSync & ~status_EXL ;
/****** 由异步异常 cp0_ExcAsync 和同步异常 cp0_ExcSync 生成 CP0 异常请求条件******/
wire cp0_ExcRequest=cp0_ExcAsync | cp0_ExcSync;

always @(negedge rst or posedge clk)            // always 块实现写 Cause 寄存器的 DC 位
begin
if(!rst)                                        // 如果 rst 为 "0"
   cause_DC<=1'b0;                              // Cause 寄存器的 DC 位清零
else                                            // 如果时钟上升沿到来
  if(cp0_cause_sel==1'b1 && cp0_regWE==1'b1)        // 选择信号有效，且写信号有效
    cause_DC<=cp0_regWD[27];                    // 将 cp0_regWD[27]写到 Cause 寄存器的 DC 位
end                                             // always 块结束
always @(negedge rst or posedge clk)            // always 块实现写 Cause 寄存器的 TI 位
begin
if(!rst)                                        // 如果 rst 为 "0"
  cause_TI<=1'b0;                               // Cause 寄存器的 TI 位清零
else                                            // 如果时钟上升沿到来
    if(cp0_compare_sel==1'b1 && cp0_regWE ==1'b1)    // 选择信号有效，且写信号有效
      cause_TI<=1'b0;                           // Cause 寄存器的 TI 位清零
    else                                        // 否则上面条件不成立时
      if(cause_TI==1'b1)                        // 如果 Cause 寄存器的 TI 位为 "1"
        cause_TI<=1'b1;                         // Cause 寄存器的 TI 位保持置 "1"
      else                                      // 否则上面的条件不成立时，由下面条件设置 TI 位
       cause_TI<=(status_IE & ~cause_DC &(cp0_compare==cp0_count));
end                                             // always 块结束
always @(negedge rst or posedge clk)            // always 块实现写 Cause 寄存器的 IP[1:0]字段
begin
if(!rst)                                        // 如果 rst 为 "0"
  cause_IP[1:0]<=2'b0;                          // Cause 寄存器的 IP[1:0]字段清零
else                                            // 如果时钟上升沿到来
  if(cp0_cause_sel==1'b1 && cp0_regWE ==1'b1)        // 选择信号有效，且写信号有效
    cause_IP[1:0]<=cp0_regWD[9:8];              // 将 cp0_regWD[9:8]写到 Cause 寄存器的 IP[1:0]字段
end

always @(negedge rst or posedge clk)            // always 块实现写 Cause 寄存器的 IP[7:2]字段
begin
if(!rst)                                        // 如果 rst 为 "0"
  cause_IP[7:2]<=6'b0;                          // Cause 寄存器的 IP[7:2]字段清零
else                                            // 如果时钟上升沿到来
```

```
    if(cp0_ExcEret==1'b1)                          // 如果 cp0_ExcEret 为 "1"
        cause_IP[7:2]<=6'b0;                       // Cause 寄存器的 IP[7:2]字段清零
    else                                           // 如果上面的条件不成立
      if(status_EXL==1'b1)                         // 如果 Status 寄存器的 EXL 位为 "1"
          cause_IP[7:2]<=cause_IP[7:2];            // Cause 寄存器的 IP[7:2]字段保持不变
      else                                         // 如果上面的条件不成立
        if(status_IE==1'b1)                        // 如果 Status 寄存器的 IE 位为 "1"
            cause_IP[7:2]<=cp0_HIP;                // 将 cp0_HIP 写入 Cause 寄存器的 IP[7:2]字段
        else                                       // 如果上面的条件不成立
          cause_IP[7:2]<=cause_IP[7:2];            // Cause 寄存器的 IP[7:2]字段保持不变
end                                                // always 块结束
always @(negedge rst or posedge clk)               // always 块实现写 Cause 寄存器的 ExcCode 字段
begin
  if(!rst)                                         // 如果 rst 为 "0"
    cause_ExcCode<=5'b0;                           // 将 Cause 寄存器的 ExcCode 字段清零
  else                                             // 如果时钟上升沿到来
    if(cp0_ExcRequest==1'b1)                       // 如果 cp0_ExcRequest 为 "1"
      if(cp0_ExcRI==1'b1)                          // 如果 cp0_ExcRI 为 "1"
        cause_ExcCode<=`exccode_ri;               // 将 Cause 寄存器的 ExcCode 字段置为保留指令异常
      else                                         // 如果不是这个情况
        if(cp0_ExcOV==1'b1)                        // 如果 cp0_ExcOV 为 "1"
          cause_ExcCode<=`exccode_ov;             // 将 Cause 寄存器的 ExcCode 字段置为算术溢出
        else                                       // 如果不是这个情况
          cause_ExcCode<=`exccode_int;            // 将 Cause 寄存器的 ExcCode 字段置为中断异常
end                                                // always 块结束
always @(negedge rst or posedge clk)               // always 块实现写 EPC 寄存器
begin
  if(!rst)                                         // 如果 rst 为 "0"
    cp0_EPC<=32'b0;                                // EPC 寄存器清零
  else                                             // 如果时钟上升沿到来
  if(cp0_regWE==1'b1 && cp0_epc_sel==1'b1)         // 选择信号有效，且写信号有效
    cp0_EPC<=cp0_regWD;                            // 将 cp0_regWD 写入 EPC 寄存器中
  else                                             // 如果上面的条件不成立
    if(cp0_ExcRequest==1'b1)                       // 如果 cp0_ExcRequest 为 "1"
        cp0_EPC<=cp0_PC;                           // 将 cp0_PC 写入 EPC 寄存器中
    else                                           // 如果上面的条件不成立
        cp0_EPC<=cp0_EPC;                          // EPC 寄存器中的内容保持不变
end                                                // always 块结束
endmodule                                          // 模块 cp0 结束
```

（7）按 Ctrl+S 组合键，保存设计文件。

> 注：该设计中给出的中断句柄 EXCEPTION_HANDLER_ADDR 的地址为 0x40，这是考虑到设计中使用的存储器是按照字编址的。在后面编写汇编语言程序时，给出的中断/异常服务句柄的地址为 0x100，这是基于字节编址给出的，当转换为实际指令存储器的按字编址时，即 0x100/4=0x40。

6.7.5 修改控制器设计文件

本小节将介绍修改控制器设计文件的方法，主要步骤如下所述。

（1）在云源软件主界面左侧的窗口中，单击"Design"标签，切换到"Design"标签页。在该标签页中，找到并双击 src\controller.v，打开文件 controller.v。

（2）在该文件中，修改设计代码（见代码清单 6-30）。

代码清单 6-30　修改 controller.v 文件中的设计代码

```
`timescale 1ns/1ps                              // 定义 timescale，用于仿真
/***********下面定义了指令的操作码字段(MIPS32 ISA) *********/
`define OP_SPECIAL    6'b000000
`define OP_ADDIU      6'b001001
`define OP_BEQ        6'b000100
`define OP_LUI        6'b001111
`define OP_BNE        6'b000101
`define OP_LW         6'b100011
`define OP_SW         6'b101011
/***********下面定义了指令的功能码字段 (MIPS32 ISA) ************/
`define FUNC_ADDU     6'b100001
`define FUNC_AND      6'b100100
`define FUNC_OR       6'b100101
`define FUNC_XOR      6'b100110
`define FUNC_SRL      6'b000010
`define FUNC_SLTU     6'b101011
`define FUNC_SUBU     6'b100011
`define FUNC_ANY      6'b??????
`define COP0          6'b010000         // 定义协处理器指令的功能码字段
`define RS_ANY        5'b?????
`define RS_MF         5'b00000          // 定义 MFC0 指令在 rs 字段的含义
`define RS_MT         5'b00100          // 定义 MTC0 指令在 rs 字段的含义
`define RS_ERET       5'b10000          // 定义 ERET 指令在 rs 字段的含义
`define FUNC_ERET     6'b011000         // 定义 ERET 指令在功能码字段的含义
`define OP_NOP        6'b000000         // 定义 NOP 指令的操作码字段
`define FUNC_NOP      6'b000000         // 定义 NOP 指令的功能码字段
`define RS_NOP        5'b00000          // 定义 NOP 指令在 rs 字段的含义
/*********下面为自定义的控制 ALU 操作的操作码 ***************/
`define ALU_ADD       3'b000
`define ALU_AND       3'b001
`define ALU_OR        3'b010
`define ALU_XOR       3'b011
`define ALU_LUI       3'b100
`define ALU_SRL       3'b101
`define ALU_SLTU      3'b110
`define ALU_SUBU      3'b111
/***********下面定义了 PC 新的选择码 ******************/
`define PC_FLOW       2'b00
`define PC_EXC        2'b01
`define PC_ERET       2'b10
module controller(                      // 定义模块 controller
    input    [5:0]   cmdop,             // 定义指令的 6 位操作码，对应指令的[31:26]位
    input    [5:0]   cmdfunc,           // 定义指令的 6 位功能码，对应指令的[5:0]位
    input    [4:0]   cmdregs,           // 定义指令的 5 位 rs 字段，对应指令的[25:21]位
    input            zeroflag,          // 定义输入的零标志 zeroflag
    input            excAsync,          // 定义输入的异步异常标志 excAsync
    input            excSync,           // 定义输入的同步异常标志 excSync
    output reg       pc_sel,            // 定义输出的 PC 选择位 pc_sel
    output reg       wreg,              // 定义写寄存器文件的写控制信号 wreg
    output reg       reg_des_sel,       // 定义写寄存器文件端口的源控制信号 reg_des_sel
```

```verilog
    output reg            alusrc_sel,              // 定义 ALU 的数据源选择信号 alusrc_sel
    output reg [2:0]      alu_func,                // 定义控制 ALU 操作的操作码 alu_func
    output reg            mem_wr,                  // 定义写数据存储器/外设的控制信号 mem_wr
    output reg            memtoreg,                // 定义存储器到寄存器的写数据控制信号 memtoreg
    output reg            cpotoreg,                // 定义 CP0 寄存器到寄存器的文件控制信号 cpotoreg
    output reg            cporegw,                 // 定义写 CP0 寄存器的写控制信号 cporegw
    output reg            cpoExcEret,              // 定义 ERET 指令发出的从异常返回的信号 cpoExcEret
    output reg            RIfound,                 // 定义发现保留指令的控制信号 RIfound
    output               EPCSrc,                   // 定义选择 EPC 源的控制信号 EPCSrc
    output       [1:0]   pcExc                      // 定义控制新 PC 的信号 pcExc
  );
assign EPCSrc=excSync;                             // 将输入 excSync 直接赋值给输出 EPCSrc
wire exc=excAsync | excSync ;                       // 由异步异常和同步异常之一生成异常
assign pcExc=exc        ? `PC_EXC   :              // 根据 exc 的值，选择控制新 PC 的 pcExc
             cpoExcEret ? `PC_ERET : `PC_FLOW;
always @(*)                                         // always 块，用于产生控制信号
begin                                              // 输出的控制信号均初始化为"0"
  reg_des_sel=1'b0;
  alusrc_sel=1'b0;
  wreg=1'b0;
  memtoreg=1'b0;
  mem_wr=1'b0;
  pc_sel=1'b0;
  cpotoreg=1'b0;
  cporegw=1'b0;
  cpoExcEret=1'b0;
  RIfound=1'b0;
casez ({cmdop,cmdfunc,cmdregs})                    // 根据[31:26]、[5:0]和[25:21]位判断具体指令
    {`OP_SPECIAL,`FUNC_ADDU,`RS_ANY}:              // ADDU 指令
        begin
          reg_des_sel=1'b1;                        // reg_des_sel 信号设置为"1"
          wreg=1'b1;                               // wreg 信号设置为"1"
          alu_func=`ALU_ADD;                       // ALU 的操作码设置为 ALU_ADD
        end
    {`OP_SPECIAL,`FUNC_AND,`RS_ANY}:               // AND 指令
        begin
          reg_des_sel=1'b1;                        // reg_des_sel 信号设置为"1"
          wreg=1'b1;                               // wreg 信号设置为"1"
          alu_func=`ALU_AND;                       // ALU 的操作码设置为 ALU_AND
        end
    {`OP_SPECIAL,`FUNC_OR,`RS_ANY}:                // OR 指令
        begin
          reg_des_sel=1'b1;                        // reg_des_sel 信号设置为"1"
          wreg=1'b1;                               // wreg 信号设置为"1"
          alu_func=`ALU_OR;                        // ALU 的操作码设置为 ALU_OR
        end
    {`OP_SPECIAL,`FUNC_XOR,`RS_ANY}:               // XOR 指令
        begin
          reg_des_sel=1'b1;                        // reg_des_sel 信号设置为"1"
          wreg=1'b1;                               // wreg 信号设置为"1"
          alu_func=`ALU_XOR;                       // ALU 的操作码设置为 ALU_XOR
        end
    {`OP_SPECIAL,`FUNC_SRL,`RS_ANY}:               // SRL 指令
```

```
         begin
           reg_des_sel=1'b1;                    // reg_des_sel 信号设置为 "1"
           wreg=1'b1;                           // wreg 信号设置为 "1"
           alu_func=`ALU_SRL;                   // ALU 的操作码设置为 ALU_SRL
         end
{`OP_SPECIAL,`FUNC_SLTU,`RS_ANY}:          // SLTU 指令
         begin
           reg_des_sel=1'b1;                    // reg_des_sel 信号设置为 "1"
           wreg=1'b1;                           // wreg 信号设置为 "1"
           alu_func=`ALU_SLTU;                  // alu_func 设置为 ALU_SLTU
         end
{`OP_SPECIAL,`FUNC_SUBU,`RS_ANY}:          // SUBU 指令
         begin
           reg_des_sel=1'b1;                    // reg_des_sel 信号设置为 "1"
           wreg=1'b1;                           // wreg 信号设置为 "1"
           alu_func=`ALU_SUBU;                  // alu_func 设置为 ALU_SUBU
         end
{`OP_ADDIU,`FUNC_ANY,`RS_ANY}:             // ADDIU 指令
         begin
           alusrc_sel=1'b1;                     // alusrc_sel 信号设置为 "1"
           wreg=1'b1;                           // wreg 信号设置为 "1"
           alu_func=`ALU_ADD;                   // alu_func 设置为 ALU_ADD
         end
{`OP_LUI,`FUNC_ANY,`RS_ANY}:               // LUI 指令
         begin
           alusrc_sel=1'b1;                     // alusrc_sel 信号设置为 "1"
           wreg=1'b1;                           // wreg 信号设置为 "1"
           alu_func=`ALU_LUI;                   // alu_func 设置为 ALU_LUI
         end
{`OP_LW,`FUNC_ANY,`RS_ANY}:                // LW 指令
         begin
           alusrc_sel=1'b1;                     // alusrc_sel 信号设置为 "1"
           wreg=1'b1;                           // wreg 信号设置为 "1"
           memtoreg=1'b1;                       // memtoreg 信号设置为 "1"
           alu_func=`ALU_ADD;                   // alu_func 设置为 ALU_ADD
         end
{`OP_SW,`FUNC_ANY,`RS_ANY}:                // SW 指令
         begin
           alusrc_sel=1'b1;                     // alusrc_sel 信号设置为 "1"
           mem_wr=1'b1;                         // mem_wr 信号设置为 "1"
           alu_func=`ALU_ADD;                   // alu_func 设置为 ALU_ADD
         end
{`OP_BEQ,`FUNC_ANY,`RS_ANY}:               // BEQ 指令
         begin
           pc_sel=zeroflag;                     // pc_sel 设置为 zeroflag 的值
           alu_func=`ALU_SUBU;                  // alu_func 设置为 ALU_SUBU
         end
{`OP_BNE,`FUNC_ANY,`RS_ANY}:               // BNE 指令
         begin
           pc_sel=~zeroflag;                    // pc_sel 设置为 zeroflag 取反后的值
           alu_func=`ALU_SUBU;                  // alu_func 设置为 ALU_SUBU
         end
{`COP0,`FUNC_ANY,`RS_MF}:                  // MFC0 指令
```

```
      begin
        cpotoreg=1'b1;                          // cpotoreg 信号设置为 "1"
        wreg=1'b1;                              // wreg 信号设置为 "1"
      end
    {`COP0,`FUNC_ANY,`RS_MT}:                   // MTC0 指令
      begin
        cporegw=1'b1;                           // cporegw 信号设置为 "1"
      end
    {`COP0,`FUNC_ERET,`RS_ERET}:                // ERET 指令
      begin
        cpoExcEret=1'b1;                        // cpoExcEret 信号设置为 "1"
      end
    {`OP_NOP,`FUNC_NOP,`RS_NOP}:                // NOP 指令
      begin
        ;                                       // 所有控制信号保持初始状态
      end
    default :                                   // 在程序中出现该处理器没有实现的指令时
      RIfound=1'b1;                             // RIfound 信号设置为 "1"
  endcase                                       // case 块结束
  end
endmodule                                       // 模块 controller 结束
```

（3）按 Ctrl+S 组合键，保存设计文件。

6.7.6 修改程序计数器设计文件

本小节将介绍修改程序计数器设计文件的方法，主要步骤如下所述。

（1）在云源软件主界面左侧的窗口中，单击"Design"标签，切换到"Design"标签页。在该标签页中，找到并双击 src\pc.v，打开文件 pc.v。

（2）在该文件中，修改设计代码（见代码清单 6-31）。

代码清单 6-31   修改 pc.v 文件中的设计代码

```
  `timescale 1ns/1ps                           // 定义`timescale，用于仿真
/*************下面 3 个为宏定义，与程序计数器有关*************/
`define PC_FLOW    2'b00
`define PC_EXC     2'b01
`define PC_ERET    2'b10
module pc(
  input              clk,                       // 定义输入时钟信号 clk
  input              rst,                       // 定义输入复位信号 rst
  input              pc_sel,                    // 定义输入信号 pc_sel
  input      [1:0]   pcExc,                     // 定义 2 位输入信号 pcExc
  input      [31:0]  signimm,                   // 定义 32 位输入符号扩展的数 signimm
  input      [31:0]  ExcHandler,                // 定义 32 位输入异常句柄地址 ExcHandler
  input      [31:0]  cp0_EPC,                   // 定义 32 位输入地址 cp0_EPC
  output reg [31:0]  prog_count,                // 定义 32 位程序计数器输出 prog_count
  output     [31:0]  prog_count_flow            // 定义 32 位程序计数器输出 prog_count_flow
  );
wire [31:0] pc_next;                            // 定义内部 32 位网络 pc_next
wire [31:0] pcbranch;                           // 定义内部 32 位网络 pcbranch
wire [31:0] prog_count_new;                     // 定义内部 32 位网络 prog_count_new
assign pc_next=prog_count+1;                    // prog_count+1→pc_next
assign pcbranch=pc_next+signimm;                // prog_next+signimm→pcbranch
```

```
/*********************由 pc_sel 选择 pcbranch?pc_next? *****************************/
assign prog_count_flow=pc_sel ? pcbranch : pc_next;
 /*************由 pcExc 选择 ExcHandler? cp0_EPC? prog_count_flow? *************/
assign prog_count_new=(pcExc==`PC_EXC) ?     ExcHandler   :
                      (pcExc==`PC_ERET)?      cp0_EPC      :
                      /*pcExc==`PC_FLOW */ prog_count_flow ;
always @(negedge rst or posedge clk)          // always 块, 敏感信号 rst 为低和 clk 上升沿
begin
  if(!rst)                                     // 如果 rst 为 "0"
     prog_count<=32'h00000000;                 // prog_count 清零
  else                                         // 时钟上升沿到来
     prog_count<=prog_count_new;               // prog_count_new→prog_count
end
endmodule
```

（3）按 Ctrl+S 组合键，保存设计文件。

6.7.7　修改处理器核设计文件

本小节将介绍如何修改处理器核设计文件，主要步骤如下所述。

（1）在云源软件主界面左侧的窗口中，单击 "Design" 标签，切换到 "Design" 标签页。在该标签页中，找到并双击 src\CPU_core.v，打开文件 CPU_core.v。

（2）在该文件中，修改设计代码（见代码清单 6-32）。

代码清单 6-32　修改 CPU_core.v 文件中的设计代码

```
`timescale 1ns/1ps                       // 定义 timescale, 用于仿真
module CPU_core(                          // 定义模块 CPU_core
   input       cpu_clk,                   // 定义时钟输入信号 cpu_clk
   input       cpu_rst,                   // 定义复位输入信号 cpu_rst
   input  [4:0]  dp,                      // 定义调试端口 dp
   input  [31:0] datar,                   // 定义数据存储器读数据 datar
   input  [31:0] instr,                   // 定义指令存储器读取指令 instr
   output [31:0] instr_addr,              // 定义指令存储器地址 Instr_addr
   output [31:0] dpv,                     // 定义调试端口输出的数据 dpv
   output [31:0] data_addr,               // 定义数据存储器地址 data_addr
   output [31:0] dataw,                   // 定义写数据存储器数据 dataw
   output        wr                       // 定义写数据存储器写使能 wr
);
   wire [31:0] rsv;                       // 定义内部 32 位网络 rsv
   wire [2:0]  alu_op;                    // 定义内部 3 位网络 alu_op
   wire [31:0] rtv;                       // 定义内部 32 位网络 rtv
   wire [31:0] alub;                      // 定义内部 32 位网络 alub
   wire        alusrc_sel;                // 定义内部 1 位网络 alusrc_sel
   wire [31:0] signimm;                   // 定义内部 32 位网络 signimm
   wire        zero;                      // 定义内部 1 位网络 zero
   wire [4:0]  rd;                        // 定义内部 5 位网络 rd
   wire        reg_des_sel;               // 定义内部 1 位网络 reg_des_sel
   wire [31:0] rdv;                       // 定义内部 32 位网络 rdv
   wire        memtoreg;                  // 定义内部 1 位网络 memtoreg
   wire [31:0] alu_result;                // 定义内部 32 位网络 alu_result
   wire        pc_sel;                    // 定义内部 1 位网络 pc_sel
   wire        wreg;                      // 定义内部 1 位网络 wreg
```

```verilog
    wire        cpo_excAsync;                           // 定义内部 1 位网络 cpo_excAsync
    wire        cpo_excSync;                            // 定义内部 1 位网络 cpo_excSync
    wire        cpotoreg;                               // 定义内部 1 位网络 cpotoreg
    wire        cporegw;                                // 定义内部 1 位网络 cporegw
    wire        cpoExcEret;                             // 定义内部 1 位网络 cpoExcEret
    wire        RIfound;                                // 定义内部 1 位网络 RIfound
    wire        EPCSrc;                                 // 定义内部 1 位网络 EPCSrc
    wire [1:0]  pcExc;                                  // 定义内部 2 位网络 pcExc
    wire [31:0] cp0_PC;                                 // 定义内部 32 位网络 CP0_PC
    wire        cp0_TI;                                 // 定义内部 1 位网络 cp0_TI
    wire [5:0]  cp0_HIP;                                // 定义内部 6 位网络 cp0_HIP
    wire [31:0] cp0_EPC;                                // 定义内部 32 位网络 cp0_EPC
    wire [31:0] cp0_ExcHandle;                          // 定义内部 32 位网络 cp0_ExcHandle
    wire [31:0] cp0_regRD;                              // 定义内部 32 位网络 cp0_regRD
    wire [31:0] instr_addr_flow;                        // 定义内部 32 位网络 instr_addr_flow
    assign cp0_HIP={cp0_TI,5'b0};                       // cp0_TI 和 5 个 0 组合生成 cp0_HIP
    assign signimm={{16{instr[15]}},instr[15:0]};       // instr[15:0]符号扩展出 32 位 signimm
    pc MIPS_pc(                                         // 例化模块 pc
        .clk(cpu_clk),                                  // 端口 clk 连接到 cpu_clk
        .rst(cpu_rst),                                  // 端口 rst 连接到 cpu_rst
        .pc_sel(pc_sel),                                // 端口 pc_sel 连接到 pc_sel
        .pcExc(pcExc),                                  // 端口 pcExc 连接到 pcExc
        .signimm(signimm),                             // 端口 signimm 连接到 signimm
        .ExcHandler(cp0_ExcHandle),                     // 端口 ExcHandler 连接到 cp0_ExcHandle
        .cp0_EPC(cp0_EPC),                              // 端口 cp0_EPC 连接到 cp0_EPC
        .prog_count(instr_addr),                        // 端口 prog_count 连接到 instr_addr
        .prog_count_flow(instr_addr_flow)              // 端口 prog_count_flow 连接到 instr_addr_flow
    );
    /***********EPCSrc 控制 cp0_PC 选择 instr_addr? instr_addr_flow ***************/
    assign cp0_PC=EPCSrc ? instr_addr : instr_addr_flow ;
    /***********alusrc_sel 控制 alub 选择 signimm? rtv? ***************************/
    assign alub=alusrc_sel ? signimm : rtv;
    assign data_addr=alu_result;                        // alu_result 作为数据存储器的地址
    assign dataw=rtv;                                   // rtv 作为数据存储器的写数据

    controller MIPS_controller(                         // 例化 controller 模块
        .cmdop(instr[31:26]),                           // 端口 cmdop 连接到 instr[31:26]
        .cmdfunc(instr[5:0]),                           // 端口 cmdfunc 连接到 instr[5:0]
        .cmdregs(instr[25:21]),                         // 端口 cmdregs 连接到 instr[25:21]
        .zeroflag(zero),                                // 端口 zeroflag 连接到 zero
        .excAsync(cpo_excAsync),                        // 端口 excAsync 连接到 cpo_excAsync
        .excSync(cpo_excSync),                          // 端口 excSync 连接到 cpo_excSync
        .pc_sel(pc_sel),                                // 端口 pc_sel 连接到 pc_sel
        .wreg(wreg),                                    // 端口 wreg 连接到 wreg
        .reg_des_sel(reg_des_sel),                      // 端口 reg_des_sel 连接到 reg_des_sel
        .alusrc_sel(alusrc_sel),                        // 端口 alusrc_sel 连接到 alusrc_sel
        .alu_func(alu_op),                              // 端口 alu_func 连接到 alu_op
        .mem_wr(wr),                                    // 端口 mem_wr 连接到 wr
        .memtoreg(memtoreg),                            // 端口 memtoreg 连接到 memtoreg
        .cpotoreg(cpotoreg),                            // 端口 cpotoreg 连接到 cpotoreg
        .cporegw(cporegw),                              // 端口 cporegw 连接到 cporegw
        .cpoExcEret(cpoExcEret),                        // 端口 cpoExcEret 连接到 cpoExcEret
```

```
        .RIfound(RIfound),                          // 端口 RIfound 连接到 RIfound
        .EPCSrc(EPCSrc),                            // 端口 EPCSrc 连接到 EPCSrc
        .pcExc(pcExc)                               // 端口 pcExc 连接到 pcExc
    );
/*********** reg_des_sel 控制 rd 选择 instr[15:11]? instr[20:16] **************/
    assign rd=reg_des_sel ? instr[15:11] : instr[20:16];
/*************** rdv 选择 memtoreg?　cp0_regRD ? alu_result ? ******************/
    assign rdv=memtoreg ? datar :
                  (cpotoreg ? cp0_regRD : alu_result);
    register_file MIPS_register(                    // 例化模块 register_file
        .clk(cpu_clk),                              // 端口 clk 连接到 cpu_clk
        .pc(instr),                                 // 端口 pc 连接到 instr
        .dp(dp),                                    // 端口 dp 连接到 dp
        .rs(instr[25:21]),                          // 端口 rs 连接到 instr[25:21]
        .rt(instr[20:16]),                          // 端口 rt 连接到 instr[20:16]
        .rd(rd),                                    // 端口 rd 连接到 rd
        .rdv(rdv),                                  // 端口 rdv 连接到 rdv
        .wrd(wreg),                                 // 端口 wrd 连接到 wreg
        .dpv(dpv),                                  // 端口 dpv 连接到 dpv
        .rsv(rsv),                                  // 端口 rsv 连接到 rsv
        .rtv(rtv)                                   // 端口 rtv 连接到 rtv
    );
    alu MIPS_alu(                                   // 例化模块 alu
        .a(rsv),                                    // 端口 a 连接到 rsv
        .b(alub),                                   // 端口 b 连接到 alub
        .op(alu_op),                                // 端口 op 连接到 alu_op
        .sa(instr[10:6]),                           // 端口 sa 连接到 instr[10:6]
        .zero(zero),                                // 端口 zero 连接到 zero
        .result(alu_result)                         // 端口 result 连接到 alu_result
    );
    cp0 MIPS_CP0(                                   // 例化模块 cp0
        .clk(cpu_clk),                              // 端口 clk 连接到 cpu_clk
        .rst(cpu_rst),                              // 端口 rst 连接到 cpu_rst
        .cp0_PC(cp0_PC),                            // 端口 cp0_PC 连接到 cp0_PC
        .cp0_ExcEret(cpoExcEret),                   // 端口 cp0_ExcEret 连接到 cpoExcEret
        .cp0_regNum(instr[15:11]),                  // 端口 cp0_regNum 连接到 instr[15:11]
        .cp0_regSel(instr[2:0]),                    // 端口 cp0_regSel 连接到 instr[2:0]
        .cp0_regWD(rtv),                            // 端口 cp0_regWD 连接到 rtv
        .cp0_regWE(cporegw),                        // 端口 cp0_regWE 连接到 cporegw
        .cp0_HIP(cp0_HIP),                          // 端口 cp0_HIP 连接到 cp0_HIP
        .cp0_ExcRI(RIfound),                        // 端口 cp0_ExcRI 连接到 RIfound
        .cp0_ExcOV(1'b0),                           // 端口 cp0_ExcOV 连接到 1 'b0
        .cp0_EPC(cp0_EPC),                          // 端口 cp0_EPC 连接到 cp0_EPC
        .cp0_ExcHandle(cp0_ExcHandle),              // 端口 cp0_ExcHandle 连接到 cp0_ExcHandle
        .cp0_ExcAsync(cpo_excAsync),                // 端口 cp0_ExcAsync 连接到 cpo_excAsync
        .cp0_ExcSync(cpo_excSync),                  // 端口 cp0_ExcSync 连接到 cpo_excSync
        .cp0_regRD(cp0_regRD),                      // 端口 cp0_regRD 连接到 cp0_regRD
        .cp0_TI(cp0_TI)                             // 端口 cp0_TI 连接到 cp0_TI
    );
    endmodule                                       // 模块结束
```

（3）按 Ctrl+S 组合键，保存设计文件。

6.7.8 查看处理器核设计结构

本小节将介绍在云源软件中如何查看添加协处理器后单周期 MIPS 核的 RTL 网表结构，主要步骤如下所述。

（1）在云源软件当前工程主界面主菜单下，选择 Tools->Schematic Viewe->RTL Design Viewer。

（2）出现完整的单周期 MIPS 系统 RTL 网表结构，如图 6.71 所示。

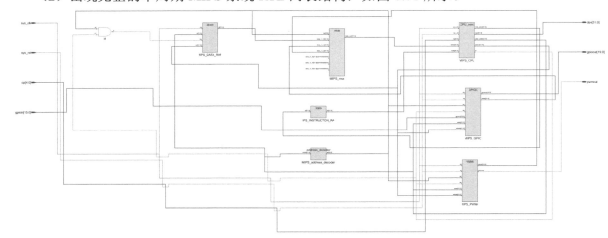

图 6.71   包含协处理器 0 的单周期 MIPS 系统 RTL 结构

思考与练习 6-20：分析添加协处理器后的单周期 MIPS 核的数据通路和控制通路，并根据给出的单周期 MIPS_CPU 的 RTL 网表结构绘制该模块的数据流图（包含控制流）。

思考与练习 6-21：分析协处理器模块内部的设计结构，掌握实现协处理器内读写寄存器的方法，以及协处理器与 MIPS 核的控制器和数据通路的交互过程。

6.8 单周期 MIPS 核添加协处理器的验证

本节将介绍通过 GAO 软件工具对添加协处理器后的 MIPS 内核进行验证的方法。

6.8.1 测试保留指令异常

MFHI 指令是 MIPS32 ISA 中的一条指令，但是在本设计中没有实现该指令。因此，在单周期 MIPS 系统设计中将该指令看作保留指令。本节将使用指令 MFHI 产生的保留指令异常对添加 CP0 后的单周期 MIPS 系统进行测试。

1. 修改设计文件

本部分将介绍修改设计文件的方法，主要步骤如下所述。

（1）启动 Codescape For Eclipse 8.6 软件工具。

（2）将"Workspace"设置为"E:\cpusoc_design_example\example_6_5"。

（3）按 6.3 节介绍的方法，编写汇编语言代码程序，如代码清单 6-33 所示。

代码清单 6-33   用于测试保留指令异常的汇编语言代码

#**define** c0_status	$12	// 定义 CP0 中 Status 寄存器的编号为 12
#**define** c0_EPC	$14	// 定义 CP0 中 EPC 寄存器的编号为 14
#**define** c0_cause	$13	// 定义 CP0 中 Cause 寄存器的编号为 13

	.text		// text 指示下面为代码段
	.org	0x0	// org 指示偏移地址为 0x0
init:	ADDIU	$t0, $0, 0x1	// 1→(t0)
	LI	$v0, 0x0	// 0→(v0)
	NOP		// 空操作指令 NOP
	NOP		// 空操作指令 NOP
	ADDU	$v0, $v0, $t0	// (v0)+(t0)→(v0)
	SUBU	$v0, $v0, $t0	// (v0)-(t0)→(v0)
	MFHI	$0	// 将 MFHI 指令看作保留指令
	ADDU	$v0, $v0, $t0	// (v0)+(t0)→(v0)
	SUBU	$v0, $v0, $t0	// (v0)-(t0)→(v0)
	NOP		// 空操作指令 NOP
	NOP		// 空操作指令 NOP
	B	init	// 无条件跳转到 init 标号处，循环执行
	.org	0x100	// 代码段地址 0x100 处
exception:	MOVE	$t1, $v0	// 保存 v0 中的内容到 t1 中，(v0)→(t1)
	MFC0	$v0, c0_status	// 将 CP0 中 Status 寄存器中的内容保存到 v0 中
	MFC0	$v0, c0_cause	// 将 CP0 中 Cause 寄存器中的内容保存到 v0 中
	MFC0	$v0, c0_EPC	// 将 CP0 中 EPC 寄存器中的内容保存到 v0 中
	ADDIU	$v0, $v0, 0x1	// (v0)+1→(v0)，为了跳过保留的指令异常
	MTC0	$v0, c0_EPC	// 将 v0 中的内容保存到 CP0 的 EPC 寄存器中
	MOVE	$v0, $t1	// (t1)→(v0)，恢复 v0
	NOP		// NOP 指令
	NOP		// NOP 指令
	ERET		// 从异常返回指令

注：① 读者可进入本书配套资源的 \cpusoc_design_example\example_6_5\program 目录下找到该设计文件。

② 在汇编代码中，设置 org 为 0x100，该偏移地址以字节计算，当转换为以字计算时，需要 0x100/4=0x40，对应于协处理器文件中设置的中断句柄的地址。

（4）按 Ctrl+S 组合键，保存该设计文件。

（5）对上面的代码进行编译和链接，生成最终的可执行代码。

（6）打开 program.dis 文件，如代码清单 6-34 所示。

代码清单 6-34　program.dis 文件

```
00000000 <.text>:
  0:    24080001    ADDIU    t0,zero,1
  4:    24020000    ADDIU    v0,zero,0
  8:    00000000    SLL      zero,zero,0x0
  c:    00000000    SLL      zero,zero,0x0
 10:    00481021    ADDU     v0,v0,t0
 14:    00481023    SUBU     v0,v0,t0
 18:    00000010    MFHI     zero
 1c:    00481021    ADDU     v0,v0,t0
 20:    00481023    SUBU     v0,v0,t0
 24:    00000000    SLL      zero,zero,0x0
 28:    00000000    SLL      zero,zero,0x0
 2c:    1000fff4    BEQZ     zero,0 <.text>
 30:    00000000    SLL      zero,zero,0x0
 34:    00000000    SLL      zero,zero,0x0
 38:    00000000    SLL      zero,zero,0x0
```

3c:	00000000	SLL	zero,zero,0x0
40:	00000000	SLL	zero,zero,0x0
44:	00000000	SLL	zero,zero,0x0
48:	00000000	SLL	zero,zero,0x0
4c:	00000000	SLL	zero,zero,0x0
50:	00000000	SLL	zero,zero,0x0
54:	00000000	SLL	zero,zero,0x0
58:	00000000	SLL	zero,zero,0x0
5c:	00000000	SLL	zero,zero,0x0
60:	00000000	SLL	zero,zero,0x0
64:	00000000	SLL	zero,zero,0x0
68:	00000000	SLL	zero,zero,0x0
6c:	00000000	SLL	zero,zero,0x0
70:	00000000	SLL	zero,zero,0x0
74:	00000000	SLL	zero,zero,0x0
78:	00000000	SLL	zero,zero,0x0
7c:	00000000	SLL	zero,zero,0x0
80:	00000000	SLL	zero,zero,0x0
84:	00000000	SLL	zero,zero,0x0
88:	00000000	SLL	zero,zero,0x0
8c:	00000000	SLL	zero,zero,0x0
90:	00000000	SLL	zero,zero,0x0
94:	00000000	SLL	zero,zero,0x0
98:	00000000	SLL	zero,zero,0x0
9c:	00000000	SLL	zero,zero,0x0
a0:	00000000	SLL	zero,zero,0x0
a4:	00000000	SLL	zero,zero,0x0
a8:	00000000	SLL	zero,zero,0x0
ac:	00000000	SLL	zero,zero,0x0
b0:	00000000	SLL	zero,zero,0x0
b4:	00000000	SLL	zero,zero,0x0
b8:	00000000	SLL	zero,zero,0x0
bc:	00000000	SLL	zero,zero,0x0
c0:	00000000	SLL	zero,zero,0x0
c4:	00000000	SLL	zero,zero,0x0
c8:	00000000	SLL	zero,zero,0x0
cc:	00000000	SLL	zero,zero,0x0
d0:	00000000	SLL	zero,zero,0x0
d4:	00000000	SLL	zero,zero,0x0
d8:	00000000	SLL	zero,zero,0x0
dc:	00000000	SLL	zero,zero,0x0
e0:	00000000	SLL	zero,zero,0x0
e4:	00000000	SLL	zero,zero,0x0
e8:	00000000	SLL	zero,zero,0x0
ec:	00000000	SLL	zero,zero,0x0
f0:	00000000	SLL	zero,zero,0x0
f4:	00000000	SLL	zero,zero,0x0
f8:	00000000	SLL	zero,zero,0x0
fc:	00000000	SLL	zero,zero,0x0
00000100 <exception>:			
100:	00404825	OR	t1,v0,zero
104:	40026000	MFC0	v0,c0_status
108:	40026800	MFC0	v0,c0_cause

10c:	40027000	MFC0	v0,c0_epc
110:	24420001	ADDIU	v0,v0,1
114:	40827000	MTC0	v0,c0_epc
118:	01201025	OR	v0,t1,zero
11c:	00000000	SLL	zero,zero,0x0
120:	00000000	SLL	zero,zero,0x0
124:	42000018	ERET	

（7）在云源软件左侧的"Design"标签页中，找到并展开 Other Files 文件夹。在展开项中，找到并双击 src\program.hex，打开文件 program.hex，将该文件中的内容全部清空。

（8）将代码清单 6-34 中给出的机器指令，按顺序复制粘贴到 program.hex 文件中。

（9）按 Ctrl+S 组合键，保存该设计文件。

2. 修改 GAO 配置文件

本部分将介绍修改 GAO 配置文件的方法，主要步骤如下所述。

（1）在云源软件当前工程主界面左侧的窗口中，单击"Process"标签，切换到"Process"标签页。

（2）在该标签页中，找到并选中"Synthesize"条目，单击鼠标右键，出现浮动菜单。在浮动菜单内，选择 Rerun，重新执行设计综合。

（3）在云源软件当前工程主界面左侧的窗口中，单击"Design"标签，切换到"Design"标签页。

（4）在该标签页中，找到并展开 GAO Config Files 文件夹。在展开项中，找到并双击 \src\example_6_5.rao，打开 example_6_5.rao 文件。

（5）弹出"Core 0"对话框。在该对话框中，单击"Capture Options"标签。

（6）在该标签页右侧的 Capture Signal 窗口中，通过按下 Ctrl 按键和鼠标左键，分别选中 MIPS_PWMC/sel 、 MIPS_PWMC/we 、 MIPS_PWMC/addr[31:0] 、 MIPS_PWMC/wdata[31:0] 、 MIPS_PWMC/rdata[31:0]、MIPS_PWMC/compare[7:0]、MIPS_PWMC/counter[7:0]和 MIPS_PWMC/pwmout，然后单击该窗口上方的 Remove 按钮 Remove ，删除这些捕获的信号。

（7）在 Capture Signals 窗口中，单击 Add 按钮 Add 。

（8）弹出"Search Nets"对话框，单击该对话框"Name"标题右侧文本框右侧的"Search"按钮。

（9）在下面的窗口中列出了可用的信号列表，通过按下 Ctrl 按键和鼠标左键，选中下面的信号，包括 MIPS_CPU/MIPS_CP0/cp0_EPC[31:0]、MIPS_CPU/MIPS_CP0/cp0_status[31:0]和 MIPS_CPU/MIPS_CP0/cp0_cause[31:0]。

（10）单击"Search Nets"对话框右下角的"OK"按钮，退出该对话框。

添加捕获信号后的 Capture Signals 窗口如图 6.72 所示。

（11）按 Ctrl+S 组合键，保存在 GAO 配置文件中重新设置的捕获参数。

（12）单击"example_6_5.rao"标签页右下角的关闭按钮☒，退出 GAO 工具。

3. 下载设计

本部分将介绍下载设计的方法，主要步骤如下所述。

（1）在云源软件当前工程主界面左侧的窗口中，单击"Process"标签，切换到"Process"标签页。

（2）在"Process"标签页中，找到并双击"Sythesize"条目，云源软件执行对设计的综合，等待设计综合的结束。

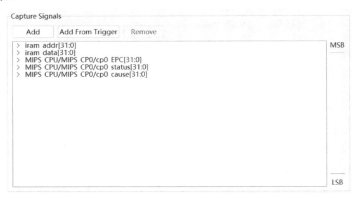

图 6.72　添加捕获信号后的 Capture Signals 窗口

（3）在"Process"标签页中，找到并双击"Place & Route"条目，云源软件执行对设计的布局和布线，等待布局和布线的结束。

（4）将外部+12V 电源适配器的电源插头连接到 Pocket Lab-F3 硬件开发平台标记为 DC12V 的电源插口。

（5）将 USB Type-C 电缆分别连接到 Pocket Lab-F3 硬件开发平台上标记为"下载 FPGA"的 USB Type-C 插口和 PC/笔记本电脑的 USB 插口。

（6）将 Pocket Lab-F3 硬件开发平台的电源开关切换到打开电源的状态，给 Pocket Lab-F3 硬件开发平台上电。

（7）在"Process"标签页中，找到并双击"Programmer"条目。

（8）弹出"Gaowin Programmer"对话框和"Cable Setting"对话框。其中，在"Cable Setting"对话框中显示了检测到的电缆、端口等信息。

（9）单击"Cable Setting"对话框右下角的"Save"按钮，退出该对话框。

（10）在"Gaowin Programmer"对话框的工具栏中，找到并单击 Program/Configure 按钮，将设计下载到高云 FPGA 中。

4. 启动 GAO 软件工具

本部分将介绍启动 GAO 软件工具的方法，主要步骤如下所述。

（1）在云源软件主界面主菜单中，选择 Tools->Gowin Analyzer Oscilloscope。

（2）弹出"Gowin Analyzer Oscilloscope"对话框。

（3）一直按下 Pocket Lab-F3 硬件开发平台核心板上标记为 key1 的按键。

（4）在"Gowin Analyzer Oscilloscope"对话框的工具栏中，找到并单击 Start 按钮。

（5）释放一直按下的 key1 按键，使得满足 GAO 软件的触发捕获条件，即 sys_rst=1。此时，在"Gowin Analyzer Oscilloscope"对话框中显示捕获的数据，如图 6.73 所示。

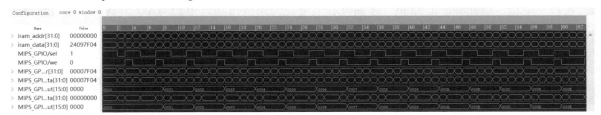

图 6.73　在"Gowin Analyzer Oscilloscope"对话框中显示捕获的数据

（6）在"Gowin Analyzer Oscilloscope"对话框的工具栏中，找到并单击 Zoom In 按钮，放大波形观察细节，如图 6.74 所示。

图 6.74 在"Gowin Analyzer Oscilloscope"对话框中显示放大后的捕获数据

思考与练习 6-22：观察指令进入和退出指令异常句柄（异常服务程序）的过程，以及在该过程中 CP0 中 Status 寄存器、Cause 寄存器和 EPC 寄存器的变化过程。

思考与练习 6-23：读者可以将 CP0 中的控制信号添加到波形界面中，观察在出现保留指令异常前后 CP0 中控制信号的变化情况。

思考与练习 6-24：根据图 6.71 给出的添加协处理器 CP0 后的单周期 MIPS 的内部结构，分析该结构。

6.8.2 测试定时器中断异常

本节将介绍通过协处理器内产生的定时器中断异常的方法，测试协处理器中的中断触发功能。

1. 复制并添加设计文件

为了测试定时器中断异常，需要建立一个新的设计工程，并将前面的设计文件复制到新的设计工程中。复制并添加设计文件的主要步骤如下所述。

（1）启动高云云源软件。

（2）按照 6.2.1 节介绍的方法在 E:\cpusoc_design_example\example_6_6 目录中，新建一个名字为"example_6_6.gprj"的工程。

（3）将 E:\cpusoc_design_example\example_6_5\src 目录中的所有文件复制粘贴到 E:\cpusoc_design_example\example_6_6\src 目录中。

（4）在 E:\cpusoc_design_example\example_6_6\src 目录中，将文件名 example_6_5.rao 改为 example_6_6.rao。

（5）在高云软件当前工程主界面左侧的"Design"标签页中，选中 example_6_6 或 GW2A-LV55PG484C8/I7，单击鼠标右键，出现浮动菜单。在浮动菜单中，选择 Add Files。

（6）弹出"Select Files"对话框。在该对话框中，将路径定位到 E:\cpusoc_design_example\example_6_5\src 中，通过按下 Ctrl 按键和鼠标左键，选中 src 目录中的所有文件。

（7）单击该对话框右下角的"打开"按钮，退出"Select Files"对话框。

2. 修改设计文件

本部分将介绍修改设计文件的方法，主要步骤如下所述。

（1）启动 Codescape For Eclipse 8.6 软件工具。

（2）将"Workspace"设置为"E:\cpusoc_design_example\example_6_6"。

（3）按 6.3 节介绍的方法，编写汇编语言代码程序，如代码清单 6-35 所示。

代码清单 6-35 用于测试定时器中断异常的汇编语言代码

#define c0_compare	$11	// 定义 CP0 中 Compare 寄存器的编号
#define c0_count	$9	// 定义 CP0 中 Count 寄存器的编号
#define c0_status	$12	// 定义 CP0 中 Status 寄存器的编号

```
                .set      TimerPeriod, 0x31        // 定义 Compare 寄存器中的门限值
                .text                              // 定义代码段
                .org      0x0
init:           LI        $t0, TimerPeriod         // TimerPeriod→(t0)
                MTC0      $t0, c0_compare          // 将 t0 中的值写到 CP0 的 Compare 寄存器中
                MTC0      $0,  c0_count            // 将初始化值 0 写到 CP0 的 Count 寄存器中
                ADDIU     $t0, $0, 0x8001          // 异常初始化值为 0x8001，IE=1, IM7=1
                MTC0      $t0, c0_status           // 将 t0 中的值写到 CP0 的 Status 寄存器中
end:
                B         end                      // 无条件跳转到 end 标号，作用同 while(1)
                .org      0x100                    // 定义中断服务程序的入口地址
exception:      LI        $t0, TimerPeriod         // TimerPeriod→(t0)
                MTC0      $t0, c0_compare          // (t0)→(compare)，清除定时器中断
                MTC0      $0,  c0_count            // CP0 中 Count 寄存器中的内容清零
                ERET                               // 从异常返回
```

注：读者可进入本书配套资源的\cpusoc_design_example\example_6_6\program 目录下找到该设计文件。

（4）按 Ctrl+S 组合键，保存该设计文件。

（5）对上面的代码进行编译和链接，生成最终的可执行代码。

（6）打开 program.dis 文件，如代码清单 6-36 所示。

代码清单 6-36　program.dis 文件

```
00000000 <.text>:
    0:   24080031    ADDIU    t0,zero,49
    4:   40885800    MTC0     t0,c0_compare
    8:   40804800    MTC0     zero,c0_count
    c:   24088001    ADDIU    t0,zero,-32767
   10:   40886000    MTC0     t0,c0_status
00000014 <end>:
   14:   1000ffff    BEQZ     zero,14 <end>
   18:   00000000    SLL      zero,zero,0x0
   1c:   00000000    SLL      zero,zero,0x0
   20:   00000000    SLL      zero,zero,0x0
   24:   00000000    SLL      zero,zero,0x0
   28:   00000000    SLL      zero,zero,0x0
   2c:   00000000    SLL      zero,zero,0x0
   30:   00000000    SLL      zero,zero,0x0
   34:   00000000    SLL      zero,zero,0x0
   38:   00000000    SLL      zero,zero,0x0
   3c:   00000000    SLL      zero,zero,0x0
   40:   00000000    SLL      zero,zero,0x0
   44:   00000000    SLL      zero,zero,0x0
   48:   00000000    SLL      zero,zero,0x0
   4c:   00000000    SLL      zero,zero,0x0
   50:   00000000    SLL      zero,zero,0x0
   54:   00000000    SLL      zero,zero,0x0
   58:   00000000    SLL      zero,zero,0x0
   5c:   00000000    SLL      zero,zero,0x0
   60:   00000000    SLL      zero,zero,0x0
   64:   00000000    SLL      zero,zero,0x0
   68:   00000000    SLL      zero,zero,0x0
```

```
6c:    00000000    SLL    zero,zero,0x0
70:    00000000    SLL    zero,zero,0x0
74:    00000000    SLL    zero,zero,0x0
78:    00000000    SLL    zero,zero,0x0
7c:    00000000    SLL    zero,zero,0x0
80:    00000000    SLL    zero,zero,0x0
84:    00000000    SLL    zero,zero,0x0
88:    00000000    SLL    zero,zero,0x0
8c:    00000000    SLL    zero,zero,0x0
90:    00000000    SLL    zero,zero,0x0
94:    00000000    SLL    zero,zero,0x0
98:    00000000    SLL    zero,zero,0x0
9c:    00000000    SLL    zero,zero,0x0
a0:    00000000    SLL    zero,zero,0x0
a4:    00000000    SLL    zero,zero,0x0
a8:    00000000    SLL    zero,zero,0x0
ac:    00000000    SLL    zero,zero,0x0
b0:    00000000    SLL    zero,zero,0x0
b4:    00000000    SLL    zero,zero,0x0
b8:    00000000    SLL    zero,zero,0x0
bc:    00000000    SLL    zero,zero,0x0
c0:    00000000    SLL    zero,zero,0x0
c4:    00000000    SLL    zero,zero,0x0
c8:    00000000    SLL    zero,zero,0x0
cc:    00000000    SLL    zero,zero,0x0
d0:    00000000    SLL    zero,zero,0x0
d4:    00000000    SLL    zero,zero,0x0
d8:    00000000    SLL    zero,zero,0x0
dc:    00000000    SLL    zero,zero,0x0
e0:    00000000    SLL    zero,zero,0x0
e4:    00000000    SLL    zero,zero,0x0
e8:    00000000    SLL    zero,zero,0x0
ec:    00000000    SLL    zero,zero,0x0
f0:    00000000    SLL    zero,zero,0x0
f4:    00000000    SLL    zero,zero,0x0
f8:    00000000    SLL    zero,zero,0x0
fc:    00000000    SLL    zero,zero,0x0
00000100 <exception>:
100:   24080031    ADDIU    t0,zero,49
104:   40885800    MTC0     t0,c0_compare
108:   40804800    MTC0     zero,c0_count
10c:   42000018    ERET
```

（8）在云源软件左侧的"Design"标签页中，找到并展开 Other Files 文件夹。在展开项中，找到并双击 src\program.hex，打开文件 program.hex，将该文件中的内容全部清空。

（9）将代码清单 6-36 中给出的机器指令，按顺序复制粘贴到 program.hex 文件中。

（10）按 Ctrl+S 组合键，保存该设计文件。

3. 修改 GAO 配置文件

本部分将介绍修改 GAO 配置文件的方法，主要步骤如下所述。

（1）在云源软件当前工程主界面左侧的窗口中，单击"Design"标签，切换到"Design"标签页。

（2）在该标签页中，找到并展开 GAO Config Files 文件夹。在展开项中，找到并双击 \src\example_6_6.rao，打开 example_6_6.rao 文件。

（3）弹出"Core 0"对话框。在该对话框中，单击"Capture Options"标签。

（4）在该标签页右侧的 Capture Signal 窗口中，通过按下 Ctrl 按键和鼠标左键，分别选中下面的信号，包括 MIPS_CPU/MIPS_CP0/cp0_EPC[31:0]、MIPS_CPU/MIPS_CP0/cp0_status[31:0] 和 MIPS_CPU/MIPS_CP0/cp0_cause[31:0]，然后单击该窗口上方的 Remove 按钮 Remove ，删除这些捕获的信号。

（5）在 Capture Signals 窗口中，单击 Add 按钮 Add 。

（6）弹出"Search Nets"对话框，单击该对话框"Name"标题右侧文本框右侧的"Search"按钮。

（7）在下面的窗口中列出了可用的信号列表，通过按下 Ctrl 按键和鼠标左键，选中下面的信号，包括 MIPS_CPU/MIPS_CP0/cp0_compare[31:0]、MIPS_CPU/MIPS_CP0/cp0_count[31:0] 和 MIPS_CPU/cp0_TI。

（8）单击"Search Nets"对话框右下角的"OK"按钮，退出该对话框。添加捕获信号后的 Capture Signals 窗口如图 6.75 所示。

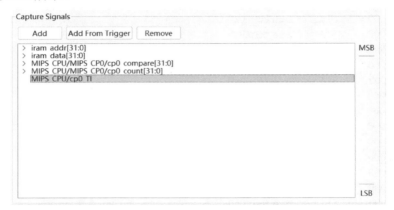

图 6.75　添加捕获信号后的 Capture Signals 窗口

（9）按 Ctrl+S 组合键，保存在 GAO 配置文件中重新设置的捕获参数。

（10）单击"example_6_6.rao"标签页右下角的关闭按钮✕，退出 GAO 工具。

4．下载设计

本部分将介绍下载设计的方法，主要步骤如下所述。

（1）在云源软件当前工程主界面左侧的窗口中，单击"Process"标签，切换到"Process"标签页。

（2）在"Process"标签页中，找到并双击"Synthesize"条目，云源软件执行对设计的综合，等待设计综合的结束。

（3）在"Process"标签页中，找到并双击"Place & Route"条目，云源软件执行对设计的布局和布线，等待布局和布线的结束。

（4）将外部+12V 电源适配器的电源插头连接到 Pocket Lab-F3 硬件开发平台标记为 DC12V 的电源插口。

（5）将 USB Type-C 电缆分别连接到 Pocket Lab-F3 硬件开发平台上标记为"下载 FPGA"的 USB Type-C 插口和 PC/笔记本电脑的 USB 插口。

（6）将 Pocket Lab-F3 硬件开发平台的电源开关切换到打开电源的状态，给 Pocket Lab-F3 硬件开发平台上电。

（7）在"Process"标签页中，找到并双击"Programmer"条目。

（8）弹出"Gaowin Programmer"对话框和"Cable Setting"对话框。其中，在"Cable Setting"对话框中显示了检测到的电缆、端口等信息。

（9）单击"Cable Setting"对话框右下角的"Save"按钮，退出该对话框。

（10）在"Gaowin Programmer"对话框的工具栏中，找到并单击 Program/Configure 按钮 🔄，将设计下载到高云 FPGA 中。

5．启动 GAO 软件工具

本部分将介绍启动 GAO 软件工具的方法，主要步骤如下所述。

（1）在云源软件主界面主菜单中，选择 Tools->Gowin Analyzer Oscilloscope。

（2）弹出"Gowin Analyzer Oscilloscope"对话框。

（3）一直按下 Pocket Lab-F3 硬件开发平台核心板上标记为 key1 的按键。

（4）在"Gowin Analyzer Oscilloscope"对话框的工具栏中，找到并单击 Start 按钮 ▶。

（5）释放一直按下的 key1 按键，使得满足 GAO 软件的触发捕获条件，即 sys_rst=1。此时，在"Gowin Analyzer Oscilloscope"对话框中显示捕获的数据，如图 6.76 所示。

图 6.76　在"Gowin Analyzer Oscilloscope"对话框中显示捕获的数据

（6）在"Gowin Analyzer Oscilloscope"对话框的工具栏中，找到并单击 Zoom In 按钮，放大波形观察细节，如图 6.77 所示。

图 6.77　在"Gowin Analyzer Oscilloscope"对话框中显示放大后的捕获数据

思考与练习 6-25：根据图 6.76 给出的仿真波形，分析产生定时器中断前后进入和退出中断句柄的过程，以及 MIPS 中清除定时器中断异常的方法。

第 7 章　多周期 MIPS 系统的设计和验证

本章将介绍如何设计与验证多周期 MIPS 系统。多周期 MIPS 系统是对单周期 MIPS 系统的改进，改善了处理器的性能。

本章首先介绍多周期 MIPS 系统的设计背景和设计的关键问题，在此基础上介绍如何使用高云云源软件设计多周期 MIPS 系统，最后介绍如何使用高云的 GAO 软件对设计的多周期 MIPS 系统进行验证。

7.1　设计背景

第 6 章介绍的单周期 MIPS 系统有 3 个主要缺点。首先，它需要一个足够长的时钟周期来支持最慢的指令，即使大多数指令比较快。其次，它需要 3 个加法器（一个在 ALU 中，另外两个用于 PC 逻辑），在集成电路中，它们是成本较高的功能单元，特别是快速加法器的成本更高。最后，它采用了单独的指令和数据存储器，成本高。在很多计算机中都使用了一个大的存储器，用于保存指令和数据，并且可以实现读取和写入。

在多周期 MIPS 系统中，通过将一条指令分成多个较短的步骤来解决这些缺点。在每个较短的步骤中，多周期 MIPS 系统可以读取或写入存储器或寄存器文件或使用 ALU。不同的指令使用不同个数的步骤，因此更简单的指令可以比更复杂的指令更快地完成。在多周期 MIPS 系统中，只需要一个加法器。在不同的步骤中可以重复使用加法器以实现不同的目的。处理器使用组合的存储器来保存指令和数据。在第一步中，从存储器中取出指令，在后面的步骤中可以从存储器读取数据或向存储器写入数据。

基于前面的单周期 MIPS 系统的相同过程，本章将设计一个多周期 MIPS 系统。与单周期 MIPS 系统的不同之处在于，单周期 MIPS 系统是一个组合逻辑，而多周期 MIPS 系统是一个有限自动状态机（Finite State Machine，FSM）。

7.2　设计关键问题

下面就多周期 MIPS 系统设计的关键问题进行说明。

7.2.1　处理指令需要的阶段

在多周期 MIPS 系统中，将一条指令分成几个"阶段"进行处理。

（1）取指阶段：通常需要一个时钟周期。在该阶段内，程序计数器从保存指令的指定的存储器位置中取出一条指令。

（2）译码阶段：通常需要一个时钟周期。在该阶段内，要识别指令的类型，并从寄存器文件中读取需要的寄存器内容。

（3）执行阶段：通常需要一个时钟周期。在该阶段内，在 ALU 内执行算术/逻辑操作。

（4）访存阶段：对于 LW 和 SW 指令来说，需要执行访问存储器的操作。该阶段通常需要一个时钟周期。在该阶段内，执行对存储器的读取/写入操作。

（5）回写阶段：例如，对于 R 型指令来说，需要将结果写回寄存器文件中的某个寄存器中。该阶段通常需要一个时钟周期。

在上面给出的 5 个阶段中，只有取指阶段、译码阶段和执行阶段是必要的，而访存阶段和回写阶段是可选的，这主要取决于指令所实现的功能。比如，对于本处理器中所实现的 BNE 和 BEQ 指令来说，就不需要经过访存阶段和回写阶段。对于 LW 指令来说，除了经历 3 个必要阶段，还需要经历访存阶段和回写阶段，因此该指令需要 5 个阶段才能完成。对于 OR 指令来说，除了经历 3 个必要阶段，还需要经历回写阶段，因此该指令需要 4 个阶段完成。

因此，对于 MIPS 中不同类型的指令，可能需要 3 个、4 个或 5 个阶段才能处理完成。

那么如何划分这几个阶段呢？显然这是处理器内的控制器和数据路径相互协同工作的结果。一方面，通过在数据通路上插入寄存器，将长的数据通路分割成更小数据通路的组合；另一方面，在控制器内通过设计有限自动状态机，为数据通路上的不同功能单元发出正确的控制信号。

7.2.2 数据通路

数据通路上主要包含程序计数器、存储器、寄存器文件、算术逻辑单元。

1）存储器单元

在单周期 MIPS 系统设计中，使用了单独的指令和数据存储器，这是因为需要在一个周期内读取指令存储器和读取/写入数据存储器。而在多周期 MIPS 系统设计中，将指令存储器和数据存储器组合在一起，用于存储指令和数据。这种设计方法在多周期 MIPS 系统中是可行的，这是因为访问指令和访问数据是分别在不同的处理器时钟周期完成的。

与单周期 MIPS 系统中单独访问指令存储器和数据存储器不同，在多周期 MIPS 系统内，一个存储器中既保存指令又保存数据，因此存储器的地址端口需要能够区分是访问存储器的数据空间还是指令空间，因此需要在存储器的地址端口前面添加多路复用器，用于选择访问指令存储空间的地址或访问数据存储空间的地址。

类似地，存储器的读数据端口的数据可能是指令也可能是数据。如果读取的是指令，则将其操作码送到控制器单元进行译码，将其操作数送到寄存器文件或其他单元。如果读取的是数据，则显然是执行 LW 指令的结果，该读取的数据需要写到寄存器相应端口的寄存器中。

注意，从存储器读数据端口读取的数据/指令，通过寄存器分离出 instr 和 wdata，instr 送到控制器和寄存器文件的读端口 rs 和 rt，wdata 通过多路选择器送到寄存器文件的写数据端口 rdv。显然，通过寄存器将数据通路上的取指单元和译码单元进行了隔离，如图 7.1 所示。注意，译码单元在数据通路上主要表示为对寄存器的操作。

再仔细观察 wdata，它是指令/数据存储器读数据端口经过寄存器后的输出。该结果又通过多路选择器连接到寄存器文件的 rdv 端口，这是将数据回写到寄存器文件中。因此，该寄存器将指令/数据存储器和寄存器文件进行了隔离。在数据通路上，因为指令/数据存储器属于访问存储器阶段，而寄存器文件属于寄存器回写阶段，因此就实现了存储器阶段和寄存器回写阶段的隔离。

2）算术逻辑单元

在多周期 MIPS 系统中，只使用一个算术逻辑单元。将算术逻辑单元的两个端口分别称为 alua 和 alub，其实现的主要功能如下所示。

（1）对来自寄存器文件中的两个寄存器中的内容执行逻辑/算术运算。在这种情况下，由指令中的 rs 字段和 rt 字段的编号给出所对应的寄存器。(rs)→alua，(rt)→alub。

（2）对程序计数器执行递增运算，用于计算下一条指令的地址。在这种情况下，(PC)→alua，1→alub。

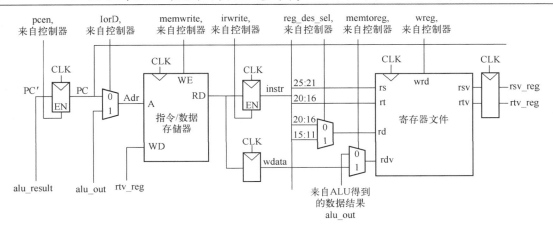

图 7.1　存储器和寄存器文件以及程序计数器之间的连接关系

（3）当满足分支/跳转条件时，需要计算程序计数器与指令中偏移量 imm 符号扩展后得到的 32 位偏移量 signimm 所生成的目标地址。在这种情况下，(PC) →alua，(signimm) →alub。

根据上面给出的功能可知，需要在算术逻辑单元的 alua 和 alub 端口前面添加多路选择器，这样才能实现将不同的操作数送入算术逻辑单元的 alua 和 alub 端口，其结构如图 7.2 所示。参考图 7.1 可知，通过寄存器将寄存器文件单元和算术逻辑单元进行了隔离，在数据通路上由于寄存器文件属于译码单元，而算术逻辑单元属于执行单元。因此，在数据通路上，寄存器实现了译码单元和执行单元的隔离。

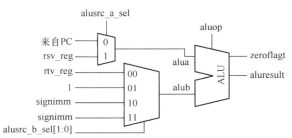

图 7.2　带有多路选择器的 ALU 单元

3）其他问题

在图 7.1 的指令/数据存储器前面有一个程序寄存器生成单元，显然通过该单元将 ALU 与指令/数据存储器进行了隔离。由于 ALU 属于执行单元，而指令/数据存储器属于存储器访问单元，因此就实现了执行单元和存储器访问单元之间的隔离。

为了实现 ALU 和寄存器回写单元之间的隔离，在 ALU 的后端添加了寄存器单元，如图 7.3 所示。ALU 的输出结果 aluresult 通过寄存器的输出 alu_out 连接到寄存器文件的 rd 端口。在数据通路上，ALU 属于执行阶段，寄存器的写端口属于寄存器回写阶段。因此，就实现了执行阶段和寄存器回写阶段的隔离。

比较图 7.1 和图 7.3 可知，执行阶段与寄存器回写阶段，以及访存阶段与寄存器回写阶段相互独立。因为在前面提到，R 型指令会涉及寄存器的回写，但不涉及访问存储器数据空间。而 SW 指令涉及存储器数据空间的访问，但不涉及寄存器的回写，而 LW 指令既涉及存储器数据空间的访问，又涉及寄存器的回写。分支指令既不涉及存储器数据空间的访问，也不涉及寄存器的回写。

思考与练习 7-1：在多周期 MIPS 系统中，不同的指令所涉及的处理阶段也不尽相同。参考该处理器所实现的指令格式，说明它们所经历阶段的个数，以及所经历阶段的名字。

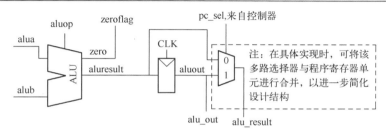

图 7.3　ALU 与数据通路上的其他单元进行连接

思考与练习 7-2：说明在多周期 MIPS 系统的数据通路上，不同阶段之间通过寄存器进行隔离的方法和所起的作用。

思考与练习 7-3：根据本节内容的讲解，绘制出多周期 MIPS 系统的数据通路。

7.2.3　控制通路

与前面的单周期 MIPS 系统类似，控制单元根据指令 Instr 的操作码字段 Instr[31:26]和功能码字段 Instr[5:0]来计算控制信号。但是，两者的实现方式却截然不同。单周期 MIPS 系统中的控制器采用的是组合逻辑电路，而多周期 MIPS 系统中的控制器采用的是有限自动状态机（Finite State Machine，FSM）电路，其输入和输出信号如图 7.4 所示，信号的功能如表 7.1 所示。

```
                    controller
clk                            alu_func[2:0]
cmdfunc[5:0]                   alusrc_a_sel
cmdop[5:0]                     alusrc_b_sel[1:0]
rst                            branch
                               IorD
                               irwrite
                               mem_wr
                               memtoreg
                               pc_sel
                               pcwrite
                               reg_des_sel
                               wreg
                    MIPS_controller
```

图 7.4　多周期 MIPS 系统中控制器的输入和输出信号

表 7.1　控制器输入和输出信号的功能

信号名字	方向	功能
clk	输入	来自外部的系统时钟
rst	输入	来自外部的系统复位
cmdop[5:0]	输入	来自指令寄存器的操作码字段，即 instr[31:26]
cmdfunc[5:0]	输入	来自指令寄存器的功能码字段，即 instr[5:0]
alu_func[2:0]	输出	用于控制 ALU 执行算术/逻辑运算的功能选择位
alusrc_a_sel	输出	用于选择 ALU 的 alua 端口的数据源
alusrc_b_sel[1:0]	输出	用于选择 ALU 的 alub 端口的数据源
branch	输出	在遇到分支指令时，控制目标地址
IorD	输出	用于选择指令/数据存储器地址端口的输入地址（访问指令空间或访问数据空间）
irwrite	输出	用于控制将指令/数据存储器读数据端口取出的指令保存到指令寄存器中

续表

信号名字	方向	功能
mem_wr	输出	用于控制指令/数据存储器的写信号
memtoreg	输出	用于控制写入寄存器文件的数据源（数据存储器或 ALU 的运算结果）
pc_sel	输出	用于控制所选择的程序计数器的目标地址源（alu_result 或 alu_out）
pcwrite	输出	产生用于写程序计数器的控制信号
reg_des_sel	输出	选择连接到寄存器文件的写端口的源（instr[20:16]或 instr[15:11]）
wreg	输出	用于写寄存器的写控制信号

前面提到，控制器的核心就是一个 FSM，其控制取指阶段、译码阶段、执行阶段、访存阶段和寄存器回写阶段。根据指令的类型和所要执行的数据通路操作，控制器中的状态迁移过程如图 7.5 所示。

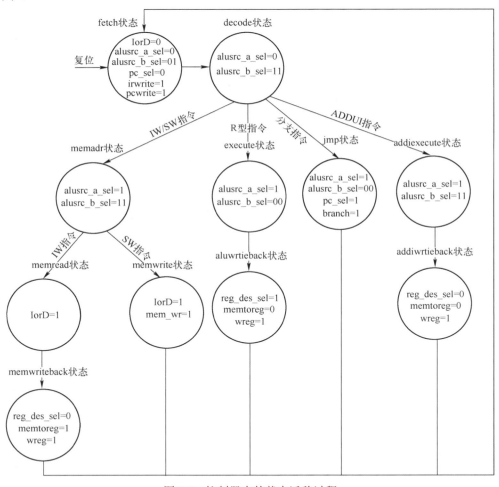

图 7.5 控制器中的状态迁移过程

注：① 该控制器的输出信号 pcwrite、branch 和算术逻辑单元的输出信号 zero，以及程序计数器的输入控制信号 pcen 之间，存在下面的逻辑关系，即

pece=(branch & zero) | pcwrite

② 在实际实现时，图 7.5 中的 addiexecute 状态和 memadr 状态可以合并在一起。

控制器中的每个状态与数据通路之间的关系如表 7.2 所示。

表 7.2　控制器中的每个状态与数据通路之间的关系

状态	与数据路径之间的控制关系
fetch	● 将程序计数器的输出接入指令/数据存储器的地址输入 ● 将程序计数器的输出接入 ALU 的 alua 端口，将常数 1 接入 ALU 的 alub 端口 ● 将 alu_func 设置为 "000"，即 alu_func 执行加法运算 ● 将 ps_sel 设置为 "0"，将 PC+1 的结果送到程序计数器的输入 ● pcwrite 设置为 "1"，将程序计数器的输入作为下一条指令的地址 ● irwrite 设置为 "1"，将指令/数据存储器的输出保存到指令寄存器中
decode	对于 BEQ 或 BNE 指令，多周期 MIPS 系统必须计算目标地址并比较两个源寄存器以确定是否应该分支。这需要两次使用 ALU，因此可能似乎需要两个新状态。但是请注意，在该状态读取寄存器时为使用 ALU。多周期 MIPS 系统此时也可以使用 ALU 来计算目标地址。 在该状态中，将分析指令的操作码字段 cmdop。根据操作码字段的格式，将区分 R 型指令、LW/SW 指令、跳转指令和 ADDI 指令等
memadr	对于 LW/SW 指令和 ADDI 指令，都将进入该状态。在该状态中，将再次根据 cmdop 字段，以确认下一个状态进入 memread 状态（对于 LW 指令）/进入 memwrite 状态（对于 SW 指令）/进入 addiwriteback 状态（对于 ADDI 指令） 在该状态中，需要： ● 设置 alusrc_a_sel 为 "1"，读取寄存器 rs 中的基地址，送 ALU 的 alua 端口 ● 设置 alusrc_b_sel 为 "10" / "11"，读取指令中的 16 位偏移量，并 32 位扩展后，送 ALU 的 alub 端口 ● alu_func 设置为 "000"，即 alu_func 执行加法运算
memread	对于 LW 指令，将进入该状态。在该状态中： ● 将 IorD 设置为 "1"，将 ALU 计算得到的存储器数据空间地址送到指令/数据存储器的地址端口
memwrite	对于 SW 指令，将进入该状态。在该状态中： ● 将 IorD 设置为 "1"，将 ALU 计算得到的存储器数据空间地址送到指令/数据存储器的地址端口 ● 将 mem_wr 设置为 "1"，将数据保存到指令/数据存储器的数据存储空间
memwriteback	对于 LW 指令来说，将进入该状态。在该状态中： ● 将 reg_des_sel 设置为 "0"，将指令[20:16]指定的寄存器编号接入寄存器文件的 rd 端口 ● 将 memtoreg 设置为 "1"，将指令/数据存储器中读取的数据接入寄存器文件的 rd 对应的数据端口 rdv ● 设置 wreg 为 "1"，将 rdv 端口的数据写入 rd 对应的寄存器中
execute	对于 R 型指令，将进入该状态。在该状态中： ● 将 alusrc_a_sel 设置为 "1"，将寄存器 rsv_reg 中的内容送入 ALU 的 alua 端口 ● 将 alusrc_b_sel 设置为 "00"，将寄存器 rtv_reg 中的内容送入 ALU 的 alub 端口 ● 根据 cmdfunc 字段的代码，控制 ALU 执行 R 型指令相应的算术/逻辑运算
aluwriteback	对于 R 型指令，将进入该状态。在该状态中： ● 将 reg_des_sel 设置为 "1"，将指令 instr[15:11]字段指定的寄存器编号接入寄存器文件的 rd 端口 ● 将 memtoreg 设置为 "0"，将 ALU 的运算结果接入寄存器文件的 rd 端口对应的数据端口 rdv ● 设置 wreg 为 "1"，将 rdv 端口的数据写入 rd 对应的寄存器中
jmp	对于 BEQ 和 BNE 指令，将进入该状态。在该状态中： ● 将 alusrc_a_sel 设置为 "1"，将 rsv_reg 中的内容送到 ALU 的 alua 端口 ● 将 alusrc_b_sel 设置为 "00"，将 rtv_reg 中的内容送到 ALU 的 alub 端口 ● 将 alu_func 设置为 "111"，使 ALU 执行减法运算，并产生 zerof 标志。 ● 将 pc_sel 设置为 "1"，将在 decode 阶段计算的目标地址送到程序计数器 ● 将 branch 设置为 "1"，通过 branch & zero 得到跳转的目标条件，用于控制是否将跳转的目标地址作为程序计数器的输出
addiwriteback	对于 I 型指令 ADDUI，进入该状态。在该状态中 ● 将 reg_des_sel 设置为 "0"，将指令 Instr[20:16]字段指定的寄存器编号接入寄存器文件的 rd 端口 ● 将 memtoreg 设置为 "0"，将 ALU 的运算结果接入寄存器文件的 rt 端口对应的数据端口 rdv ● 设置 wreg 为 "1"，将 rdv 端口的数据写入 rd 对应的寄存器中 注：该指令写寄存器由 rt 字段决定，但是写到寄存器文件的 rd 端口

7.3　多周期 MIPS 系统的设计

本节将详细介绍多周期 MIPS 系统的设计过程，设计过程中使用的是高云半导体公司的云源软件。

7.3.1 建立新的设计工程

本小节将介绍如何在高云半导体的云源软件中新建多周期 MIPS 系统设计工程，主要步骤如下所述。

（1）在 Windows 11 操作系统桌面中，找到并双击名字为 "Gowin_V1.9.9（64-bit）" 的图标，启动高云云源软件（以下简称云源软件）。

（2）在云源软件主界面主菜单下，选择 File->New。

（3）弹出 "New" 对话框。在该对话框中，找到并展 "Projects" 开条目。在展开条目中，找到并选择 "FPGA Design Project" 条目。

（4）单击该对话框右下角的 "OK" 按钮，退出 "New" 对话框。

（5）弹出 "Project Wizard-Project Name" 对话框。在该对话框中，按如下设置参数。

① Name：example_7_1。

② Create in：E:\cpusoc_design_example。

（6）弹出 "Project Wizard-Select Device" 对话框。在该对话框中，按如下设置参数。

① Series（系列）：GW2A；

② Package（封装）：PBGA484；

③ Device（器件）：GW2A-55；

④ Speed（速度）：C8/I7；

⑤ Device Version（器件版本）：C。

选中器件型号（Part Numer）为 "GW2A-LV55PG484C8/I7" 的一行。

（7）单击该对话框右下角的 "Next" 按钮。

（8）弹出 "Project Wizard-Summary" 对话框。在该对话框中，总结了建立工程时设置的参数。

（9）单击该对话框右下角的 "Finish" 按钮，退出 "Project Wizard-Summary" 对话框。

7.3.2 复制设计文件

在多周期 MIPS 系统设计中，可以使用单周期 MIPS 系统中的一些设计，包括寄存器文件、算术逻辑单元设计文件和指令存储器初始化，并将这些设计添加到多周期 MIPS 系统设计中，主要步骤如下所述。

（1）将 E:\cpusoc_design_example\example_6_1\src 目录中的文件 alu.v、register_file.v、example_6_1.rao、program.hex 和 mips_sysetem.cst 复制粘贴到 E:\cpusoc_design_example\ example_7_1\src 目录中。

（2）将文件 example_6_1.rao 重新命名为 example_7_1.rao。

（3）在云源软件当前工程主界面左侧的窗口中，单击 "Design" 标签，切换到 "Design" 标签页。

（4）在高云软件当前工程主界面左侧的 "Design" 标签页中，选中 example_7_1 或 GW2A-LV55PG484C8/I7，单击鼠标右键，出现浮动菜单。在浮动菜单中，选择 Add Files。

（5）弹出 "Select Files" 对话框。在该对话框中，将路径定位到 E:\cpusoc_design_example\ example_7_1\src 中，通过按下 Ctrl 按键和鼠标左键，选中 src 目录中的所有文件。

（6）单击该对话框右下角的 "打开" 按钮，退出 "Select Files" 对话框。

（7）在 D "Design" 标签页中，找到并展开 Other Files 文件夹。在展开项中，双击 src\program.hex，打开文件 program.hex。

（8）打开 program.hex 文件，按代码清单 7-1 给出的格式修改该文件。

代码清单 7-1　program.hex 文件

```
@80                              // 将下面的机器指令保存在地址 128 开始的位置
00001025                         // 机器指令 1
24420001                         // 机器指令 2
1000fffe                         // 机器指令 3
00000000                         // 机器指令 4
```

（9）按 Ctrl+S 组合键，保存该设计文件。

7.3.3　添加底层寄存器设计文件

本小节将介绍设计并实现用于在多周期 MIPS 系统中隔离不同阶段寄存器文件的方法，主要步骤如下所述。

（1）在云源软件当前工程主界面左侧的"Design"标签页中，找到并选中 example_7_1 或 GW2A-LV55PG484C8/I7，单击鼠标右键，出现浮动菜单。在浮动菜单中，选择 New File。

（2）弹出"New"对话框。在该对话框中，选择"Verilog File"条目。

（3）单击该对话框右下角"OK"的按钮，退出"New"对话框。

（4）弹出"New Verilog file"对话框。在该对话框中，在"Name"右侧的文本框中输入 register，即该文件的名字为 register.v。

（5）单击该对话框右下角的"OK"按钮，退出"New Verilog file"对话框。

（6）自动打开 register.v 文件。在该文件中，添加设计代码（见代码清单 7-2）。

代码清单 7-2　register.v 文件

```
`timescale 1ns/1ps              // 定义 timescale，用于仿真
module register(                // 定义模块 register
  input              clk,       // 定义输入时钟信号 clk
  input      [31:0]  d,         // 定义 32 位输入数据信号 d
  output reg[31:0]   q          // 定义 32 位输出数据信号 q
);
always @(posedge clk)           // always 块，敏感信号 clk 上升沿
begin
  q<=d;                         // 将 d 的值赋值给 q
end
endmodule                       // 模块结束
module register_en(             // 定义模块 register_en
  input              clk,       // 定义输入时钟信号 clk
  input              en,        // 定义输入使能信号 en
  input      [31:0]  d,         // 定义 32 位输入数据信号 d
  output reg [31:0]  q          // 定义 32 位输出数据信号 q
);
always @(posedge clk)           // always 块，敏感信号 clk 上升沿
begin
  if(en)                        // 如果 en 为 "1"，有效
    q<=d;                       // 将 d 的值赋值给 q
end
endmodule                       // 模块结束
```

（7）按 Ctrl+S 组合键，保存设计文件。

7.3.4　添加程序计数器设计文件

本小节将介绍添加程序计数器设计文件的方法，主要步骤如下所述。

（1）在云源软件当前工程主界面左侧的"Design"标签页中，找到并选中 example_7_1 或 GW2A-LV55PG484C8/I7，单击鼠标右键，出现浮动菜单。在浮动菜单中，选择 New File。

（2）弹出"New"对话框。在该对话框中，选择"Verilog File"条目。

（3）单击该对话框右下角的"OK"按钮，退出"New"对话框。

（4）弹出"New Verilog file"对话框。在该对话框中，在"Name"右侧的文本框中输入 pcgen，即该文件的名字为 pcgen.v。

（5）单击该对话框右下角的"OK"按钮，退出"New Verilog file"对话框。

（6）自动打开 pcgen.v 文件。在该文件中，添加设计代码（见代码清单 7-3）。

代码清单 7-3　pcgen.v 文件

```
`timescale 1ns/1ps                        // 定义 timescale，用于仿真
module pcgen(                              // 定义模块 pcgen
  input            clk,                    // 定义时钟信号 clk
  input            rst,                    // 定义复位信号 rst
  input            pcen,                   // 定义程序计数器使能信号 pcen
  input            pcsrc,                  // 定义程序计数器选择信号 pcsrc
  input   [31:0]   aluresult,              // 定义 32 位输入信号 aluresult
  input   [31:0]   aluout,                 // 定义 32 位输入信号 aluout
  output reg [31:0] pc                     // 定义 32 位程序计数器输出信号 pc
);
parameter PCSTART=128;                     // 定义存储器中指令存储空间的起始地址
always @(negedge rst or posedge clk)       // always 块，敏感信号 rst 低和 clk 上升沿
begin
  if(!rst)                                 // 如果复位信号 rst 为"0"
    pc<=PCSTART;                           // 将程序计数器 pc 的初值设置为 128
  else                                     // 如果时钟上升沿有效
   if(pcen)                                // 如果 pcen 为"1"
   begin
     case (pcsrc)                          // case 块根据 pcsrc 设置源
       1'b0: pc<=aluresult;                // 若 pcsrc 为"0"，则 alusult 为 pc 的值
       1'b1: pc<=aluout;                   // 若 pcsrc 为"1"，则 aluout 为 pc 的值
     endcase                               // case 块结束
   end
end                                        // always 块结束
endmodule                                  // 模块结束
```

（7）按 Ctrl+S 组合键，保存设计文件。

7.3.5　添加存储器设计文件

本小节将介绍添加存储器设计文件（该存储器可用于保存指令和数据）的方法，主要步骤如下所述。

（1）在云源软件当前工程主界面左侧的"Design"标签页中，找到并选中 example_7_1 或 GW2A-LV55PG484C8/I7，单击鼠标右键，出现浮动菜单。在浮动菜单中，选择 New File。

（2）弹出"New"对话框。在该对话框中，选择"Verilog File"条目。

（3）单击该对话框右下角的"OK"按钮，退出"New"对话框。

（4）弹出"New Verilog file"对话框。在该对话框中，在"Name"右侧的文本框中输入 ram，即该文件的名字为 ram.v。

（5）单击该对话框右下角的"OK"按钮，退出"New Verilog file"对话框。

（6）自动打开 ram.v 文件。在该文件中，添加设计代码（见代码清单 7-4）。

代码清单 7-4　ram.v 文件

```verilog
`timescale 1ns/1ps                    // 定义 timescale，用于仿真
module ram                            // 定义模块 ram
#(
    parameter SIZE =256               // 定义参数 SIZE，决定 ram 的深度
)
(
    input    [31:0] a,                // 定义输入的 32 位地址
    input         clk,                // 定义输入时钟信号 clk
    input         we,                 // 定义输入写信号 we
    input    [31:0] wd,               // 定义 32 位写数据 wd
    output [31:0] rd                  // 定义 32 位读输入 rd
);
reg [31:0] mem [SIZE - 1:0];          // 定义存储器容量为 SIZE×32 位
assign rd = mem [a];                  // 根据输入地址，读取存储器的字
initial
begin
  $readmemh ("program.hex",mem);      // 初始化存储器的指令存储空间
end
always @(posedge clk)                 // always 块，敏感信号 clk 上升沿
begin
  if(we)                              // 如果 we 为"1"
    mem[a]=wd;                        // 将 32 位数据 wd 写入 a 指定的存储地址
end                                   // always 块结束
endmodule                             // 模块结束
```

（7）按 Ctrl+S 组合键，保存设计文件。

7.3.6　添加控制器设计文件

本小节将介绍添加控制器设计文件（多周期 MIPS 系统使用该控制器实现对数据通路的控制）的方法，主要步骤如下所述。

（1）在云源软件当前工程主界面左侧的"Design"标签页中，找到并选中 example_7_1 或 GW2A-LV55PG484C8/I7，单击鼠标右键，出现浮动菜单。在浮动菜单中，选择 New File。

（2）弹出"New"对话框。在该对话框中，选择"Verilog File"条目。

（3）单击该对话框右下角的"OK"按钮，退出"New"对话框。

（4）弹出"New Verilog file"对话框。在该对话框中，在"Name"右侧的文本框中输入 controller，即该文件的名字为 controller.v。

（5）单击该对话框右下角的"OK"按钮，退出"New Verilog file"对话框。

（6）自动打开 controller.v 文件。在该文件中，添加设计代码（见代码清单 7-5）。

代码清单 7-5　controller.v 文件

```verilog
`timescale   1ns/1ps                  // 定义 timescale，用于仿真
//下面定义指令操作码(MIPS32 ISA)
`define OP_SPECIAL 6'b000000
```

```verilog
`define OP_ADDIU    6'b001001
`define OP_BEQ      6'b000100
`define OP_LUI      6'b001111
`define OP_BNE      6'b000101
`define OP_LW       6'b100011
`define OP_SW       6'b101011
//下面定义指令的功能码(MIPS32 ISA)
`define FUNC_ADDU   6'b100001
`define FUNC_AND    6'b100100
`define FUNC_OR     6'b100101
`define FUNC_XOR    6'b100110
`define FUNC_SRL    6'b000010
`define FUNC_SLTU   6'b101011
`define FUNC_SUBU   6'b100011
`define FUNC_ANY    6'b??????
//下面定义 ALU 的操作码 (设计者自定义)
`define ALU_ADD     3'b000
`define ALU_AND     3'b001
`define ALU_OR      3'b010
`define ALU_XOR     3'b011
`define ALU_LUI     3'b100
`define ALU_SRL     3'b101
`define ALU_SLTU    3'b110
`define ALU_SUBU    3'b111
module controller(                      // 定义模块 controller
input           clk,                    // 时钟输入信号 clk
input           rst,                    // 复位输入信号 rst
input   [5:0]   cmdop,                  // 6 位输入操作码 cmdop
input   [5:0]   cmdfunc,                // 6 位输入功能码 cmdfunc
output reg      pc_sel,                 // pc 选择信号 pc_sel
output reg      wreg,                   // 寄存器文件写信号 wreg
output reg      reg_des_sel,            // 选择寄存器写端口源
output reg      alusrc_a_sel,           // 选择 alua 端口
output reg [1:0] alusrc_b_sel,          // 选择 alub 端口
output reg [2:0] alu_func,              // 控制 ALU 执行操作的 alu_func
output reg      IorD,                   // 控制存储器输入地址的源
output reg      mem_wr,                 // 控制存储器写操作信号
output reg      memtoreg,               // 选择寄存器写端口数据
output reg      pcwrite,                // 使能程序计数器的信号
output reg      irwrite,                // 使能指令寄存器
output reg      branch                  // 使能跳转目标条件
);
// 下面定义状态机中的状态编码
parameter fetch=4'b0000,decode=4'b0001,memadr=4'b0010;
parameter memread=4'b0011,memwriteback=4'b0100,memwrite=4'b0101;
parameter execute=4'b0110,aluwriteback=4'b0111,jmp=4'b1000;
parameter addiwriteback=4'b1001;
reg [3:0] state,next_state;             // 定义 state 和 next_state 变量
reg     instr_decode_en;                // 定义 instr_decode_en
always @(negedge rst or posedge clk)    // always 块，状态寄存器描述
begin
if(!rst)                                // 如果 rst 为 "0"
  state<=fetch;                         // 指向 fetch 状态（初始状态）
```

```
else                                   // 时钟上升沿到来
  state<=next_state;                   // next_state 指向当前状态
end                                    // 块结束
always @(*)                            // 状态转移逻辑
begin
case(state)                            // case 块
fetch:     next_state=decode;          // fetch 状态，无条件迁移到 decode 状态
decode:                                // 在 decode 状态下
  begin
    case(cmdop)                        // 根据操作码字段，迁移到不同状态
      `OP_SPECIAL : next_state=execute; // R 型指令，迁移到 execute 状态
      `OP_LW      : next_state=memadr;  // LW 指令，迁移到 memadr 状态
      `OP_SW      : next_state=memadr;  // SW 指令，迁移到 memadr 状态
      `OP_BEQ     : next_state=jmp;     // BEQ 指令，迁移到 jmp 状态
      `OP_BNE     : next_state=jmp;     // BNE 指令，迁移到 jmp 状态
      `OP_ADDIU   : next_state=memadr;  // ADDIU 指令，迁移到 memadr 状态
      `OP_LUI     : next_state=memadr;  // LUI 指令，迁移到 memadr 状态
      default     : next_state=fetch;   // 无效指令，迁移到 fetch 状态
    endcase
    end
memadr:                                // 在 memadr 状态下
  begin
    case(cmdop)                        // 根据操作码字段，迁移到不同状态
      `OP_LW      : next_state=memread;       // LW 指令，迁移到 memread 状态
      `OP_SW      : next_state=memwrite;      // SW 指令，迁移到 memwrite 状态
      `OP_ADDIU   : next_state=addiwriteback; // ADDIU 指令，迁移到 addiwriteback 状态
      default     : next_state=fetch;         // 无效指令，迁移到 fetch 状态
    endcase
  end
memread:
          next_state=memwriteback;     // memread 状态，迁移到 memwriteback
memwrite:        next_state=fetch;     // memwrite 状态，迁移到 fetch 状态
execute:         next_state=aluwriteback; // execute 状态，迁移到 aluwriteback
aluwriteback:    next_state=fetch;     // aluwriteback 状态，迁移到 fetch 状态
jmp:             next_state=fetch;     // jmp 状态，迁移到 fetch 状态
addiwriteback: next_state=fetch;       // addiwriteback 状态，迁移到 fetch 状态
endcase
end                                    // always 块，即状态转移逻辑的结束
always @(state)                        // always 块，输出逻辑
begin
  pc_sel=1'b0;                         // pc_sel 初始化为 "0"
  wreg=1'b0;                           // wreg 初始化为 "0"
  reg_des_sel=1'b0;                    // reg_des_sel 初始化为 "0"
  alusrc_a_sel=1'b0;                   // alusrc_a_sel 初始化为 "0"
  alusrc_b_sel=2'b00;                  // alusrc_b_sel 初始化为 "00"
  IorD=1'b0;                           // IorD 初始化为 "0"
  mem_wr=1'b0;                         // mem_wr 初始化为 "0"
  memtoreg=1'b0;                       // memtoreg 初始化为 "0"
  pcwrite=1'b0;                        // pcwrite 初始化为 "0"
  irwrite=1'b0;                        // irwrite 初始化为 "0"
  branch=1'b0;                         // branch 初始化为 "0"
  instr_decode_en=1'b0;                // instr_decode_en 初始化为 "0"
case(state)                            // 当前状态决定输出
```

```verilog
fetch:                                          // 当前状态为 fetch
        begin
            alusrc_b_sel=2'b01;                 // alusrc_b_sel 设置为 "01"
            instr_decode_en=1'b1;               // instr_decode_en 设置为 "1"
            pcwrite=1'b1;                        // pcwrite 设置为 "1"
            irwrite=1'b1;                        // irwrite 设置为 "1"
        end
decode:                                         // 当前状态为 decode
        begin
            alusrc_b_sel=2'b11;                 // alusrc_b_sel 设置为 "11"
            instr_decode_en=1'b1;               // instr_decode_en 设置为 "1"
        end
memadr:                                         // 当前状态为 memadr
        begin
            alusrc_a_sel=1'b1;                  // alusrc_a_sel 设置为 "1"
            alusrc_b_sel=2'b10;                 // alusrc_b_sel 设置为 "10"
        end
memread:                                        // 当前状态为 memread
        IorD=1'b1;                               // IorD 设置为 "1"
memwriteback:                                   // 当前状态为 memwriteback
        begin
            memtoreg=1'b1;                      // memtoreg 设置为 "1"
            wreg=1'b1;                           // wreg 设置为 "1"
        end
memwrite:                                       // 当前状态为 memwrite
        begin
            IorD=1'b1;                           // IorD 设置为 "1"
            mem_wr=1'b1;                         // mem_wr 设置为 "1"
        end
execute:                                        // 当前状态为 execute
        alusrc_a_sel=1'b1;                      // alusrc_a_sel 设置为 "1"
aluwriteback:                                   // 当前状态为 aluwriteback
        begin
            reg_des_sel=1'b1;                   // reg_des_sel 设置为 "1"
            wreg=1'b1;                           // wreg 设置为 "1"
        end
jmp:                                            // 当前状态为 jmp
        begin
            alusrc_a_sel=1'b1;                  // alusrc_a_sel 设置为 "1"
            pc_sel=1'b1;                         // pc_sel 设置为 "1"
            branch=1'b1;                         // branch 设置为 "1"
        end
addiwriteback:                                  // 当前状态为 addiwriteback
        wreg=1'b1;                               // wreg 设置为 "1"
endcase
end                                             // 输出逻辑结束

always @(*)                                      // always 块，控制 ALU 的算术/逻辑功能
begin
if(instr_decode_en)                             // 如果 instr_decode_en 为 "1"
    alu_func=`ALU_ADD;                           // ALU 执行加法功能
else                                            // 如果 instr_decode_en 为 "0"
 casez({cmdop,cmdfunc})                          // 根据指令操作码和功能码，设置 ALU 功能
```

```
{`OP_SPECIAL,`FUNC_ADDU} :              // ADDU 指令
        alu_func=`ALU_ADD;             // ALU 执行加法操作
{`OP_SPECIAL,`FUNC_AND}  :              // AND 指令
        alu_func=`ALU_AND;             // ALU 执行逻辑"与"操作
{`OP_SPECIAL,`FUNC_OR}   :              // OR 指令
        alu_func=`ALU_OR;              // ALU 执行逻辑"或"操作
{`OP_SPECIAL,`FUNC_XOR}  :              // XOR 指令
        alu_func=`ALU_XOR;             // ALU 执行逻辑"异或"操作
{`OP_SPECIAL,`FUNC_SRL}  :              // SRL 指令
        alu_func=`ALU_SRL;             // ALU 执行逻辑右移操作
{`OP_SPECIAL,`FUNC_SLTU} :              // SLTU 指令
        alu_func=`ALU_SLTU;            // ALU 执行小于设置操作
{`OP_SPECIAL,`FUNC_SUBU} :              // SUBU 指令
        alu_func=`ALU_SUBU;            // ALU 执行减法操作
{`OP_ADDIU,`FUNC_ANY}    :              // ADDIU 指令
        alu_func=`ALU_ADD;             // ALU 执行加法操作
{`OP_LUI,`FUNC_ANY}      :              // LUI 指令
        alu_func=`ALU_LUI;             // ALU 执行左移 16 位操作
{`OP_LW,`FUNC_ANY}       :              // LW 指令
        alu_func=`ALU_ADD;             // ALU 执行加法操作
{`OP_SW,`FUNC_ANY}       :              // SW 指令
        alu_func=`ALU_ADD;             // ALU 执行加法操作
{`OP_BEQ,`FUNC_ANY}      :              // BEQ 指令
        alu_func=`ALU_SUBU;            // ALU 执行减法操作
{`OP_BNE,`FUNC_ANY}      :              // BNE 指令
        alu_func=`ALU_SUBU;            // ALU 执行减法操作
 endcase                                // case 块结束
end                                     // always 块结束
endmodule                               // 模块结束
```

（7）按 Ctrl+S 组合键，保存设计文件。

7.3.7　添加顶层设计文件

本小节将介绍如何添加顶层设计文件（在该设计文件中，通过元件例化的方法，将前面设计的模块组合在一起构成一个多周期 MIPS 系统），主要步骤如下所述。

（1）在云源软件当前工程主界面左侧的"Design"标签页中，找到并选中 example_7_1 或 GW2A-LV55PG484C8/I7，单击鼠标右键，出现浮动菜单。在浮动菜单中，选择 New File。

（2）弹出"New"对话框。在该对话框中，选择"Verilog File"条目。

（3）单击该对话框右下角的"OK"按钮，退出"New"对话框。

（4）弹出"New Verilog file"对话框。在该对话框中，在"Name"右侧的文本框中输入 mips_system，即该文件的名字为 mips_system.v。

（5）单击该对话框右下角的"OK"按钮，退出"New Verilog file"对话框。

（6）自动打开 mips_system.v 文件。在该文件中，添加设计代码（见代码清单 7-6）。

代码清单 7-6　mips_system.v 文件

```
`timescale 1ns/1ps                      // 定义 timescale
module mips_system(                     // 定义顶层模块 mips_system
    input       sys_clk,                // 顶层时钟输入信号 sys_clk
    input       sys_rst,                // 顶层复位输入信号 sys_rst
    input   [ 4:0 ] dp,                 // 顶层调试端口号 dp
```

```verilog
    output    [31:0 ] dpv              // 输入调试端口对应的数据 dpv
);
wire [31:0]    memrdata;               // 声明 32 位网络 memrdata
wire           ram_wr;                 // 声明网络 ram_wr
wire [2:0]     alu_op;                 // 声明 3 位网络 alu_op
wire [31:0]    rsv;                    // 声明 32 位网络 rsv
wire [31:0]    rsv_reg;                // 声明 32 位网络 rsv_reg
wire [31:0]    rtv;                    // 声明 32 位网络 rtv
wire [31:0]    rtv_reg;                // 声明 32 位网络 rtv_reg
wire [31:0]    alua;                   // 声明 32 位网络 alua
reg   [31:0]   alub;                   // 声明 32 位寄存器变量 alub
wire           alusrca_sel;            // 声明网络 alusrca_sel
wire [1:0]     alusrcb_sel;            // 声明网络 alusrcb_sel
wire [31:0]    signimm;                // 声明 32 位网络 signimm
wire           zero;                   // 声明网络 zero
wire [4:0]     rd;                     // 声明 5 位网络 rd
wire           reg_des_sel;            // 声明网络 reg_des_sel
wire [31:0]    rdv;                    // 声明 32 位网络 rdv
wire           memtoreg;               // 声明网络 memtoreg
wire [31:0]    alu_result;             // 声明 32 位网络 alu_result
wire [31:0]    alu_out;                // 声明 32 位网络 alu_out
wire           pc_sel;                 // 声明网络 pc_sel
wire           wreg;                   // 声明网络 wreg
wire [31:0]    address;                // 声明 32 位网络 address
wire           pcen;                   // 声明网络 pcen
wire [31:0]    instr;                  // 声明 32 位网络 instr
wire [31:0]    wdata;                  // 声明 32 位网络 wdata
wire           branch;                 // 声明网络 branch
wire           pcwrite;                // 声明网络 pcwrite
wire           IorD;                   // 声明网络 IorD
wire [31:0]    pc;                     // 声明 32 位网络 pc
pcgen MIPS_PC(                         // 将模块 pcgen 例化为 MIPS_PC
   .clk(sys_clk),                      // clk 端口连接到 sys_clk
   .rst(sys_rst),                      // rst 端口连接到 sys_rst
   .pcen(pcen),                        // pcen 端口连接到 pcen
   .pcsrc(pc_sel),                     // pcsrc 端口连接到 pc_sel
   .aluresult(alu_result),            // aluresult 端口连接到 alu_result
   .aluout(alu_out),                   // aluout 端口连接到 alu_out
   .pc(pc)                             // pc 端口连接到 pc
 );
assign address=IorD ? alu_out : pc;    // IorD 选择 alu_out 或 pc 作为 address

ram MIPS_RAM                           // 将 ram 例化为 MIPS_RAM
(
    .a(address),                       // a 端口连接到 address
    .clk(sys_clk),                     // clk 端口连接到 sys_clk
    .we(ram_wr),                       // we 端口连接到 ram_wr
    .wd(rtv_reg),                      // wd 端口连接到 rtv_reg
    .rd(memrdata)                      // rd 端口连接到 memrdata
);

register_en Instreg(                   // 将模块 register_en 例化为 Instreg
    .clk(sys_clk),                     // clk 端口连接到 sys_clk
```

```
        .en(irwrite),                   // en 端口连接到 irwrite
        .d(memrdata),                   // d 端口连接到 memrdata
        .q(instr)                       // q 端口连接到 instr
                    );
register    datareg(                    // 将模块 register 例化为 datareg
        .clk(sys_clk),                  // clk 端口连接到 sys_clk
        .d(memrdata),                   // d 端口连接到 memrdata
        .q(wdata)                       // q 端口连接到 wdata
                    );
assign alua=alusrca_sel ? rsv_reg : pc; // alusrca_sel 选择 alusrca 的操作数
always @(*)                             // always 块,选择 alusrcb 的操作数
begin
  casex(alusrcb_sel)                    // 根据 alusrcb_sel 进行判断
    2'b00 : alub=rtv_reg;               // "00",选择 rtv_reg
    2'b01 : alub=1;                     // "01",选择常数 1
    2'b1x : alub={{16{instr[15]}},instr[15:0]};     // "10" / "11",选择 32 位符号扩展数
  endcase
end
controller MIPS_controller(             // 模块 controller 例化为 MIPS_controller
    .clk(sys_clk),                      // clk 端口连接到 sys_clk
    .rst(sys_rst),                      // rst 端口连接到 sys_rst
    .cmdop(instr[31:26]),               // cmdop 端口连接到 instr[31:26]
    .cmdfunc(instr[5:0]),               // cmdfunc 端口连接到 instr[5:0]
    .pc_sel(pc_sel),                    // pc_sel 端口连接到 pc_sel
    .wreg(wreg),                        // wreg 端口连接到 wreg
    .reg_des_sel(reg_des_sel),          // reg_des_sel 端口连接到 reg_des_sel
    .alusrc_a_sel(alusrca_sel),         // alusrc_a_sel 端口连接到 alusrca_sel
    .alusrc_b_sel(alusrcb_sel),         // alusrc_b_sel 端口连接到 alusrcb_sel
    .alu_func(alu_op),                  // alu_func 端口连接到 alu_op
    .IorD(IorD),                        // IorD 端口连接到 IorD
    .mem_wr(ram_wr),                    // mem_wr 端口连接到 ram_wr
    .memtoreg(memtoreg),                // memtoreg 端口连接到 memtoreg
    .pcwrite(pcwrite),                  // pcwrite 端口连接到 pcwrite
    .irwrite(irwrite),                  // irwrite 端口连接到 irwrite
    .branch(branch)                     // branch 端口连接到 branch
  );
/* 使用 zero、branch 和 pcwrite 生成 pcen 信号 */
assign pcen=(zero & branch) | pcwrite;
/* reg_des_sel 选择寄存器 rd 端口的源 instr[15:11]? instr[20:16]? */
assign rd=reg_des_sel ? instr[15:11] : instr[20:16];
/* memtoreg 选择寄存器 rd 端口的数据源 wdata? alu_out? */
assign rdv=memtoreg ? wdata : alu_out;
register_file MIPS_register(            // 模块 register_file 例化为 MIPS_register
    .clk(sys_clk),                      // clk 端口连接到 sys_clk
    .pc(instr),                         // pc 端口连接到 instr
    .dp(dp),                            // dp 端口连接到 dp
    .rs(instr[25:21]),                  // rs 端口连接到 instr[25:21]
    .rt(instr[20:16]),                  // rt 端口连接到 instr[20:16]
    .rd(rd),                            // rd 端口连接到 rd
    .rdv(rdv),                          // rdv 端口连接到 rdv
    .wrd(wreg),                         // wrd 端口连接到 wreg
    .dpv(dpv),                          // dpv 端口连接到 dpv
    .rsv(rsv),                          // rsv 端口连接到 rsv
```

```
      .rtv(rtv)                       // rtv 端口连接到 rtv
  );
   register rega(                     // 模块 register 例化为 rega
      .clk(sys_clk),                  // clk 端口连接到 sys_clk
      .d(rsv),                        // d 端口连接到 rsv
      .q(rsv_reg)                     // q 端口连接到 rsv_reg
                  );
   register regb(                     // 模块 register 例化为 regb
      .clk(sys_clk),                  // clk 端口连接到 sys_clk
      .d(rtv),                        // d 端口连接到 rtv
      .q(rtv_reg)                     // q 端口连接到 rtv_reg
                  );

   alu MIPS_alu(                      // alu 模块例化为 MIPS_alu
      .a(alua),                       // a 端口连接到 alua
      .b(alub),                       // b 端口连接到 alub
      .op(alu_op),                    // op 端口连接到 alu_op
      .sa(instr[10:6]),               // sa 端口连接到 instr[10:6]
      .zero(zero),                    // zero 端口连接到 zero
      .result(alu_result)            // result 端口连接到 alu_result
   );
   register regalu(                   // 模块 register 例化为 regalu
      .clk(sys_clk),                  // clk 端口连接到 sys_clk
      .d(alu_result),                 // d 端口连接到 alu_result
      .q(alu_out)                     // q 端口连接到 alu_out
                  );
endmodule                             // 模块结束
```

（7）按 Ctrl+S 组合键，保存设计文件。

思考与练习 7-4：比较单周期和多周期 MIPS 系统综合后的时序报告，说明时序有哪些改善。

（8）在云源软件当前工程主界面主菜单中，选择 Tools->Schematic Viewer->RTL Design Viewer。给出多周期 MIPS 系统的 RTL 结构。

思考与练习 7-5：根据给出的多周期 MIPS 系统的 RTL 结构，绘制出该系统的数据通路和控制通路。

7.4　多周期 MIPS 系统的验证

本节将介绍使用 GAO 在线逻辑分析工具对多周期 MIPS 系统进行验证的方法。

7.4.1　修改 GAO 配置文件

本小节将介绍修改 GAO 配置文件的方法，主要步骤如下所述。

（1）在云源软件当前工程主界面左侧的窗口中，单击"Design"标签，切换到"Design"标签页。

（2）在该标签页中，找到并展开 GAO Config Files 文件夹。在展开项中，找到并双击 \src\example_7_1.rao，打开 example_7_1.rao 文件。

（3）弹出"Core 0"对话框。在该对话框中，单击"Capture Options"标签。

（4）在该标签页右侧的 Capture Signal 窗口中，通过按下 Ctrl 按键和鼠标左键，选中下面所有的信号，然后单击该窗口上方的 Remove 按钮 Remove ，删除所有之前设置的捕获信号。

（5）在 Capture Signals 窗口中，单击 Add 按钮 <kbd>Add</kbd> 。

（6）弹出"Search Nets"对话框，单击该对话框"Name"标题右侧文本框右侧的"Search"按钮。

（7）在下面的窗口中列出了可用的信号列表，通过按下 Ctrl 按键和鼠标左键，选中下面的信号，包括 instr[31:0]、MIPS_PC/pc[31:0]、rd[4:0]、rdv[31:0]、MIPS_register/wrd。

（8）单击"Search Nets"对话框右下角的"OK"按钮，退出该对话框。添加捕获信号后的 Capture Signals 窗口如图 7.6 所示。

图 7.6　添加捕获信号后的 Capture Signals 窗口

（9）按 Ctrl+S 组合键，保存在 GAO 配置文件中重新设置的捕获参数。

（10）单击"example_7_1.rao"标签页右下角的关闭按钮 <kbd>×</kbd>，退出 GAO 工具。

7.4.2　下载设计

本小节将介绍下载设计的方法，主要步骤如下所述。

（1）在云源软件当前工程主界面左侧的窗口中，单击"Process"标签，切换到"Process"标签页。

（2）在"Process"标签页中，找到并双击"Synthesize"条目，云源软件执行对设计的综合，等待设计综合的结束。

（3）在"Process"标签页中，找到并双击"Place & Route"条目，云源软件执行对设计的布局和布线，等待布局和布线的结束。

（4）将外部+12V 电源适配器的电源插头连接到 Pocket Lab-F3 硬件开发平台标记为 DC12V 的电源插口。

（5）将 USB Type-C 电缆分别连接到 Pocket Lab-F3 硬件开发平台上标记为"下载 FPGA"的 USB Type-C 插口和 PC/笔记本电脑的 USB 插口。

（6）将 Pocket Lab-F3 硬件开发平台的电源开关切换到打开电源的状态，给 Pocket Lab-F3 硬件开发平台上电。

（7）在"Process"标签页中，找到并双击"Programmer"条目。

（8）弹出"Gaowin Programmer"对话框和"Cable Setting"对话框。其中，在"Cable Setting"对话框中显示了检测到的电缆、端口等信息。

（9）单击"Cable Setting"对话框右下角的"Save"按钮，退出该对话框。

（10）在"Gaowin Programmer"对话框的工具栏中，找到并单击 Program/Configure 按钮 🔽，将设计下载到高云 FPGA 中。

7.4.3　启动 GAO 软件工具

本小节将介绍启动 GAO 软件工具的方法，主要步骤如下所述。

（1）在云源软件主界面主菜单中，选择 Tools->Gowin Analyzer Oscilloscope。

（2）弹出"Gowin Analyzer Oscilloscope"对话框。

（3）一直按下 Pocket Lab-F3 硬件开发平台核心板上标记为 key1 的按键。

（4）在"Gowin Analyzer Oscilloscope"对话框的工具栏中，找到并单击 Start 按钮 ⏵。

（5）释放一直按下的 key1 按键，使得满足 GAO 软件的触发捕获条件，即 sys_rst=1。此时，在"Gowin Analyzer Oscilloscope"对话框中显示捕获的数据，如图 7.7 所示。

图 7.7　在"Gowin Analyzer Oscilloscope"对话框中显示捕获的数据

（6）在"Gowin Analyzer Oscilloscope"对话框的工具栏中，找到并单击 Zoom In 按钮，放大波形观察细节，如图 7.8 所示。

图 7.8　在"Gowin Analyzer Oscilloscope"对话框中显示放大后的捕获数据

思考与练习 7-6：根据图 7.8 给出的仿真结果，查看程序计数器和指令的变化情况，以及对应的寄存器文件中寄存器值的变化情况。

思考与练习 7-7：根据图 7.8 给出的仿真结果，查看执行一条指令所需要的周期。从观察的结果，进一步理解多周期的概念。

思考与练习 7-8：查看多周期 MIPS 系统的内部设计结构，分析该设计的数据通路和控制通路。

思考与练习 7-9：通过选中并单击相应的模块，查看各个功能单元与 Verilog HDL 之间的对应关系。

7.4.4　设计总结和启示

根据本章对多周期 MIPS 系统的原理介绍、设计综合和在线逻辑分析，进一步理解了"多周期"的概念，即一条指令从取指阶段、译码阶段、执行阶段、访存阶段（可选）到寄存器回写阶段（可选），需要 3～5 个时钟周期才能完成，具体的周期数取决于指令是否需要访存和回写寄存器。

与"单周期"相比，"多周期"所使用的时钟周期明显增加，这似乎好像是一件"费力不讨好的事情"，因为表面上看"单周期"只需要一个周期就可以完成对指令的处理。但是，在对"单周期"和"多周期"MIPS 系统进行综合后，通过查看时序总结可知，多周期 MIPS 系统的时钟频率比单周期 MIPS 系统的时钟频率要高，这就是采用多周期设计方法所要解决的提高系统频率的初衷。

但是，多周期 MIPS 系统和单周期 MIPS 系统一样，都需要处理完一条指令后才能处理下一条指令，即指令和指令之间是串行执行的。因此，单周期 MIPS 系统和多周期 MIPS 系统的吞吐量都比较低。那么，有什么好的办法能增加系统的指令"吞吐量"呢？这就是下一章所要介绍的流水线 MIPS 系统的内容。

　　流水线和多周期 MIPS 系统之间有着密切关系，它们的相同之处就是将指令的处理过程都划分成了不同的阶段。而不同之处在于，多周期 MIPS 系统的指令处理过程是串行的，即只有处理完一条指令后才能接着处理下一条指令；流水线 MIPS 系统的指令处理是重叠进行的，即当系统正在处理一条指令时，允许同时处理下一条指令。因此，与多周期 MIPS 系统相比，流水线 MIPS 系统的指令"吞吐量"显著提升，这样就进一步解决了多周期 MIPS 系统吞吐量低的缺点。

第8章 流水线 MIPS 系统的设计和验证

本章将介绍带有流水线的 MIPS 系统的设计过程和实现方法,并将理论知识穿插在整个设计与实现过程中。从本质上来说,前面所介绍的单周期和多周期 MIPS 系统的设计,是为最终设计流水线 MIPS 系统服务的,这是因为流水线才是目前业界设计处理器采用的方法。当采用流水线方法设计处理器时,一方面提高了处理器核的工作频率,另一方面也提高了处理器核处理指令的吞吐量,这是一个"双赢"的设计方法。

在本章中,首先介绍了流水线的一些基本概念,将流水线设计方法运用于 MIPS 系统的设计中,使用高云的云源软件实现了流水线 MIPS 系统,并通过高云半导体的 GAO 软件对流水线 MIPS 核功能进行验证。

然后使用云源软件将协处理器 CP0 接入流水线 MIPS 系统中,实现在流水线 MIPS 系统中添加协处理器 CP0 的设计,并通过 GAO 软件对所添加的协处理器 CP0 功能进行验证。

最后使用 Arm 高级微控制总线架构(Advanced Microcontroller Bus Architecture,AMBA)规范将外设接入流水线 MIPS 系统中,并通过高云的云源软件实现该设计,并通过 GAO 软件对包含 AMBA 规范的外设功能进行验证。

8.1 流水线概述

流水线这个概念来自生产线。在生产线上,负责人将装配产品的一个复杂任务进行分解后,得到 N 个子任务。然后,负责人按工序将这个 N 个子任务"平均"分配给 N 个工人,最后由每个工人完成所分配的某个装配任务。

我们将这个装配任务进一步用图形表示,得到如图 8.1 所示的工人装配任务的流水线结构。在该结构中,假设每个工人完成每个子任务的时间均相等(以 T 表示)。图中,纵坐标表示当前装配任务的编号。对于每个当前装配任务 i,将其分解为对应的子任务(1~N),将这 N 个子任务分配给 N 个工人完成。图中:

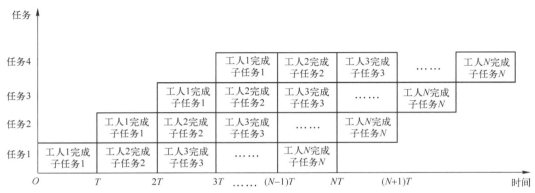

图 8.1 工人装配任务的流水线结构

(1)在时间 T 内,工人 1 完成任务 1 中的子任务 1。

(2)在时间 T~$2T$ 内,工人 2 完成任务 1 中的子任务 2,此时工人 1 完成任务 2 中的子任务

1。显然，工人 2 完成任务 1 中的子任务 2 和工人 1 完成任务 2 中的子任务 1 可以同时进行，或者说这两个子任务重叠进行。

（3）在时间 2T～3T 内，工人 3 完成任务 1 中的子任务 3，工人 2 完成任务 2 中的子任务 2，工人 1 完成任务 3 中的子任务 1。显然，工人 3 完成任务 1 中的子任务 3、工人 2 完成任务 2 中的子任务 2 和工人 1 完成任务 3 中的子任务 1 可以同时进行，或者说这 3 个子任务重叠进行。

对于 4 个任务来说，如果不采用流水线的装配方式，使用一个工人完成，假设一个工人完成一个完整的装配任务需要 NT 个时间单位，则完成 4 个完整的装配内务需要 4NT 个时间单位。但是，若采用图 8.1 给出的流水线来完成 4 个完整的任务，则总计只需要 (N+3)T 个时间单位。则总的时间为原来的 (N+3)/4N，当 N 远大于 3 时，流水线装配总时间是非流水线装配总时间的 25%。显然，在单位时间内工人能装配完的产品数量明显增加，也就是"吞吐量"增加。

8.1.1　数据通路的流水线结构

在第 6 章介绍无流水线多周期 MIPS 系统时，不同类型的指令涉及不同操作，主要包括取指操作、读寄存器文件操作、ALU 算术/逻辑运算操作、读存储器操作（可选）和写回寄存器操作（可选）。这些操作分别对应不同的处理阶段/处理级，包括取指级（Instruction Fetch，IF）级、译码（Instruction Decode，ID）级、执行（Execute，EX）级、访存（Memory，MEM）级和写回（Wrtie-Back，WB）级。当不同指令的 IF 级、ID 级、EX 级、MEM 级和 WB 级相互重叠在一起时，就构成了 5 级流水线结构。为了讨论问题的方便，我们将用于隔离 IF 级和 ID 级之间的寄存器称为 IF/ID，隔离 ID 级和 EX 级之间的寄存器称为 ID/EX，隔离 EX 级和 MEM 级之间的寄存器称为 EX/MEM，隔离 MEM 级和 WB 级之间的寄存器称为 MEM/WB。

当不考虑其他复杂因素时，最简单的方法是将寄存器插入数据通路上不同的操作端元之间，这样就能构成数据通路的流水线结构，如图 8.2 所示。

在图 8.2（b）中，寄存器文件是比较特殊的，这是因为它是在 ID 级读取并在 WB 级写入。图中将其放在 ID 级，但是其写入地址和数据来自 WB 级。这种反馈将导致流水线风险。当 rdv 稳定时，将在时钟下降沿时写到寄存器文件中。

> 注：图中的 WriteReg 信号通过 EX 级和 WB 级流水线，这样做的目的是为了保持同步。WriteRegW 和 ResultW 在 WB 级一起反馈到寄存器文件中。

对于以上的操作，为了简单起见，假设取指令、ALU 运算及数据加载/保存操作的时间为 20ns，而读/写寄存器文件的时间为 10ns。下面给出一组指令，如代码清单 8-1 所示。

代码清单 8-1　用汇编助记符指令描述的一组操作

```
LW t0, 10(s0)          // 将(s0)+10 的有效存储地址的字加载到 t0
LW t1, 14(s0)          // 将(s0)+14 的有效存储地址的字加载到 t1
LW t2, 18(s0)          // 将(s0)+18 的有效存储地址的字加载到 t2
```

无流水线单周期 MIPS 系统执行 3 条指令的过程如图 8.3（a）所示；流水线单周期 MIPS 系统执行 3 条指令的过程如图 8.3（b）所示。从图 8.3（a）可知，在没有使用流水线结构时，执行完 3 条指令需要 240ns 时间。从图 8.3（b）可知，在采用 5 级流水线结构时，执行完 3 条指令只需要 120ns 时间。两者相比，采用 5 级流水线时，执行 3 条指令所花费的时间缩短为原来的 1/2，这就意味着吞吐量变为原来的两倍。

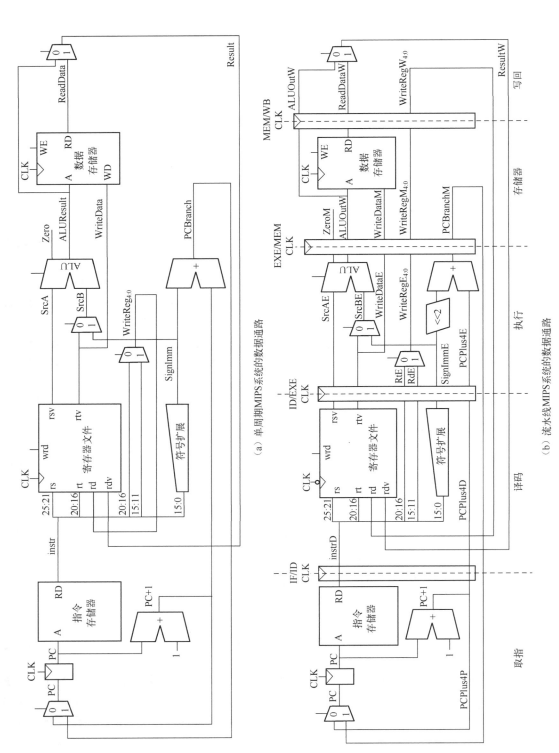

（a）单周期MIPS系统的数据通路

（b）流水线MIPS系统的数据通路

图 8.2　单周期和流水线 MIPS 系统的数据通路

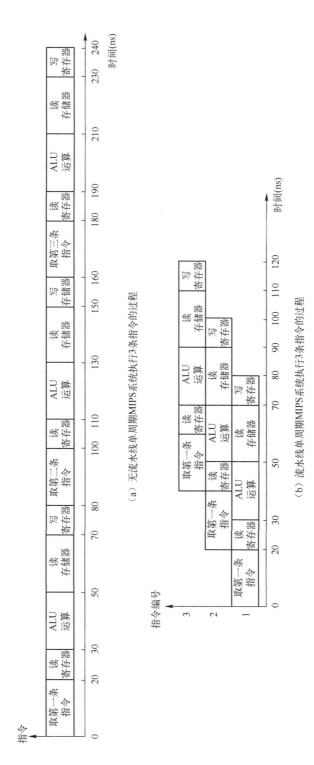

图 8.3　无流水线和流水线单周期 MIPS 系统执行 3 条指令的过程

8.1.2　控制通路的流水线结构

在第 6 章中介绍过无流水线单周期 MIPS 系统中的控制器设计和无流水线多周期 MIPS 系统中的控制器设计。那么它们中的哪一个可以作为设计流水线 MIPS 系统中的控制器的参考呢？

我们首先来看无流水线多周期 MIPS 系统中的控制器设计过程，因为在该控制器设计中以 FSM 为核心，这就意味着在对一条指令没有处理完成之前是不允许对下一条指令进行处理的，也就是说这种设计思路是无法让多条指令之间进行重叠执行的。但是，无流水线单周期 MIPS 系统中的控制器设计就没有这样的限制。因此，就可以借鉴单周期 MIPS 系统中的控制器的设计思路。

说到这里就比较有意思了，明明是多周期 MIPS 系统提高了处理器的时钟频率，但是其控制器的设计方法本质上又无法解决处理器"吞吐量"问题。而单周期 MIPS 系统虽然不能提高处理器的时钟频率，但是其控制器在流水线处理器中可用作控制器的设计参考。

流水线 MIPS 系统采用与单周期 MIPS 系统相同的控制信号，因此使用了相同的控制单元。控制单元在译码阶段检查指令的操作码字段和功能码字段以产生控制信号。需要特别注意，这些控制信号必须与数据通路一起进行流水线化，以控制通路和数据通路之间能保持同步，如图 8.4 所示。

8.1.3　风险及解决方法

在流水线 MIPS 系统中，同时处理多条指令。当一条指令依赖于另一条尚未完成的结果时，就会发生风险（Hazard）。为了说明数据风险（Data Hazard）的概念，首先举一个实例，如代码清单 8-2 所示。

代码清单 8-2　带有数据风险的指令

ADD r3, r1, r2	// (r1)+(r2)→(r3)
SUB r5, r3, r4	// (r3)-(r4) →(r5)
LW 　r6, 4(r3)	// (r3)+4 指定的存储地址的字加载到寄存器 r6 中
OR 　r5, r3, r5	// (r3)逻辑"或"(r5) →(r5)
SW 　r6, 12(r3)	// 寄存器 r6 中的字保存到(r3)+12 指定的存储器地址处

将代码清单 8-2 给出的指令按顺序进行编号（指令 1～指令 5），如图 8.5 所示。

> **注**：图中带有阴影背景的方框表示该指令没有涉及相关的操作。

从代码清单 8-2 给出的代码可知，后面 4 条指令的运行都涉及通用寄存器 r3，而第一条指令的加法运算结果会修改寄存器 r3 中的值。此时，后面 4 条指令就和第一条指令之间存在数据之间的依赖性，也就是后面 4 条指令的执行依赖于第一条指令的运行结果的结束。这是典型的写后读（Read After Write，RAW）风险。

对于无流水线 MIPS 系统来说，RAW 根本不是一个问题，因为在这样的系统中，总是在处理完一条指令后，才取出并处理下一条指令。但是，对于采用 5 级流水线的 MIPS 系统来说，这就是一个非常严重的问题。为什么这样说呢？从图 8.5 可知下面的事实。

（1）对于第二条指令来说，当进入 ID 级时，此时第一条指令处于 EX 级，因为没有完成 WB 级的操作，此时必须要等待 WB 级操作的完成，才能执行第二条指令 ID 级的读取寄存器操作。

（2）对于第三条指令来说，在执行 ID 级的操作时，第一条指令的 WB 级操作仍然没有完成，所以仍然要等待完成第一条指令的 WB 级操作后，才能执行第三条指令的 ID 级操作。

（3）对于第四条指令，在执行 ID 级的操作时，第一条指令同时在执行 WB 级操作，因此必须等待完成第一条指令的 WB 级操作后，才能执行第四条指令的 ID 级操作。

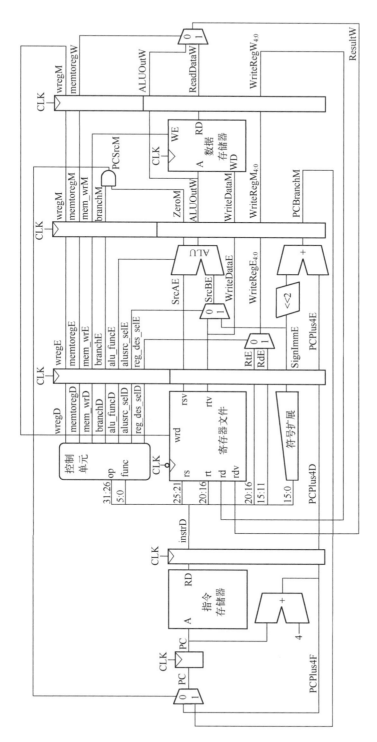

图 8.4　带有控制器的完整流水线 MIPS 系统的结构

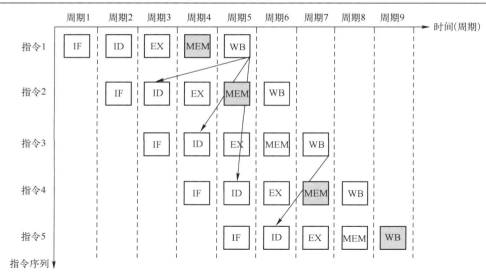

图 8.5 指令之间的数据风险

（4）对于第五条指令，因为执行 ID 级操作时，已经完成第一条指令的 WB 级操作，因此可以直接执行第五条指令的 ID 级操作，而无须任何等待操作。

进一步观察，除了上面所提到的数据依赖关系，发现第三条指令和第五条指令之间也存在数据依赖关系，这是因为第三条指令需要将数据从存储器加载到通用寄存器 r6 中，而第五条指令要将通用寄存器 r6 中的值保存到存储器中。从图 8.5 可知，第五条指令在 ID 级时，第三条指令处于 MEM 级。当不采取任何措施时，第五条指令必须停下来等待第三条指令完成回写寄存器文件后才能继续在 ID 级执行操作。

在处理器中将风险分为数据风险（Data Hazard）和控制风险（Control Hazard）。当一条指令尝试读取尚未被前一条指令写回的寄存器时，就会发生数据危险。当发生取指操作但还没有决定下一步需要取出的指令时，就会发生控制风险。

1. 用提前解决数据风险

进一步观察图 8.5 可知，当指令之间的数据依赖关系的方向与时间轴的方向相反时，就会出现风险问题。从另一个角度来看，如果能采取一些其他手段使指令之间的数据依赖关系的方向与时间轴的方向相同时，就能较好地解决指令之间的数据依赖关系。

如果再仔细地观察代码清单 8-2 中第一条指令和第二条指令，即

```
ADD r3, r1, r2          // (r1)+(r2)→(r3)
SUB r5, r3, r4          // (r3)-(r4)→(r5)
```

发现一个隐含的事实，对于 ADD 指令来说，一旦在 EX 级得到加法运算结果，就没有必要等到写回到通用寄存器 r3 中再执行 SUB 指令，而是将 EX 级得到的运算结果直接送到 SUB 指令中，也就是将 ADD 指令得到的求和结果，重新再次送到 ALU 的端口，这样就无须等待 ADD 指令执行完回写操作。换句话说，就是在 ADD 指令的 MEM 级和 SUB 指令的 EX 级之间建立一条直接通路，如图 8.6 所示。这样通过内部提供的寄存器就提前获取了所缺少的运算项，这称为提前（Forwarding）或旁路（Bypassing）。此处的"提前"是指策略，而"旁路"是实现提前策略而采取的一种具体方法。在具体实现时，需要在 ALU 的前面添加多路复用器，以从寄存器文件或存储器或回写阶段选择操作数。

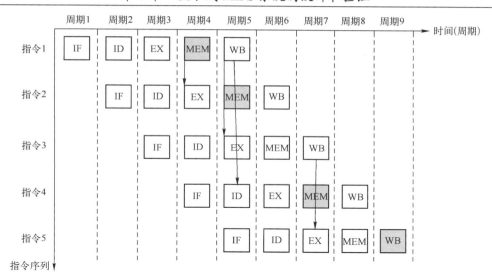

图 8.6 采用提前或旁路方法避免数据风险

对于指令 3，需要第一条指令的结果，因此在指令 1 的 WB 级和 EX 级之间建立一条通路，显然这条通路绕过了需要 WB 级的结果，因此读者就知道"提前"和"旁路"这两个术语的含义了。

对于指令 4，只需要在寄存器的前半个周期写回寄存器，然后在后半个周期读取寄存器而已。注意，在时钟的下降沿到来的时候写入寄存器文件，这样在时钟的上升沿就可以正确地读取相同寄存器中的数据了。因此，这就解决了 WB 级和 ID 级在相同时钟周期内的 RAW 问题。

对于指令 3 和指令 5，只要在指令 3 的 WB 级和指令 5 的 EXE 级之间建立一条通路即可。

下面的问题就是，如何自动检测数据风险?在计算机系统中。通过设计一个风险自动检测系统，用于从寄存器文件或从 MEM 级或 WE 级结果中选择操作数，以提早提供给 ALU 前面的多路选择器。如果该级将写目标寄存器并且目标寄存器与源寄存器匹配，则它应该从该级转发。但是，通用寄存器永远为 0，永远都不应该被提前。如果 MEM 级和 WB 级都包含匹配的目的寄存器，则 MEM 级应该具有优先权，因为它包含最近执行的指令。

ALU 端口 A 和端口 B 前面分别添加了一个多路选择器，用于控制 ALU 端口 A 的多路选择器的控制信号为 forwardA、用于控制 ALU 端口 B 的多路选择器的控制信号为 forwardB。多路选择器的选择机制如表 8.1 所示。

表 8.1 多路选择器的选择机制

多路选择器控制信号	源	功能
forwardA=00	ID/EX	ALU 端口 A 的操作数来自寄存器文件
forwardA=10	EX/MEM	ALU 端口 A 的操作数从 ALU 上一个运算结果旁路获得
forwardA=01	MEM/WB	ALU 端口 A 的操作数从数据存储器或前一个 ALU 结果旁路获得
forwardB=01	ID/EX	ALU 端口 B 的操作数来自寄存器文件
forwardB=10	EX/MEM	ALU 端口 B 的操作数从 ALU 上一个运算结果获得
forwardB=01	MEM/WB	ALU 端口 B 的操作数从数据存储器或前一个 ALU 结果旁路获得

forwardA 的生成逻辑如代码清单 8-3 所示。

代码清单 8-3 forwardA 的生成逻辑

```
if ((rsE != 0) && (rsE == WriteRegM) && wregM)
        forwardA = "10"
```

```
else if ((rsE != 0) && (rsE == WriteRegW) && wregM)
          forwardA = "01"
else
          forwardA = "00"
```

其中，rsE 为寄存器文件 rs 端口在 EX 级的值（经过 ID/EX 寄存器）。wregM 为 MEM 级的写寄存器文件信号。

forwardB 的生成逻辑如代码清单 8-4 所示。

代码清单 8-4　forwardB 的生成逻辑

```
if ((rtE != 0) && (rtE == WriteRegM) && wregM)
          forwardB =  "10"
else if ((rtE != 0) && (rtE == WriteRegW) && wregM)
          forwardB= "01"
else
          forwardB = "00"
```

其中，rtE 为寄存器文件 rt 端口在 EX 级的值（经过 ID/EX 寄存器）。

2．用停止解决数据风险

前面介绍了使用提前来解决数据风险的问题，那是不是它就能完全解决数据风险的问题呢？答案是否定的，这是因为还有前面没解决的问题。

当在指令的执行阶段计算结果时，"提前" 足以解决 RAW 数据风险，这是因为它的结果可以被提前到下一条指令的执行阶段。但是，对于 LW 指令，这就遇到了复杂的事情，这是因为 LW 指令直到 MEM 级结束后才能真正地读取数据，因此它的结果无法提前到下一条指令的 EX 级。为了说明这一点，查看下面给出的代码，如代码清单 8-5 所示。

代码清单 8-5　包含 LW 指令的指令序列

```
LW s1, 20(s0)           // 将(s0)+20 指向的存储空间地址的内容加载到 s1
OR t1, s1, t0           // (s1) 逻辑 "或" (t0)→(t1)
AND v1, s1, v0          // (s1) 逻辑 "与" (v0)→(v1)
```

从图 8.7 中可以看出，指令 2 中的通用寄存器 r4 中的值依赖于指令 1 中的通用寄存器 r4 中的加载结果，显然只有指令 1 在第 4 个周期执行完 MEM 级得到结果后，指令 2 才能使用该结果，因此无法在指令 1 和指令 2 之间建立一个这样的 "旁路" 通道，当然就无法使用 "提前" 整个策略来消除数据风险。

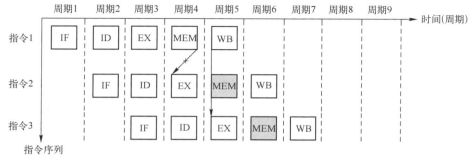

图 8.7　包含有 LW 指令的流水线

此时，可以采取的方法就是停止（Stall）流水线，即在数据可用之前停止流水线。如图 8.8 所示，对于指令 2，在 ID 级暂停该指令，直到周期 4 结束为止。对于指令 3，在周期 3 时进入 ID 级，原本应该在第 4 个周期进入 ID 级，但是由于第 4 个周期前一条指令占用了 ID 级，所以迫使指令

3 停留在 IF 级, 直到第 4 个周期结束为止。

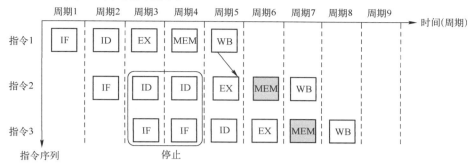

图 8.8 使用停止策略解决数据风险问题

显然, 在第 5 个周期, 指令 1 在 WB 级旁路到指令 2 的 EX 级。而对于指令 3 无须做任何提前操作。显然, 对于指令 2 拉伸了 ID 级的时间, 对于指令 3 拉伸了 IF 级的时间。将图 8.7 和图 8.8 进行比较可知, 在第 4 个周期没有使用 EX 级, 在第 5 个周期未使用 MEM 级, 在第 6 个周期没有使用 WB 级。对于指令 2, 一直处于 ID 级, 而不让其立即进入 EX 级, 就类似洗衣机 "空转" 而不洗衣服一样。这种由于暂停而引起流水线不能连续处理指令的现象, 称为流水线出现 "气泡", 其行为就类似于 NOP 指令。通过在 ID 级引入气泡, 将 EX 级的控制信号设置为无效实现, 因此气泡不执行任何操作并且不改变当前的架构状态。

在实现上暂停一个级是通过进制流水线寄存器来实现的, 因此内容不会发生改变。显然, 在停止一个级时, 前面的所有级也必须被停止, 这样才不会丢失后续的指令。此外, 必须清楚当前停止级后面的流水线寄存器, 以阻止虚假的控制和数据向前传播。通过对停止机制的分析可知, 由于在流水线中产生了气泡, 因此降低了处理器的性能, 只有在必要时才使用它。

因此, 在风险单元中, 除了上面的旁路, 还增加了停止。如果判断是 LW 指令, 并且其目标寄存器 (rtE) 与 ID 级中指令的任意源操作数 (rsD 或 rtD) 匹配, 则必须在 ID 级停止该指令, 直到准备好源操作数为止。

在实际实现时, 通过向 IF 级和 ID 级流水线寄存器添加使能输入 (EN), 以及向 EX 级流水线寄存器添加同步复位/清除 (CLR) 输入来支持停止。当发生 LW 停止时, StallD 和 StallF 信号有效, 以强制 ID 级和 IF 级流水线保持它们之前的值。此外, 也使 FlushE 信号有效, 以清除 EX 级流水线寄存器中的内容, 引入了一个气泡。

对于 LW 指令, memtoreg 信号有效。因此, 计算停止和刷新的逻辑为

```
lwstall=((rsD==rtE)) || (rtD==rtE) && memtoregE
stallF=stallD=flushE=lwstall
```

3. 解决控制风险

在前面设计的 MIPS 系统中, BEQ 和 BNE 指令存在控制风险, 这是因为流水线处理器不知道接下来要取出什么指令, 因此在取出下一条指令时还没有做出分支决定。

处理控制风险的一种机制是停止流水线, 直到做出分支决策, 即计算 PCSrc。因为决定是在存储器级做出的, 所以流水线必须在每个分支处停止 3 个周期, 这将严重降低系统性能。

另一种方法是预测是否采纳分支并根据预测开始执行指令。一旦分支决策可用, 如果预测错误, 则处理器可以丢弃指令。特别是, 假设预测不采纳分支并简单地继续按顺序执行程序。如果应该采纳分支, 则必须通过清除这些指令的流水线寄存器来刷新 (丢弃) 分支之后的 3 个指令。这些浪费的指令周期称为分支预测错误惩罚。

　　一段包含分支指令的代码如代码清单 8-6 所示。

代码清单 8-6　包含分支指令的代码

BEQ s0, s1, L	// 如果(s0)=(s1)，则分支到 L；否则继续执行
ADD t1, t0, t1	// (t0)+(t1)→(t1)
SUB a2, a0, a1	// (a0)-(a1)→(a2)
L:　OR　t2, t1, a0	// 如果跳转到此处，(t1) 逻辑 "或"(a0)→(t2)

　　这段代码的流水线结构如图 8.9 所示。从图中可知，如果采纳了分支，则由于在 MEM 级做出决策，此时指令 2 和指令 3 已经进入 EX 级和 ID 级，因此需要两个停止。换一个角度来考虑问题，如果更早地可以做出分支预测，则可以显著减少预测错误的惩罚。显然，只需要比较两个寄存器中的值就可以做出决策。使用专用的相等比较器比执行减法和零检测要快得多。如果比较器足够快，则可以将其移回译码级，以便从寄存器文件中读取操作数并进行比较，以确定在译码阶段结束时的下一个程序计数器的值。显然，现在分支错误预测惩罚减少到只有一条指令而不是更多的指令。注意，此时读者就能理解为什么在使用 MIPS 32 指令编写汇编语言程序时，必须要在分支/跳转指令的后面添加一条 nop 指令的原因了吧。

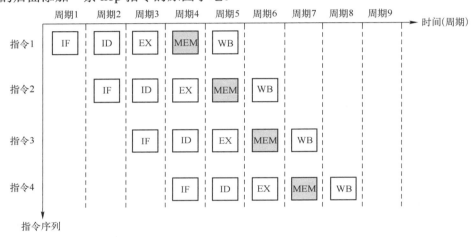

图 8.9　带有分支指令的流水线结构

　　具体实现时，在 ID 级的寄存器文件的两个读寄存器数据端口处增加一个比较器，将用于 PCSrc 的逻辑 "与" 门提前移动，这样就可以在 ID 级而不是在 MEM 级确定 PCSrc。用于计算分支的加法器也必须前移到 ID 级，以便及时计算目标地址。

　　看似这个问题得到了解决，但是实际上这种提前进行分支决策的硬件引入了新的 RAW 数据风险。这是因为，如果分支指令要使用前一条指令计算的并且尚未写入寄存器文件的值，则分支指令将从寄存器文件中读取错误的操作数。和前面处理数据风险类似，可以通过提前正确的值（如果可用）或通过停止流水线直到准备好来解决数据风险。

　　如果一个结果在 WB 级，它将在周期的前半部分写入、在后半部分读取，因此不存在风险。如果 ALU 指令的结果在 MEM 级，则可以通过两个新的多路选择器将其 "旁路" 到相等比较器。如果 ALU 指令的结果在 EX 级或 LW 指令的结果在 MEM 级，则流水线必须在 ID 级停止，直到结果准备好为止。

　　ID 级 "提前" 逻辑可以表示为：

```
forwardAD=(rsD!=0) && (rsD==WriteRegM) && wregM
forwardAD=(rtD!=0) && (rtD==WriteRegM) && wregM
```

下面给出分支停止检测逻辑的功能。处理器必须在 ID 级做出分支决策。如果分支的任何一个源依赖于 EX 级的 ALU 指令或 MEM 级的 LW 指令，则处理器必须停止直到准备好源为止：

branchstall=branchD && wregE && (WriteRegE==rsD || WriteRegE==rtD)　　||
　　　　　branchD && memtoregM && (WriteRegM==rsD || WriteRegM==rtD)

现在处理器可能由于负载或分支风险而停止：

StallF=StallD=FlushE=lwstall || branchstall

8.2　流水线 MIPS 系统的设计

与第 6 章所介绍的无流水线单周期 MIPS 系统和无流水线多周期 MIPS 系统相比，流水线 MIPS 系统在处理器的时钟频率和处理器的吞吐量方面性能都有显著改善。本节将基于高云半导体的云源软件详细介绍流水线 MIPS 系统的设计过程。

8.2.1　建立新的设计工程

本小节将介绍如何在高云半导体的云源软件中新建多周期 MIPS 系统设计工程，主要步骤如下所述。

（1）在 Windows 11 操作系统桌面中，找到并双击名字为"Gowin_V1.9.9 (64-bit)"的图标，启动高云云源软件（以下简称云源软件）。

（2）在云源软件主界面主菜单下，选择 File->New。

（3）弹"New"出对话框。在该对话框中，找到并展开"Projects"条目。在展开条目中，找到并选择"FPGA Design Project"条目。

（4）单击该对话框右下角的"OK"按钮，退出"New"对话框。

（5）弹出"Project Wizard-Project Name"对话框。在该对话框中，按如下设置参数。

① Name：example_8_1。

② Create in：E:\cpusoc_design_example。

（6）弹出" Project Wizard-Select Device"对话框。在该对话框中，按如下设置参数。

① Series（系列）：GW2A；

② Package（封装）：PBGA484；

③ Device（器件）：GW2A-55；

④ Speed（速度）：C8/I7；

⑤ Device Version（器件版本）：C。；

选中器件型号（Part Numer）为"GW2A-LV55PG484C8/I7"的一行。

（7）单击该对话框右下角的"Next"按钮。

（8）弹出"Project Wizard-Summary"对话框。在该对话框中，总结了建立工程时设置的参数。

（9）单击该对话框右下角的"Finish"按钮，退出"Project Wizard-Summary"对话框。

8.2.2　复制设计文件

本小节将介绍将已有的设计文件从其他文件夹中复制到当前文件夹中的方法，主要步骤如下所述。

（1）将 E:\cpusoc_design_example\example_6_1\src 目录中的 alu.v、dram.v、iram.v、program.hex、example_6_1.rao 和 mips_system.cst 文件复制粘贴到 E:\cpusoc_design_example\example_8_1\src

目录中。

（2）将复制后的文件 example_6_1.rao 重新命名为 example_8_1.rao。

（3）在云源软件当前工程主界面左侧的窗口中，单击"Design"标签，切换到"Design"标签页。

（4）在高云软件当前工程主界面左侧的"Design"标签页中，选中 example_8_1 或 GW2A-LV55PG484C8/I7，单击鼠标右键，出现浮动菜单。在浮动菜单中，选择 Add Files。

（5）弹出"Select Files"对话框。在该对话框中，将路径定位到 E:\cpusoc_design_example\example_8_1\src 中，通过按下 Ctrl 按键和鼠标左键，选中 src 目录中的所有文件。

（6）单击该对话框右下角的"打开"按钮，退出"Select Files"对话框。

8.2.3 添加底层寄存器设计文件

本小节将介绍如何设计并实现用于在流水线 MIPS 系统中隔离不同级的寄存器文件，主要步骤如下所述。

（1）在云源软件当前工程主界面左侧的"Design"标签页口中，找到并选中 example_8_1 或 GW2A-LV55PG484C8/I7，单击鼠标右键，出现浮动菜单。在浮动菜单中，选择 New File。

（2）弹出"New"对话框。在该对话框中，选择"Verilog File"条目。

（3）单击该对话框右下角的"OK"按钮，退出"New"对话框。

（4）弹出"New Verilog file"对话框。在该对话框中，在"Name"右侧的文本框中输入 register，即该文件的名字为 register.v。

（5）单击该对话框右下角的"OK"按钮，退出"New Verilog file"对话框。

（6）自动打开 register.v 文件。在该文件中，添加设计代码（见代码清单 8-7）。在该文件中，定义了 5 个不同类型的 D 触发器。

代码清单 8-7 register.v 文件

```verilog
`timescale 1ns/1ps              // 定义 timescale，用于仿真
module register                 // 定义模块 register
#(parameter WIDTH=1)            // 定义参数 WIDTH，可以在例化该模块时修改
(
  input              clk,       // 定义输入时钟信号 clk
  input    [WIDTH-1 :0] d,      // 定义输入数据 d，宽度由参数 WIDTH 确定
  output reg [WIDTH-1 :0] q     // 定义输出数据 q，宽度由参数 WIDTH 确定
);
always @(posedge clk)           // always 块，时钟上升沿敏感
   q<=d;                        // 将输入 d 寄存到输出 q，典型 D 触发器描述
endmodule
module register_rst             // 定义模块 register_rst，带复位的触发器
#(parameter WIDTH=1)            // 定义参数 WIDTH，可以在例化该模块时修改
(
  input              clk,       // 定义输入时钟信号 clk
  input              rst,       // 定义输入复位信号 rst
  input    [WIDTH-1:0]  d,      // 定义输入数据 d，宽度由 WIDTH 决定
  output reg [WIDTH-1:0] q      // 定义输出数据 q，宽度由 WIDTH 决定
);
localparam RESET={WIDTH{1'b0}}; // 定义本地参数 RESET，值为 0，宽度为 WIDTH
always @(negedge rst or posedge clk)  // always 块，敏感信号 rst 低电平和 clk 上升沿
begin
  if(!rst)                      // rst 为 "0" 时
```

```verilog
        q<=RESET;                        // 将输出 q 复位为 0, 0 的位宽由 WIDTH 决定
    else                                 // 时钟上升沿到来
        q<=d;                            // 将输入 d 寄存给输出 q
end
endmodule                                // 模块结束
module register_we                       // 定义模块 register_we, 带复位和写使能
#(parameter WIDTH=1)                     // 定义参数 WIDTH, 可以在例化该模块时修改
(
    input                   clk,         // 定义输入时钟信号 clk
    input                   rst,         // 定义输入复位信号 rst
    input                   we,          // 定义写使能信号 we
    input       [WIDTH-1:0] d,           // 定义输入数据 d, 宽度由 WIDTH 决定
    output reg  [WIDTH-1:0] q            // 定义输出数据 q, 宽度由 WIDTH 决定
);
localparam RESET={WIDTH{1'b0}};          // 定义本地参数 RESET, 值为 0, 宽度为 WIDTH
always @(negedge rst or posedge clk)     // always 块, 敏感信号 rst 低电平和 clk 上升沿
begin
  if(!rst)                               // 如果 rst 为 "0"
      q<=RESET;                          // 输出 q 置为 0, 0 的个数由 WIDTH 确定
  else                                   // 如果 clk 为上升沿
    if(we)                               // 如果 we 为 "1"
      q<=d;                              // 将输入 d 寄存给输出 q
end
endmodule                                // 模块结束
module register_clr                      // 定义模块 register_clr, 带有复位和清零功能
#(parameter WIDTH=1)                     // 定义参数 WIDTH, 可以在例化该模块时修改
(
    input                   clk,         // 定义输入时钟信号 clk
    input                   rst,         // 定义输入复位信号 rst
    input                   clrn,        // 定义清零信号 clrn
    input       [WIDTH-1:0] d,           // 定义输入数据 d, 位宽由 WIDTH 决定
    output      [WIDTH-1:0] q            // 定义输出数据 q, 位宽由 WIDTH 决定
);
wire [WIDTH-1:0] dv;                         // 定义内部网络 dv, 位宽由 WIDTH 决定
localparam RESET={WIDTH{1'b0}};             // 定义内部参数 RESET, 值为 0, 宽度为 WIDTH
assign dv=~clrn ? RESET : d;                // clrn 为 "0", dv 为 RESET; clrn 为 "1", dv 为 d
register_rst #(WIDTH) reg_clr(clk,rst,dv,q);// 将 register_rst 例化为 reg_clr
endmodule                                   // 模块结束
module register_we_clr                      // 定义模块 register_we_clr, 带有写使能、清零和复位功能
#(parameter WIDTH=1)                        // 定义参数 WIDTH, 可在例化该模块时修改
(
    input                   clk,         // 定义输入时钟信号 clk
    input                   rst,         // 定义输入复位信号 rst
    input                   clrn,        // 定义输入清零信号 clrn
    input                   we,          // 定义写使能信号 we
    input       [WIDTH-1:0] d,           // 定义数据输入 d, 宽度由 WIDTH 决定
    output      [WIDTH-1:0] q            // 定义数据输出 q, 宽度由 WIDTH 决定
);
wire [WIDTH-1:0] dv;                         // 定义内部网络, 宽度由 WIDTH 决定
localparam RESET={WIDTH{1'b0}};             // 定义内部参数 RESET, 值为 0, 位宽为 WIDTH
assign dv=~clrn ? RESET : d;                // clrn 为 "0", dv 为 RESET; clrn 为 "1", dv 为 d
register_we #(WIDTH) reg_clr(clk,rst,we,dv,q); // 将 register_we 模块例化为 reg_clr
endmodule                                   // 模块结束
```

（7）按 Ctrl+S 组合键，保存设计文件。

8.2.4　添加通用寄存器集设计文件

本小节将介绍如何添加通用寄存器集设计文件，该通用寄存器集设计文件中包含了 MIPS 系统中的 32 个通用寄存器，以及对寄存器的读写访问端口。需要注意，在该通用寄存器集设计文件中考虑了 RAW 风险的问题，这是与无流水线 MIPS 通用寄存器文件设计中的不同之处。添加通用寄存器集设计文件的主要步骤如下所述。

（1）在云源软件当前工程主界面左侧的"Design"标签页中，找到并选中 example_8_1 或 GW2A-LV55PG484C8/I7，单击鼠标右键，出现浮动菜单。在浮动菜单中，选择 New File。

（2）弹出"New"对话框。在该对话框中，选择"Verilog File"条目。

（3）单击该对话框右下角的"OK"按钮，退出"New"对话框。

（4）弹出"New Verilog file"对话框。在该对话框中，在"Name"右侧的文本框中输入 register_file，即该文件的名字为 register_file.v。

（5）单击该对话框右下角的"OK"按钮，退出"New Verilog file"对话框。

（6）自动打开 register_file.v 文件。在该文件中，添加设计代码（见代码清单 8-8）。

代码清单 8-8　register_file.v 文件

```
`timescale 1ns/1ps            // 定义 timescale，用于仿真
module register_file(
    input       clk,          // 定义输入时钟信号 clk
    input  [31:0] pc,         // 定义 32 位程序计数器输入信号 pc
    input  [4:0]  dp,         // 定义 5 位调试端口 dp
    input  [4:0]  rs,         // 定义 5 位输入端口 rs，与指令 rs 字段对应
    input  [4:0]  rt,         // 定义 5 位输入端口 rt，与指令 rt 字段对应
    input  [4:0]  rd,         // 定义 5 位输入端口 rd，与指令 rd 字段对应
    input  [31:0] rdv,        // 定义输入端口 rd 对应的 32 位数据 rdv
    input       wrd,          // 定义用于写目标寄存器 rd 的写信号 wrd
    output [31:0] dpv,        // 定义输入调试端口 dp 对应的 32 位数据 dpv
    output [31:0] rsv,        // 定义输入端口 rs 对应的 32 位数据 rsv
    output [31:0] rtv         // 定义输入端口 rt 对应的 32 位数据 rtv
);
    reg [31:0] regs[31:0];    // 定义 32 个 32 位的寄存器 regs
    integer  i;               // 定义整数变量 i

    /* 根据 dpv 的值考虑 RAW 问题，如果 dp=rd，且 wrd 信号为"1"（正在写），dpv 的值为 rdv 的值，否则
为 regs[dp]的值 */
    assign dpv=(dp==5'b00000   ) ? pc    :
               (dp==rd && wrd) ?   rdv  :   regs[dp] ;
    /* 根据 rsv 的值考虑 RAW 问题，如果 rs=rd，且 wrd 为"1"（正在写），rsv 的值为 rdv 的值，否则 rsv 的值
为 regs[rs]的值 */
    assign rsv=(rs==5'b00000   ) ? 32'b0 :
               (rs==rd && wrd) ?   rdv  :   regs[rs] ;
    /* 根据 rtv 的值考虑 RAW 问题，如果 rs=rd，且 wrd 为"1"（正在写），rtv 的值为 rdv 的值，否则 rtv 的值为
regs[rt]的值 */
    assign rtv=(rt==5'b00000   ) ? 32'b0 :
               (rt==rd && wrd) ?   rdv  :   regs[rt] ;

initial                       // initial 关键字定义初始化部分
    for(i=0;i<32;i=i+1)       // for 关键字定义循环结构
```

```
    regs[i]=32'h00000000;              // 将 32 个通用寄存器的内容初始化 0

always @(posedge clk)                  // 当时钟上升沿到来时
begin
 if(wrd)                               // 如果写信号 wrd= "1"
    regs[rd]<=rdv;                     // 将 rd 端口对应的 32 位 rdv 值写入对应的 regs 中
end
endmodule
```

（7）按 Ctrl+S 组合键，保存设计文件。

8.2.5　添加控制器设计文件

本小节将介绍如何添加控制器设计文件，主要步骤如下所述。

（1）在云源软件当前工程主界面左侧的"Design"标签页中，找到并选中 example_8_1 或 GW2A-LV55PG484C8/I7，单击鼠标右键，出现浮动菜单。在浮动菜单中，选择 New File。

（2）弹出"New"对话框。在该对话框中，选择"Verilog File"条目。

（3）单击该对话框右下角的"OK"按钮，退出"New"对话框。

（4）弹出"New Verilog file"对话框。在该对话框中，在"Name"右侧的文本框中输入 controller，即该文件的名字为 controller.v。

（5）单击该对话框右下角的"OK"按钮，退出"New Verilog file"对话框。

（6）自动打开 controller.v 文件。在该文件中，添加设计代码（见代码清单 8-9）。

代码清单 8-9　controller.v 文件

```
`timescale 1ns/1ps                     // 定义 timescale，用于仿真
/* 指令操作码字段编码 (MIPS32 ISA) */
`define OP_SPECIAL   6'b000000
`define OP_ADDIU     6'b001001
`define OP_BEQ       6'b000100
`define OP_LUI       6'b001111
`define OP_BNE       6'b000101
`define OP_LW        6'b100011
`define OP_SW        6'b101011
/* 指令功能码字段编码(MIPS32 ISA) */
`define FUNC_ADDU    6'b100001
`define FUNC_AND     6'b100100
`define FUNC_OR      6'b100101
`define FUNC_XOR     6'b100110
`define FUNC_SRL     6'b000010
`define FUNC_SLTU    6'b101011
`define FUNC_SUBU    6'b100011
`define FUNC_ANY     6'b??????
/* ALU 的操作码(设计者自己定义) */
`define ALU_ADD      3'b000
`define ALU_AND      3'b001
`define ALU_OR       3'b010
`define ALU_XOR      3'b011
`define ALU_LUI      3'b100
`define ALU_SRL      3'b101
`define ALU_SLTU     3'b110
`define ALU_SUBU     3'b111
```

```verilog
module controller(                        // 定义模块 controller
    input     [5:0]   cmdop,              // 定义输入的 6 位指令操作码 cmdop
    input     [5:0]   cmdfunc,            // 定义输入的 6 位指令功能码 cmdfunc
    input             zeroflag,           // 定义输入的零标志 zeroflag，来自 ALU
    output            pc_sel,             // 定义程序寄存器源选择信号 pc_sel
    output reg        wreg,               // 定义寄存器文件写信号 wreg
    output reg        reg_des_sel,        // 定义寄存器目标端口的端口源选择信号 reg_des_sed
    output reg        alusrc_sel,         // 定义 ALU 端口的数据源选择信号 alusrc_sel
    output reg [2:0]  alu_func,           // 定义控制 ALU 算术/逻辑功能的信号 alu_func
    output reg        mem_wr,             // 定义写数据存储器的写信号 mem_wr
    output reg        memtoreg,           // 定义选择目标端口数据源的选择信号 memtoreg
    output reg        branch              // 定义用于控制程序计数器的信号 branch
    );
reg condzero;                             // 定义内部寄存器变量 condzero

/* 控制信号 branch、zeroflag 和 condzero 生成 pc_sel 控制信号 */
assign pc_sel= branch & (zeroflag==condzero);
always @(*)                               // always 块
begin
    branch=1'b0;                          // branch 初始化为 "0"
    condzero=1'b0;                        // condzero 初始化为 "0"
    reg_des_sel=1'b0;                     // reg_des_sel 初始化为 "0"
    wreg=1'b0;                            // wreg 初始化为 "0"
    alusrc_sel=1'b0;                      // alusrc_sel 初始化为 "0"
    alu_func=`ALU_ADD;                    // alu_func 初始化为 ALU_ADD
    mem_wr=1'b0;                          // mem_wr 初始化为 "0"
    memtoreg=1'b0;                        // memtoreg 初始化为 "0"
    casez ({cmdop,cmdfunc})               // 由指令操作码和功能码确定指令的执行功能
        {`OP_SPECIAL,`FUNC_ADDU}:         // ADDU 指令
            begin
                reg_des_sel=1'b1;         // reg_des_sel 设置为 "1"
                wreg=1'b1;                // wreg 设置为 "1"
                alu_func=`ALU_ADD;        // alu_func 设置为 ALU_ADD
            end
        {`OP_SPECIAL,`FUNC_AND}:          // AND 指令
            begin
                reg_des_sel=1'b1;         // reg_des_sel 设置为 "1"
                wreg=1'b1;                // wreg 设置为 "1"
                alu_func=`ALU_AND;        // alu_func 设置为 ALU_AND
            end
        {`OP_SPECIAL,`FUNC_OR}:           // OR 指令
            begin
                reg_des_sel=1'b1;         // reg_des_sel 设置为 "1"
                wreg=1'b1;                // wreg 设置为 "1"
                alu_func=`ALU_OR;         // alu_func 设置为 ALU_OR
            end
        {`OP_SPECIAL,`FUNC_XOR}:          // XOR 指令
            begin
                reg_des_sel=1'b1;         // reg_des_sel 设置为 "1"
                wreg=1'b1;                // wreg 设置为 "1"
                alu_func=`ALU_XOR;        // alu_func 设置为 ALU_XOR
            end
        {`OP_SPECIAL,`FUNC_SRL}:          // SRL 指令
```

```
    begin
        reg_des_sel=1'b1;              // reg_des_sel 设置为 "1"
        wreg=1'b1;                     // wreg 设置为 "1"
        alu_func=`ALU_SRL;             // alu_func 设置为 ALU_SRL
    end
{`OP_SPECIAL,`FUNC_SLTU}:  // SLTU 指令
    begin
        reg_des_sel=1'b1;              // reg_des_sel 设置为 "1"
        wreg=1'b1;                     // wreg 设置为 "1"
        alu_func=`ALU_SLTU;            // alu_func 设置为 ALU_SLTU
    end
{`OP_SPECIAL,`FUNC_SUBU}:  // SUBU 指令
    begin
        reg_des_sel=1'b1;              // reg_des_sel 设置为 "1"
        wreg=1'b1;                     // wreg 设置为 "1"
        alu_func=`ALU_SUBU;            // alu_func 设置为 ALU_SUBU
    end
{`OP_ADDIU,`FUNC_ANY}:     // ADDIU 指令
    begin
        alusrc_sel=1'b1;               // alusrc_sel 设置为 "1"
        wreg=1'b1;                     // wreg 设置为 "1"
        alu_func=`ALU_ADD;             // alu_func 设置为 ALU_ADD
    end
{`OP_LUI,`FUNC_ANY}:       // LUI 指令
    begin
        alusrc_sel=1'b1;               // alusrc_sel 设置为 "1"
        wreg=1'b1;                     // wreg 设置为 "1"
        alu_func=`ALU_LUI;             // alu_func 设置为 ALU_LUI
    end
{`OP_LW,`FUNC_ANY}:        // LW 指令
    begin
        alusrc_sel=1'b1;               // alusrc_sel 设置为 "1"
        wreg=1'b1;                     // wreg 设置为 "1"
        memtoreg=1'b1;                 // memtoreg 设置为 "1"
        alu_func=`ALU_ADD;             // alu_func 设置为 ALU_ADD
    end
{`OP_SW,`FUNC_ANY}:        // SW 指令
    begin
        alusrc_sel=1'b1;               // alusrc_sel 设置为 "1"
        mem_wr=1'b1;                   // mem_wr 设置为 "1"
        alu_func=`ALU_ADD;             // alu_func 设置为 ALU_ADD
    end
{`OP_BEQ,`FUNC_ANY}:       // BEQ 指令
    begin
        branch=1'b1;                   // branch 设置为 "1"
        condzero=1'b1;                 // condzero 设置为 "1"
        alu_func=`ALU_SUBU;            // alu_func 设置为 ALU_SUBU
    end
{`OP_BNE,`FUNC_ANY}:       // BNE 指令
    begin
        branch=1'b1;                   // branch 设置为 "1"
        alu_func=`ALU_SUBU;            // alu_func 设置为 ALU_SUBU
    end
```

```
    default :                    // 其他指令
        ;                        // 无任何实质性控制行为
    endcase
  end
endmodule                        // 模块结束
```

（7）按 Ctrl+S 组合键，保存设计文件。

8.2.6　添加风险控制单元设计文件

在流水线 MIPS 系统中，风险控制单元用于实现对数据风险和控制风险的处理。添加风险控制单元设计文件的主要步骤如下所述。

（1）在云源软件当前工程主界面左侧的"Design"标签页中，找到并选中 example_8_1 或 GW2A-LV55PG484C8/I7，单击鼠标右键，出现浮动菜单。在浮动菜单中，选择 New File。

（2）弹出"New"对话框。在该对话框中，选择"Verilog File"条目。

（3）单击该对话框右下角的"OK"按钮，退出"New"对话框。

（4）弹出"New Verilog file"对话框。在该对话框中，在"Name"右侧的文本框中输入 hazard_control_unit，即该文件的名字为 hazard_control_unit.v。

（5）单击该对话框右下角的"OK"按钮，退出"New Verilog file"对话框。

（6）自动打开 hazard_control_unit.v 文件。在该文件中，添加设计代码（见代码清单 8-10）。

代码清单 8-10　hazard_control_unit.v 文件

```
`timescale 1ns/1ps                      // 定义 timescale，用于仿真
`define HZ_FW_ME      2'b10             // 从 MEM 级到 EX 级提前
`define HZ_FW_WE      2'b01             // 从 WB 到 EX 级提前
`define HZ_FW_NONE    2'b00             // 无提前
module hazard_control_unit(             // 定义模块 hazard_control_unit
  input    [4:0]    instr_rs_D,         // 定义 instr_rs_D（后缀 D 表示 ID 级），指令 rs 字段
  input    [4:0]    instr_rt_D,         // 定义 instr_rt_D（后缀 D 表示 ID 级），指令 rt 字段
  input    [4:0]    writeReg_E,         // 定义 writeReg_E（后缀 E 表示 EX 级）
  input             memtoreg_E,         // 定义 memtoreg_E（后缀 E 表示 EX 级）
  input    [4:0]    instr_rs_E,         // 定义 instr_rs_E（后缀 E 表示 EX 级）
  input    [4:0]    instr_rt_E,         // 定义 instr_rt_E（后缀 E 表示 EX 级）
  input    [4:0]    writeReg_M,         // 定义 writeReg_M（后缀 M 表示 MEM 级）
  input    [4:0]    writeReg_W,         // 定义 writeReg_W（后缀 W 表示 WB 级）
  input             wreg_M,             // 定义 wreg_M（后缀 M 表示 MEM 级）
  input             wreg_W,             // 定义 wreg_W（后缀 W 表示 WB 级）
  input             branch_D,           // 定义 branch_D（后缀 D 表示 ID 级）
  input             wreg_E,             // 定义 wreg_E（后缀 E 表示 EX 级）
  input             memtoreg_M,         // 定义 memtoreg_M（后缀 M 表示 MEM 级）
  input             pcsrc_D,            // 定义 pcsrc_D（后缀 D 表示 ID 级）
  output            forwardAD,          // 定义 forwardAD，ALU srcA（后缀 D 表示 ID 级）
  output            forwardBD,          // 定义 forwardBD，ALU srcB（后缀 D 表示 ID 级）
  output   [1:0]    forwardAE,          // 定义 forwardAE，ALU srcA（后缀 E 表示 EX 级）
  output   [1:0]    forwardBE,          // 定义 forwardBE，ALU srcB（后缀 E 表示 EX 级）
  output            stall_n_F,          // 定义 stall_n_F，（后缀 F 表示 IF 级），停止
  output            stall_n_D,          // 定义 stall_n_D（后缀 D 表示 ID 级），停止
  output            flush_n_D,          // 定义 flush_n_D（后缀 D 表示 ID 级），刷新
  output            flush_n_E           // 定义 flush_n_E（后缀 E 表示 EX 级），刷新
);
wire branch_stall;                      // 定义内部网络 branch_stall
```

```
wire mem_stall;                              // 定义内部网络 mem_stall
wire stall;                                  // 定义内部网络 stall
// 控制提前
assign forwardAD=(instr_rs_D != 5'b00000 && instr_rs_D == writeReg_M && wreg_M);
assign forwardBD=(instr_rt_D != 5'b00000 && instr_rt_D == writeReg_M && wreg_M);
// 数据提前
assign forwardAE=(instr_rs_E == 5'b00000          ) ? `HZ_FW_NONE : (
                (instr_rs_E == writeReg_M && wreg_M) ? `HZ_FW_ME    : (
                (instr_rs_E == writeReg_W && wreg_W) ? `HZ_FW_WE    : `HZ_FW_NONE));
assign forwardBE=(instr_rt_E == 5'b00000          ) ? `HZ_FW_NONE :(
                (instr_rt_E == writeReg_M && wreg_M) ? `HZ_FW_ME    :(
                (instr_rt_E == writeReg_W && wreg_W) ? `HZ_FW_WE    : `HZ_FW_NONE));
//分支停止
assign branch_stall=branch_D &&(
                (wreg_E && (instr_rs_D == writeReg_E || instr_rt_D == writeReg_E))
             || (memtoreg_M && (instr_rs_D == writeReg_M || instr_rt_D == writeReg_M))
                );
// 停止存储器加载
assign mem_stall=memtoreg_E && (instr_rs_D==writeReg_E || instr_rt_D==writeReg_E);
assign stall= branch_stall || mem_stall;
// 刷新译码级
assign flush_n_D=~pcsrc_D;
// 停止
assign stall_n_F=~stall;
assign stall_n_D=~stall;
assign flush_n_E=~stall;
endmodule                                    // 模块结束
```

（7）按 Ctrl+S 组合键，保存设计文件。

8.2.7　添加处理器核顶层设计文件

本小节将介绍如何添加处理器核顶层设计文件，在该设计文件中，通过例化元件实现流水线处理器核的功能。添加处理器核顶层设计文件的主要步骤如下所述。

（1）在云源软件当前工程主界面左侧的"Design"标签页中，找到并选中 example_8_1 或 GW2A-LV55PG484C8/I7，单击鼠标右键，出现浮动菜单。在浮动菜单中，选择 New File。

（2）弹出"New"对话框。在该对话框中，选择"Verilog File"条目。

（3）单击该对话框右下角的"OK"按钮，退出"New"对话框。

（4）弹出"New Verilog file"对话框。在该对话框中，在"Name"右侧的文本框中输入 CPU_core，即该文件的名字为 CPU_core.v。

（5）单击该对话框右下角的"OK"按钮，退出"New Verilog file"对话框。

（6）自动打开 CPU_core.v 文件。在该文件中，添加设计代码（见代码清单 8-11）。

代码清单 8-11　CPU_core.v 文件

```
timescale 1ns/1ps                    // 定义 timescale，用于仿真
`define HZ_FW_ME     2'b10           // 定义 HZ_FW_ME，从 MEM 级提前到 EX 级
`define HZ_FW_WE     2'b01           // 定义 HZ_FW_WE，从 WB 级提前到 EX 级
`define HZ_FW_NONE   2'b00           // 未提前

module CPU_core(                     // 定义模块 CPU_core，是流水线 MIPC 系统的核心
  input      clk,                    // 定义时钟输入信号 clk
```

```
    input        rst,                    // 定义复位输入信号 rst
    input   [4:0] dp,                    // 定义调试端口 dp
    input   [31:0] datar,                // 定义来自数据存储器的读取数据 datar
    input   [31:0] instr,                // 定义来自指令存储器的读取指令 instr
    output  [31:0] instr_addr,           // 定义馈入指令存储器的地址 instr_addr
    output  [31:0] dpv,                  // 定义调试端口 dp 的输出数据 dpv
    output  [31:0] data_addr,            // 定义馈入数据存储器的地址 data_addr
    output  [31:0] dataw,                // 定义馈入数据存储器的写数据 dataw
    output        wr                     // 定义馈入数据存储器的写控制信号 wr
);
/* IF 级 */
// 控制信号
wire pc_sel_D;
// 定义内部网络，用于风险控制
wire stall_n_F;
wire stall_n_D;
wire flush_n_D;
// 程序计数器
wire [31:0] pc_F;                        // 后缀 F 表示 IF 级
wire [31:0] pcbranch_D;                  // 后缀 D 表示 ID 级
wire [31:0] pcnext_F;                    // 后缀 F 表示 IF 级
wire [31:0] pcnew_F;                     // 后缀 F 表示 IF 级
wire [31:0] instr_F;                     // 后缀 F 表示 IF 级
assign pcnext_F=pc_F+4;                  // +4，指向下一条指令。
/* 选择 pcnew_F 的源，pc_sel_D=“0”，下一条指令，否则跳转目标 */
assign pcnew_F=~pc_sel_D ? pcnext_F : pcbranch_D;
/* stall_n_F 控制取指令操作，pcnew_F→pc_F */
register_we #(32) pc_reg_f (clk,rst,stall_n_F, pcnew_F,pc_F);

assign instr_addr=pc_F>>2;               // 右移两位，因此指令存储器为 32 位宽
assign instr_F=instr;                    // 将输入的指令 instr 缓冲给 instr_F
wire [31:0] pcnext_D;                    // 后缀 D，表示 ID 级
wire [31:0] instr_D;                     // 后缀 D，表示 ID 级
register_we_clr #(32) pcnext_reg_D(clk,rst,flush_n_D,stall_n_D,pcnext_F,pcnext_D);
register_we_clr #(32) instr_reg_D(clk,rst,flush_n_D,stall_n_D,instr_F,instr_D);
/* ID 级 */
//控制线
wire wreg_W;                             // 定义内部 wreg_W，后缀 W 表示 WB 级
wire branch_D;                           // 定义内部 branch_D，后缀 D 表示 ID 级
// 风险信号线
wire forwardAD;
wire forwardBD;
//指定字段
wire [5:0]  instrOP_D=instr_D[31:26];    // 指令的[31:26]位为操作码字段 instrOP_D
wire [5:0]  instrFn_D=instr_D[5:0];      // 指令的[5:0]位为功能码字段 instrFn_D
wire [4:0]  instrrs_D=instr_D[25:21];    // 指令的[25:21]位为 rs 字段 instrrs_D
wire [4:0]  instrrt_D=instr_D[20:16];    // 指令的[20:16]位为 rt 字段 instrrt_D
wire [4:0]  instrrd_D=instr_D[15:11];    // 指令的[15:11]位为 rd 字段 instrrd_D
wire [15:0] instrimm_D=instr_D[15:0];    // 指令的[15:0]位为立即数字段 instrimm_D
wire [4:0]  instrsa_D=instr_D[10:6];     // 指令的[10:6]位为位移码字段 instrsa_D
// 下面例化寄存器文件
wire [4:0]  writeReg_W;                  // 定义 writeReg_W，后缀 W 表示 WB 级
wire [31:0] writeData_W;                 // 定义 writeData_W，后缀 W 表示 WB 级
```

```
wire [31:0]   regdata1_D;                // 定义 regdata1_D, 后缀 D 表示 ID 级
wire [31:0]   regdata2_D;                // 定义 regdata2_D, 后缀 D 表示 ID 级
register_file MIPS_reister(               // 将 register_file 例化为 MIPS_register
    .clk(clk),                           // clk 端口连接到 clk
    .pc(pc_F),                           // pc 端口连接到 pc_F
    .dp(dp),                             // dp 端口连接到 dp
    .rs(instrrs_D),                      // rs 端口连接到 instrrs_D
    .rt(instrrt_D),                      // rt 端口连接到 instrrt_D
    .rd(writeReg_W),                     // rd 端口连接到 writeReg_W
    .rdv(writeData_W),                   // rdv 端口连接到 writeData_W
    .wrd(wreg_W),                        // wrd 端口连接到 wreg_W
    .dpv(dpv),                           // dpv 端口连接到 dpv
    .rsv(regdata1_D),                    // rsv 端口连接到 regdata1_D
    .rtv(regdata2_D)                     // rtv 端口连接到 regdata2_D
);
/* 将 instrimm_D 符号扩展到 32 位 signimm_D */
wire [31:0] signimm_D={{16{instrimm_D[15]}},instrimm_D};
// 分支地址
/* 计算方法就是下一条指令的地址加上跳转偏移量左移 2 位 */
assign pcbranch_D=pcnext_D+(signimm_D<<2);
wire [31:0] aluresult_M;
/* forwardAD 选择数据源, 当 forwardAD="1" 时, 选择 aluresult_M, 否则选择 regdata1_D */
wire [31:0] regdata1F_D=forwardAD ? aluresult_M : regdata1_D;
/* forwardBD 选择数据源, 当 forwardBD="1" 时, 选择 aluresult_M, 否则选择 regdata2_D */
wire [31:0] regdata2F_D=forwardBD ? aluresult_M : regdata2_D;
// 在 ID 级提前判断分支, 若 regdata1F_D 等于 regdata2F_D, aluzero_D 为 "1"  */
wire   aluzero_D=(regdata1F_D==regdata2F_D);
// 下面例化控制单元, 控制单元在 ID 级
wire        wreg_D;                      // 定义内部网络 wreg_D, D 表示 ID 级
wire        reg_des_sel_D;              // 定义内部网络 reg_des_sel_D, D 表示 ID 级
wire        alusrc_sel_D;               // 定义内部网络 alusrc_sel_D, D 表示 ID 级
wire [2:0]  alu_func_D;                  // 定义内部网络 alu_func_D, D 表示 ID 级
wire        mem_wr_D;                    // 定义内部网络 mem_wr_D, D 表示 ID 级
wire        memtoreg_D;                  // 定义内部网络 memtoreg_D, D 表示 ID 级
controller MIPS_Controller(              // 将 controller 例化为 MIPS_Controller
    .cmdop(instrOP_D),                   // cmdop 端口连接到 instrOP_D
    .cmdfunc(instrFn_D),                 // cmdfunc 端口连接到 instrFn_D
    .zeroflag(aluzero_D),                // zeroflag 端口连接到 aluzero_D
    .pc_sel(pc_sel_D),                   // pc_sel 端口连接到 pc_sel_D
    .wreg(wreg_D),                       // wreg 端口连接到 wreg_D
    .reg_des_sel(reg_des_sel_D),         // reg_des_sel 端口连接到 reg_des_sel_D
    .alusrc_sel(alusrc_sel_D),           // alusrc_sel 端口连接到 alusrc_sel_D
    .alu_func(alu_func_D),               // alu_func 端口连接到 alu_func_D
    .mem_wr(mem_wr_D),                   // mem_wr 端口连接到 mem_wr_D
    .memtoreg(memtoreg_D),               // memtoreg 端口连接到 memtoreg_D
    .branch(branch_D)                    // branch 端口连接到 branch_D
);
wire [31:0] pcnext_E;                    // 定义内部网络 pcnext_E, E 表示 EX 级
wire [31:0] regdata1_E;                  // 定义内部网络 regdata1_E, E 表示 EX 级
wire [31:0] regdata2_E;                  // 定义内部网络 regdata2_E, E 表示 EX 级
wire [31:0] signimm_E;                   // 定义内部网络 signimm_E, E 表示 EX 级
wire [4:0]  instrrs_E;                   // 定义内部网络 instrrs_E, E 表示 EX 级
wire [4:0]  instrrt_E;                   // 定义内部网络 instrrt_E, E 表示 EX 级
```

```
wire [4:0]   instrrd_E;                          // 定义内部网络 instrrd_E，E 表示 EX 级
wire [4:0]   instrsa_E;                          // 定义内部网络 instrsa_E，E 表示 EX 级
/* 下面插入寄存器，并通过信号 flush_n_E 将数据通路从 ID 级扩展到 EX 级 */
register_clr #(32) pcnext_reg_E (clk, rst,flush_n_E,pcnext_D,pcnext_E);
register_clr #(32) regdata1_reg_E(clk,rst,flush_n_E,regdata1_D,regdata1_E);
register_clr #(32) regdata2_reg_E(clk,rst,flush_n_E,regdata2_D,regdata2_E);
register_clr #(32) signimm_reg_E(clk,rst,flush_n_E,signimm_D,signimm_E);
register_clr #(5)  instrrs_reg_E(clk,rst,flush_n_E,instrrs_D,instrrs_E);
register_clr #(5)  instrrt_reg_E(clk,rst,flush_n_E,instrrt_D,instrrt_E);
register_clr #(5)  instrrd_reg_E(clk,rst,flush_n_E,instrrd_D,instrrd_E);
register_clr #(5)  instrsa_reg_E(clk,rst,flush_n_E,instrsa_D,instrsa_E);
//级控制信号边界
wire         wreg_E;                             // 定义内部网络 wreg_E，E 表示 EX 级
wire         reg_des_sel_E;                      // 定义 reg_des_sel_E，E 表示 EX 级
wire         alusrc_sel_E;                       // 定义 alusrc_sel_E，E 表示 EX 级
wire [2:0]   alu_func_E;                         // 定义 alu_func_E，E 表示 EX 级
wire         mem_wr_E;                           // 定义 mem_wr_E，E 表示 EX 级
wire         memtoreg_E;                         // 定义 memtoreg_E，E 表示 EX 级
/* 下面插入寄存器，并通过信号 flush_n_E 将控制器信号从 ID 级扩展到 EX 级 */
register_clr       wreg_reg_E(clk,rst,flush_n_E,wreg_D,wreg_E);
register_clr       reg_des_sel_reg_E(clk,rst,flush_n_E,reg_des_sel_D,reg_des_sel_E);
register_clr       alusrc_sel_reg_E(clk,rst,flush_n_E,alusrc_sel_D,alusrc_sel_E);
register_clr #(3)  alu_func_reg_E(clk,rst,flush_n_E,alu_func_D,alu_func_E);
register_clr       mem_wr_reg_E(clk,rst,flush_n_E,mem_wr_D,mem_wr_E);
register_clr       memtoreg_reg_E(clk,rst,flush_n_E,memtoreg_D,memtoreg_E);
// 用于调试的指令编码
wire [31:0] instr_E;                             // 定义 instr_E，E 表示 EX 级
/* 下面插入寄存器，并通过信号 flush_n_E 将指令从 ID 级扩展到 EX 级 */
register_clr #(32) instr_reg_E(clk,rst,flush_n_E,instr_D,instr_E);
/* EX 级 */
//风险网络
wire [1:0]  forwardAE;                           // 定义内部网络 forwardAE，E 表示 EX 级
wire [1:0]  forwardBE;                           // 定义内部网络 forwardBE，E 表示 EX 级
/* EX 级的 ALU 的端口数据 alusrcA_E */
wire [31:0] alusrcA_E=(forwardAE ==`HZ_FW_WE) ? writeData_W : (
                    (forwardAE ==`HZ_FW_ME) ? aluresult_M : regdata1_E);
// 将数据从寄存器文件写到存储器
wire [31:0] writeData_E=(forwardBE ==`HZ_FW_WE) ? writeData_W : (
                    (forwardBE ==`HZ_FW_ME) ? aluresult_M : regdata2_E);
/* EX 级的 ALU 的端口数据 alusrcB_E */
wire [31:0] alusrcB_E=alusrc_sel_E ? signimm_E : writeData_E;
// 例化 ALU
wire aluzero_E;                                  // 没有使用，在 ID 级执行分支预测
wire [31:0] aluresult_E;                         // 定义内部 32 位网络 aluresult_E，E 表示 EX 级
alu MIPS_alu(                                    // 将 alu 例化为 MIPS_alu
  .a(alusrcA_E),                                 // a 端口连接到 alusrcA_E
  .b(alusrcB_E),                                 // b 端口连接到 alusrcB_E
  .op(alu_func_E),                               // op 端口连接到 alu_func_E
  .sa(instrsa_E),                                // sa 端口连接到 instrsa_E
  .zero(aluzero_E),                              // zero 端口连接到 aluzero_E
  .result(aluresult_E)                           // result 端口连接到 aluresult_E
);
// 根据 reg_des_sel_E 信号，选择写寄存器文件目标端口的源（instrrd_E 或 instrrt_E）
```

```
wire [4:0] writeReg_E=reg_des_sel_E ? instrrd_E : instrrt_E;
// 级数据的边界
wire [31:0] writeData_M;                   // 定义内部网络 writeData_M，M 表示 MEM 级
wire [4:0] writeReg_M;                     // 定义内部网络 writeReg_M，M 表示 MEM 级
/* 通过插入寄存器，将信号从 EX 级扩展到 MEM 级 */
register #(32) aluresult_reg_M(clk,aluresult_E,aluresult_M);
register #(32) writeData_reg_M(clk,writeData_E,writeData_M);
register #(5) writeReg_reg_M(clk,writeReg_E,writeReg_M);
// 级控制边界
wire wreg_M;                               // 定义内部网络 wreg_M，M 表示 MEM 级
wire mem_wr_M;                             // 定义内部网络 mem_wr_M，M 表示 MEM 级
wire memtoreg_M;                           // 定义内部网络 memtoreg_M，M 表示 MEM 级
/* 通过插入寄存器，将控制信号由 EX 级扩展到 MEM 级 */
register_rst wreg_reg_M(clk,rst,wreg_E,wreg_M);
register_rst mem_wr_reg_M(clk,rst,mem_wr_E,mem_wr_M);
register_rst memtoreg_reg_M(clk,rst,memtoreg_E,memtoreg_M);
// 用于调试端口的指令码
wire [31:0] instr_M;
register #(32) instr_reg_M(clk, instr_E,instr_M);
/* MEM 级 */
wire [31:0] readData_M=datar;              // 从数据存储器读取的数据缓冲到 readData_M
assign wr=mem_wr_M;                        // 信号 mem_wr_M 连接到数据存储器写控制信号 wr
assign data_addr=aluresult_M;              // 信号 aluresult_M 连接到数据存储器地址 data_addr
assign dataw=writeData_M;                  // 信号 writeData_M 连接到数据存储器写数据 dataW
// 级数据边界
wire [31:0] aluresult_W;                   // 声明内部网络 aluresult_W，W 表示 WB 级
wire [31:0] readData_W;                    // 声明内部网络 readData_W，W 表示 WB 级
/* 通过插入寄存器，将数据通路由 MEM 级扩展到 WB 级 */
register #(32) aluresult_reg_W(clk,aluresult_M,aluresult_W);
register #(32) readData_reg_W(clk,readData_M,readData_W);
register #(5) writeReg_reg_W(clk,writeReg_M,writeReg_W);
// 级控制边界
wire memtoreg_W;                           // 声明内部网络 memtoreg_W，W 表示 WB 级
/* 通过插入寄存器，将控制信号由 MEM 级扩展到 WB 级 */
register_rst memtoreg_reg_W(clk,rst,memtoreg_M,memtoreg_W);
register_rst wreg_reg_W(clk,rst,wreg_M,wreg_W);
// 指令编码用于调试
wire [31:0] instr_W;                       // 声明内部网络 instr_W，W 表示回写级
/* 通过插入寄存器，将指令由 MEM 级扩展到 WB 级 */
register #(32) instr_reg_W(clk,instr_M,instr_W);
/* WB 级 */
/* 根据 memtoreg_W 值，确定写入寄存器文件的数据源（readData_W 或 aluresult_W）*/
assign writeData_W=memtoreg_W ? readData_W : aluresult_W;
// 风险控制单元
/* 将 hazard_control_unit 例化为 MIPS_hazard_unit */
hazard_control_unit MIPS_hazard_unit(
  .instr_rs_D(instrrs_D),                  // instr_rs_D 端口连接到 instrrs_D
  .instr_rt_D(instrrt_D),                  // instr_rt_D 端口连接到 instrrt_D
  .writeReg_E(writeReg_E),                 // writeReg_E 端口连接到 writeReg_E
  .memtoreg_E(memtoreg_E),                 // memtoreg_E 端口连接到 memtoreg_E
  .instr_rs_E(instrrs_E),                  // instr_rs_E 端口连接到 instrrs_E
  .instr_rt_E(instrrt_E),                  // instr_rt_E 端口连接到 instrrt_E
  .writeReg_M(writeReg_M),                 // writeReg_M 端口连接到 writeReg_M
```

```
    .writeReg_W(writeReg_W),        // writeReg_W 端口连接到 writeReg_W
    .wreg_M(wreg_M),                // wreg_M 端口连接到 wreg_M
    .wreg_W(wreg_W),                // wreg_W 端口连接到 wreg_W
    .branch_D(branch_D),            // branch_D 端口连接到 branch_D
    .wreg_E(wreg_E),                // wreg_E 端口连接到 wreg_E
    .memtoreg_M(memtoreg_M),        // memtoreg_M 端口连接到 memtoreg_M
    .pcsrc_D(pc_sel_D),             // pcsrc_D 端口连接到 pc_sel_D
    .forwardAD(forwardAD),          // forwardAD 端口连接到 forwardAD
    .forwardBD(forwardBD),          // forwardBD 端口连接到 forwardBD
    .forwardAE(forwardAE),          // forwardAE 端口连接到 forwardAE
    .forwardBE(forwardBE),          // forwardBE 端口连接到 forwardBE
    .stall_n_F(stall_n_F),          // stall_n_F 端口连接到 stall_n_F
    .stall_n_D(stall_n_D),          // stall_n_D 端口连接到 stall_n_D
    .flush_n_D(flush_n_D),          // flush_n_D 端口连接到 flush_n_D
    .flush_n_E(flush_n_E)           // flush_n_E 端口连接到 flush_n_E
);
endmodule                           // 模块结束
```

（7）按 Ctrl+S 组合键，保存设计文件。

8.2.8　添加处理器系统顶层设计文件

本小节将介绍如何添加处理器系统顶层设计文件，在该设计文件中，通过例化元件将处理器核、指令存储器和数据存储器连接在一起，构成一个最基本的计算机系统。添加处理器系统顶层设计文件的主要步骤如下所述。

（1）在云源软件当前工程主界面左侧的"Design"标签页中，找到并选中 example_8_1 或 GW2A-LV55PG484C8/I7，单击鼠标右键，出现浮动菜单。在浮动菜单中，选择 New File。

（2）弹出"New"对话框。在该对话框中，选择"Verilog File"条目。

（3）单击该对话框右下角的"OK"按钮，退出"New"对话框。

（4）弹出"New Verilog file"对话框。在该对话框中，在"Name"右侧的文本框中输入 mips_system，即该文件的名字为 mips_system.v。

（5）单击该对话框右下角的"OK"按钮，退出"New Verilog file"对话框。

（6）自动打开 mips_system.v 文件。在该文件中，添加设计代码（见代码清单 8-12）。

代码清单 8-12　mips_system.v 文件

```
`timescale 1ns/1ps                  // 定义 timescale，用于仿真
module mips_system(                 // 定义模块 mips_system
    input           sys_clk,        // 定义系统输入时钟信号 sys_clk
    input           sys_rst,        // 定义系统输入复位信号 sys_rst
    input   [ 4:0] dp,              // 定义调试端口 dp
    output  [31:0] dpv              // 定义调试端口的输出数据 dpv
);
wire [31:0] dram_rd_data;           // 定义内部网络 dram_rd_data
wire [31:0] dram_addr;              // 定义内部网络 dram_addr
wire [31:0] dram_wr_data;           // 定义内部网络 dram_wr_data
wire [31:0] iram_addr;              // 定义内部网络 iram_addr
wire [31:0] iram_data;              // 定义内部网络 iram_data
wire        dram_wr;                // 定义内部网络 dram_wr
/* 将 iram 例化为 MIPS_INSTRUCTION_RAM */
iram MIPS_INSTRUCTON_RAM(
    .a(iram_addr),                  // 端口 a 连接到 iram_addr
```

```
        .rd(iram_data)                          // 端口 rd 连接到 iram_data
);
/* 将 dram 例化为 MIPS_DATA_RAM */
dram MIPS_DATA_RAM(
        .clk(sys_clk),                          // 端口 clk 连接到 sys_clk
        .a(dram_addr),                          // 端口 a 连接到 dram_addr
        .we(dram_wr),                           // 端口 we 连接到 dram_wr
        .wd(dram_wr_data),                      // 端口 wd 连接到 dram_wr_data
        .rd(dram_rd_data)                       // 端口 rd 连接到 dram_rd_data
);
/* 将 CPU_core 例化为 MIPS_CPU */
CPU_core MIPS_CPU(
        .clk(sys_clk),                          // 端口 clk 连接到 sys_clk
        .rst(sys_rst),                          // 端口 rst 连接到 sys_rst
        .dp(dp),                                // 端口 dp 连接到 dp
        .datar(dram_rd_data),                   // 端口 datar 连接到 dram_rd_data
        .instr(iram_data),                      // 端口 instr 连接到 iram_data
        .instr_addr(iram_addr),                 // 端口 instr_addr 连接到 iram_addr
        .dpv(dpv),                              // 端口 dpv 连接到 dpv
        .data_addr(dram_addr),                  // 端口 data_addr 连接到 dram_addr
        .dataw(dram_wr_data),                   // 端口 dataw 连接到 dram_wr_data
        .wr(dram_wr)                            // 端口 wr 连接到 dram_wr
);
endmodule
```

（7）按 Ctrl+S 组合键，保存设计文件。

思考与练习 8-1：查看 RTL 级的网表结构，尤其是查看流水线 MIPS 系统内部的数据通路和控制通路的结构关系，并绘制该设计的结构框图。

8.3　流水线 MIPS 系统的验证

本节将介绍使用 GAO 软件对流水线 MIPS 系统进行验证的方法。

8.3.1　测试提前解决数据风险方法的正确性

本小节将介绍对提前解决数据风险方法正确性进行测试的方法。

1．修改设计文件

本部分将介绍修改设计文件的方法，主要步骤如下所述。

（1）启动 Codescape For Eclipse 8.6 软件工具。

（2）将 "Workspace" 设置为 "E:\cpusoc_design_example\example_8_1"。

（3）按照 6.3 节介绍的方法，编写汇编语言代码程序，如代码清单 8-13 所示。

代码清单 8-13　用于测试提前解决数据风险的汇编语言代码

	.text		// 定义代码段
start:	LI	$s0, 10	// 10→(s0)
work:	ADDU	$s1, $s0, $s0	// (s0)+(s0)→(s1)
	ADDU	$s2, $s0, $s0	// (s0)+(s0)→(s2)
	ADDU	$s3, $s0, $s0	// (s0)+(s0)→(s3)
	NOP		// 空操作指令
	NOP		// 空操作指令

	NOP		// 空操作指令
	NOP		// 空操作指令
end:	B	end	// 无条件循环，相当于 while(1)

> **注**：读者可进入本书配套资源的\cpusoc_design_example\example_8_1\program 目录下，找到该设计文件。

（4）按 Ctrl+S 组合键，保存设计文件。

（5）对上面的代码进行编译和链接，生成最终的可执行代码。

（6）打开 program.dis 文件，如代码清单 8-14 所示。

代码清单 8-14　program.dis 文件

```
00000000 <.text>:
   0:   2410000a     ADDIU    s0,zero,10
00000004 <work>:
   4:   02108821     ADDU     s1,s0,s0
   8:   02109021     ADDU     s2,s0,s0
   c:   02109821     ADDU     s3,s0,s0
  10:   00000000     SLL      zero,zero,0x0
  14:   00000000     SLL      zero,zero,0x0
  18:   00000000     SLL      zero,zero,0x0
  1c:   00000000     SLL      zero,zero,0x0
00000020 <end>:
  20:   1000ffff     BEQZ     zero,20 <end>
  24:   00000000     SLL      zero,zero,0x0
```

（7）在云源软件左侧的"Design"标签页中，找到并展开 Other Files 文件夹。在展开项中，找到并双击 src\program.hex，打开文件 program.hex，将该文件中的内容全部清空。

（8）将代码清单 8-14 给出的机器指令，按顺序复制粘贴到 program.hex 文件中，如代码清单 8-15 所示。

代码清单 8-15　program.hex 文件中的机器指令

```
2410000a
02108821
02109021
02109821
00000000
00000000
00000000
00000000
1000ffff
00000000
```

（9）按 Ctrl+S 组合键，保存设计文件。

2. 修改 GAO 配置文件

本部分将介绍修改 GAO 配置文件的方法，主要步骤如下所述。

（1）在云源软件当前工程主界面左侧的窗口中，单击"Design"标签，切换到"Design"标签页。

（2）在该标签页中，找到并展开 GAO Config Files 文件夹。在展开项中，找到并双击 \src\example_8_1.rao，打开 example_8_1.rao 文件。

（3）弹出"Core 0"对话框。在该对话框中，单击"Capture Options"标签。

（4）在该标签页右侧的 Capture Signal 窗口中，通过按下 Ctrl 按键和鼠标左键，选中下面所有的信号，然后单击该窗口上方的 Remove 按钮 Remove ，删除所有之前设置的捕获信号。

（5）在 Capture Signals 窗口中，单击 Add 按钮 Add 。

（6）弹出"Search Nets"对话框，单击该对话框"Name"标题右侧文本框右侧的"Search"按钮。

（7）在下面的窗口中列出了可用的信号列表，通过按下 Ctrl 按键和鼠标左键，选中下面的信号，包括 MIPS_INSTRUCTION_RAM/a[31:0]、MIPS_INSTRUCTION_RAM/rd[31:0]、MIPS_CPU/instr_F[31:0]、MIPS_CPU/instr_D[31:0]、MIPS_CPU/instr_E[31:0]、MIPS_CPU/instr_M[31:0] 和 MIPS_CPU/instr_W[31:0]。

（8）单击"Search Nets"对话框右下角的"OK"按钮，退出该对话框。添加捕获信号后的 Capture Signals 窗口如图 8.10 所示。

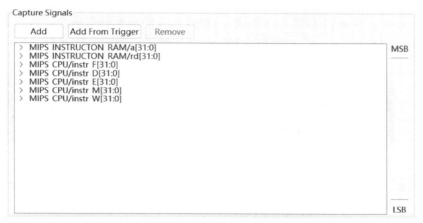

图 8.10　添加捕获信号后的 Capture Signals 窗口

（9）按 Ctrl+S 组合键，保存在 GAO 配置文件中重新设置的捕获参数。

（10）单击"example_8_1.rao"标签页右下角的关闭按钮 ⊠，退出 GAO 工具。

3．下载设计

本部分将介绍下载设计的方法，主要步骤如下所述。

（1）在云源软件当前工程主界面左侧的窗口中，单击"Process"标签，切换到"Process"标签页。

（2）在"Process"标签页中，找到并双击"Synthesize"条目，云源软件执行对设计的综合，等待设计综合的结束。

（3）在"Process"标签页中，找到并双击"Place & Route"条目，云源软件执行对设计的布局和布线，等待布局和布线的结束。

（4）将外部 +12V 电源适配器的电源插头连接到 Pocket Lab-F3 硬件开发平台标记为 DC12V 的电源插口。

（5）将 USB Type-C 电缆分别连接到 Pocket Lab-F3 硬件开发平台上标记为"下载 FPGA"的 USB Type-C 插口和 PC/笔记本电脑的 USB 插口。

（6）将 Pocket Lab-F3 硬件开发平台的电源开关切换到打开电源的状态，给 Pocket Lab-F3 硬件开发平台上电。

（7）在"Process"标签页中，找到并双击"Programmer"条目。

（8）弹出"Gaowin Programmer"对话框和"Cable Setting"对话框。其中，在"Cable Setting"对话框中显示了检测到的电缆、端口等信息。

（9）单击"Cable Setting"对话框右下角的"Save"按钮，退出该对话框。

（10）在"Gaowin Programmer"对话框的工具栏中，找到并单击 Program/Configure 按钮 ，将设计下载到高云 FPGA 中。

4．启动 GAO 软件工具

本部分介绍启动 GAO 软件工具的方法，主要步骤如下所述。

（1）在云源软件主界面主菜单中，选择 Tools->Gowin Analyzer Oscilloscope。

（2）弹出"Gowin Analyzer Oscilloscope"对话框。

（3）一直按下 Pocket Lab-F3 硬件开发平台核心板上标记为 key1 的按键。

（4）在"Gowin Analyzer Oscilloscope"对话框的工具栏中，找到并单击 Start 按钮 。

（5）释放一直按下的 key1 按键，使得满足 GAO 软件的触发捕获条件，即 sys_rst=1。此时，在"Gowin Analyzer Oscilloscope"对话框中显示捕获的数据，如图 8.11 所示。

图 8.11　在"Gowin Analyzer Oscilloscope"对话框中显示捕获的数据

（6）在"Gowin Analyzer Oscilloscope"对话框的工具栏中，找到并单击 Zoom In 按钮，放大波形观察细节，如图 8.12 所示。

图 8.12　在"Gowin Analyzer Oscilloscope"对话框中显示放大后的捕获数据

思考与练习 8-2：根据代码清单 8-13 给出的指令，使用流水线结构分析它们之间的数据风险，并根据 8.2 节给出的设计策略，分析解决数据风险的提前策略。

思考与练习 8-3：根据图 8.12 给出的仿真波形，说明指令的流水线从取指、译码、执行、访存和写回的"流水"过程。

思考与练习 8-4：根据通用寄存器 s0、s1、s2 和 s3 中数据出现的位置，参考指令的流水级，说明建立的提前数据通路，并与思考与练习 8-2 给出的结论进行比较。

8.3.2　测试停止解决数据风险方法的正确性

本小节将介绍对停止解决数据风险方法正确性进行测试的方法。

1．复制并添加设计文件

为了方便测试停止解决数据风险方法的正确性，需要建立一个新的设计工程，并将前面的设计文件复制到新的设计工程中。复制并添加设计文件的主要步骤如下所述。

（1）启动高云云源软件。

（2）按照 8.2.1 节介绍的方法在 E:\cpusoc_design_example\example_8_2 目录中，新建一个名字为"example_8_2.gprj"的工程。

（3）将 E:\cpusoc_design_example\example_8_1\src 目录中的所有文件复制粘贴到 E:\cpusoc_design_example\example_8_2\src 目录中。

（4）在 E:\cpusoc_design_example\example_8_2\src 目录中，将文件名 example_8_1.rao 改为 example_8_2.rao。

（5）在高云软件当前工程主界面左侧的"Design"标签页中，选中 example_8_2 或 GW2A-LV55PG484C8/I7，单击鼠标右键，出现浮动菜单。在浮动菜单中，选择 Add Files。

（6）弹出"Select Files"对话框。在该对话框中，将路径定位到 E:\cpusoc_design_example\example_8_2\src 中，通过按下 Ctrl 按键和鼠标左键，选中 src 目录中的所有文件。

（7）单击该对话框右下角的"打开"按钮，退出"Select Files"对话框。

2. 修改设计文件

本部分将介绍修改设计文件的方法，主要步骤如下所述。

（1）启动 Codescape For Eclipse 8.6 软件工具。

（2）将"Workspace"设置为"E:\cpusoc_design_example\example_8_2"。

（3）按照 6.3 节介绍的方法，编写汇编语言代码程序，如代码清单 8-16 所示。

代码清单 8-16　用于测试停止解决数据风险的汇编语言代码

```
          .text                        // 定义代码段
init:     LI        $a0, 100           // 100→(a0)
write:    SW        $a0, 0x0 ($0)      // 将 a0 寄存器中的内容保存到数据存储器中
          NOP                          // 空指令
          NOP                          // 空指令
start:    LW        $a1, 0x0 ($0)      // 从数据存储器中取出数据保存到 a1
          ADDU      $v0, $a1, $a1      // (a1)+(a1)→(v0)
          NOP                          // 空指令
          NOP                          // 空指令
          NOP                          // 空指令
          NOP                          // 空指令
end:      B         end
```

注：读者可进入本书配套资源的\cpusoc_design_example\example_8_2\program 目录下，找到该设计文件。

（4）按 Ctrl+S 组合键，保存设计文件。

（5）对上面的代码进行编译和链接，生成最终的可执行代码。

（6）打开 program.dis 文件，如代码清单 8-17 所示。

代码清单 8-17　program.dis 文件

```
00000000 <.text>:
   0:    24040064    ADDIU    a0,zero,100
00000004 <write>:
   4:    ac040000    SW       a0,0(zero)
   8:    00000000    SLL      zero,zero,0x0
   c:    00000000    SLL      zero,zero,0x0
00000010 <start>:
```

```
10:    8c050000        LW          a1,0(zero)
14:    00a51021        ADDU        v0,a1,a1
18:    00000000        SLL         zero,zero,0x0
1c:    00000000        SLL         zero,zero,0x0
20:    00000000        SLL         zero,zero,0x0
24:    00000000        SLL         zero,zero,0x0
00000028 <end>:
28:    1000ffff        BEQZ        zero,28 <end>
2c:    00000000        SLL         zero,zero,0x0
```

（7）在云源软件左侧的"Design"标签页中，找到并展开 Other Files 文件夹。在展开项中，找到并双击 src\program.hex，打开文件 program.hex，将该文件中的内容全部清空。

（8）将代码清单 8-17 给出的机器指令，按顺序复制粘贴到 program.hex 文件中，如代码清单 8-18 所示。

代码清单 8-18　program.hex 文件中的机器指令

```
24040064
ac040000
00000000
00000000
8c050000
00a51021
00000000
00000000
00000000
00000000
1000ffff
00000000
```

（9）按 Ctrl+S 组合键，保存设计文件。

3．下载设计

本部分将介绍下载设计的方法，主要步骤如下所述。

（1）在云源软件当前工程主界面左侧的窗口中，单击"Process"标签，切换到"Process"标签页。

（2）在"Process"标签页中，找到并双击"Sythesize"条目，云源软件执行对设计的综合，等待设计综合的结束。

（3）在"Process"标签页中，找到并双击"Place & Route"条目，云源软件执行对设计的布局和布线，等待布局和布线的结束。

（4）将外部+12V 电源适配器的电源插头连接到 Pocket Lab-F3 硬件开发平台标记为 DC12V 的电源插口。

（5）将 USB Type-C 电缆分别连接到 Pocket Lab-F3 硬件开发平台上标记为"下载 FPGA"的 USB Type-C 插口和 PC/笔记本电脑的 USB 插口。

（6）将 Pocket Lab-F3 硬件开发平台的电源开关切换到打开电源的状态，给 Pocket Lab-F3 硬件开发平台上电。

（7）在"Process"标签页中，找到并双击"Programmer"条目。

（8）弹出"Gaowin Programmer"对话框和"Cable Setting"对话框。其中，在"Cable Setting"对话框中显示了检测到的电缆、端口等信息。

（9）单击"Cable Setting"对话框右下角的"Save"按钮，退出该对话框。

（10）在"Gaowin Programmer"对话框的工具栏中，找到并单击 Program/Configure 按钮 ，将设计下载到高云 FPGA 中。

4．启动 GAO 软件工具

本部分将介绍启动 GAO 软件工具的方法，主要步骤如下所述。

（1）在云源软件主界面主菜单中，选择 Tools->Gowin Analyzer Oscilloscope。

（2）弹出"Gowin Analyzer Oscilloscope"对话框。

（3）一直按下 Pocket Lab-F3 硬件开发平台核心板上标记为 key1 的按键。

（4）在"Gowin Analyzer Oscilloscope"对话框的工具栏中，找到并单击 Start 按钮 。

（5）释放一直按下的 key1 按键，使得满足 GAO 软件的触发捕获条件，即 sys_rst=1。此时，在"Gowin Analyzer Oscilloscope"对话框中显示捕获的数据，如图 8.13 所示。

图 8.13　在"Gowin Analyzer Oscilloscope"对话框中显示捕获的数据

（6）在"Gowin Analyzer Oscilloscope"对话框的工具栏中，找到并单击 Zoom In 按钮，放大波形观察细节，如图 8.14 所示。

图 8.14　在"Gowin Analyzer Oscilloscope"对话框中显示放大后的捕获数据

思考与练习 8-5：根据代码 8-16 给出的使用停止解决数据风险的测试汇编语言代码和本章前面介绍的使用停止解决数据风险的策略，分析选择该段代码作为测试停止解决数据风险的原因。

思考与练习 8-6：根据图 8.14 给出的仿真波形，说明在流水线 MIPS 系统中是如何通过停止的方法来解决数据风险的？

8.3.3　测试解决控制风险方法的正确性

本小节将介绍对解决控制风险方法正确性进行测试的方法

1．复制并添加设计文件

为了方便测试停止解决数据风险方法的正确性，需要建立一个新的设计工程，并将前面的设计文件复制到新的设计工程中。复制并添加设计文件的主要步骤如下所述。

（1）启动高云云源软件。

（2）按照 8.2.1 节介绍的方法在 E:\cpusoc_design_example\example_8_3 目录中，新建一个名字为"example_8_3.gprj"的工程。

（3）将 E:\cpusoc_design_example\example_8_2\src 目录中的所有文件复制粘贴到 E:\cpusoc_design_example\example_8_3\src 目录中。

（4）在 E:\cpusoc_design_example\example_8_3\src 目录中，将文件名 example_8_2.rao 改为 example_8_3.rao。

（5）在高云软件当前工程主界面左侧的"Design"标签页中，选中 example_8_3 或 GW2A-LV55PG484C8/I7，单击鼠标右键，出现浮动菜单。在浮动菜单中，选择 Add Files。

（6）弹出"Select Files"对话框。在该对话框中，将路径定位到 E:\cpusoc_design_ example\example_8_3\src 中，通过按下 Ctrl 按键和鼠标左键，选中 src 目录中的所有文件。

（7）单击该对话框右下角的"打开"按钮，退出"Select Files"对话框。

2．修改设计文件

本部分将介绍修改设计文件的方法，主要步骤如下所述。

（1）启动 Codescape For Eclipse 8.6 软件工具。

（2）将"Workspace"设置为"E:\cpusoc_design_example\example_8_3"。

（3）按照 6.3 节介绍的方法，编写汇编语言代码程序，如代码清单 8-19 所示。

代码清单 8-19　用于测试解决控制风险的汇编语言代码

```
        .text                        // 声明代码段
init:   LI       $t0, 1              // 1→(t0)
        SW       $t0, 0x0 ($0)       // 将 t0 寄存器中的内容保存到数据存储器对应的地址中
check:  BNE      $t0, $0, w1         // 如果(t0)≠0, 跳转到 w1
        ADDU     $v0, $v0, $t0       // 从 EX 级刷新（包含流水线停止），无法执行
        ADDU     $v0, $v0, $t0       // (v0)+(t0)→(v0)，无法执行
        ADDU     $v0, $v0, $t0       // (v0)+(t0)→(v0)，无法执行
        NOP                          // 空操作指令，无法执行
w1:     LI       $t1, 3             // 3→(t1)
        LI       $t2, 3             // 3→(t2)
        BEQ      $t1, $t2, w2        // 如果(t1)= (t2), 跳转到 w2
        ADDU     $v0, $v0, $t0       // 从 EX 级刷新（包含流水线停止）
        ADDU     $v0, $v0, $t0       // (v0)+(t0)→(v0)，无法执行
        ADDU     $v0, $v0, $t0       // (v0)+(t0)→(v0)，无法执行
        NOP                          // 空操作指令，无法执行
w2:     LW       $t1, 0x0 ($0)       // 从数据存储器指定的位置加载数据到寄存器 t1
        BNE      $t1, $t2, w3        // 如果(t1)≠(t2), 跳转到 w3
        ADDU     $v0, $v0, $t0       // 从 EX 级刷新（包含流水线停止）
        ADDU     $v0, $v0, $t0       // (v0)+(t0)→(v0)，无法执行
        ADDU     $v0, $v0, $t0       // (v0)+(t0)→(v0)，无法执行
        NOP                          // 空操作指令，无法执行
w3:     NOP                          // 空操作指令
        NOP                          // 空操作指令
        NOP                          // 空操作指令
        NOP                          // 空操作指令
end:    B        end                 // 无条件跳转到 end, 相当于 while(1)
```

> 注：读者可进入本书配套资源的\cpusoc_design_example\example_8_3\program 目录下，找到该设计文件。

（4）按 Ctrl+S 组合键，保存设计文件。

（5）对上面的代码进行编译和链接，生成最终的可执行代码。

（6）打开 program.dis 文件，如代码清单 8-20 所示。

代码清单 8-20　　program.dis 文件

```
00000000 <.text>:
   0:   24080001    ADDIU   t0,zero,1
   4:   ac080000    SW      t0,0(zero)
00000008 <check>:
   8:   15000005    BNEZ    t0,20 <w1>
   c:   00000000    SLL     zero,zero,0x0
  10:   00481021    ADDU    v0,v0,t0
  14:   00481021    ADDU    v0,v0,t0
  18:   00481021    ADDU    v0,v0,t0
  1c:   00000000    SLL     zero,zero,0x0
00000020 <w1>:
  20:   24090003    ADDIU   t1,zero,3
  24:   240a0003    ADDIU   t2,zero,3
  28:   112a0005    BEQ     t1,t2,40 <w2>
  2c:   00000000    SLL     zero,zero,0x0
  30:   00481021    ADDU    v0,v0,t0
  34:   00481021    ADDU    v0,v0,t0
  38:   00481021    ADDU    v0,v0,t0
  3c:   00000000    SLL     zero,zero,0x0
00000040 <w2>:
  40:   8c090000    LW      t1,0(zero)
  44:   152a0005    BNE     t1,t2,5c <w3>
  48:   00000000    SLL     zero,zero,0x0
  4c:   00481021    ADDU    v0,v0,t0
  50:   00481021    ADDU    v0,v0,t0
  54:   00481021    ADDU    v0,v0,t0
  58:   00000000    SLL     zero,zero,0x0
0000005c <w3>:
  5c:   00000000    SLL     zero,zero,0x0
  60:   00000000    SLL     zero,zero,0x0
  64:   00000000    SLL     zero,zero,0x0
  68:   00000000    SLL     zero,zero,0x0
0000006c <end>:
  6c:   1000ffff    BEQZ    zero,6c <end>
  70:   00000000    SLL     zero,zero,0x0
```

（7）在云源软件左侧的"Design"标签页中，找到并展开 Other Files 文件夹。在展开项中，找到并双击 src\program.hex，打开文件 program.hex，将该文件中的内容全部清空。

（8）将代码清单 8-20 给出的机器指令，按顺序复制粘贴到 program.hex 文件中，如代码清单 8-21 所示。

代码清单 8-21　　program.hex 文件中的机器指令

```
24080001
ac080000
15000005
00000000
00481021
00481021
00481021
00000000
24090003
```

```
240a0003
112a0005
00000000
00481021
00481021
00481021
00000000
8c090000
152a0005
00000000
00481021
00481021
00481021
00000000
00000000
00000000
00000000
00000000
1000ffff
00000000
```

（9）按 Ctrl+S 组合键，保存设计文件。

3．下载设计

本部分将介绍下载设计的方法，主要步骤如下所述。

（1）在云源软件当前工程主界面左侧的窗口中，单击"Process"标签，切换到"Process"标签页。

（2）在"Process"标签页中，找到并双击"Synthesize"条目，云源软件执行对设计的综合，等待设计综合的结束。

（3）在"Process"标签页中，找到并双击"Place & Route"条目，云源软件执行对设计的布局和布线，等待布局和布线的结束。

（4）将外部+12V 电源适配器的电源插头连接到 Pocket Lab-F3 硬件开发平台标记为 DC12V 的电源插口。

（5）将 USB Type-C 电缆分别连接到 Pocket Lab-F3 硬件开发平台上标记为"下载 FPGA"的 USB Type-C 插口和 PC/笔记本电脑的 USB 插口。

（6）将 Pocket Lab-F3 硬件开发平台的电源开关切换到打开电源的状态，给 Pocket Lab-F3 硬件开发平台上电。

（7）在"Process"标签页中，找到并双击"Programmer"条目。

（8）弹出"Gaowin Programmer"对话框和"Cable Setting"对话框。其中，在"Cable Setting"对话框中显示了检测到的电缆、端口等信息。

（9）单击"Cable Setting"对话框右下角的"Save"按钮，退出该对话框。

（10）在"Gaowin Programmer"对话框的工具栏中，找到并单击 Program/Configure 按钮 ，将设计下载到高云 FPGA 中。

4．启动 GAO 软件工具

本部分将介绍启动 GAO 软件工具的方法，主要步骤如下所述。

（1）在云源软件主界面主菜单中，选择 Tools->Gowin Analyzer Oscilloscope。

（2）弹出"Gowin Analyzer Oscilloscope"对话框。

（3）一直按下 Pocket Lab-F3 硬件开发平台核心板上标记为 key1 的按键。

（4）在"Gowin Analyzer Oscilloscope"对话框的工具栏中，找到并单击 Start 按钮 ▶。

（5）释放一直按下的 key1 按键，使得满足 GAO 软件的触发捕获条件，即 sys_rst=1。此时，在"Gowin Analyzer Oscilloscope"对话框中显示捕获的数据，如图 8.15 所示。

图 8.15　在"Gowin Analyzer Oscilloscope"对话框中显示捕获的数据

（6）在"Gowin Analyzer Oscilloscope"对话框的工具栏中，找到并单击 Zoom In 按钮，放大波形观察细节，如图 8.16 所示。

图 8.16　在"Gowin Analyzer Oscilloscope"对话框中显示放大后的捕获数据

思考与练习 8-7：根据图 8.16 给出的仿真波形，分析当流水线 MIPS 系统遇到跳转指令时处理控制风险的方法。

8.4　流水线 MIPS 系统添加协处理器的设计

在单周期 MIPS 系统设计中已经涉及过中断和异常的问题了，这对于单周期 MIPS 系统来说并不是一件棘手的问题，但是对于流水线 MIPS 系统来说，这个问题就比较棘手了，因为一旦出现异常，就会改变程序的执行顺序，显然这会引起控制风险问题。一旦出现异常，就需要清除原先在流水线中某条被打断指令后面的一系列指令，并且从新的地址重新取出指令。由异常引起的控制风险和由程序本身跳转引起的控制风险类似，只是引起控制风险的原因有所不同而已。

在前面处理分支预测错误时，明确知道通过将 IF 级的指令换成 nop 指令来清除指令的方法。为了清除 ID 级的指令，使用 ID 级已有的多路选择器，将控制信号清零以生成阻塞条件。一个称为 ID.flush 的新控制信号与冒险检测单元的阻塞信号进行"逻辑或"，就可以在 ID 级进行清除。为了清除 EX 级的指令，使用一个称为 EX.flush 的新信号，用它控制新的多路选择器将控制信号清零。为了从指定的异常地址（如字节地址 0x100/字地址 0x40）取出指令，只需要简单地加入一个额外的输入到 PC 的多路选择器，将这个特定的异常地址（也称为异常中断句柄的入口地址）传递到程序计数器 PC 中。许多异常需要处理器核能最终正常执行引起异常的指令。做到这一点的最简单的方法就是先清除这条指令，然后处理异常，最后重新执行该指令。

异常处理的最后一步就是将导致异常的指令的地址保存到 EPC 中，实际上保存的是原始地址加 4 个字节，因此异常句柄必须先从保存的地址中减去 4 个字节。

此处需要解释下面两个术语，即非精确中断（Imprecise Interrupt）和精确中断（Precise Interrupt）。

（1）非精确中断也称为非精确异常，是指流水线计算机中的中断或异常不与导致中断或异常的指令精确关联。

（2）精确中断也称为精确异常，是指流水线计算机中的中断或异常与导致中断或异常的指令精确关联。

8.4.1 复制并添加设计文件

为了方便设计包含协处理器的流水线 MIPS 系统，需要建立一个新的设计工程，并将前面的设计文件复制到新的设计工程中。复制并添加设计文件的主要步骤如下所述。

（1）启动高云云源软件。

（2）按照 8.2.1 节介绍的方法在 E:\cpusoc_design_example\example_8_4 目录中，新建一个名字为"example_8_4.gprj"的工程。

（3）将 E:\cpusoc_design_example\example_8_3\src 目录中的所有文件复制粘贴到 E:\cpusoc_design_example\example_8_4\src 目录中。

（4）在 E:\cpusoc_design_example\example_8_3\src 目录中，将文件名 example_8_3.rao 改为 example_8_4.rao。

（5）将 E:\cpusoc_design_example\example_6_6\src 目录中的 cp0.v 文件复制粘贴到 E:\cpusoc_design_example\example_8_4\src 目录中。

（6）将 E:\cpusoc_design_example\example_6_6\src 目录中的 controller.v 文件复制粘贴到 E:\cpusoc_design_example\example_8_4\src 目录中。

（7）将 E:\cpusoc_design_example\example_6_5\src 目录中的 program.hex 文件复制粘贴到 E:\cpusoc_design_example\example_8_4\src 目录中。

（8）在高云软件当前工程主界面左侧的"Design"标签页中，选中 example_8_4 或 GW2A-LV55PG484C8/I7，单击鼠标右键，出现浮动菜单。在浮动菜单中，选择 Add Files。

（9）弹出"Select Files"对话框。在该对话框中，将路径定位到 E:\cpusoc_design_example\example_8_3\src 中，通过按下 Ctrl 按键和鼠标左键，选中 src 目录中的所有文件。

（10）单击该对话框右下角的"打开"按钮，退出"Select Files"对话框。

> 注：program.hex 文件中包含着测试保留指令的机器代码。

8.4.2 修改风险控制单元设计文件

本小节将介绍修改风险控制单元设计文件的方法，主要步骤如下所述。

（1）在高云云源当前工程主界面左侧的窗口中，单击"Design"标签，切换到"Design"标签页。

（2）在"Design"标签页中，找到并双击\src\hazard_control_unit.v，打开该设计文件。

（3）在该设计文件中修改设计代码，如代码清单 8-22 所示。

代码清单 8-22 修改 hazard_control_unit.v 文件

```
`timescale 1ns/1ps              // 定义 timescale，用于仿真
`define HZ_FW_ME     2'b10      // 从 MEM 级提前到 EX 级
`define HZ_FW_WE     2'b01      // 从 WB 级提前到 EX 级
`define HZ_FW_NONE   2'b00      // 无提前
`define HZ_FW_EF     2'b10      // 从 EX 级提前到 IF 级
`define HZ_FW_MF     2'b01      // 从 MEM 级提前到 IF 级
`define epc_num      5'd14      // EPC 寄存器的编号
```

```verilog
`define epc_sel            3'd0                // EPC 寄存器的选择号
module hazard_control_unit(                    // 定义模块 hazard_control_unit
  input  [4:0]    instr_rs_D,                  // 来自 ID 级输入 instr_rs_D,
  input  [4:0]    instr_rt_D,                  // 来自 ID 级输入 instr_rt_D
  input  [4:0]    writeReg_E,                  // 来自 EX 级输入 writeReg_E
  input           memtoreg_E,                  // 来自 EX 级输入 memtoreg
  input  [4:0]    instr_rs_E,                  // 来自 EX 级输入 instr_rs_E
  input  [4:0]    instr_rt_E,                  // 来自 EX 级输入 instr_rt_E
  input  [4:0]    writeReg_M,                  // 来自 MEM 级输入 writeReg_M
  input  [4:0]    writeReg_W,                  // 来自 WB 级输入 writeReg_W
  input           wreg_M,                      // 来自 MEM 级输入 wreg_M
  input           wreg_W,                      // 来自 WB 级输入 wreg_W
  input           branch_D,                    // 来自 ID 级输入 branch_D
  input           wreg_E,                      // 来自 EX 级输入 wreg_E
  input           memtoreg_M,                  // 来自 MEM 级输入 memtoreg_M
  input           pcsrc_D,                     // 来自 ID 级输入 pcsrc_D
  input  [4:0]    instrRd_E,                   // 来自 EX 级输入 instrRd_E
  input  [4:0]    instrRd_M,                   // 来自 MEM 级输入 instrRd_M
  input  [2:0]    instrSel_E,                  // 来自 EX 级输入 instrSel_E
  input  [2:0]    instrSel_M,                  // 来自 MEM 级输入 instrSel_M
  input           cpoRegWrite_E,               // 来自 EX 级输入 cpoRegWrite_E
  input           cpoRegWrite_M,               // 来自 MEM 级输入 cpoRegWrite_M
  input           cpoExcEret_D,                // 来自 ID 级输入 cpoExcEret_D
  input           excSync_D,                   // 来自 ID 级输入 excSync_D
  input           cpoToreg_E,                  // 来自 EX 级输入 cpoToreg_E
  input           irqReq_E,                    // 来自 EX 级输入 irqReq_E
  input           irqReq_M,                    // 来自 MEM 级输入 irqReq_M
  output          forwardAD,                   // 定义 ID 级提前 srcA 的信号 forwardAD
  output          forwardBD,                   // 定义 ID 级提前 srcB 的信号 forwardBD
  output [1:0]    forwardAE,                   // 定义 IE 级提前 srcA 的信号 forwardAE
  output [1:0]    forwardBE,                   // 定义 IE 级提前 srcB 的信号 forwardBE
  output          stall_n_F,                   // 定义暂停 IF 级控制信号 stall_n_F
  output          stall_n_D,                   // 定义暂停 ID 级控制信号 stall_n_D
  output          flush_n_D,                   // 定义刷新 ID 级控制信号 flush_n_D
  output          flush_n_E,                   // 定义刷新 IE 级控制信号 flush_n_E
  output          cancel_branch_F,             // 定义 IF 级控制信号 cancel_branch_F
  output          forwardEPC_E,                // 定义 EX 级控制信号 forwardEPC_E
  output [1:0]    forwardEPC_F,                // 定义 IF 级控制信号 forwardEPC_F
  output          irq_disable_D                // 定义 ID 级控制信号 irq_disable_D
);
wire branch_stall;                             // 定义内部网络 branch_stall
wire mem_stall;                                // 定义内部网络 mem_stall
wire stall;                                    // 定义内部网络 stall
/*********************控制提前********************/
assign forwardAD=(instr_rs_D != 5'b00000 && instr_rs_D == writeReg_M && wreg_M);
assign forwardBD=(instr_rt_D != 5'b00000 && instr_rt_D == writeReg_M && wreg_M);
/*********************数据提前********************/
assign forwardAE=(instr_rs_E == 5'b00000              ) ? `HZ_FW_NONE : (
            (instr_rs_E == writeReg_M && wreg_M) ? `HZ_FW_ME      : (
            (instr_rs_E == writeReg_W && wreg_W) ? `HZ_FW_WE   :
                                        `HZ_FW_NONE));
assign forwardBE=(instr_rt_E == 5'b00000              ) ? `HZ_FW_NONE :(
            (instr_rt_E == writeReg_M && wreg_M) ? `HZ_FW_ME    :(
```

```
                        (instr_rt_E == writeReg_W && wreg_W) ? `HZ_FW_WE    :
                                                             `HZ_FW_NONE));
    /*******************分支停止***************************/
    assign branch_stall=branch_D &&( (wreg_E && (instr_rs_D == writeReg_E || instr_rt_D == writeReg_E))  ||
(memtoreg_M && (instr_rs_D == writeReg_M || instr_rt_D == writeReg_M)));
    /*****************停止存储器取操作*******************/
    assign mem_stall=(cpoToreg_E || memtoreg_E) && (instr_rs_D==writeReg_E || instr_rt_D==writeReg_E);
    assign stall= branch_stall || mem_stall;
    /*****************异常分支风险***********************/
    wire branch_after_irq=pcsrc_D & irqReq_E;        // 在异步异常请求后，加载分支
    assign cancel_branch_F=branch_after_irq;         // 取消分支执行
    assign forwardEPC_E=branch_after_irq;            // 将分支从 PC 提前到 EPC
    /*****************阻止继续进入中断句柄中*****************/
    assign irq_disable_D=irqReq_E | irqReq_M;
    /*****************刷新译码级***********************/
    assign flush_n_D=~((pcsrc_D & ~irqReq_E) | cpoExcEret_D | excSync_D);
    /*************从 EX 级或 MEM 级提前 EPC****************/
    /*************在 ERET 之前写 EPC*******************/
    assign forwardEPC_F = ( cpoExcEret_D && cpoRegWrite_E &&
                         instrRd_E   == `epc_num &&
                         instrSel_E == `epc_sel ) ? `HZ_FW_EF :
                        ( cpoExcEret_D && cpoRegWrite_M &&
                         instrRd_M   == `epc_num &&
                         instrSel_M == `epc_sel ) ? `HZ_FW_MF : `HZ_FW_NONE;
    /**********停止*************/
    assign stall_n_F=~stall;
    assign stall_n_D=~stall;
    assign flush_n_E=~stall;
    endmodule                    // 模块结束
```

（4）按 Ctrl+S 组合键，保存设计文件。

8.4.3　修改 MIPS 核顶层设计文件

本小节将介绍修改 MIPS 核顶层设计文件的方法，主要步骤如下所述。

（1）在高云云源当前工程主界面左侧的窗口中，单击"Design"标签，切换到"Design"标签页。

（2）在"Design"标签页中，找到并双击\src\CPU_core.v，打开该设计文件。

（3）在该设计文件中，修改设计代码（见代码清单 8-23）。

代码清单 8-23　修改 CPU_core.v 文件

```
`timescale 1ns/1ps           // 定义 timescale 用于仿真
`define HZ_FW_ME     2'b10   // 从 MEM 级提前到 EX 级
`define HZ_FW_WE     2'b01   // 从 WB 级提前到 EX 级
`define HZ_FW_NONE   2'b00   // 未提前
`define HZ_FW_EF     2'b10   // 从 EXE 级提前到 IF 级
`define HZ_FW_MF     2'b01   // 从 MEM 级提前到 IF 级
/*****************下面为选择程序计数器 PC 的源*****************/
`define PC_FLOW      2'b00
`define PC_EXC       2'b01
`define PC_ERET      2'b10
module CPU_core(             // 定义模块 CPU_core
  input           clk,       // 定义时钟输入信号 clk
```

```verilog
    input            rst,              // 定义复位输入信号 rst
    input    [4:0]   dp,               // 定义调试访问寄存器地址 dp
    input    [31:0]  datar,            // 定义来自数据存储器的读数据 datar
    input    [31:0]  instr,            // 定义来自指令存储器的读取指令 instr
    output   [31:0]  instr_addr,       // 定义送给指令存储器的地址 instr_addr
    output   [31:0]  dpv,              // 定义调试访问寄存器的读取数据 dpv
    output   [31:0]  data_addr,        // 定义送给数据存储器的地址 data_addr
    output   [31:0]  dataw,            // 定义写到数据存储器的数据 dataw
    output           wr                // 定义控制数据存储器的写数据
);
/**************IF 级*********************/
    wire pc_sel_D;                     // 定义内部网络 pc_sel_D
    wire stall_n_F;                    // 定义内部网络 stall_n_F
    wire stall_n_D;                    // 定义内部网络 stall_n_D
    wire flush_n_D;                    // 定义内部网络 flush_n_D
/**************程序计数器, 后缀 F 表示 IF 级, 后缀 D 表示 ID 级*************/
    wire [31:0] pc_F;                  // 定义内部网络 pc_F
    wire [31:0] pcbranch_D;            // 定义内部网络 pcbranch_D
    wire [31:0] pcnext_F;              // 定义内部网络 pcnext_F
    wire [31:0] pcnew_F;               // 定义内部网络 pcnew_F
    wire [31:0] instr_F;               // 定义内部网络 instr_F
    wire [31:0] pcFlow_F;              // 定义内部网络 pcFlow_F
    wire [31:0] cp0_ExcHandler_M;      // 定义内部网络 cp0_ExcHandle_M, 中断句柄的地址
    wire [31:0] cp0_EPC_M;             // 定义内部网络 cp0_EPC_M, 引起异常的地址
    wire [31:0] writeData_E;           // 定义内部网络 writeData_E
    wire [31:0] writeData_M;           // 定义内部网络 writeData_M
    wire [31:0] EPC_F;                 // 定义内部网络 EPC_F
    wire [1:0]  forwardEPC_F;          // 定义内部网络 forwardEPC_F
    wire [1:0]  pcExc_D;               // 定义内部网络 pcExc_D
    wire        cancel_branch_F;       // 定义内部网络 cancel_branch_F
    assign pcnext_F=pc_F+4;            // pc_F 加 4, 指向下一条指令
/***********************选取 pcFlow_F*****************************/
    assign pcFlow_F=pc_sel_D & ~cancel_branch_F ? pcbranch_D : pcnext_F;
/*********************选择 EPC_F 的源***********************/
    assign EPC_F= (forwardEPC_F == `HZ_FW_EF ) ? writeData_E :
                  (forwardEPC_F == `HZ_FW_MF ) ? writeData_M :
                    /* hz_forwardEPC_F == `HZ_FW_NONE */ cp0_EPC_M;
/*********************选择 pcnew_F 的源***********************/
    assign pcnew_F = pcExc_D == `PC_EXC   ?  cp0_ExcHandler_M :
                    pcExc_D == `PC_ERET ?  EPC_F            :
                /* cw_pcExc_D == `PC_FLOW */ pcFlow_F;
/**************stall_n_F 为 "1"时, pcnew_F→pc_F ****************/
    register_we #(32) pc_reg_f (clk,rst,stall_n_F, pcnew_F,pc_F);
    assign instr_addr=pc_F>>2;         // pc_F 右移两位, 指向字空间
    assign instr_F=instr;              // 将指令存储器读取的 instr 赋值给 instr_F
/***********数据通路的边界, 后缀 D 表示 ID 级*****************/
    wire [31:0] pc_D;                  // 定义内部网络 pc_D
    wire [31:0] pcnext_D;              // 定义内部网络 pcnext_D
    wire [31:0] instr_D;               // 定义内部网络 instr_D
/********************信号从 IF 级寄存到 ID 级*********************/
    register_we_clr #(32) pc_reg_D(clk,rst,flush_n_D,stall_n_D,pc_F,pc_D);
    register_we_clr #(32) pcnext_reg_D(clk,rst,flush_n_D,stall_n_D,pcnext_F,pcnext_D);
    register_we_clr #(32) instr_reg_D(clk,rst,flush_n_D,stall_n_D,instr_F,instr_D);
```

```verilog
/* ***************下面为 ID 级*********************************/
wire wreg_W;                                    // 定义内部网络 wreg_W
wire branch_D;                                  // 定义内部网络 branch_D
wire forwardAD;                                 // 定义内部网络 forwardAD
wire forwardBD;                                 // 定义内部网络 forwardBD
wire irq_disable_D;                            // 定义内部网络 irq_disable_D
wire flush_n_E;                                 // 定义内部网络 flush_n_E
wire [5:0]   instrOP_D=instr_D[31:26];          // 指令的操作码字段
wire [5:0]   instrFn_D=instr_D[5:0];            // 指令的功能码字段
wire [4:0]   instrrs_D=instr_D[25:21];          // 指令的 rs 字段
wire [4:0]   instrrt_D=instr_D[20:16];          // 指令的 rt 字段
wire [4:0]   instrrd_D=instr_D[15:11];          // 指令的 rd 字段
wire [15:0]  instrimm_D=instr_D[15:0];          // 指令的立即数字段
wire [4:0]   instrsa_D=instr_D[10:6];           // 指令的移位码字段
wire [2:0]   instrsel_D=instr_D[2:0];           // 指令的选择号字段
wire [4:0]   writeReg_W;                        // 定义内部网络 writeReg_W
wire [31:0]  writeData_W;                       // 定义内部网路 writeData_W
wire [31:0]  regdata1_D;                        // 定义内部网络 regdata1_D
wire [31:0]  regdata2_D;                        // 定义内部网络 regdata2_D
register_file MIPS_register(                    // 例化模块 register_file
    .clk(clk),                                  // 端口 clk 连接到 clk
    .pc(pc_F),                                  // 端口 pc 连接到 pc_F
    .dp(dp),                                    // 端口 dp 连接到 dp
    .rs(instrrs_D),                             // 端口 rs 连接到 instrrs_D
    .rt(instrrt_D),                             // 端口 rt 连接到 instrrt_D
    .rd(writeReg_W),                            // 端口 rd 连接到 writeReg_W
    .rdv(writeData_W),                          // 端口 rdv 连接到 writeData_W
    .wrd(wreg_W),                               // 端口 wrd 连接到 wreg_W
    .dpv(dpv),                                  // 端口 dpv 连接到 dpv
    .rsv(regdata1_D),                           // 端口 rsv 连接到 regdata1_D
    .rtv(regdata2_D)                            // 端口 rtv 连接到 regdata2_D
 );
/***************instrimm_D 符号扩展到 32 位，成为 signimm_D***************/
wire [31:0] signimm_D={{16{instrimm_D[15]}},instrimm_D};
/***************分支的地址 pcbranch_D*********************/
assign pcbranch_D=pcnext_D+(signimm_D<<2);
wire [31:0] aluresult_M;                        // 定义内部网络 aluresult_M
/***************选择数据源*********************************/
  wire [31:0] regdata1F_D=forwardAD ? aluresult_M : regdata1_D;
  wire [31:0] regdata2F_D=forwardBD ? aluresult_M : regdata2_D;
/***************提前判断分支的条件*********************/
  wire    aluzero_D=(regdata1F_D==regdata2F_D);
  wire        wreg_D;                           // 定义内部网络 wreg_D
  wire        reg_des_sel_D;                    // 定义内部网络 reg_des_sel_D
  wire        alusrc_sel_D;                     // 定义内部网络 alusrc_sel_D
  wire [2:0]  alu_func_D;                       // 定义内部网络 alu_func_D
  wire        mem_wr_D;                         // 定义内部网络 mem_wr_D
  wire        memtoreg_D;                       // 定义内部网络 memtoreg_D
  wire        cp0toreg_D;                       // 定义内部网络 cp0toreg_D
  wire        cp0wreg_D;                        // 定义内部网络 cp0wreg_D
  wire        cp0ExcEret_D;                     // 定义内部网络 cp0ExcEret_D
  wire        RIFound_D;                        // 定义内部网络 RIFound_D
/***************与异常有关的内部网络 *********************/
```

```
    wire        cp0_ExcAsyncReq_M;
    wire        irqReq_D=cp0_ExcAsyncReq_M & ~irq_disable_D;
    wire        excSync_D=RIFound_D;
    wire        epcsrc_D;
    wire[31:0] epcnext_D=epcsrc_D ? pc_D : pcFlow_F;
    controller MIPS_Controller(                 // 例化模块 controller
        .cmdop(instrOP_D),                      // 端口 cmdop 连接到 instrOP_D
        .cmdfunc(instrFn_D),                    // 端口 cmdfunc 连接到 instrFn_D
        .cmdregs(instrrs_D),                    // 端口 cmdregs 连接到 instrrs_D
        .zeroflag(aluzero_D),                   // 端口 zeroflag 连接到 aluzero_D
        .excAsync(irqReq_D),                    // 端口 excAsync 连接到 irqReq_D
        .excSync(excSync_D),                    // 端口 excSync 连接到 excSync_D
        .pc_sel(pc_sel_D),                      // 端口 pc_sel 连接到 pc_sel_D
        .wreg(wreg_D),                          // 端口 wreg 连接到 wreg_D
        .reg_des_sel(reg_des_sel_D),            // 端口 reg_des_sel 连接到 reg_des_sel_D
        .alusrc_sel(alusrc_sel_D),              // 端口 alusrc_sel 连接到 alusrc_sel_D
        .alu_func(alu_func_D),                  // 端口 alu_func 连接到 alu_func_D
        .mem_wr(mem_wr_D),                      // 端口 mem_wr 连接到 mem_wr_D
        .memtoreg(memtoreg_D),                  // 端口 memtoreg 连接到 memtoreg_D
        .cpotoreg(cp0toreg_D),                  // 端口 cpotoreg 连接到 cp0toreg_D
        .cporegw(cp0wreg_D),                    // 端口 cporegw 连接到 cp0wreg_D
        .cpoExcEret(cp0ExcEret_D),              // 端口 cpoExcEret 连接到 cp0ExcEret_D
        .RIfound(RIFound_D),                    // 端口 RIfound 连接到 RIFound_D
        .EPCSrc(epcsrc_D),                      // 端口 EPCSrc 连接到 epcsrc_D
        .pcExc(pcExc_D),                        // 端口 pcExc 连接到 pcExc_D
        .branch(branch_D)                       // 端口 branch 连接到 branch_D
    );
// EX 级的数据通路，后缀 E 表示 EX 级
    wire [31:0] epcnext_E;                      // 定义内部网络 epcnext_E
    wire [31:0] regdata1_E;                     // 定义内部网络 regdata1_E
    wire [31:0] regdata2_E;                     // 定义内部网络 regdata2_E
    wire [31:0] signimm_E;                      // 定义内部网络 signimm_E
    wire [4:0]  instrrs_E;                      // 定义内部网络 instrrs_E
    wire [4:0]  instrrt_E;                      // 定义内部网络 instrrt_E
    wire [4:0]  instrrd_E;                      // 定义内部网络 instrrd_E
    wire [4:0]  instrsa_E;                      // 定义内部网络 instrsa_E
    wire [2:0]  instrsel_E;                     // 定义内部网络 instrsel_E
    wire        RIFound_E;                      // 定义内部网络 RIFound_E
    wire        irqReq_E;                       // 定义内部网络 irqReq_E
/********下面在 flush_n_E 的控制下，将数据通路信号从 ID 级寄存到 EX 级***********/
    register_clr #(32) epcnext_reg_E (clk, rst,flush_n_E,epcnext_D,epcnext_E);
    register_clr #(32) regdata1_reg_E(clk,rst,flush_n_E,regdata1_D,regdata1_E);
    register_clr #(32) regdata2_reg_E(clk,rst,flush_n_E,regdata2_D,regdata2_E);
    register_clr #(32) signimm_reg_E(clk,rst,flush_n_E,signimm_D,signimm_E);
    register_clr #(5)  instrrs_reg_E(clk,rst,flush_n_E,instrrs_D,instrrs_E);
    register_clr #(5)  instrrt_reg_E(clk,rst,flush_n_E,instrrt_D,instrrt_E);
    register_clr #(5)  instrrd_reg_E(clk,rst,flush_n_E,instrrd_D,instrrd_E);
    register_clr #(5)  instrsa_reg_E(clk,rst,flush_n_E,instrsa_D,instrsa_E);
    register_clr #(3)  instrsel_reg_E(clk,rst,flush_n_E,instrsel_D,instrsel_E);
    register_clr       RIFound_reg_E(clk,rst,flush_n_E,RIFound_D,RIFound_E);
    register_clr       irqReq_reg_E(clk,rst,flush_n_E,irqReq_D,irqReq_E);
//级的控制边界
    wire        wreg_E;                         // 定义内部网络 wreg_E
```

```
  wire        reg_des_sel_E;                    // 定义内部网络 reg_des_sel_E
  wire        alusrc_sel_E;                     // 定义内部网络 alusrc_sel_E
  wire [2:0]  alu_func_E;                       // 定义内部网络 alu_func_E
  wire        mem_wr_E;                         // 定义内部网络 mem_wr_E
  wire        memtoreg_E;                       // 定义内部网络 memtoreg_E
  wire        cp0wreg_E;                        // 定义内部网络 cp0wreg_E
  wire        cp0ExcEret_E;                     // 定义内部网络 cp0ExcEret_E
  wire        cp0toreg_E;                       // 定义内部网络 cp0toreg_E
/*****在 flush_n_E 的控制下，将控制器的输出信号从 ID 级寄存到 EX 级*****************/
  register_clr      wreg_reg_E(clk,rst,flush_n_E,wreg_D,wreg_E);
  register_clr      reg_des_sel_reg_E(clk,rst,flush_n_E,reg_des_sel_D,reg_des_sel_E);
  register_clr      alusrc_sel_reg_E(clk,rst,flush_n_E,alusrc_sel_D,alusrc_sel_E);
  register_clr #(3) alu_func_reg_E(clk,rst,flush_n_E,alu_func_D,alu_func_E);
  register_clr      mem_wr_reg_E(clk,rst,flush_n_E,mem_wr_D,mem_wr_E);
  register_clr      memtoreg_reg_E(clk,rst,flush_n_E,memtoreg_D,memtoreg_E);
  register_clr      cp0regw_reg_E(clk,rst,flush_n_E,cp0wreg_D,cp0wreg_E);
  register_clr      cp0ExcEret_reg_E(clk,rst,flush_n_E,cp0ExcEret_D,cp0ExcEret_E);
  register_clr      cp0toreg_reg_E(clk,rst,flush_n_E,cp0toreg_D,cp0toreg_E);
/*****************用于调试的指令，从 ID 级扩展到 EX 级***************/
  wire [31:0] instr_E;
  register_clr #(32) instr_reg_E(clk,rst,flush_n_E,instr_D,instr_E);
/**********************下面为 EX 级 ********************************/
  wire [1:0]  forwardAE;                        // 声明内部网络 forwardAE，提前 srcA
  wire [1:0]  forwardBE;                        // 声明内部网络 forwardBE，提前 srcB
  wire        forwardEPC_E;                     // 声明内部网络 forwardEPC_E
  wire [31:0] alusrcA_E=(forwardAE ==`HZ_FW_WE) ? writeData_W : (
                  (forwardAE ==`HZ_FW_ME) ? aluresult_M : regdata1_E);
  // 将数据从寄存器文件写到存储器
  assign      writeData_E=(forwardBE ==`HZ_FW_WE) ? writeData_W : (
                  (forwardBE ==`HZ_FW_ME) ? aluresult_M : regdata2_E);
  wire [31:0] alusrcB_E=alusrc_sel_E ? signimm_E : writeData_E;
  wire aluzero_E;                               // 未使用，在 ID 级执行分支预测
  wire [31:0] aluresult_E;                      // 声明内部网络 aluresult_E
  alu MIPS_alu(                                 // 例化 alu
    .a(alusrcA_E),                              // 端口 a 连接到 alusrcA_E
    .b(alusrcB_E),                              // 端口 b 连接到 alusrcB_E
    .op(alu_func_E),                            // 端口 op 连接到 alu_func_E
    .sa(instrsa_E),                             // 端口 sa 连接到 instrsa_E
    .zero(aluzero_E),                           // 端口 zero 连接到 aluzero_E
    .result(aluresult_E)                        // 端口 result 连接到 aluresult_E
  );
  // 根据 reg_des_sel_E 信号，选择写寄存器的数据源
  wire [4:0] writeReg_E=reg_des_sel_E ? instrrd_E : instrrt_E;
  // 异常
  wire [31:0] epcNext_f_E=forwardEPC_E ? pcbranch_D : epcnext_E;
  // MEM 级的数据通路边界
  wire [31:0] epcNext_M;                        // 声明内部网络 epcNext_M
  wire [4:0]  writeReg_M;                       // 声明内部网络 writeReg_M
  wire [4:0]  instrrd_M;                        // 声明内部网络 instrrd_M
  wire [2:0]  instrsel_M;                       // 声明内部网络 instrsel_M
  wire        RIFound_M;                        // 声明内部网络 RIFound_M
  wire        irqReq_M;                         // 声明内部网络 irqReq_M
/*************将数据通路由 EX 级扩展到 MEM 级************************/
```

```
    register #(32) epcNext_reg_M(clk,epcNext_f_E,epcNext_M);
    register #(32) aluresult_reg_M(clk,aluresult_E,aluresult_M);
    register #(32) writeData_reg_M(clk,writeData_E,writeData_M);
    register #(5)  writeReg_reg_M(clk,writeReg_E,writeReg_M);
    register #(5)  instrrd_reg_M(clk,instrrd_E,instrrd_M);
    register #(3)  instrsel_reg_M(clk,instrsel_E,instrsel_M);
    register       RIfound_reg_M(clk,RIFound_E,RIFound_M);
    register_rst   irqReq_reg_M(clk,rst,irqReq_E,irqReq_M);
    // 级控制信号的边界
    wire wreg_M;                        // 声明内部网络 wreg_M
    wire mem_wr_M;                      // 声明内部网络 mem_wr_M
    wire memtoreg_M;                    // 声明内部网络 memtoreg_M
    wire cp0wreg_M;                     // 声明内部网络 cp0wreg_M
    wire cp0ExcEret_M;                  // 声明内部网络 cp0ExcEret_M
    wire cp0toreg_M;                    // 声明内部网络 cp0toreg_M
/***************将控制信号从 EX 级寄存到 MEM 级********************/
    register_rst wreg_reg_M(clk,rst,wreg_E,wreg_M);
    register_rst mem_wr_reg_M(clk,rst,mem_wr_E,mem_wr_M);
    register_rst memtoreg_reg_M(clk,rst,memtoreg_E,memtoreg_M);
    register_rst cp0wreg_reg_M(clk,rst,cp0wreg_E,cp0wreg_M);
    register_rst cp0ExcEret_reg_M(clk,rst,cp0ExcEret_E,cp0ExcEret_M);
    register_rst cp0toreg_reg_M(clk,rst,cp0toreg_E,cp0toreg_M);
/***************将指令从 EX 级扩展到 MEM 级，用于调试目的***************/
    wire [31:0] instr_M;
    register #(32) instr_reg_M(clk, instr_E,instr_M);
    /* MEM 级  */
    wire [31:0] readData_M=datar;       // 将数据存储器的读数据赋值到 readData_M
    assign wr=mem_wr_M;                 // 将 mem_wr_M 信号连接到数据存储器信号 wr
    assign data_addr=aluresult_M;       // 将 aluresult_M 信号连接到数据存储器地址 data_addr
    assign dataw=writeData_M;           // 将 writeData_M 信号连接到数据存储器写数据 dataw
    wire       cp0_TI_M;                // 声明内部网络 cp0_TI_M
    wire [5:0] cp0_HIP_M={cp0_TI_M,5'b0}; // 组合成 CP0 的硬件中断 cp0_HIP_M
    wire       cp0_ExcOV_M=1'b0;        // 将算术溢出异常 cp0_ExcOV_M 标志设置为 "0"
    wire       cp0_ExcAsync_M;          // 声明内部网络 cp0_ExcAsync_M
    wire       cp0_ExcSync_M;           // 声明内部网络 cp0_ExcSync_M
    wire [31:0] cp0_Data_M;             // 声明内部网络 cp0_Data_M
    cp0 MIPS_cp0(                       // 例化模块 cp0
        .clk(clk),                      // 端口 clk 连接到 clk
        .rst(rst),                      // 端口 rst 连接到 rst
        .cp0_PC(epcNext_M),             // 端口 cp0_PC 连接到 epcNext_M
        .cp0_ExcEret(cp0ExcEret_M),     // 端口 cp0_ExcEret 连接到 cp0ExcEret_M
        .cp0_regNum(instrrd_M),         // 端口 cp0_regNum 连接到 instrrd_M
        .cp0_regSel(instrsel_M),        // 端口 cp0_regSel 连接到 instrsel_M
        .cp0_regWD(writeData_M),        // 端口 cp0_regWD 连接到 writeData_M
        .cp0_regWE(cp0wreg_M),          // 端口 cp0_regWE 连接到 cp0wreg_M
        .cp0_HIP(cp0_HIP_M),            // 端口 cp0_HIP 连接到 cp0_HIP_M
        .cp0_ExcRI(RIFound_M),          // 端口 cp0_ExcRI 连接到 RIFound_M
        .cp0_ExcOV(cp0_ExcOV_M),        // 端口 cp0_ExcOV 连接到 cp0_ExcOV_M
        .cp0_ExcAsyncAck(irqReq_M),     // 端口 cp0_ExcAsyncAck 连接到 irqReq_M
        .cp0_EPC(cp0_EPC_M),            // 端口 cp0_EPC 连接到 cp0_EPC_M
        .cp0_ExcHandle(cp0_ExcHandler_M),// 端口 cp0_ExcHandle 连接到 cp0_ExcHandler_M
        .cp0_ExcAsync(cp0_ExcAsync_M),  // 未使用
        .cp0_ExcSync(cp0_ExcSync_M),    // 未使用
```

```
        .cp0_regRD(cp0_Data_M),              // 端口 cp0_regRD 连接到 cp0_Data_M
        .cp0_TI(cp0_TI_M),                   // 端口 cp0_TI 连接到 cp0_TI_M
        .cp0_ExcAsyncReq(cp0_ExcAsyncReq_M)  //端口 cp0_ExcAsyncReq 连接到同名网络
    );
    // WB 级数据通路边界
    wire [31:0] aluresult_W;                 // 声明内部网络 aluresult_W
    wire [31:0] readData_W;                  // 声明内部网络 readData_W
    wire [31:0] cp0_Data_W;                  // 声明内部网络 cp0_Data_W
/************将数据通路信号从 MEM 级寄存到 WB 级*******************/
    register #(32) aluresult_reg_W(clk,aluresult_M,aluresult_W);
    register #(32) readData_reg_W(clk,readData_M,readData_W);
    register #(5)   writeReg_reg_W(clk,writeReg_M,writeReg_W);
    register #(32) cp0_Data_reg_W(clk,cp0_Data_M,cp0_Data_W);
    // 级的控制通路边界
    wire memtoreg_W;                         // 声明内部网络 memtoreg_W
    wire cp0toreg_W;                         // 声明内部网络 cp0toreg_W
/*********************下面将控制信号从 MEM 级寄存到 WB 级***************/
    register_rst memtoreg_reg_W(clk,rst,memtoreg_M,memtoreg_W);
    register_rst wreg_reg_W(clk,rst,wreg_M,wreg_W);
    register_rst c0toreg_reg_W(clk,rst,cp0toreg_M,cp0toreg_W);
/***********将 instr 从 MEM 级扩展到 WB 级，用于调试目的**************/
    wire [31:0] instr_W;
    register #(32) instr_reg_W(clk,instr_M,instr_W);
/********************WB 级*********************************/
/*****根据 memtoreg_W 的值，选择 writeData_W 的源，从存储器写回到寄存器文件**/
    assign writeData_W=memtoreg_W ? readData_W :
                       cp0toreg_W ? cp0_Data_W : aluresult_W;
/***************下面例化 hazard_control_unit******************/
    hazard_control_unit MIPS_hazard_unit(
    .instr_rs_D(instrrs_D),                  // 端口 instr_rs_D 连接到 instrrs_D
    .instr_rt_D(instrrt_D),                  // 端口 instr_rt_D 连接到 instrrt_D
    .writeReg_E(writeReg_E),                 // 端口 writeReg_E 连接到 writeReg_E
    .memtoreg_E(memtoreg_E),                 // 端口 memtoreg_E 连接到 memtoreg_E
    .instr_rs_E(instrrs_E),                  // 端口 instr_rs_E 连接到 instrrs_E
    .instr_rt_E(instrrt_E),                  // 端口 instr_rt_E 连接到 instrrt_E
    .writeReg_M(writeReg_M),                 // 端口 writeReg_M 连接到 writeReg_M
    .writeReg_W(writeReg_W),                 // 端口 writeReg_W 连接到 writeReg_W
    .wreg_M(wreg_M),                         // 端口 wreg_M 连接到 wreg_M
    .wreg_W(wreg_W),                         // 端口 wreg_W 连接到 wreg_W
    .branch_D(branch_D),                     // 端口 branch_D 连接到 branch_D
    .wreg_E(wreg_E),                         // 端口 wreg_E 连接到 wreg_E
    .memtoreg_M(memtoreg_M),                 // 端口 memtoreg_M 连接到 memtoreg_M
    .pcsrc_D(pc_sel_D),                      // 端口 pcsrc_D 连接到 pc_sel_D
    .instrRd_E(instrrd_E),                   // 端口 instrRd_E 连接到 instrrd_E
    .instrRd_M(instrrd_M),                   // 端口 instrRd_M 连接到 instrrd_M
    .instrSel_E(instrsel_E),                 // 端口 instrSel_E 连接到 instrsel_E
    .instrSel_M(instrsel_M),                 // 端口 instrSel_M 连接到 instrsel_M
    .cpoRegWrite_E(cp0wreg_E),               // 端口 cpoRegWrite_E 连接到 cp0wreg_E
    .cpoRegWrite_M(cp0wreg_M),               // 端口 cpoRegWrite_M 连接到 cp0wreg_M
    .cpoExcEret_D(cp0ExcEret_D),             // 端口 cpoExcEret_D 连接到 cp0ExcEret_D
    .excSync_D(cp0ExcEret_D),                // 端口 excSync_D 连接到 cp0ExcEret_D
    .cpoToreg_E(cp0toreg_E),                 // 端口 cpoToreg_E 连接到 cp0toreg_E
    .irqReq_E(irqReq_E),                     // 端口 irqReq_E 连接到 irqReq_E
```

```
  .irqReq_M(irqReq_M),                // 端口 irqReq_M 连接到 irqReq_M
  .forwardAD(forwardAD),              // 端口 forwardAD 连接到 forwardAD
  .forwardBD(forwardBD),              // 端口 forwardBD 连接到 forwardBD
  .forwardAE(forwardAE),              // 端口 forwardAE 连接到 forwardAE
  .forwardBE(forwardBE),              // 端口 forwardBE 连接到 forwardBE
  .stall_n_F(stall_n_F),              // 端口 stall_n_F 连接到 stall_n_F
  .stall_n_D(stall_n_D),              // 端口 stall_n_D 连接到 stall_n_D
  .flush_n_D(flush_n_D),              // 端口 flush_n_D 连接到 flush_n_D
  .flush_n_E(flush_n_E),              // 端口 flush_n_E 连接到 flush_n_E
  .cancel_branch_F(cancel_branch_F),  // 端口 cancel_branch_F 连接到 cancel_branch_F
  .forwardEPC_E(forwardEPC_E),        // 端口 forwardEPC_E 连接到 forwardEPC_E
  .forwardEPC_F(forwardEPC_F),        // 端口 forwardEPC_F 连接到 forwardEPC_F
  .irq_disable_D(irq_disable_D)       // 端口 irq_disable_D 连接到 irq_disable_D
);
endmodule                             // 模块结束
```

（3）保存设计文件。

思考与练习 8-8：对该设计进行综合后，查看添加协处理器 CP0 后的 RTL 级网表结构，尤其是查看添加协处理器 CP0 后的流水线 MIPS 系统内部的数据通路和控制通路的结构关系，并绘制该设计的结构框图。

8.5　流水线 MIPS 系统添加协处理器的验证

本节将介绍使用 GAO 软件对添加协处理器后的流水线 MIPS 系统进行验证的方法。

8.5.1　修改 GAO 配置文件

本小节将介绍修改 GAO 配置文件的方法，主要步骤如下所述。

（1）在云源软件当前工程主界面左侧的窗口中，单击 "Design" 标签，切换到 "Design" 标签页。

（2）在该标签页中，找到并展开 GAO Config Files 文件夹。在展开项中，找到并双击 \src\example_8_4.rao，打开 example_8_4.rao 文件。

（3）弹出 "Core 0" 对话框。在该对话框中，单击 "Capture Options" 标签。

（4）在该标签页右侧的 Capture Signal 窗口中，通过按下 Ctrl 按键和鼠标左键，选中下面所有的信号，然后单击该窗口上方的 Remove 按钮 Remove ，删除所有之前设置的捕获信号。

（5）在 Capture Signals 窗口中，单击 Add 按钮 Add 。

（6）弹出 "Search Nets" 对话框，单击该对话框 "Name" 标题右侧文本框右侧的 "Search" 按钮。

（7）在下面的窗口中列出了可用的信号列表，通过按下 Ctrl 按键和鼠标左键，选中下面的信号，包括 MIPS_CPU/instr_addr[31:0]、MIPS_CPU/instr[31:0]、MIPS_CPU/instr_F[31:0]、MIPS_CPU/instr_D[31:0]、MIPS_CPU/instr_E[31:0]、MIPS_CPU/instr_M[31:0] 和 MIPS_CPU/instr_W[31:0]。

（8）单击 "Search Nets" 对话框右下角的 "OK" 按钮，退出该对话框。添加捕获信号后的 Capture Signals 窗口如图 8.17 所示。

（9）按 Ctrl+S 组合键，保存在 GAO 配置文件中重新设置的捕获参数。

（10）单击 "example_8_1.rao" 标签页右下角的关闭按钮 ，退出 GAO 工具。

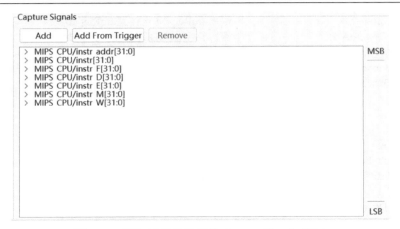

图 8.17　添加捕获信号后的 Capture Signals 窗口

8.5.2　下载设计

本小节将介绍下载设计的方法，主要步骤如下所述。

（1）在云源软件当前工程主界面左侧的窗口中，单击"Process"标签，切换到"Process"标签页。

（2）在"Process"标签页中，找到并双击"Synthesize"条目，云源软件执行对设计的综合，等待设计综合的结束。

（3）在"Process"标签页中，找到并双击"Place & Route"条目，云源软件执行对设计的布局和布线，等待布局和布线的结束。

（4）将外部+12V 电源适配器的电源插头连接到 Pocket Lab-F3 硬件开发平台标记为 DC12V 的电源插口。

（5）将 USB Type-C 电缆分别连接到 Pocket Lab-F3 硬件开发平台上标记为"下载 FPGA"的 USB Type-C 插口和 PC/笔记本电脑的 USB 插口。

（6）将 Pocket Lab-F3 硬件开发平台的电源开关切换到打开电源的状态，给 Pocket Lab-F3 硬件开发平台上电。

（7）在"Process"标签页中，找到并双击"Programmer"条目。

（8）弹出"Gaowin Programmer"对话框和"Cable Setting"对话框。其中，在"Cable Setting"对话框中显示了检测到的电缆、端口等信息。

（9）单击"Cable Setting"对话框右下角的"Save"按钮，退出该对话框。

（10）在"Gaowin Programmer"对话框的工具栏中，找到并单击 Program/Configure 按钮 ，将设计下载到高云 FPGA 中。

8.5.3　启动 GAO 软件工具

本小节将介绍启动 GAO 软件工具的方法，主要步骤如下所述。

（1）在云源软件主界面主菜单中，选择 Tools->Gowin Analyzer Oscilloscope。

（2）弹出"Gowin Analyzer Oscilloscope"对话框。

（3）一直按下 Pocket Lab-F3 硬件开发平台核心板上标记为 key1 的按键。

（4）在"Gowin Analyzer Oscilloscope"对话框的工具栏中，找到并单击 Start 按钮 。

（5）释放一直按下的 key1 按键，使得满足 GAO 软件的触发捕获条件，即 sys_rst=1。此时，在"Gowin Analyzer Oscilloscope"对话框中显示捕获的数据，如图 8.18 所示。

图 8.18　在"Gowin Analyzer Oscilloscope"对话框中显示捕获的数据

（6）在"Gowin Analyzer Oscilloscope"对话框的工具栏中，找到并单击 Zoom In 按钮，放大波形观察细节，如图 8.19 所示。

图 8.19　在"Gowin Analyzer Oscilloscope"对话框中显示放大后的捕获数据

思考与练习 8-9：根据图 8.19 给出的仿真结果，分析当流水线 MIPS 系统遇到保留指令时，处理器进入异常处理句柄和从异常返回的过程，并观察指令流水线在取指级、译码级、执行级、访存级和写回级的变化。

8.6　AHB-Lite 总线架构和时序

本节将在流水线 MIPS 核外部添加外设以构成片上系统（System on Chip，SoC）。在该设计中，基于 Arm 公司的高级微控制器总线结构（Advanced Microcontroller Bus Architecture，AMBA）将流水线 MIPS 核与片上的数据存储器控制器和 GPIO 控制器进行连接。基于 AHB-Lite 的片上系统结构如图 8.20 所示。

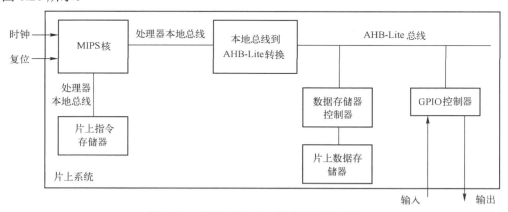

图 8.20　基于 AHB-Lite 的片上系统结构

（1）MIPS 核仍然通过处理器本地总线与片上指令存储器直接相连。

（2）通过本地总线到 AHB-Lite 转换模块，将 MIPS 核的处理器本地总线转换为 AHB-Lite 总线。

（3）在 AHB-Lite 总线上连接了数据存储器控制器和 GPIO 控制器。其中，数据存储器控制器用于控制片上的数据存储器。

下面将对 AHB-Lite 总线规范进行详细说明，以帮助读者掌握将 MIPS 核连接到外部 AHB-Lite 外设的实现方法。

8.6.1   ARM AMBA 系统总线

自从 AMBA 出现后，其应用领域早已超出了微控制器设备，现在被广泛地应用于各种范围的 ASIC 和 SOC 器件，包括用于便携设备的应用处理器。AMBA 协议是一个开放标准的片上互联规范（除 AMBA-5 外），用于 SoC 内功能模块的连接和管理。它便于第一时间开发带有大量控制器和外设的多处理器设计。

1．AMBA v1.0

1996 年，Arm 公司推出了 AMBA 的第一个版本，包括高级系统总线（Advanced System Bus，ASB）和高级外设总线（Advanced Peripheral Bus，APB）。

2．AMBA v2.0

在该版本中，Arm 增加了 AMBA 高性能总线（AMBA High-performance Bus，AHB），它是一个单个时钟沿的协议。AMBA2 用于 Arm 公司的 ARM7 和 ARM9 处理器。

3．AMBA v3.0

2003 年，ARM 推出了 AMBA 的第三个版本。即 AMBA3，增加了下面规范。

（1）高级可扩展接口（Advanced Extensible Interface，AXI）v1.0/AXI3，它用于实现更高性能的互联。

（2）高级跟踪总线（Advanced Trace Bus，ATB）v1.0，它用于 CoreSight 片上调试和跟踪解决方案。

此外，还包含高级高性能总线简化（Advanced High-performance Bus Lite，AHB-Lite）和高级外设总线（Advanced Peripheral Bus，APB）。

其中：

（1）AHB-Lite 和 APB 规范用于 Arm 的 Cortex-M0、Cortex-M3 和 Cortex-M4 系列处理器。

（2）AXI 规范，用于 Arm 的 Cortex-A9、Cortex-A8、Cortex-R4 和 Cortex-R5 系列处理器。

4．AMBA v4.0

2009 年，Xilinx 同 ARM 密切合作，共同为基于 FPGA 的高性能系统和设计定义了 AXI4 规范。并且在其新一代可编程门阵列芯片上采用了高级可扩展接口 AXI4 协议。主要包括：

（1）AXI 一致性扩展（AXI Coherency Extensions，ACE)。

（2）AXI 一致性扩展简化（AXI Coherency Extensions Lite，ACE-Lite）。

（3）高级可扩展接口 4（Advanced eXtensible Interface 4，AXI4)。

（4）高级可扩展接口 4 简化（Advanced eXtensible Interface 4 Lite，AXI4-Lite）。

（5）高级可扩展接口 4 流（Advanced eXtensible Interface 4 Stream，AXI4-Stream v1.0）。

（6）高级跟踪总线（Advanced Trace Bus，ATB v1.1）。

（7）高级外设总线（Advanced Peripheral Bus，APB v2.0）。

其中，ACE 规范用于 Arm 的 Cortex-A7 和 Cortex-A15 系列处理器。

5．AMBA v5.0

2013 年，Arm 推出了 AMBA 5，该协议增加了一致集线器接口（Coherent Hub Interface，CHI）规划，用于 Cortex-A50 系列处理器，以高性能、一致性处理"集线器"方式协同工作，这样就能在企业级市场中实现高速可靠数据传输。

8.6.2   AHB-Lite 简介

AMBA3 中的 AHB，称为高性能总线，可以实现高性能的同步设计、支持多个总线主设备，以及提供高带宽操作。

而 AHB-Lite 是 AHB 的子集，简化了 AHB 总线的设计。例如，只有一个主设备。在基于 AHB-Lite 总线构成的系统中，通过该总线，可实现处理器对所有外设的控制，如图 8.21 所示。在该系统中，所有外设均提供 AHB-Lite 接口，用于和主处理器进行连接。对于 AHB-Lite 来说，它包含数据总线、控制总线和额外的控制信号，其中：

（1）数据总线用于交换数据信息；

（2）地址总线用于选择一个外设，或者一个外设中的某个寄存器；

（3）控制信号用于同步和识别交易，如准备、写/读、传输模式信号。

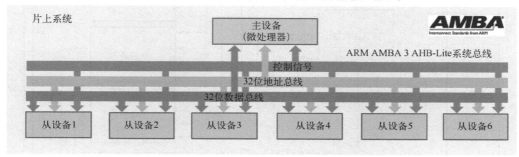

图 8.21   由 AHB-Lite 构成的处理系统

8.6.3   AHB-Lite 总线操作

例如，处理器访问一个 AHB-Lite 外设的操作过程，如图 8.22 所示。该过程主要包括：

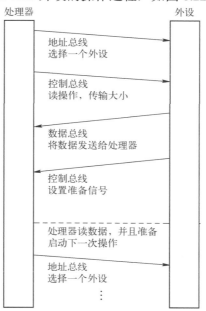

图 8.22   处理器访问一个 AHB-Lite 外设的操作过程

（1）通过地址总线，处理器给出所要访问 AHB-Lite 外设的地址信息。

（2）通过地址译码器，生成选择一个外设或者寄存器的选择信号。同时，处理器提供用于控制所选 AHB-Lite 外设的控制信号，如读/写、传输数据的数量等。

（3）如果处理器给出的是读取 AHB-Lite 外设的控制信号，则等待外设准备好后，读取该外设的数据。

除了上面所说的基本操作过程，AHB-Lite 总线可以实现更多复杂的功能，如传输个数、猝发模式等。

8.6.4 AHB-Lite 总线结构

基于 AHB-Lite 总线所构成的计算机系统架构，如图 8.23 所示。在该系统中，包括以下功能部件。

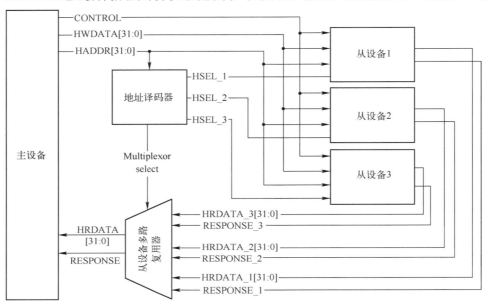

图 8.23　基于 AHB-Lite 总线所构成的计算机系统架构

（1）主设备。在本书中，主设备是指 Cortex-M0 处理器。此外，在包含直接存储器访问（Direct Memory Access，DMA）控制器的系统中，主设备还包括 DMA 控制器。

（2）地址译码器。主要用于选择 Cortex-M0 所要访问的从设备。

（3）从设备多路复用器。主要用于从多个从设备中选择所要读取的数据和响应信号。

（4）多个从设备。它们都包含 AHB-Lite 接口，这样主设备可以通过该接口访问它们。

此外，系统中还应该包含时钟和复位模块。时钟模块用于为整个 SoC 系统提供时钟源；复位模块用于为整个 SoC 系统提供复位信号。通过时钟和复位信号，使 SoC 系统内的各个功能部件有序工作。

1. 全局信号

在 AHB-Lite 中，提供了两个全局信号，如表 8.2 所示。在该设计中，HCLK 的频率与 Cortex-M0 处理器的频率相同。在流水线 MIPS 系统中，所有的功能部件都包含该全局信号。在基于 Arm Cortex-M0 处理器的 SoC 系统中，时钟模块和复位模块用于提供全局信号。

表 8.2　AHB-Lite 中的全局信号

信号	名字和方向	描述
HCLK	时钟，源指向所有的部件	总线时钟用来驱动所有的总线传输。所有信号的时序以 HCLK 时钟的上升沿为基准
HRESETn	复位，由控制器指向所有的部件	总线复位信号低有效，用于复位系统和总线

2. AHB-Lite 主设备接口

AHB-Lite 主设备提供地址和控制信息,用于初始化读和写操作。主设备接受来自从设备的响应信息,如图 8.24 所示。在该设计中,主设备只有 MIPS 处理器,它用于提供访问从设备的 AHB-Lite 接口信号。

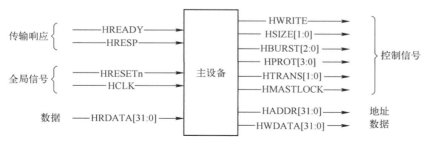

图 8.24　AHB-Lite 主设备接口信号

AHB-Lite 主设备接口信号如表 8.3 所示。

表 8.3　AHB-Lite 主设备接口信号

信号	方向	描述
HADDR [31:0]	由主设备指向从设备以及地址译码器	32 位系统地址总线
HWDATA [31:0]	由主设备指向从设备	写数据总线,用于在写操作周期内将数据从主设备发送到从设备
HWRITE	由主设备指向从设备	用于指示传输的方向。当该信号为高时,表示写传输;当该信号为低时,表示读传输
HSIZE [1:0]	由主设备指向从设备	表示传输的大小,如字节、半字和字。
HBURST [2:0]	由主设备指向从设备	猝发类型,表示传输时单个传输还是猝发的一部分
HPROT [3:0]	由主设备指向从设备	保护控制信号提供了关于总线访问额外的信息,它被模块使用,用于实现某个级别的保护
HTRANS [1:0]	由主设备指向从设备	表示当前传输的类型,可以是 IDLE、BUSY、NONSEQUENTIAL 或 SEQUENTIAL
HMASTLOCK	由主设备指向从设备	当该信号为高时,表示当前传输是一个锁定序列的一部分

3. AHB-Lite 从设备接口

AHB-Lite 从设备为了响应系统主设备所建立的传输,也需要提供对应的 AHB-Lite 接口,如图 8.25 所示。通过本身所提供的 AHB-Lite 接口,从设备与主设备实现数据的传输。

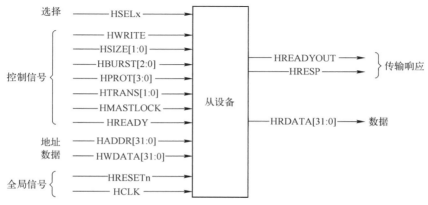

图 8.25　AHB-Lite 从设备接口信号

在从设备接口上,有一个 HSELx 信号,该信号由地址译码器的输出信号 HSELx 给出,该信号用于在一个时刻选择所要访问的一个从设备。

AHB-Lite 从设备接口信号如表 8.4 所示。

表 8.4　AHB-Lite 从设备接口信号

信号	方向	描述
HRDATA [31:0]	由从设备指向多路复用器	在读传输时，读数据总线将所选中从设备的数据发送到从设备多路复用器，然后由从设备多路复用器将数据传给主设备
HREADYOUT	由从设备指向多路复用器	当该信号为高时，完成总线上的传输过程。当该信号为低时，扩展一个传输
HRESP	由从设备指向多路复用器	传输响应，当通过多路复用器时，为主设备提供额外的传输状态信息。当该信号为低时，表示传输状态为 OKAY；否则，当该位为高时，表示传输状态是 ERROR

4．地址译码器和多路复用器

在基于 AHB-Lite 所构建的 MIPS SoC 系统中，还提供了地址译码器和多路复用器。从结构上来说，地址译码器为一对多设备，由一个主设备指向多个从设备；多路复用器为多对一设备，由多个从设备指向一个主设备。

1）地址译码器的功能

在系统中，地址译码器的输入为地址信号，输出为选择信号，如图 8.26 所示，它实现的功能主要包括：

图 8.26　地址译码器和从设备多路复用器

（1）根据主设备在地址总线上所提供的访问地址空间信息，生成选择一个从设备的选择信号。

（2）将选择信号连接到从设备多路复用器，用于从多个从设备中选择所对应从设备的返回信息。

2）多路复用器的功能

在系统中，来自不同从设备的响应信号，如图 8.20 所示。根据地址译码器所生成的选择信号，多路复用器将选择的从设备响应信号送给主设备。

3）接口信号

译码器和多路复用器信号如表 8.5 所示。

表 8.5　译码器和多路复用器信号

信号	方向	描述
HRDATA[31:0]	由多路复用器指向主设备	来自多路复用器到主设备的读数据
HREADY	由多路复用器指向主设备和从设备	来自多路复用器到主设备的准备信号。当该位为高时，表示到主设备和先前完成传输的所有从设备
HRESP	由多路复用器指向主设备	来自多路复用器到主设备的传输响应信号
HSELx	由地址译码器指向从设备	每个 AHB-Lite 从设备有自己的从设备选择信号 HSELx，这个信号表示当前传输所对应的从设备。当一开始就选中该从设备时，它也必须监视 HREADY 的状态，以确保在响应当前传输前，已经完成前面的总线传输

8.6.5　AHB-Lite 总线时序

一个 AHB-Lite 传输包括两个阶段，即

（1）地址阶段：只持续一个 HCLK 周期，除非被前面的总线传输进行了扩展。

（2）数据阶段：可能要求几个 HCLK 周期。使用 HREADY 信号来控制完成传输所需要的周期数。

在 AHB-Lite 中，引入了流水线传输的机制，包括：

（1）当前操作的数据访问可以与下一个操作的地址访问重叠。

（2）使能高性能的操作，同时仍然为从设备提供充分的时间，为传输提供响应信息。

> **注**：在后续的介绍中，只实现基本的总线操作，即
> ① HBUSRT[2:0]=3'b000，表示没有猝发交易。
> ② HMASTLCOK=1'b0，表示不产生带锁定的交易。
> ③ HTRANS[1:0]=2'b00 或者 2'b10，表示发起的交易是非顺序的传输。

1. 无等待的基本读传输

无等待的基本读传输时序如图 8.27 所示。

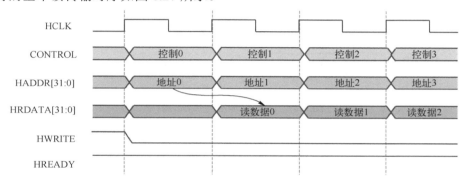

图 8.27　无等待的基本读传输时序

（1）地址阶段（第一个时钟周期）：在该阶段，主设备给出地址和控制信号，并将 HWRITE 设置为 0。

（2）数据阶段（第二个时钟周期）：在该阶段，从设备将主设备所要读取的数据放置在 HRDATA 上。

在该读传输过程中，没有等待状态。也就是说，在该图中，没有插入等待状态，表示从设备可以持续提供读取的数据。换句话说，HREADY 信号持续有效。

2. 有等待的基本读传输

有等待的基本读传输时序如图 8.28 所示。

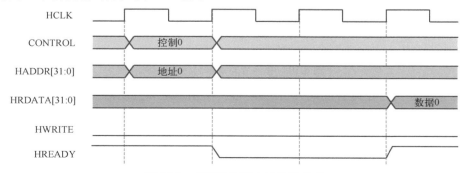

图 8.28　有等待的基本读传输时序

（1）地址阶段（第一个时钟周期）：在该阶段，给出地址和控制信号，将 HWRITE 设置为 0。

（2）数据阶段（多个时钟周期）：

① 如果从设备没有准备好数据，则它将 HREADY 信号拉低。此时，主设备将延迟下一次数据传输过程。

② 当从设备准备好后，将主设备所要读取的数据放在 HRDATA 上。同时，从设备将 HREADY 信号拉高。这样，主设备就可以开始下一个数据交易过程。

3. 无等待的基本写传输

无等待基本写传输的时序如图 8.29 所示。

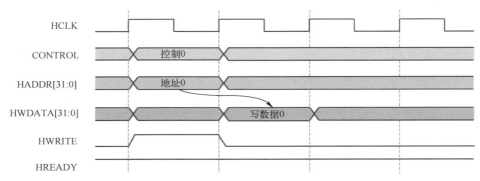

图 8.29　无等待基本写传输的时序

（1）地址阶段（第一个时钟周期）：在该阶段，给出地址和控制信号，将 HWRITE 设置为 1。

（2）数据阶段（第二个时钟周期）：在该阶段，主设备将要写到从设备的数据放到 HWDATA 上。在无等待的写传输过程中，没有等待状态。也就是说，没有插入等待状态，表示从设备可以持续接收数据。换句话说，HREADY 信号持续有效。

4. 有等待的基本写传输

有等待的基本写传输时序如图 8.30 所示。

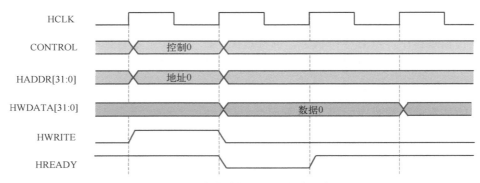

图 8.30　有等待的基本写传输时序

（1）地址阶段（第一个时钟周期）：在该阶段，给出地址和控制信号，将 HWRITE 设置为 1。

（2）数据阶段（多个时钟周期）：在该阶段，主设备将要写到从设备的数据放到 HWDATA 上。但是，如果从设备没有准备好接收数据，则它将 HREADY 信号拉低。此时，主设备延迟它的下一个传输；当从设备准备好后，它将准备接收主设备给出的数据，并将 HREADY 信号拉高。这样，主设备将开始下一个数据交易过程。

8.7　流水线 MIPS 系统添加外设的设计

本节将介绍如何在流水线 MIPS 核外添加数据存储器控制器和 GPIO 控制器，其中数据存储器控制器和 GPIO 控制器满足 AHB-Lite 总线规范要求。此外，在该设计中，通过添加本地总线到 AHB-Lite 的转换模块，将流水线 MIPS 核与数据存储器控制器和 GPIO 控制器进行连接。

8.7.1　复制设计文件

本小节将介绍如何复制设计文件，主要步骤如下所述。

（1）启动高云云源软件。

（2）按照 8.2.1 节介绍的方法在 E:\cpusoc_design_example\example_8_5 目录中，新建一个名字为"example_8_5.gprj"的工程。

（3）将 E:\cpusoc_design_example\example_8_4\src 目录中除 dram.v 以外的其他所有文件复制粘贴到 E:\cpusoc_design_example\example_8_5\src 目录中。

（4）在高云软件当前工程主界面左侧的"Design"标签页中，选中 example_8_5 或 GW2A-LV55PG484C8/I7，单击鼠标右键，出现浮动菜单。在浮动菜单中，选择 Add Files。

（5）弹出"Select Files"对话框。在该对话框中，将路径定位到 E:\cpusoc_design_example\example_8_5\src 中，通过按下 Ctrl 按键和鼠标左键，选中 src 目录中的所有文件。

（6）单击该对话框右下角的"打开"按钮，退出"Select Files"对话框。

8.7.2　添加本地总线转换设计文件

本小节将介绍添加本地总线转换设计文件（实现将 MIPS 核的本地总线转换为 AHB-Lite 总线）的方法，主要步骤如下所述。

（1）在云源软件当前工程主界面左侧的"Design"标签页中，找到并选中 example_8_5 或 GW2A-LV55PG484C8/I7，单击鼠标右键，出现浮动菜单。在浮动菜单中，选择 New File。

（2）弹出"New"对话框。在该对话框中，选择"Verilog File"条目。

（3）单击该对话框右下角的"OK"按钮，退出"New"对话框。

（4）弹出"New Verilog file"对话框。在该对话框中，在"Name"右侧的文本框中输入 localbus_to_ahb，即该文件的名字为 localbus_to_ahb.v。

（5）单击该对话框右下角的"OK"按钮，退出"New Verilog file"对话框。

（6）自动打开 localbus_to_ahb.v 文件。在该文件中，添加设计代码（见代码清单 8-24）。

代码清单 8-24　localbus_to_ahb.v 文件中的设计代码

```
`timescale 1ns/1ps                      // 定义 timescale 用于仿真
`define HTRANS_IDLE      2'b00          // 传输类型 HTRANS 为 IDLE 的编码 "00"
`define HTRANS_NONSEQ    2'b10          // 传输类型 HTRANS 为 NONSEQ 的编码 "10"
`define HTRANS_SEQ       2'b11          //  传输类型 HTRANS 为 SEQ 的编码 "11"
module localbus_to_ahb                  // 定义模块 localbus_to_ahb
(
    input        clk,                   // 定义本地时钟信号 clk
    input        rst_n,                 // 定义本地复位信号 rst_n
    input  [31:0] a,                    // 定义本地地址 a
    input        we,                    // 定义本地写使能 we
    input  [31:0] wd,                   // 定义本地写数据 wd
```

```verilog
    input        valid,                 // 定义本地有效 valid
    output       ready,                 // 定义本地准备好 ready
    output [31:0]  rd,                  // 定义本地读数据 rd
    output       HCLK,                  // 定义 AHB_Lite 总线全局信号 HCLK
    output       HRESETn,               // 定义 AHB_Lite 总线全局信号 HRESETn
    output       HWRITE,                // 定义 AHB_Lite 总线信号 HWRITE
    output [ 1:0]  HTRANS,              // 定义 AHB_Lite 总线信号 HTRANS
    output [31:0]  HADDR,               // 定义 AHB_Lite 总线信号 HADDR
    input  [31:0]  HRDATA,              // 定义 AHB_Lite 总线信号 HRDATA
    output [31:0]  HWDATA,              // 定义 AHB_Lite 总线信号 HWDATA
    input        HREADY,                // 定义 AHB_Lite 总线信号 HREADY
    input        HRESP                  // 定义 AHB_Lite 总线信号 HRESP
);
    wire ahbReady;                      // 定义本地网络 ahbReady
    wire memStart;                      // 定义本地网络 memStart
    wire memEnd;                        // 定义本地网络 memEnd
    wire memWait;                       // 定义本地网络 memWait
    assign ahbReady = HREADY & ~HRESP;  // AHB 外设准备好且无错误
    assign memStart = valid;            // 将 AWvalid 赋值给 memStart
    assign memEnd = ~valid & ahbReady;  // 设置 memEnd
    assign HCLK     = clk;              // clk 连接到 HCLK
    assign HRESETn  = rst_n;            // rst_n 连接到 HRESETn
    assign HWRITE   = we;               // we 连接到 HWRITE
    /**********单次传输*********************/
    assign HTRANS   = valid ? `HTRANS_NONSEQ : `HTRANS_IDLE;
    assign HADDR    = a;                // 将 a 连接到 HADDR
    // 挂起存储器请求
    wire memWait_next = memStart ? 1 :
                       memEnd    ? 0 : memWait;
    /*****************将 memWait_next 寄存为 memWait************/
    register_rst r_memWait(clk, rst_n, memWait_next, memWait);
    /******************设置 ready*************************/
    assign ready= memWait ? ahbReady : 1'b1;
    assign rd= HRDATA;                  // 将 HRDATA 与 rd 连接在一起
    /***********在 valid 的控制下，将 wd 寄存到 HWDATA**********/
    register_we #(32) r_hwdata (clk, rst_n, valid, wd, HWDATA);
    endmodule                           // 模块结束
```

（7）按 Ctrl+S 组合键，保存设计文件。

8.7.3　添加地址译码器设计文件

本小节将介绍添加地址译码器设计文件的方法，主要步骤如下所述。

（1）在云源软件当前工程主界面左侧"Design"标签页中，找到并选中 example_8_5 或 GW2A-LV55PG484C8/I7，单击鼠标右键，出现浮动菜单。在浮动菜单中，选择 New File。

（2）弹出"New"对话框。在该对话框中，选择"Verilog File"条目。

（3）单击该对话框右下角的"OK"按钮，退出"New"对话框。

（4）弹出"New Verilog file"对话框。在该对话框中，在"Name"右侧的文本框中输入 ahb_decoder，即该文件的名字为 ahb_decoder.v。

（5）单击该对话框右下角的"OK"按钮，退出"New Verilog file"对话框。

（6）自动打开 ahb_decoder.v 文件。在该文件中，添加设计代码（见代码清单 8-25）。

代码清单 8-25　ahb_decoder.v 文件

```verilog
`timescale 1ns/1ps                              // 定义 timescale，用于仿真
`define DEVICE_COUNT  5                          // 定义 AHB_Lite 总线上的设备最大数量
/************数据存储器控制器的地址范围为 0x00000000~0x1fffffff*********************/
`define MEM_AHB_RAM   (HADDR[31:29] == 3'b000 )
/************GPIO 控制器的地址范围为 0x40000000~0x40000fff*********************/
`define MEM_AHB_GPIO  (HADDR[31:12] == 20'h40000 )
module ahb_decoder(                             // 定义模块 ahb_decoder
  input   [31:0]              HADDR,            // 定义 32 位的地址输入 HADDR
  output [`DEVICE_COUNT-1:0]  HSEL              // 定义设备选择信号 HSEL
);
assign HSEL[0]=`MEM_AHB_RAM;                    // HSEL[0]用于选择数据存储器设备
assign HSEL[1]=`MEM_AHB_GPIO;                   // HSEL[1]用于选择 GPIO 设备
assign HSEL[2]=1'b0;                            // 保留
assign HSEL[3]=1'b0;                            // 保留
assign HSEL[4]=1'b0;                            // 保留
endmodule                                       // 模块结束
```

（7）按 Ctrl+S 组合键，保存设计文件。

8.7.4　添加多路复用器设计文件

本小节将介绍添加多路复用器设计文件的方法，主要步骤如下所述。

（1）在云源软件当前工程主界面左侧"Design"标签页中，找到并选中 example_8_5 或 GW2A-LV55PG484C8/I7，单击鼠标右键，出现浮动菜单。在浮动菜单中，选择 New File。

（2）弹出"New"对话框。在该对话框中，选择"Verilog File"条目。

（3）单击该对话框右下角的"OK"按钮，退出"New"对话框。

（4）弹出"New Verilog file"对话框。在该对话框中，在"Name"右侧的文本框中输入 ahb_mux，即该文件的名字为 ahb_mux.v。

（5）单击该对话框右下角的"OK"按钮，退出"New Verilog file"对话框。

（6）自动打开 ahb_mux.v 文件。在该文件中，添加设计代码（见代码清单 8-26）。

代码清单 8-26　ahb_mux.v 文件

```verilog
`timescale 1ns/1ps                              // 定义 timescale，用于仿真
`define  DEVICE_COUNT   5                        // 定义 AHB_Lite 总线上的设备最大数量
module ahb_mux(                                 // 定义模块 ahb_mux
input                      HCLK,               // 定义 AHB_Lite 时钟信号 HCLK
input                      HRESETn,            // 定义 AHB_Lite 复位信号 HRESETn
input [`DEVICE_COUNT-1:0] HSEL,                // 定义选择输入信号 HSEL
input [31:0]               RDATA_0,            // 定义读数据输入 RDATA_0
input [31:0]               RDATA_1,            // 定义读数据输入 RDATA_1
input [31:0]               RDATA_2,            // 定义读数据输入 RDATA_2
input [31:0]               RDATA_3,            // 定义读数据输入 RDATA_3
input [31:0]               RDATA_4,            // 定义读数据输入 RDATA_4
input [`DEVICE_COUNT-1:0] RESP,                // 定义传输状态输入 RESP
input [`DEVICE_COUNT-1:0] HREADYOUT,           // 定义准备状态输入 HREADYOUT
output reg [31:0]          HRDATA,             // 定义 AHB_Lite 读数据 HRDATA
output reg                 HRESP,              // 定义 AHB_Lite 传输响应 HRESP
output reg                 HREADY              // 定义 AHB_Lite 准备信号 HREADY
);
reg [`DEVICE_COUNT-1:0]   HSEL_R;               // 定义内部寄存器变量 HSEL_R
```

```verilog
/**************always 块用于将 HSEL 信号寄存为 HSEL_R**************/
    always @(negedge HRESETn or posedge HCLK)        // always 块声明
    begin
     if(!HRESETn)                                     // HRESETn 为"0"时，有效
         HSEL_R<={`DEVICE_COUNT{1'b0}};               // HSEL_R 初始化为"0"
     else                                             // 上升沿到来时
       if(HREADY)                                      // 如果 HREADY 信号有效
           HSEL_R<=HSEL;                               // 将 HSEL 信号寄存为 HSEL_R
    End                                               // always 块结束
    always @(*)                                       // always 块开始
    begin
     casez(HSEL_R)                                    // 根据 HSEL_R 的值进行判断
       5'b????1:                                      // 如果 HSEL_R[0]="1"
                 begin
                     HRDATA=RDATA_0;                  // 将 RDATA_0 连接到 HRDATA
                     HRESP=RESP[0];                   // 将 RESP[0]连接到 HRESP
                     HREADY=HREADYOUT[0];             // 将 HREADYOUT[0]连接到 HREADY
                 end
       5'b???10:                                      // 如果 HSEL_R[1]="1"
                 begin
                     HRDATA=RDATA_1;                  // 将 RDATA_1 连接到 HRDATA
                     HRESP=RESP[1];                   // 将 RESP[1]连接到 HRESP
                     HREADY=HREADYOUT[1];             // 将 HREADYOUT[1]连接到 HREADY
                 end
       5'b??100:                                      // 如果 HSEL_R[2]="1"
                 begin
                     HRDATA=RDATA_2;                  // 将 RDATA_2 连接到 HRDATA
                     HRESP=RESP[2];                   // 将 RESP[2]连接到 HRESP
                     HREADY=HREADYOUT[2];             // 将 HREADYOUT[2]连接到 HREADY
                 end
       5'b?1000:                                      // 如果 HSEL_R[3]="1"
                 begin
                     HRDATA=RDATA_3;                  // 将 RDATA_3 连接到 HRDATA
                     HRESP=RESP[3];                   // 将 RESP[3]连接到 HRESP
                     HREADY=HREADYOUT[3];             // 将 HREADYOUT[3]连接到 HREADY
                 end
       5'b10000:                                      // 如果 HSEL_R[4]="1"
                 begin
                     HRDATA=RDATA_4;                  // 将 RDATA_4 连接到 HRDATA
                     HRESP=RESP[4];                   // 将 RESP[4]连接到 HRESP
                     HREADY=HREADYOUT[4];             // 将 HREADYOUT[4]连接到 HREADY
                 end
       default:                                       // 其他情况
                 begin
                     HRDATA=32'b0;                    // HRDATA 的值为"0"
                     HRESP=1'b1;                      // HRESP 的值为"1"
                     HREADY=1'b1;                     // HREADY 的值为"1"
                 end
     endcase                                          // casez 结束
    end                                              // always 结束
    endmodule                                        // 模块结束
```

（7）按 Ctrl+S 组合键，保存设计文件。

8.7.5　添加数据存储器控制器设计文件

本小节将介绍添加数据存储器控制器设计文件的方法。与前面的数据存储器的不同之处在于，本小节所设计的数据存储器控制器带有 AHB-Lite 总线接口。添加数据存储器控制器设计文件的主要步骤如下所述。

（1）在云源软件当前工程主界面左侧 "Design" 标签页中，找到并选中 example_8_5 或 GW2A-LV55PG484C8/I7，单击鼠标右键，出现浮动菜单。在浮动菜单中，选择 New File...。

（2）弹出 "New" 对话框。在该对话框中，选择 "Verilog File" 条目。

（3）单击该对话框右下角的 "OK" 按钮，退出 "New" 对话框。

（4）弹出 "New Verilog file" 对话框。在该对话框中，在 "Name" 右侧的文本框中输入 AHB2DRAM，即该文件的名字为 AHB2DRAM.v。

（5）单击该对话框右下角的 "OK" 按钮，退出 "New Verilog file" 对话框。

（6）自动打开 AHB2DRAM.v 文件。在该文件中，添加设计代码（见代码清单 8-27）。

代码清单 8-27　AHB2DRAM.v 文件中的设计代码

```
`timescale 1ns/1ps                  // 定义 timescale，用于仿真
module AHB2DRAM                      // 定义模块 AHB2DRAM
(
    input       HCLK,                // 定义 AHB_Lite 总线信号 HCLK
    input       HRESETn,             // 定义 AHB_Lite 总线信号 HRESETn
    input       HSEL,                // 定义 AHB_Lite 总线信号 HSEL
    input       HWRITE,              // 定义 AHB_Lite 总线信号 HWRITE
    input       HREADY,              // 定义 AHB_Lite 总线信号 HREADY
    input   [ 1:0] HTRANS,           // 定义 AHB_Lite 总线信号 HTRANS
    input   [31:0] HADDR,            // 定义 AHB_Lite 总线信号 HADDR
    output [31:0] HRDATA,            // 定义 AHB_Lite 总线信号 HRDATA
    input   [31:0] HWDATA,           // 定义 AHB_Lite 总线信号 HWDATA
    output      HREADYOUT,           // 定义 AHB_Lite 总线信号 HREADYOUT
    output      HRESP                // 定义 AHB_Lite 总线信号 HRESP
);
    reg     rHWRITE;                 // 声明内部寄存器变量 rHWRITE
    reg     rHSEL;                   // 声明内部寄存器变量 rHSEL
    reg [1:0]  rHTRANS;              // 声明内部寄存器变量 rHTRANS
    reg [31:0] rHADDR;               // 声明内部寄存器变量 rHADDR
    reg [31:0] mem[0:63];            // 声明内部寄存器变量 mem，用作存储器
    assign HREADYOUT=1'b1;           // 将 HREADYOUT 设置为 "1"
    assign HRESP=1'b0;               // 将 HRESP 设置为 "0"
/**********always 块用于在地址周期寄存 AHB_Lite 总线上的地址和控制信号**********/
    always @(negedge HRESETn or posedge HCLK)
    begin
      if(!HRESETn)                    // 如果 HRESETn 为 "0"
        begin
          rHSEL<=1'b0;                // rHSEL 初始化为 "0"
          rHWRITE<=1'b0;              // rHWRITE 初始化为 "0"
          rHTRANS<=2'b00;             // rHTRANS 初始化为 "00"
          rHADDR<=32'h0;              // rHADDR 初始化为 "0"
        end
      else if(HREADY)                 // 如果时钟上升沿有效，且 HREADY= "1" 时
```

```
    begin
        rHSEL<=HSEL;                        // HSEL 寄存到 rHSEL
        rHWRITE<=HWRITE;                    // HWRITE 寄存到 rHWRITE
        rHTRANS<=HTRANS;                    // HTRANS 寄存到 rHTRANS
        rHADDR<=HADDR;                      // HADDR 寄存到 rHADDR
    end
end                                         // always 块结束
/*********always 块在有效信号的控制下将数据写到数据存储器指定的位置**********/
always @(posedge HCLK)                      // always 块，HCLK 上升沿敏感
begin
    if(rHSEL & rHWRITE & rHTRANS[1])        // 上升沿到来时，该条件有效时
        mem[rHADDR[31:2]]<=HWDATA;          // 将数据 HWDATA 写到 mem 指定的地址
end                                         // always 块结束
assign HRDATA=mem[rHADDR[31:2]];            // 从 mem 指定的地址读取数据 HRDATA
endmodule                                   // 模块结束
```

（7）按 Ctrl+S 组合键，保存设计文件。

8.7.6 添加 GPIO 控制器设计文件

本小节将介绍添加 GPIO 控制器设计文件的方法，主要步骤如下所述。

（1）在云源软件当前工程主界面左侧"Design"标签页中，找到并选中 example_8_5 或 GW2A-LV55PG484C8/I7，单击鼠标右键，出现浮动菜单。在浮动菜单中，选择 New File。

（2）弹出"New"对话框。在该对话框中，选择"Verilog File"条目。

（3）单击该对话框右下角的"OK"按钮，退出"New"对话框。

（4）弹出"New Verilog file"对话框。在该对话框中，在"Name"右侧的文本框中输入 AHB2GPIO，即该文件的名字为 AHB2GPIO.v。

（5）单击该对话框右下角的"OK"按钮，退出"New Verilog file"对话框。

（6）自动打开 AHB2GPIO.v 文件。在该文件中，添加设计代码（见代码清单 8-28）。

代码清单 8-28   AHB2GPIO.v 文件中的设计代码

```
`timescale 1ns/1ps                          // 定义 timescale，用于仿真
`define GPIO_WIDTH        16                 // 定义 GPIO 引脚的位宽为 16
`define GPIO_REG_INPUT    4'h0              // 定义寄存器 GPIO_REG_INPUT 的地址
`define GPIO_REG_OUTPUT   4'h4              // 定义寄存器 GPIO_REG_OUTPUT 的地址
module AHB2GPIO(                            // 定义模块
    input                    HCLK,          // 定义 AHB_Lite 总线信号 HCLK
    input                    HRESETn,       // 定义 AHB_Lite 总线信号 HRESETn
    input                    HSEL,          // 定义 AHB_Lite 总线信号 HSEL
    input                    HREADY,        // 定义 AHB_Lite 总线信号 HREADY
    input   [1:0]            HTRANS,        // 定义 AHB_Lite 总线信号 HTRANS
    input   [31:0]           HADDR,         // 定义 AHB_Lite 总线信号 HADDR
    input                    HWRITE,        // 定义 AHB_Lite 总线信号 HWRITE
    input   [31:0]           HWDATA,        // 定义 AHB_Lite 总线信号 HWDATA
    input   [`GPIO_WIDTH-1:0] GPIOIN,        // 定义 GPIO 输入信号 GPIOIN
    output                   HREADYOUT,     // 定义 AHB_Lite 总线信号 HREADYOUT
    output reg [31:0]        HRDATA,        // 定义 AHB_Lite 总线信号 HRDATA
    output                   HRESP,         // 定义 AHB_Lite 总线信号 HRESP
    output reg [`GPIO_WIDTH-1:0] GPIOOUT    // 定义 GPIO 输出信号 GPIOOUT
);
/**************声明本地参数 BLANK_WIDTH*******************/
```

```verilog
localparam BLANK_WIDTH=32-`GPIO_WIDTH;
reg                    rHSEL;                        // 声明内部寄存器变量 rHSEL
reg [31:0]             rHADDR;                       // 声明内部寄存器变量 rHADDR
reg [1:0]              rHTRANS;                      // 声明内部寄存器变量 rHTRANS
reg                    rHWRITE;                      // 声明内部寄存器变量 rHWRITE
assign HREADYOUT=1'b1;                               // 将 HREADYOUT 设置为 "1"
assign HRESP=1'b0;                                   // 将 HRESP 设置为 "0"
/***********always 块用于在地址周期寄存 AHB_Lite 总线上的地址和控制信号***********/
always @(negedge HRESETn or posedge HCLK)
begin
  if(!HRESETn)                                       // 如果 HRESETn 为 "0"
  begin
    rHSEL<=1'b0;                                      // rHSEL 设置为 "0"
    rHADDR<=32'b0;                                    // rHADDR 设置为 "0"
    rHTRANS<=2'b0;                                    // rHTRANS 设置为 "00"
    rHWRITE<=1'b0;                                    // rHWRITE 设置为 "0"
  end
  else                                               // 如果上升沿有效
    if(HREADY)                                        // 如果 HREADY 为 "1"
    begin
      rHSEL<=HSEL;                                     // HSEL 寄存为 rHSEL
      rHADDR<=HADDR;                                   // HADDR 寄存为 rHADDR
      rHTRANS<=HTRANS;                                 // HTRANS 寄存为 rHTRANS
      rHWRITE<=HWRITE;                                 // HWRITE 寄存为 rHWRITE
    end
end                                                  // always 块结束
/*********下面的 always 块在数据周期采样*******************/
always @(negedge HRESETn or posedge HCLK)
begin
  if(!HRESETn)                                       // 如果 HRESETn 为 "0 "
      GPIOOUT<={`GPIO_WIDTH{1'b0}};                   // GPIOOUT 设置为 0
  else                                               // 如果上升沿有效
    if(rHSEL & rHWRITE & rHTRANS[1])                  // 如果条件成立
      GPIOOUT<=HWDATA[`GPIO_WIDTH-1:0];               // 将数据写到 GPIOOUT
end
/*********下面的 always 块用于读取 GPIOIN 或寄存器的状态 ***************/
always @(*)
case(rHADDR[3:0])
 `GPIO_REG_INPUT   :   HRDATA={{BLANK_WIDTH{1'b0}},GPIOIN};
 `GPIO_REG_OUTPUT  :   HRDATA={{BLANK_WIDTH{1'b0}},GPIOOUT};
 default           :   HRDATA={{BLANK_WIDTH{1'b0}},GPIOIN};
endcase                                              // case 结束
endmodule                                            // 模块结束
```

（7）按 Ctrl+S 组合键，保存设计文件。

8.7.7　修改控制器设计文件

本小节将介绍修改控制器设计文件的方法，主要步骤如下所述。

（1）在高云云源当前工程主界面左侧的窗口中，单击"Design"标签，切换到"Design"标签页。

（2）在"Design"标签页中，找到并双击\src\controller.v，打开该设计文件。

（3）在该设计文件中，修改设计代码（见代码清单 8-29）。

代码清单 8-29　controller.v 文件（代码片段）

```
module controller(
    ...
    output reg    memAccess              // 添加新的端口 memAccess
  );
...
{`OP_LW,`FUNC_ANY,`RS_ANY}:
        begin
         alusrc_sel=1'b1;
         wreg=1'b1;
         memtoreg=1'b1;
         memAccess=1'b1;                 // 在 LW 指令中设置 memAccess 为"1"
         alu_func=`ALU_ADD;
        end
{`OP_SW,`FUNC_ANY,`RS_ANY}:
        begin
         alusrc_sel=1'b1;
         mem_wr=1'b1;
         memAccess=1'b1;                 // 在 SW 指令中设置 memAccess 为"1"
         alu_func=`ALU_ADD;
        end
....
```

（4）按 Ctrl+S 组合键，保存设计代码。

注：完整的设计代码，请参考本书提供的设计案例。

8.7.8　修改风险控制单元设计文件

本小节将介绍修改风险控制单元设计文件的方法，主要步骤如下所述。

（1）在高云云源当前工程主界面左侧的窗口中，单击"Design"标签，切换到"Design"标签页。

（2）在"Design"标签页中，找到并双击\src\hazard_control_unit.v，打开该设计文件。

（3）在该设计文件中，修改设计代码（见代码清单 8-30）。

代码清单 8-30　修改 hazard_control_unit.v 文件中的设计代码

```
`timescale 1ns/1ps
`define HZ_FW_ME     2'b10
`define HZ_FW_WE     2'b01
`define HZ_FW_NONE   2'b00
`define HZ_FW_EF     2'b10
`define HZ_FW_MF     2'b01
`define epc_num      5'd14
`define epc_sel      3'd0
module hazard_control_unit(
 input    [4:0]   instr_rs_D,
 input    [4:0]   instr_rt_D,
 input    [4:0]   writeReg_E,
 input            memtoreg_E,
 input    [4:0]   instr_rs_E,
```

```verilog
    input      [4:0]      instr_rt_E,
    input      [4:0]      writeReg_M,
    input      [4:0]      writeReg_W,
    input                 wreg_M,
    input                 wreg_W,
    input                 branch_D,
    input                 wreg_E,
    input                 memtoreg_M,
    input                 pcsrc_D,
    input      [4:0]      instrRd_E,
    input      [4:0]      instrRd_M,
    input      [2:0]      instrSel_E,
    input      [2:0]      instrSel_M,
    input                 cpoRegWrite_E,
    input                 cpoRegWrite_M,
    input                 cpoExcEret_D,
    input                 excSync_D,
    input                 cpoToreg_E,
    input                 irqReq_E,
    input                 irqReq_M,
    input                 membusy_W,       // 添加新的输入信号 membusy_W
    input                 memWrite_M,      // 添加新的输入信号 memWrite_M
    output                stall_n_E,       // 添加新的输出信号 stall_n_E
    output                stall_n_M,       // 添加新的输出信号 stall_n_M
    output                stall_n_W,       // 添加新的输出信号 stall_n_W
    output                forwardAD,
    output                forwardBD,
    output     [1:0]      forwardAE,
    output     [1:0]      forwardBE,
    output                stall_n_F,
    output                stall_n_D,
    output                flush_n_D,
    output                flush_n_E,
    output                cancel_branch_F, // 添加新的输出 cancel_branch_F
    output                forwardEPC_E,    // 添加新的输出 forwardEPC_E
    output     [1:0]      forwardEPC_F,    // 添加新的输出 forwardEPC_F
    output                irq_disable_D    // 添加新的输出 irq_disable_D
);
wire branch_stall;
wire mem_stall;
wire stall;
// 控制提前
assign forwardAD=(instr_rs_D != 5'b00000 && instr_rs_D == writeReg_M && wreg_M);
assign forwardBD=(instr_rt_D != 5'b00000 && instr_rt_D == writeReg_M && wreg_M);
// 数据提前
assign forwardAE=(instr_rs_E == 5'b00000               ) ? `HZ_FW_NONE : (
                 (instr_rs_E == writeReg_M && wreg_M) ? `HZ_FW_ME    : (
                 (instr_rs_E == writeReg_W && wreg_W) ? `HZ_FW_WE    :
                                                        `HZ_FW_NONE));
assign forwardBE=(instr_rt_E == 5'b00000               ) ? `HZ_FW_NONE :(
                 (instr_rt_E == writeReg_M && wreg_M) ? `HZ_FW_ME    :(
                 (instr_rt_E == writeReg_W && wreg_W) ? `HZ_FW_WE    :
                                                        `HZ_FW_NONE));
```

```
//分支停止
assign branch_stall=branch_D &&(
                        (wreg_E && (instr_rs_D == writeReg_E || instr_rt_D == writeReg_E)) || (memtoreg_M
&& (instr_rs_D == writeReg_M || instr_rt_D == writeReg_M)));
// 暂停存储器读取
assign mem_stall=(cpoToreg_E || memtoreg_E) && (instr_rs_D==writeReg_E ||
                    instr_rt_D==writeReg_E);
assign stall= branch_stall || mem_stall;
// 异常分支风险
wire branch_after_irq=pcsrc_D & irqReq_E;
assign cancel_branch_F=branch_after_irq;
assign forwardEPC_E=branch_after_irq;
//阻止连续进入异常句柄
assign irq_disable_D=irqReq_E | irqReq_M;
// 刷新 ID 级
assign flush_n_D=~((pcsrc_D & ~irqReq_E) | cpoExcEret_D | excSync_D);
// 从 EX 级或 MEM 级提前 EPC
// 仅在 ERET 之前，写 EPC
assign forwardEPC_F = ( cpoExcEret_D && cpoRegWrite_E &&
                    instrRd_E   == `epc_num &&
                    instrSel_E == `epc_sel ) ? `HZ_FW_EF :
                    ( cpoExcEret_D && cpoRegWrite_M &&
                    instrRd_M   == `epc_num &&
                    instrSel_M == `epc_sel ) ? `HZ_FW_MF : `HZ_FW_NONE;
wire stall_1=membusy_W;                    // 添加停止条件
assign stall_n_F=~stall & ~stall_1;        // 修改停止条件
assign stall_n_D=~stall & ~stall_1;        // 修改停止条件
assign flush_n_E=~stall;
assign stall_n_E=~stall_1;                 // 增加停止条件
assign stall_n_M=~stall_1;                 // 增加停止条件
assign stall_n_W=~stall_1;                 // 增加停止条件
endmodule                                  // 模块结束
```

（4）按 Ctrl+S 组合键，保存设计文件。

8.7.9　修改处理器核设计文件

本小节将介绍修改处理器核设计文件的方法，主要步骤如下所述。

（1）在高云云源当前工程主界面左侧的窗口中，单击"Design"标签，切换到"Design"标签页。

（2）在"Design"标签页中，找到并双击\src\CPU_core.v，打开该设计文件。

（3）在该设计文件中，修改设计代码（见代码清单 8-31）。

代码清单 8-31　修改 CPU_core.v 文件中的设计代码（代码片段）

```
`timescale 1ns/1ps
module CPU_core(
    input        clk,
    input        rst,
    input  [4:0] dp,
    input  [31:0] datar,
    input  [31:0] instr,
    input        dataReady,      // 添加新的输入信号 dataReady
    output [31:0] instr_addr,
```

```
    output [31:0]    dpv,
    output [31:0]    data_addr,
    output [31:0]    dataw,
    output           wr,
    output           dataValid          // 添加新的输出信号 dataValid
);
wire pc_sel_D;
wire stall_n_F;
wire stall_n_D;
wire flush_n_D;
wire [31:0] pc_F;
wire [31:0] pcbranch_D;
wire [31:0] pcnext_F;
wire [31:0] pcnew_F;
wire [31:0] instr_F;
wire [31:0] pcFlow_F;
wire [31:0] cp0_ExcHandler_M;
wire [31:0] cp0_EPC_M;
wire [31:0] writeData_E;
wire [31:0] writeData_M;
wire [31:0] EPC_F;
wire [1:0]  forwardEPC_F;
wire [1:0]  pcExc_D;
wire        cancel_branch_F;
assign pcnext_F=pc_F+4;
assign pcFlow_F=pc_sel_D & ~cancel_branch_F ? pcbranch_D : pcnext_F;
assign EPC_F= (forwardEPC_F == `HZ_FW_EF ) ? writeData_E :
                (forwardEPC_F == `HZ_FW_MF ) ? writeData_M :
                /* hz_forwardEPC_F == `HZ_FW_NONE */ cp0_EPC_M;
assign pcnew_F = pcExc_D == `PC_EXC   ?   cp0_ExcHandler_M :
                    pcExc_D == `PC_ERET ?   EPC_F                    :
                /* cw_pcExc_D == `PC_FLOW */ pcFlow_F;
register_we #(32) pc_reg_f (clk,rst,stall_n_F, pcnew_F,pc_F);
assign instr_addr=pc_F>>2;
assign instr_F=instr;
wire [31:0] pc_D;
wire [31:0] pcnext_D;
wire [31:0] instr_D;
register_we_clr #(32) pc_reg_D(clk,rst,flush_n_D,stall_n_D,pc_F,pc_D);
register_we_clr #(32) pcnext_reg_D(clk,rst,flush_n_D,stall_n_D,pcnext_F,pcnext_D);
register_we_clr #(32) instr_reg_D(clk,rst,flush_n_D,stall_n_D,instr_F,instr_D);
/* ID 级 */
//control wire
wire wreg_W;
wire branch_D;
//hazard wires
wire forwardAD;
wire forwardBD;
wire irq_disable_D;
wire flush_n_E;
wire stall_n_E;
//instruction fields
wire [5:0]    instrOP_D=instr_D[31:26];
```

```verilog
wire [5:0]      instrFn_D=instr_D[5:0];
wire [4:0]      instrrs_D=instr_D[25:21];
wire [4:0]      instrrt_D=instr_D[20:16];
wire [4:0]      instrrd_D=instr_D[15:11];
wire [15:0]     instrimm_D=instr_D[15:0];
wire [4:0]      instrsa_D=instr_D[10:6];
wire [2:0]      instrsel_D=instr_D[2:0];
//register file
wire [4:0]      writeReg_W;
wire [31:0]     writeData_W;
wire [31:0]     regdata1_D;
wire [31:0]     regdata2_D;
register_file MIPS_register(
    .clk(clk),
    .pc(pc_F),
    .dp(dp),
    .rs(instrrs_D),
    .rt(instrrt_D),
    .rd(writeReg_W),
    .rdv(writeData_W),
    .wrd(wreg_W),
    .dpv(dpv),
    .rsv(regdata1_D),
    .rtv(regdata2_D)
);
wire [31:0] signimm_D={{16{instrimm_D[15]}},instrimm_D};
// branch address
assign pcbranch_D=pcnext_D+(signimm_D<<2);
wire [31:0] aluresult_M;
wire [31:0] regdata1F_D=forwardAD ? aluresult_M : regdata1_D;
wire [31:0] regdata2F_D=forwardBD ? aluresult_M : regdata2_D;
// early branch resolution
wire    aluzero_D=(regdata1F_D==regdata2F_D);
// control unit
wire            wreg_D;
wire            reg_des_sel_D;
wire            alusrc_sel_D;
wire [2:0]      alu_func_D;
wire            mem_wr_D;
wire            memtoreg_D;
wire            cp0toreg_D;
wire            cp0wreg_D;
wire            cp0ExcEret_D;
wire            RIFound_D;
wire            memAccess_D;
//exceptions
wire            cp0_ExcAsyncReq_M;
wire            irqReq_D=cp0_ExcAsyncReq_M & ~irq_disable_D;
wire            excSync_D=RIFound_D;
wire            epcsrc_D;
wire[31:0] epcnext_D=epcsrc_D ? pc_D : pcFlow_F;
controller MIPS_Controller(
    .cmdop(instrOP_D),
```

```
            .cmdfunc(instrFn_D),
            .cmdregs(instrrs_D),
            .zeroflag(aluzero_D),
            .excAsync(irqReq_D),
            .excSync(excSync_D),
            .pc_sel(pc_sel_D),
            .wreg(wreg_D),
            .reg_des_sel(reg_des_sel_D),
            .alusrc_sel(alusrc_sel_D),
            .alu_func(alu_func_D),
            .mem_wr(mem_wr_D),
            .memtoreg(memtoreg_D),
            .cpotoreg(cp0toreg_D),
            .cporegw(cp0wreg_D),
            .cpoExcEret(cp0ExcEret_D),
            .RIfound(RIFound_D),
            .EPCSrc(epcsrc_D),
            .pcExc(pcExc_D),
            .branch(branch_D),
            .memAccess(memAccess_D)                // 端口 memAccess 连接到 memAccess_D
        );
    //stage data boarder
    wire [31:0] epcnext_E;
    wire [31:0] regdata1_E;
    wire [31:0] regdata2_E;
    wire [31:0] signimm_E;
    wire [4:0]   instrrs_E;
    wire [4:0]   instrrt_E;
    wire [4:0]   instrrd_E;
    wire [4:0]   instrsa_E;
    wire [2:0]   instrsel_E;
    wire          RIFound_E;
    wire          irqReq_E;
/************数据通路添加了 stall_n_E 信号的控制*********************************/
    register_we_clr #(32) epcnext_reg_E (clk, rst,flush_n_E,stall_n_E,epcnext_D,epcnext_E);
    register_we_clr #(32) regdata1_reg_E(clk,rst,flush_n_E,stall_n_E,regdata1_D,regdata1_E);
    register_we_clr #(32) regdata2_reg_E(clk,rst,flush_n_E,stall_n_E,regdata2_D,regdata2_E);
    register_we_clr #(32) signimm_reg_E(clk,rst,flush_n_E,stall_n_E,signimm_D,signimm_E);
    register_we_clr #(5)   instrrs_reg_E(clk,rst,flush_n_E,stall_n_E,instrrs_D,instrrs_E);
    register_we_clr #(5)   instrrt_reg_E(clk,rst,flush_n_E,stall_n_E,instrrt_D,instrrt_E);
    register_we_clr #(5)   instrrd_reg_E(clk,rst,flush_n_E,stall_n_E,instrrd_D,instrrd_E);
    register_we_clr #(5)   instrsa_reg_E(clk,rst,flush_n_E,stall_n_E,instrsa_D,instrsa_E);
    register_we_clr #(3)   instrsel_reg_E(clk,rst,flush_n_E,stall_n_E,instrsel_D,instrsel_E);
    register_we_clr         RIFound_reg_E(clk,rst,flush_n_E,stall_n_E,RIFound_D,RIFound_E);
    register_we_clr         irqReq_reg_E(clk,rst,flush_n_E,stall_n_E,irqReq_D,irqReq_E);
    //stage control border
    wire          wreg_E;
    wire          reg_des_sel_E;
    wire          alusrc_sel_E;
    wire [2:0] alu_func_E;
    wire          mem_wr_E;
    wire          memtoreg_E;
    wire          memAccess_E;
```

```
    wire        cp0wreg_E;
    wire        cp0ExcEret_E;
    wire        cp0toreg_E;
        /**************控制通路添加了 stall_n_E 信号的控制**************************************/
    register_we_clr        wreg_reg_E(clk,rst,flush_n_E,stall_n_E,wreg_D,wreg_E);
    register_we_clr        reg_des_sel_reg_E(clk,rst,flush_n_E,stall_n_E,reg_des_sel_D,reg_des_sel_E);
    register_we_clr        alusrc_sel_reg_E(clk,rst,flush_n_E,stall_n_E,alusrc_sel_D,alusrc_sel_E);
    register_we_clr #(3)   alu_func_reg_E(clk,rst,flush_n_E,stall_n_E,alu_func_D,alu_func_E);
    register_we_clr        mem_wr_reg_E(clk,rst,flush_n_E,stall_n_E,mem_wr_D,mem_wr_E);
    register_we_clr        memtoreg_reg_E(clk,rst,flush_n_E,stall_n_E,memtoreg_D,memtoreg_E);
    register_we_clr        memAccess_reg_E(clk,rst,flush_n_E,stall_n_E,memAccess_D,memAccess_E);
    register_we_clr        cp0regw_reg_E(clk,rst,flush_n_E,stall_n_E,cp0wreg_D,cp0wreg_E);
    register_we_clr        cp0ExcEret_reg_E(clk,rst,flush_n_E,stall_n_E,cp0ExcEret_D,cp0ExcEret_E);
    register_we_clr        cp0toreg_reg_E(clk,rst,flush_n_E,stall_n_E,cp0toreg_D,cp0toreg_E);
    /********************指令添加了 stall_n_E 信号的控制*************************/
    wire [31:0] instr_E;
    register_we_clr #(32) instr_reg_E(clk,rst,flush_n_E,stall_n_E,instr_D,instr_E);
    /* EX 级 */
    //hazard wires
    wire [1:0]  forwardAE;
    wire [1:0]  forwardBE;
    wire        forwardEPC_E;
    wire        stall_n_M;
    wire [31:0] alusrcA_E=(forwardAE ==`HZ_FW_WE) ? writeData_W : (
                        (forwardAE ==`HZ_FW_ME) ? aluresult_M : regdata1_E);
    assign      writeData_E=(forwardBE ==`HZ_FW_WE) ? writeData_W : (
                        (forwardBE ==`HZ_FW_ME) ? aluresult_M : regdata2_E);
    wire [31:0] alusrcB_E=alusrc_sel_E ? signimm_E : writeData_E;
    wire aluzero_E;         // not used, branch prediction is on D stage
    wire [31:0] aluresult_E;
    alu MIPS_alu(
        .a(alusrcA_E),
        .b(alusrcB_E),
        .op(alu_func_E),
        .sa(instrsa_E),
        .zero(aluzero_E),           // not used
        .result(aluresult_E)
    );
    wire [4:0] writeReg_E=reg_des_sel_E ? instrrd_E : instrrt_E;
    wire [31:0] epcNext_f_E=forwardEPC_E ? pcbranch_D : epcnext_E;
    // stage data border
    wire [31:0] epcNext_M;
    wire [4:0] writeReg_M;
    wire [4:0] instrrd_M;
    wire [2:0] instrsel_M;
    wire        RIFound_M;
    wire        irqReq_M;
/********************数据通路增加了 stall_n_M 的控制**************************************/
    register_we #(32) epcNext_reg_M(clk,rst,stall_n_M,epcNext_f_E,epcNext_M);
    register_we #(32) aluresult_reg_M(clk,rst,stall_n_M,aluresult_E,aluresult_M);
    register_we #(32) writeData_reg_M(clk,rst,stall_n_M,writeData_E,writeData_M);
    register_we #(5)  writeReg_reg_M(clk,rst,stall_n_M,writeReg_E,writeReg_M);
    register_we #(5)  instrrd_reg_M(clk,rst,stall_n_M,instrrd_E,instrrd_M);
```

```
register_we #(3)    instrsel_reg_M(clk,rst,stall_n_M,instrsel_E,instrsel_M);
register_we         RIfound_reg_M(clk,rst,stall_n_M,RIFound_E,RIFound_M);
register_we         irqReq_reg_M(clk,rst,stall_n_M,irqReq_E,irqReq_M);
// state control border
wire wreg_M;
wire mem_wr_M;
wire memtoreg_M;
wire memAccess_M;
wire cp0wreg_M;
wire cp0ExcEret_M;
wire cp0toreg_M;
/*****************控制通路增加了 stall_n_M 的控制*************************/
register_we wreg_reg_M(clk,rst,stall_n_M,wreg_E,wreg_M);
register_we mem_wr_reg_M(clk,rst,stall_n_M,mem_wr_E,mem_wr_M);
register_we memtoreg_reg_M(clk,rst,stall_n_M,memtoreg_E,memtoreg_M);
register_we memAccess_reg_M(clk,rst,stall_n_M,memAccess_E,memAccess_M);
register_we cp0wreg_reg_M(clk,rst,stall_n_M,cp0wreg_E,cp0wreg_M);
register_we cp0ExcEret_reg_M(clk,rst,stall_n_M,cp0ExcEret_E,cp0ExcEret_M);
register_we cp0toreg_reg_M(clk,rst,stall_n_M,cp0toreg_E,cp0toreg_M);
/***************************指令增加了 stall_n_W 的控制*********************************/
wire [31:0] instr_M;
register_we #(32) instr_reg_M(clk,rst,stall_n_M, instr_E,instr_M);
/* MEM stage */
wire stall_n_W;
assign wr=mem_wr_M;
assign data_addr=aluresult_M;
assign dataw=writeData_M;
assign dataValid=memAccess_M;
wire          cp0_TI_M;
wire [5:0]    cp0_HIP_M={cp0_TI_M,5'b0};
wire          cp0_ExcOV_M=1'b0;
wire          cp0_ExcAsync_M;
wire          cp0_ExcSync_M;
wire [31:0] cp0_Data_M;
cp0 MIPS_cp0(
    .clk(clk),
    .rst(rst),
    .cp0_PC(epcNext_M),
    .cp0_ExcEret(cp0ExcEret_M),
    .cp0_regNum(instrrd_M),
    .cp0_regSel(instrsel_M),
    .cp0_regWD(writeData_M),
    .cp0_regWE(cp0wreg_M),
    .cp0_HIP(cp0_HIP_M),
    .cp0_ExcRI(RIFound_M),
    .cp0_ExcOV(cp0_ExcOV_M),
    .cp0_ExcAsyncAck(irqReq_M),
    .cp0_EPC(cp0_EPC_M),
    .cp0_ExcHandle(cp0_ExcHandler_M),
    .cp0_ExcAsync(cp0_ExcAsync_M),          // 未使用
    .cp0_ExcSync(cp0_ExcSync_M),            // 未使用
    .cp0_regRD(cp0_Data_M),
    .cp0_TI(cp0_TI_M),
```

```verilog
        .cp0_ExcAsyncReq(cp0_ExcAsyncReq_M)
    );
    // stage data border
    wire [31:0] aluresult_W;
    // wire [31:0] readData_W;
    wire [31:0] cp0_Data_W;
/*******************增加了 stall_n_W 的控制*****************************/
    register_we #(32) aluresult_reg_W(clk,rst,stall_n_W,aluresult_M,aluresult_W);
    register_we #(5)   writeReg_reg_W(clk,rst,stall_n_W,writeReg_M,writeReg_W);
    register_we #(32) cp0_Data_reg_W(clk,rst,stall_n_W,cp0_Data_M,cp0_Data_W);
    // stage control border
    wire memtoreg_W;
    wire cp0toreg_W;
/***********************增加了 stall_n_W 的控制***************************/
    register_we memtoreg_reg_W(clk,rst,stall_n_W,memtoreg_M,memtoreg_W);
    register_we wreg_reg_W(clk,rst,stall_n_W,wreg_M,wreg_W);
    register_we c0toreg_reg_W(clk,rst,stall_n_W,cp0toreg_M,cp0toreg_W);
/***********************指令增加了 stall_n_W 的控制**************************/
    wire [31:0] instr_W;
    register_we #(32) instr_reg_W(clk,rst,stall_n_W,instr_M,instr_W);
    /* WB stage */
    wire [31:0] readData_W=datar;
    wire       memBusy_W=~dataReady;
    assign     writeData_W=memtoreg_W ? readData_W :
                           cp0toreg_W ? cp0_Data_W : aluresult_W;
    wire VCC=1'b0;
    hazard_control_unit MIPS_hazard_unit(
     .instr_rs_D(instrrs_D),
     .instr_rt_D(instrrt_D),
     .writeReg_E(writeReg_E),
     .memtoreg_E(memtoreg_E),
     .instr_rs_E(instrrs_E),
     .instr_rt_E(instrrt_E),
     .writeReg_M(writeReg_M),
     .writeReg_W(writeReg_W),
     .wreg_M(wreg_M),
     .wreg_W(wreg_W),
     .branch_D(branch_D),
     .wreg_E(wreg_E),
     .memtoreg_M(memtoreg_M),
     .pcsrc_D(pc_sel_D),
     .instrRd_E(instrrd_E),
     .instrRd_M(instrrd_M),
     .instrSel_E(instrsel_E),
     .instrSel_M(instrsel_M),
     .cpoRegWrite_E(cp0wreg_E),
     .cpoRegWrite_M(cp0wreg_M),
     .cpoExcEret_D(cp0ExcEret_D),
     .excSync_D(cp0ExcEret_D),
     .cpoToreg_E(cp0toreg_E),
     .irqReq_E(irqReq_E),
     .irqReq_M(irqReq_M),
     .membusy_W(VCC),                          // 端口 membusy_W 连接到 VCC
```

```
    .memWrite_M(mem_wr_M),              // 端口 memWrite_M 连接到 mem_wr_M
    .stall_n_E(stall_n_E),              // 端口 stall_n_E 连接到 stall_n_E
    .stall_n_M(stall_n_M),              // 端口 stall_n_M 连接到 stall_n_M
    .stall_n_W(stall_n_W),              // 端口 stall_n_W 连接到 stall_n_W
    .forwardAD(forwardAD),
    .forwardBD(forwardBD),
    .forwardAE(forwardAE),
    .forwardBE(forwardBE),
    .stall_n_F(stall_n_F),
    .stall_n_D(stall_n_D),
    .flush_n_D(flush_n_D),
    .flush_n_E(flush_n_E),
    .cancel_branch_F(cancel_branch_F),  // 端口 cancel_branch_F 连接到 cancel_branch_F
    .forwardEPC_E(forwardEPC_E),        // 端口 forwardEPC_E 连接到 forwardEPC_E
    .forwardEPC_F(forwardEPC_F),        // 端口 forwardEPC_F 连接到 forwardEPC_F
    .irq_disable_D(irq_disable_D)       // 端口 irq_disable_D 连接到 irq_disable_D
    );
    endmodule                           // 模块结束
```

（4）按 Ctrl+S 组合键，保存设计文件。

8.7.10　修改顶层设计文件

本小节将介绍修改顶层设计文件的方法，主要步骤如下所述。

（1）在高云云源当前工程主界面左侧的窗口中，单击"Design"标签，切换到"Design"标签页。

（2）在"Design"标签页中，找到并双击\src\mips_system.v，打开该设计文件。

（3）在该设计文件中，修改设计代码（见代码清单 8-32）。

代码清单 8-32　修改 mips_system.v 文件中的设计代码（代码片段）

```
`timescale 1ns/1ps                      // 定义 timescale，用于仿真
`define   GPIO_WIDTH      16            // 定义 GPIO 的位宽为 16
`define   DEVICE_COUNT  5               // 定义 AHB_Lite 总线上最多设备数为 5
module mips_system(                     // 定义模块 mips_system
    input                 sys_clk,      // 定义系统输入时钟信号 sys_clk
    input                 sys_rst,      // 定义系统输入复位信号 sys_rst
    input  [`GPIO_WIDTH-1:0] gpioin,    // 定义 GPIO 输入 gpioin
    input  [4:0]          dp,           // 定义访问通用寄存器的调试端口 dp
    output [31:0]         dpv,          // 定义访问通用寄存器的值 dpv
    output [`GPIO_WIDTH-1:0] gpioout    // 定义 GPIO 输出 gpioout
);
wire [31:0]   dram_rd_data;             // 声明内部网络 dram_rd_data
wire [31:0]   dram_addr;                // 声明内部网络 dram_addr
wire [31:0]   dram_wr_data;             // 声明内部网络 dram_wr_data
wire [31:0]   iram_addr;                // 声明内部网络 iram_addr
wire [31:0]   iram_data;                // 声明内部网络 iram_data
wire          dram_wr;                  // 声明内部网络 dram_wr
wire          rst_n;                    // 声明内部网络 rst_n(系统为高复位有效)
wire          dataReady;                // 声明内部网络 dataReady
wire          dataValid;                // 声明内部网络 dataValid
wire          HCLK;                     // 声明内部网络 HCLK
wire          HRESETn;                  // 声明内部网络 HRESETn
wire          HWRITE;                   // 声明内部网络 HWRITE
```

```
wire [1:0]       HTRANS;                          // 声明内部网络 HTRANS
wire [31:0]      HADDR;                           // 声明内部网络 HADDR
wire [31:0]      HRDATA;                          // 声明内部网络 HRDATA
wire [31:0]      HWDATA;                          // 声明内部网络 HWDATA
wire             HREADY;                          // 声明内部网络 HREADY
wire             HRESP;                           // 声明内部网络 HRESP
wire [`DEVICE_COUNT-1:0] RESP;                    // 声明内部网络 RESP
wire [`DEVICE_COUNT-1:0] HSEL;                    // 声明内部网络 HSEL
wire [`DEVICE_COUNT-1:0] HREADYOUT;               // 声明内部网络 HREADYOUT
wire [31:0]              GPIO_RDATA;              // 声明内部网络 GPIO_RDATA
wire [31:0]              DRAM_RDATA;              // 声明内部网络 DRAM_RDATA
wire [31:0]              RSV1_RDATA;              // 声明内部网络 RSV1_RDATA
wire [31:0]              RSV2_RDATA;              // 声明内部网络 RSV2_RDATA
wire [31:0]              RSV3_RDATA;              // 声明内部网络 RSV3_RDATA
assign   rst_n=sys_rst;                           // sys_rst 连接到 rst_n
assign   HREADYOUT[4:2]=3'b111;                   // 保留
assign   RESP[4:2]=3'b000;                        // 保留
assign   RSV1_RDATA=32'b0;                        // 保留
assign   RSV2_RDATA=32'b0;                        // 保留
assign   RSV3_RDATA=32'b0;                        // 保留
//assign   dataReady=1'b1;                        // dataReady 设置为 "1"
iram IRAM(                                        // 例化 iram 模块
    .a(iram_addr),                               // 端口 a 连接到 iram_addr
    .rd(iram_data)                               // 端口 rd 连接到 iram_data
);
CPU_core MIPS_CPU(                               // 例化 CPU_core 模块
    .clk(sys_clk),                              // 端口 clk 连接到 sys_clk
    .rst(sys_rst),                              // 端口 rst 连接到 sys_rst
    .dp(dp),                                    // 端口 dp 连接到 dp
    .datar(dram_rd_data),                       // 端口 datar 连接到 dram_rd_data
    .instr(iram_data),                          // 端口 instr 连接到 iram_data
    .dataReady(dataReady),                      // 端口 dataReady 连接到 dataReady
    .instr_addr(iram_addr),                     // 端口 instr_addr 连接到 iram_addr
    .dpv(dpv),                                  // 端口 dpv 连接到 dpv
    .data_addr(dram_addr),                      // 端口 data_addr 连接到 dram_addr
    .dataw(dram_wr_data),                       // 端口 dataw 连接到 dram_wr_data
    .wr(dram_wr),                               // 端口 wr 连接到 dram_wr
    .dataValid(dataValid)                       // 端口 dataValid 连接到 dataValid
);
localbus_to_ahb MIPS_to_AHB                      // 例化 localbus_to_ahb 模块
(
    .clk(sys_clk),                             // 端口 clk 连接到 sys_clk
    .rst_n(rst_n),                             // 端口 rst_n 连接到 rst_n
    .a(dram_addr),                             // 端口 a 连接到 dram_addr
    .we(dram_wr),                              // 端口 we 连接到 dram_wr
    .wd(dram_wr_data),                         // 端口 wd 连接到 dram_wr_data
    .valid(dataValid),                         // 端口 valid 连接到 dataValid
    .ready(dataReady),                         // 端口 ready 连接到 dataReady
    .rd(dram_rd_data),                         // 端口 rd 连接到 dram_rd_data
    .HCLK(HCLK),                               // 端口 HCLK 连接到 HCLK
    .HRESETn(HRESETn),                         // 端口 HRESETn 连接到 HRESETn
    .HWRITE(HWRITE),                           // 端口 HWRITE 连接到 HWRITE
    .HTRANS(HTRANS),                           // 端口 HTRANS 连接到 HTRANS
```

```verilog
    .HADDR(HADDR),                          // 端口 HADDR 连接到 HADDR
    .HRDATA(HRDATA),                        // 端口 HRDATA 连接到 HRDATA
    .HWDATA(HWDATA),                        // 端口 HWDATA 连接到 HWDATA
    .HREADY(HREADY),                        // 端口 HREADY 连接到 HREADY
    .HRESP(HRESP)                           // 端口 HRESP 连接到 HRESP
);
ahb_decoder AHB_DECODER(                    // 例化模块 ahb_decoder
    .HADDR(HADDR),                          // 端口 HADDR 连接到 HADDR
    .HSEL(HSEL)                             // 端口 HSEL 连接到 HSEL
);
ahb_mux AHB_MUX(                            // 例化模块 ahb_mux
    .HCLK(HCLK),                            // 端口 HCLK 连接到 HCLK
    .HRESETn(HRESETn),                      // 端口 HRESETn 连接到 HRESETn
    .HSEL(HSEL),                            // 端口 HSEL 连接到 HSEL
    .RDATA_0(DRAM_RDATA),                   // 端口 RDATA_0 连接到 DRAM_RDATA
    .RDATA_1(GPIO_RDATA),                   // 端口 RDATA_1 连接到 GPIO_RDATA
    .RDATA_2(RSV1_RDATA),                   // 端口 RDATA_2 连接到 RSV1_RDATA
    .RDATA_3(RSV2_RDATA),                   // 端口 RDATA_3 连接到 RSV2_RDATA
    .RDATA_4(RSV3_RDATA),                   // 端口 RDATA_4 连接到 RSV3_RDATA
    .RESP(RESP),                            // 端口 RESP 连接到 RESP
    .HREADYOUT(HREADYOUT),                  // 端口 HREADYOUT 连接到 HREADYOUT
    .HRDATA(HRDATA),                        // 端口 HRDATA 连接到 HRDATA
    .HRESP(HRESP),                          // 端口 HRESP 连接到 HRESP
    .HREADY(HREADY)                         // 端口 HREADY 连接到 HREADY
);
AHB2DRAM DRAM(                              // 例化模块 AHB2DRAM
    .HCLK(HCLK),                            // 端口 HCLK 连接到 HCLK
    .HRESETn(HRESETn),                      // 端口 HRESETn 连接到 HRESETn
    .HSEL(HSEL[0]),                         // 端口 HSEL 连接到 HSEL[0]
    .HWRITE(HWRITE),                        // 端口 HWRITE 连接到 HWRITE
    .HREADY(HREADY),                        // 端口 HREADY 连接到 HREADY
    .HTRANS(HTRANS),                        // 端口 HTRANS 连接到 HTRANS
    .HADDR(HADDR),                          // 端口 HADDR 连接到 HADDR
    .HRDATA(DRAM_RDATA),                    // 端口 HRDATA 连接到 DRAM_RDATA
    .HWDATA(HWDATA),                        // 端口 HWDATA 连接到 HWDATA
    .HREADYOUT(HREADYOUT[0]),               // 端口 HREADYOUT 连接到 HREADYOUT[0]
    .HRESP(RESP[0])                         // 端口 HRESP 连接到 RESP[0]
);
AHB2GPIO GPIO(                             // 例化 AHB2GPIO 模块
    .HCLK(HCLK),                            // 端口 HCLK 连接到 HCLK
    .HRESETn(HRESETn),                      // 端口 HRESETn 连接到 HRESETn
    .HSEL(HSEL[1]),                         // 端口 HSEL 连接到 HSEL[1]
    .HREADY(HREADY),                        // 端口 HREADY 连接到 HREADY
    .HTRANS(HTRANS),                        // 端口 HTRANS 连接到 HTRANS
    .HADDR(HADDR),                          // 端口 HADDR 连接到 HADDR
    .HWRITE(HWRITE),                        // 端口 HWRITE 连接到 HWRITE
    .HWDATA(HWDATA),                        // 端口 HWDATA 连接到 HWDATA
    .GPIOIN(gpioin),                        // 端口 GPIOIN 连接到 gpioin
    .HREADYOUT(HREADYOUT[1]),               // 端口 HREADYOUT 连接到 HREADYOUT[1]
    .HRDATA(GPIO_RDATA),                    // 端口 HRDATA 连接到 GPIO_RDATA
    .HRESP(RESP[1]),                        // 端口 HRESP 连接到 RESP[1]
    .GPIOOUT(gpioout)                       // 端口 GPIOOUT 连接到 gpioout
);
endmodule                                   // 模块结束
```

（4）按 Ctrl+S 组合键，保存设计代码。

思考与练习 8-10：在云源软件当前工程主界面主菜单下，通过选择 Tools→Schematic Viewer →RTL Designer，查看添加包含 AHB_Lite 接口的 GPIO 控制器和数据存储器控制器后的 RTL 级网表结构，并根据该网表结构绘制该系统的结构框图。

8.8　流水线 MIPS 系统添加外设的验证

本节将介绍使用 GAO 软件对包含 AHB_Lite 接口的 GPIO 控制器和数据存储器控制器功能进行验证的方法。

8.8.1　测试 GPIO 控制器

本小节将介绍对包含 AHB_Lite 接口的 GPIO 控制器功能进行测试的方法。

1. 修改设计文件

本部分将介绍修改设计文件的方法，主要步骤如下所述。

（1）启动 Codescape For Eclipse 8.6 软件工具。

（2）将"Workspace"设置为"E:\cpusoc_design_example\example_8_5"。

（3）按照 6.3 节介绍的方法，编写汇编语言代码程序（见代码清单 8-33）。

代码清单 8-33　用于测试 GPIO 控制器的汇编语言代码

```
.text                          // 定义代码段
start:                         // 标识符 start
        LI      $t1, 0x40000000    // (t1)←0x40000000
        LI      $t2, 0x00005aa5    // (t2)←0x00005aa5
repeat:                        // 标识符 repeat
        SW      $t2, 0($t1)        // 将(t2)值保存到(t1)指向的 GPIO 控制寄存器中
        LW      $t3, 4($t1)        // 将(t1)+4 指向的 GPIO 状态寄存器值加载到 t3 中
        ADDIU   $t2,$t2,0x1           // (t2)+1→(t2)
        BEQZ    $0, repeat         // 无条件跳转到 repeat
```

> **注**：读者可进入本书配套资源的\cpusoc_design_example\example_8_5\program 目录下，找到该设计文件。

（4）按 Ctrl+S 组合键，保存设计文件。

（5）对上面的代码进行编译和链接，生成最终的可执行代码。

（6）打开 program.dis 文件（见代码清单 8-34）。

代码清单 8-34　program.dis 文件

```
00000000 <.text>:
    0:   3c094000    LUI     t1,0x4000
    4:   240a5aa5    ADDIU   t2,zero,23205
00000008 <repeat>:
    8:   ad2a0000    SW      t2,0(t1)
    c:   8d2b0004    LW      t3,4(t1)
   10:   254a0001    ADDIU   t2,t2,1
   14:   1000fffc    BEQZ    zero,8 <repeat>
   18:   00000000    SLL     zero,zero,0x0
```

（7）在云源软件左侧"Design"标签页中，找到并展开 Other Files 文件夹。在展开项中，找

到并双击 src\program.hex，打开文件 program.hex，将该文件中的内容全部清空。

（8）将代码清单 8-34 给出的机器指令，按顺序复制粘贴到 program.hex 文件中（见代码清单 8-35）。

代码清单 8-35　program.hex 文件中的机器指令

```
3c094000
240a5aa5
ad2a0000
8d2b0004
254a0001
1000fffc
00000000
```

（9）按 Ctrl+S 组合键，保存设计文件。

2. 修改 GAO 配置文件

本部分将介绍修改 GAO 配置文件的方法，主要步骤如下所述。

（1）在云源软件当前工程主界面左侧的窗口中，单击"Design"标签，切换到"Design"标签页。

（2）在该标签页中，找到并展开 GAO Config Files 文件夹。在展开项中，找到并双击 \src\example_8_5.rao，打开 example_8_5.rao 文件。

（3）弹出"Core 0"对话框。在该对话框中，单击"Capture Options"标签。

（4）在该标签页右侧的 Capture Signal 窗口中，通过按下 Ctrl 按键和鼠标左键，选中下面所有的信号，然后单击该窗口上方的 Remove 按钮 [Remove]，删除所有之前设置的捕获信号。

（5）在 Capture Signals 窗口中，单击 Add 按钮 [Add]。

（6）弹出"Search Nets"对话框，单击该对话框"Name"标题右侧文本框右侧的"Search"按钮。

（7）在下面的窗口中列出了可用的信号列表，通过按下 Ctrl 按键和鼠标左键，选中下面的信号，包括 MIPS_CPU/instr_addr[31:0]、MIPS_CPU/instr[31:0]、GPIO/rHSEL、GPIO/rHWRITE、GPIO/rHADDR[31:0]、GPIO/rWDATA[31:0]、GPIO/rHTRANS[1:0]和 gpioout[15:0]。

（8）单击"Search Nets"对话框右下角的"OK"按钮，退出该对话框。添加捕获信号后的 Capture Signals 窗口如图 8.31 所示。

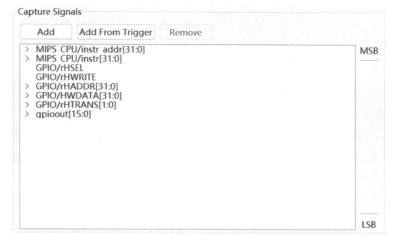

图 8.31　添加捕获信号后的 Capture Signals 窗口

（9）按 Ctrl+S 组合键，保存在 GAO 配置文件中重新设置的捕获参数。

（10）单击"example_8_5.rao"标签页右下角的关闭按钮⊠，退出 GAO 工具。

3．下载设计

本部分将介绍下载设计的方法，主要步骤如下所述。

（1）在云源软件当前工程主界面左侧的窗口中，单击"Process"标签，切换到"Process"标签页。

（2）在"Process"标签页中，找到并双击"Synthesize"条目，云源软件执行对设计的综合，等待设计综合的结束。

（3）在"Process"标签页中，找到并双击"Place & Route"条目，云源软件执行对设计的布局和布线，等待布局和布线的结束。

（4）将外部+12V 电源适配器的电源插头连接到 Pocket Lab-F3 硬件开发平台标记为 DC12V 的电源插口。

（5）将 USB Type-C 电缆分别连接到 Pocket Lab-F3 硬件开发平台上标记为"下载 FPGA"的 USB Type-C 插口和 PC/笔记本电脑的 USB 插口。

（6）将 Pocket Lab-F3 硬件开发平台的电源开关切换到打开电源的状态，给 Pocket Lab-F3 硬件开发平台上电。

（7）在"Process"标签页中，找到并双击"Programmer"条目。

（8）弹出"Gaowin Programmer"对话框和"Cable Setting"对话框。其中，在"Cable Setting"对话框中显示了检测到的电缆、端口等信息。

（9）单击"Cable Setting"对话框右下角的"Save"按钮，退出该对话框。

（10）在"Gaowin Programmer"对话框的工具栏中，找到并单击 Program/Configure 按钮 ，将设计下载到高云 FPGA 中。

4．启动 GAO 软件工具

本部分将介绍启动 GAO 软件工具的方法，主要步骤如下所述。

（1）在云源软件主界面主菜单中，选择 Tools->Gowin Analyzer Oscilloscope。

（2）弹出"Gowin Analyzer Oscilloscope"对话框。

（3）一直按下 Pocket Lab-F3 硬件开发平台核心板上标记为 key1 的按键。

（4）在"Gowin Analyzer Oscilloscope"对话框的工具栏中，找到并单击 Start 按钮 。

（5）释放一直按下的 key1 按键，使得满足 GAO 软件的触发捕获条件，即 sys_rst=1。此时，在"Gowin Analyzer Oscilloscope"对话框中显示捕获的数据，如图 8.32 所示。

图 8.32　在"Gowin Analyzer Oscilloscope"对话框中显示捕获的数据

（6）在"Gowin Analyzer Oscilloscope"对话框的工具栏中，找到并单击 Zoom In 按钮，放大波形观察细节，如图 8.33 所示。

图 8.33 在 "Gowin Analyzer Oscilloscope" 对话框中显示放大后的捕获数据

思考与练习 8-11：根据图 8.33 给出的仿真结果，分析 GPIO 控制器内 AHB_Lite 接口的信号变化过程，以及 MIPS 核如何通过 AHB_Lite 接口读写 GPIO 控制器内的状态寄存器和控制寄存器。

8.8.2 测试数据存储器控制器

本小节将介绍对包含 AHB_Lite 接口的数据存储器控制器功能进行测试的方法。

1. 复制并添加设计文件

为了方便测试数据存储器控制器的功能，需要建立一个新的设计工程，并将前面的设计文件复制到新的设计工程中。复制并添加设计文件的主要步骤如下所述。

（1）启动高云云源软件。

（2）按照 8.2.1 节介绍的方法在 E:\cpusoc_design_example\example_8_6 目录中，新建一个名字为 "example_8_6.gprj" 的工程。

（3）将 E:\cpusoc_design_example\example_8_5\src 目录中的所有文件复制粘贴到 E:\cpusoc_design_example\example_8_6\src 目录中。

（4）在 E:\cpusoc_design_example\example_8_6\src 目录中，将文件名 example_8_5.rao 改为 example_8_6.rao。

（5）在高云软件当前工程主界面左侧的 "Design" 标签页中，选中 example_8_6 或 GW2A-LV55PG484C8/I7，单击鼠标右键，出现浮动菜单。在浮动菜单中，选择 Add Files。

（6）弹出 "Select Files" 对话框。在该对话框中，将路径定位到 E:\cpusoc_design_example\example_8_6\src 中，通过按下 Ctrl 按键和鼠标左键，选中 src 目录中的所有文件。

（7）单击该对话框右下角的 "打开" 按钮，退出 "Select Files" 对话框。

2. 修改设计文件

本部分将介绍修改设计文件的方法，主要步骤如下所述。

（1）启动 Codescape For Eclipse 8.6 软件工具。

（2）将 "Workspace" 设置为 "E:\cpusoc_design_example\example_8_6"。

（3）按照 6.3 节介绍的方法，编写汇编语言代码程序（见代码清单 8-36）。

代码清单 8-36 用于测试数据存储器控制器的汇编语言代码

```
#define    MAX_ADDR_OFFSET        0x20
#define    MEM_START              0x00000000
           .text
start:  LI      $t0, MEM_START              // 数据存储器控制器的基地址
        LI      $v0, 20                     // 20→(v0)
        ADDIU   $t1, $t0, MAX_ADDR_OFFSET   // (t0)+20→(t1)
write:  SW      $v0, 0x0 ($t0)              // 将(v0)保存到(t0)指向的数据存储器中
        LW      $v1, 0x0 ($t0)              // 从数据存储器控制器中读数据到 v1
        ADDIU   $t0, $t0, 4                 // (t0)+4→(t0)
```

	ADDIU	$v0, $v0, 1	// (v0)+1→(v0)
	BNE	$t0, $t1, write	// 如果(t0)≠(t1)，跳转到 write
	LI	$t0, MEM_START	// 数据存储器控制器的基地址
read:	LW	$v0, 0x0 ($t0)	// 将(t0)指向的数据存储器控制器数据写入 v0
	ADDIU	$t0, $t0, 4	// (t0)+4→(t0)
	BNE	$t0, $t1, read	// 如果(t0)≠(t1)，跳转到 read
end:	B	end	// 无条件跳转到 end, 等效 while(1)

> 注：读者可进入本书配套资源的\cpusoc_design_example\example_8_6\program 目录下，找到该设计文件。

（4）按 Ctrl+S 组合键，保存设计文件。

（5）对上面的代码进行编译和链接，生成最终的可执行代码。

（6）打开 program.dis 文件（见代码清单 8-37）。

代码清单 8-37　program.dis 文件

```
00000000 <.text>:
   0:   24080000        ADDIU   t0,zero,0
   4:   24020014        ADDIU   v0,zero,20
   8:   25090020        ADDIU   t1,t0,32
0000000c <write>:
   c:   ad020000        SW      v0,0(t0)
  10:   8d030000        LW      v1,0(t0)
  14:   25080004        ADDIU   t0,t0,4
  18:   24420001        ADDIU   v0,v0,1
  1c:   1509fffb        BNE     t0,t1,c <write>
  20:   00000000        SLL     zero,zero,0x0
  24:   24080000        ADDIU   t0,zero,0
00000028 <read>:
  28:   8d020000        LW      v0,0(t0)
  2c:   25080004        ADDIU   t0,t0,4
  30:   1509fffd        BNE     t0,t1,28 <read>
  34:   00000000        SLL     zero,zero,0x0
00000038 <end>:
  38:   1000ffff        BEQZ    zero,38 <end>
  3c:   00000000        SLL     zero,zero,0x0
```

（7）在云源软件左侧的"Design"标签页中，找到并展开 Other Files 文件夹。在展开项中，找到并双击 src\program.hex，打开文件 program.hex，将该文件中的内容全部清空。

（8）将代码清单 8-37 给出的机器指令，按顺序复制粘贴到 program.hex 文件中（见代码清单 8-38）。

代码清单 8-38　program.hex 文件中的机器指令

```
24080000
24020014
25090020
ad020000
8d030000
25080004
24420001
1509fffb
00000000
```

```
24080000
8d020000
25080004
1509fffd
00000000
1000ffff
00000000
```

（9）按 Ctrl+S 组合键，保存设计文件。

3．修改 GAO 配置文件

本部分将介绍 GAO 配置文件的方法，主要步骤如下所述。

（1）在云源软件当前工程主界面左侧的窗口中，单击"Design"标签，切换到"Design"标签页。

（2）在该标签页中，找到并展开 GAO Config Files 文件夹。在展开项中，找到并双击 \src\example_8_6.rao，打开 example_8_6.rao 文件。

（3）弹出"Core 0"对话框。在该对话框中，单击"Capture Options"标签。

（4）在该标签页右侧的 Capture Signal 窗口中，通过按下 Ctrl 按键和鼠标左键，选中下面所有的信号，然后单击该窗口上方的 Remove 按钮 Remove ，删除所有之前设置的捕获信号。

（5）在 Capture Signals 窗口中，单击 Add 按钮 Add 。

（6）弹出"Search Nets"对话框，单击该对话框"Name"标题右侧文本框右侧的"Search"按钮。

（7）在下面的窗口中列出了可用的信号列表，通过按下 Ctrl 按键和鼠标左键，选中下面的信号，包括 MIPS_CPU/instr_addr[31:0]、MIPS_CPU/instr[31:0]、MIPS_CPU/instr_F[31:0]、MIPS_CPU/instr_D[31:0]、MIPS_CPU/instr_E[31:0]、MIPS_CPU/instr_M[31:0]、MIPS_CPU/instr_W[31:0]、DRAM/rHWRITE、DRAM/rHSEL、DRAM/rHTRANS[1:0]、DRAM/rHADDR[31:0]、DRAM/RDATA[31:0] 和 DRAM/HWDATA[31:0]。

（8）单击"Search Nets"对话框右下角的"OK"按钮，退出该对话框。添加捕获信号后的 Capture Signals 窗口如图 8.34 所示。

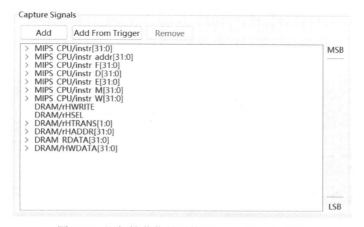

图 8.34　添加捕获信号后的 Capture Signals 窗口

（9）按 Ctrl+S 组合键，保存在 GAO 配置文件中重新设置的捕获参数。

（10）单击"example_8_6.rao"标签页右下角的关闭按钮，退出 GAO 工具。

4．下载设计

本部分将介绍下载设计的方法，主要步骤如下所述。

（1）在云源软件当前工程主界面左侧的窗口中，单击"Process"标签，切换到"Process"标签页。

（2）在"Process"标签页中，找到并双击"Synthesize"条目，云源软件执行对设计的综合，等待设计综合的结束。

（3）在"Process"标签页中，找到并双击"Place & Route"条目，云源软件执行对设计的布局和布线，等待布局和布线的结束。

（4）将外部+12V 电源适配器的电源插头连接到 Pocket Lab-F3 硬件开发平台标记为 DC12V 的电源插口。

（5）将 USB Type-C 电缆分别连接到 Pocket Lab-F3 硬件开发平台上标记为"下载 FPGA"的USB Type-C 插口和 PC/笔记本电脑的 USB 插口。

（6）将 Pocket Lab-F3 硬件开发平台的电源开关切换到打开电源的状态，给 Pocket Lab-F3 硬件开发平台上电。

（7）在"Process"标签页中，找到并双击"Programmer"条目。

（8）弹出"Gaowin Programmer"对话框和"Cable Setting"对话框。其中，在"Cable Setting"对话框中显示了检测到的电缆、端口等信息。

（9）单击"Cable Setting"对话框右下角的"Save"按钮，退出该对话框。

（10）在"Gaowin Programmer"对话框的工具栏中，找到并单击 Program/Configure 按钮 ，将设计下载到高云 FPGA 中。

5．启动 GAO 软件工具

本部分将介绍启动 GAO 软件工具的方法，主要步骤如下所述。

（1）在云源软件主界面主菜单中，选择 Tools->Gowin Analyzer Oscilloscope。

（2）弹出"Gowin Analyzer Oscilloscope"对话框。

（3）一直按下 Pocket Lab-F3 硬件开发平台核心板上标记为 key1 的按键。

（4）在"Gowin Analyzer Oscilloscope"对话框的工具栏中，找到并单击 Start 按钮 。

（5）释放一直按下的 key1 按键，使得满足 GAO 软件的触发捕获条件，即 sys_rst=1。此时，在"Gowin Analyzer Oscilloscope"对话框中显示捕获的数据，如图 8.35 所示。

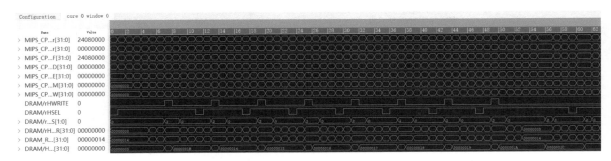

图 8.35　在"Gowin Analyzer Oscilloscope"对话框中显示捕获的数据

（6）在"Gowin Analyzer Oscilloscope"对话框的工具栏中，找到并单击 Zoom In 按钮，放大波形观察细节，如图 8.36 所示。

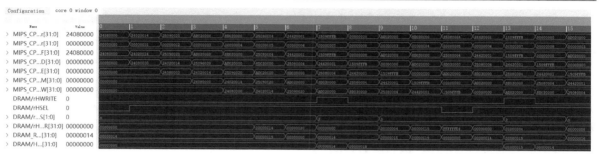

图 8.36　在 "Gowin Analyzer Oscilloscope" 对话框中显示放大后的捕获数据

思考与练习 8-12：根据图 8.36 给出的仿真结果，分析数据存储器控制器内 AHB_Lite 接口的信号变化过程，以及 MIPS 核如何通过 AHB_Lite 接口读写数据存储器控制器。

反侵权盗版声明

电子工业出版社依法对本作品享有专有出版权。任何未经权利人书面许可，复制、销售或通过信息网络传播本作品的行为；歪曲、篡改、剽窃本作品的行为，均违反《中华人民共和国著作权法》，其行为人应承担相应的民事责任和行政责任，构成犯罪的，将被依法追究刑事责任。

为了维护市场秩序，保护权利人的合法权益，本社将依法查处和打击侵权盗版的单位和个人。欢迎社会各界人士积极举报侵权盗版行为，本社将奖励举报有功人员，并保证举报人的信息不被泄露。

举报电话：（010）88254396；（010）88258888

传　　真：（010）88254397

E-mail：dbqq@phei.com.cn

通信地址：北京市海淀区万寿路 173 信箱

　　　　　电子工业出版社总编办公室

邮　　编：100036